出生 20 天，与妈妈交流

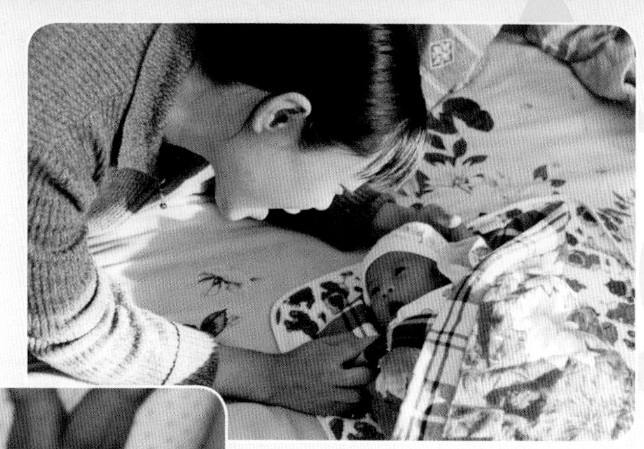

56 天抬头半分钟

2 个半月做婴儿操

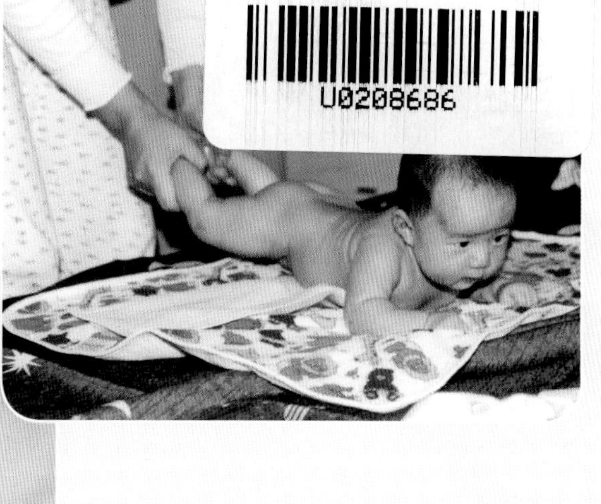

3 个月抬头抬胸

6个月学爬

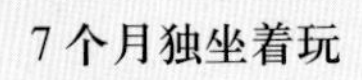

7个月独坐着玩

9个月学站

10个月扶站

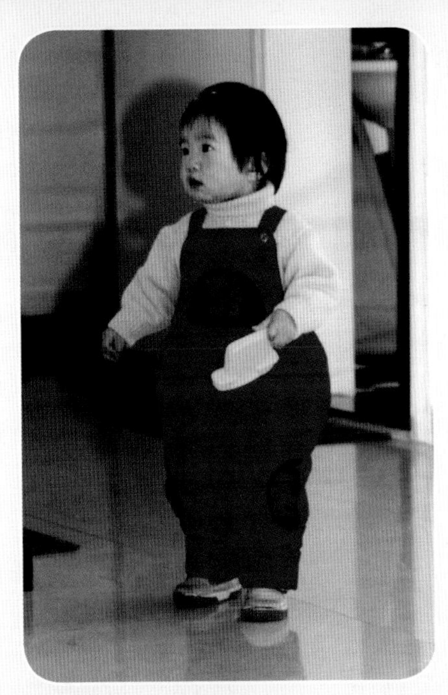

12 个月会走

11 个月学踢球

14 个月画画

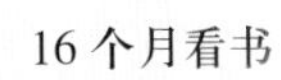

16 个月看书

18 个月学穿珠子

2 岁学搭积木

2 岁半自己洗手

3 岁学骑自行车

科学育儿全书

主 编

陈飒英

编著者

庞 宁 邢淑敏 王云峰

王 君 于作洋 赖 宏

李建民 张 勇 孙京惠

唐 箐

绘 图

庞小宁

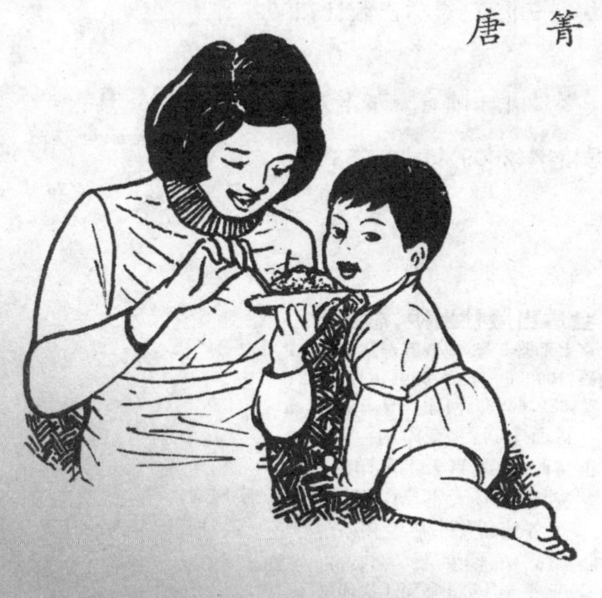

金盾出版社

内容提要

本书由中日友好医院小儿科陈飒英教授联袂多位专家精心编著。全书分十一章，对如何养育一个聪明、健康的宝宝，包括孕前准备、孕期保健、小儿不同时期的生长发育特点、哺喂方法、体格训练和智力开发、防病知识等作了精辟的阐述。其内容全面、图文并茂、通俗易懂，是指导年轻父母科学育儿的良师益友，也是保育人员和基层医师的必备参考书。

图书在版编目(CIP)数据

科学育儿全书/陈飒英主编．—北京：金盾出版社，2009.3
ISBN 978-7-5082-5499-9

Ⅰ.科… Ⅱ.陈… Ⅲ.婴幼儿—哺育—基本知识 Ⅳ.TS976.31

中国版本图书馆CIP数据核字(2009)第006653号

金盾出版社出版、总发行
北京太平路5号(地铁万寿路站往南)
邮政编码：100036 电话：68214039 83219215
传真：68276683 网址：www.jdcbs.cn
封面印刷：北京印刷一厂
正文印刷：北京天宇星印刷厂
装订：北京天宇星印刷厂
各地新华书店经销
开本：705×1000 1/16 印张：26.25 彩页：4 字数：438千字
2009年3月第1版第1次印刷
印数：1～11 000册 定价：49.00元

前言

自从事儿科医疗和儿童保健工作二十余年来，经历了我们国家改革开放的重要历史时期。随着国家日新月异的变化，科学技术的不断进步，医疗卫生条件的逐步改善，我深深感到儿童的医疗保健备受关注和重视，儿童的教育理念在不断更新和变化。回想起自己育儿时期，虽然是一名儿科医生，但无论科学知识，还是生活水平，和今天都不能同日而语。随着不断的学习和经验的积累，工作中也接触到各种各样的疾病，碰到家长提出的许多问题，愈来愈觉得即将或刚已为人父母的人们，在养护和教育孩子的过程中，如果懂得一些养育和教育方面的知识，会少走许多弯路，而且还会使孩子各方面更加优秀。因此，萌发出写一本育儿保健方面的经验书籍，恰逢金盾出版社给我们提供了这种机会，我和我的同事非常高兴，于是有了这本《科学育儿全书》的出版和发行。

本书是一本有关婴幼儿养育的综合性读物。全书共分为十一章，内容涉及从母亲怀孕开始，到宝宝出生的新生儿时期、婴儿时期、幼儿时期各个阶段作为父母应该了解的有关如何科学育儿的知识。第一章重点介绍母亲怀孕前的准备、如何顺利度过妊娠期，以及平安分娩和康复。第二章针对新生宝宝的生理特点，讲解如何养护和进行早期教育。第三章介绍了婴幼儿的辅食添加及喂养中需要注意的问题。第四、五章分别讲述了婴幼儿体格发育和智能发育的过程及特点。第六、七章详细介绍了婴幼儿“0岁教育”的概念和包括体格、智能、习惯及品德修养等早期教育的具体方法。第八章给读者讲解体格锻炼的内容和方法。第九、十章给读者提供了婴幼儿常见疾病

的护理知识和中医中药对婴幼儿益智健体的调护方法。第十一章介绍了儿童预防接种的有关知识。最后是一位热心妈妈提供的点滴育儿经验，一并展示给读者，希望大家能够认可和喜欢。

本书力求科学实用，通俗易懂，适合于年轻父母和幼教保育人员及广大基层医务工作者阅读。如果读者能够从中得到启发并对其养育新一代有所裨益，作者将感到无比欣慰。

由于水平有限，加之新观点、新理论、新技术不断涌现，因此难免会出现一些不足之处，恳请广大读者批评指正。

陈飒英

目 录

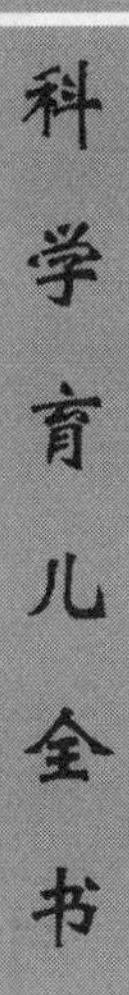
科学育儿全书

科学育儿全书

第一章

孕产期保健

一、受孕知识及孕前准备

(一)受孕及相关知识

1. 制定怀孕计划

结婚组成新的家庭,下一步就要考虑到新的家庭成员小宝贝出生的问题。但是,应考虑到各方面的因素,以及未来家庭的建设,选择适当的时机妊娠和分娩是非常必要的,这就是计划生育。首先,应该确定要不要孩子。有的家庭因家族中有遗传病史,如遗传性精神病、智力低下、先天性疾患、糖尿病、高血压等;或妻子患有慢性病,如心脏病、肾炎、癫痫等,对要不要生孩子犹豫不定,这就需要向医生请教之后,经过充分商量再决定要不要孩子。

如已确定要孩子,就须从夫妻双方的健康状况、年龄、工作及学习的安排、家庭的经济状况,甚至小孩出生后的哺养和教育问题等作全面考虑,做到“心中有数”,选择各种条件都处于最佳状况的时期,来完成生儿育女的人生大事。

2. 妊娠及分娩的理想季节

在国外,有人通过实验的方法增加孕妇的胎盘血流量,使进入胎儿体内的氧气量增加,可以大大促进胎儿大脑的发育。这一点虽然没有确切的资料,但在动物实验中已观察到,在氧气浓度高的环境里饲养的母鼠,所生产的幼仔活泼、好动、智能高。通常,人是不能直接吸入纯氧的。人如吸入100%的氧气,反而会引起氧中毒。所以怀孕后,应尽可能多呼吸新鲜空气,如每天到公园、绿草地去散步。

胎儿的大脑皮质在怀孕的头3个月开始形成,4~9个月时发育最快。假如这时正巧是冬天,人们难以冒着严寒在户外散步。所以怀孕最好在12~1月之

间，分娩时间在9～10月，这样正好在春季到秋季的半年内度过妊娠期。

但也有主张怀孕在每年的8～9月，因为随着妊娠月份的增加，孕妇身体的负担也逐渐加重，所以应选择使妊娠后期容易度过的季节。酷夏和严冬当然都不好，秋天也不太合适，因为经过炎热的夏天，体力消耗比较多，再来完成分娩这件大事，对孕妇身体不利。一般来说4～5月份分娩最好，气候适宜，哺育婴儿也容易。当然，每个人都有自己的想法，也不一定非照此办理不可。

3. 妊娠、分娩的最佳年龄

根据我国的具体情况，提倡一对夫妇只生育一个孩子，因此更应注意提高人口素质。根据大量统计资料，妇女妊娠、分娩的最佳年龄是25～30岁。此时，女子骨骼系统发育完善，腹部肌肉发达有力，骨盆韧带处于最佳状态，故妊娠、分娩时发生各种并发症的机会最少。

此外，这个时期学习告一段落，身心发育都已成熟。这个年龄范围的妇女知识积累较丰富，工作稳定。结婚后如在此时有计划地生育子女，父母就能用较多的时间和精力从各方面来关心和教育下一代。

4. 高龄孕妇容易出现的问题

我们提倡晚婚、晚育，但决非“越晚越好”。一般不主张35岁后生育，原因是35岁后的妇女受孕率逐渐降低。另外，随着年龄的增长，卵细胞逐渐老化；而且长期受环境中有害因素的影响，卵子在分裂时往往出现染色体分裂异常，因而生下畸形儿，特别是先天愚型儿的机会增多。有大量资料证明，35岁以上的妇女所生的孩子，发生先天性缺陷的机会较25～30岁的妇女高2倍以上，并随着年龄增长而递增，45岁以上则超过10倍。还要指出，高龄初产妇(指35岁以上)其子宫颈和阴道等处软组织的弹性差，骨盆关节、韧带松弛性差，故产程延长及难产的风险也增加，还容易发生高血压和糖尿病等并发症。年龄越大，产后恢复越慢，育儿方面的体力也不及年轻妇女。所以，生孩子应当在35岁以前，而且最好在30岁左右。

5. 受孕过程

人的生命是从一对生殖细胞(即卵子和精子)的结合开始的。经过母亲的十月怀胎，然后瓜熟蒂落，新生命诞生人间。简单地说，受孕包括受精，受精卵的发育、运送和着床成胎、发育。成熟的卵子从卵巢排出，常常落在输卵管口附近，输卵管把卵子吸入到管腔内。此时夫妻如有性交，精子通过阴道、子宫颈管、子宫腔，进入输卵管壶腹部与卵子相遇。通常，许多精子围绕着1个卵子，

由精子顶部分泌出来的酶活跃起来，溶化了卵子的透明带，其中1个精子深入到卵子内，精子和卵子结合成为受精卵，经过一分为二、二分为四的细胞分裂，新的生命开始了。

受精卵一边分裂增殖，一边缓慢地移向子宫腔，大约在受精4天后到达子宫腔内。受精卵上分泌出来的蛋白酶用3～5天时间把子宫内膜溶化成一个小缺口，然后进入到子宫内膜，这就叫着床。

从此胚胎就在这里与母体血肉相连，并逐渐发育成长。人类的胎儿成熟，从受精那天起，应该是265天左右，但如按停经的日子计算则约为280天。以28天为1个妊娠月，恰巧是10个月或40周。

(二)孕前准备

1. 准备怀孕前妇女应该做的检查

为孕育健康的婴儿创造有利的条件，应提倡妇女在准备怀孕前到妇产科做一次全面的健康检查。

(1)了解有无重要疾病：如心脏病、肾脏病、高血压、甲状腺疾病等，目前是否已治愈或仍在用药，病情控制得如何。必要时，还要请有关科室会诊，决定能否妊娠，以避免不必要的流产。还应注意的是牙齿的疾病，有需要补牙或需要拔的牙应尽量在孕前治疗，以免孕期发病用药困难；孕期更不适合拔牙。

(2)遗传病监控：对有遗传病史或家族史者，提供必要的产前咨询。

(3)家中暂不养宠物：家中养猫、养狗或从事屠宰业工作者，应检查有无弓形虫感染。发现感染者，应进行治疗后再怀孕。

(4)检查有无生殖道炎症、畸形或肿瘤：发现异常者，应予以及时治疗或给以必要的指导。

(5)提倡做宫颈涂片检查：以便及时发现宫颈癌或宫颈癌前病变，避免患有严重宫颈病变的妇女怀孕，以致耽误了疾病的治疗。

(6)性病筛查：性生活不够检点的夫妇，孕前应进行艾滋病及梅毒的筛查。发现异常应进行治疗或给以必要的指导。

(7)予以生活指导：孕前2～3个月补充叶酸或含有叶酸的多种维生素，戒除烟、酒等不良嗜好，不随便使用紧急避孕药，月经过期应及早了解是否怀孕，避免滥用药物及做X线检查。

2. 怀孕前避孕措施的处理

(1)取出宫内节育器:宫内节育器是许多妇女采用的长效避孕措施。宫内节育器种类繁多,但都不外乎是通过机械、化学或生物等途径改变子宫腔的内环境,干扰孕卵着床达到避孕的目的。目前常用的节育器使用年限为5～10年,妇女希望妊娠时可随时将节育器取出。

宫内节育器并不影响妇女的卵巢功能,每月仍有正常的排卵。因此,宫内节育器能防止子宫内的妊娠,却不能防止异位妊娠。一旦取出节育器,子宫腔的微环境即可恢复正常,随时都可以怀孕;然而因不规则出血或感染而取出节育器者,子宫腔内环境的恢复往往需要较长的时间,最好经治疗后,待月经恢复正常再怀孕。

曼月乐环是一种含有激素的节育器,每日恒定释放左炔诺孕酮20微克,通过高浓度孕激素对子宫内膜局部的影响而发挥避孕作用,但对全身及卵巢功能几乎没有影响。放置此类节育器后,部分妇女会发生闭经,但对健康并没有危害。取出节育器后,子宫内膜局部的孕激素水平降低,在卵巢激素的周期作用下,月经往往在短期内复潮。月经来潮即表明节育器对子宫内膜局部影响的结束。月经复潮后,凡有妊娠意愿者随时可以怀孕。

(2)停止使用口服避孕药:短效口服避孕药是妇女常用的避孕措施之一。它除有避孕作用外,还有多方面的治疗作用。使用避孕药的妇女停药多久可以怀孕,这一问题也随着避孕药物的发展有所变化。早期使用的避孕药根据当时的研究结果,曾建议妇女在停药半年后再怀孕。目前市售的口服避孕药采用高效及高选择性的孕激素,剂量明显低于以往的避孕药。根据国外的研究结果证明,停药后即可以怀孕。通常在停药1周内会来一次月经,实际是一次撤药性出血。然后便恢复排卵,妇女可以根据自己的意愿随时都可以怀孕。

二、胎儿发育和妊娠合并症的孕前咨询

(一)引起胎儿发育异常的原因和预防措施

1. 引起胎儿发育异常的常见原因

除了父母会带给孩子遗传性疾病以外,在受孕以前及母亲怀孕期间还有很多因素会对胚胎产生影响,造成胎儿的先天性疾病。受孕以前,致畸因素可作

用于精子或卵子而引起畸胎。女性体内卵子的成熟分为两个阶段，第一阶段在女性胎儿期就完成了，第二阶段直到卵子成熟，排出前才完成。按照女性排卵规律，一般是1个月排出1个卵子，因此卵巢内其他卵子一直处于两个阶段之间，故各种不良因素都会影响卵子，这就是高龄妇女生下畸形儿的机会要比年轻妇女高得多的原因。男性精子的成熟过程约64天，此间若存在不良因素的影响，也可造成精子异常。

正常的胚胎发育过程要经过受精卵期、胚胎发育期和胎儿期，在母体内经过265天才能发育成熟。但胎儿每个器官的发生、发育成长都有严格的规律，大部分是在妊娠早期5～12周进行。这个时期内，胚胎对外界的各种致畸因素特别敏感，不良因素所产生的影响也最大，可使胎儿致死或造成严重畸形。孕3个月后持续到妊娠晚期，某些器官还在继续分化、发育，致畸因素能使胎儿个别器官产生畸形、大脑发育异常或精神发育迟缓。通常能致畸的因素有风疹病毒、巨细胞病毒、弓形虫等微生物，某些药物、X射线、香烟、酒精及污染的环境等。因此，要想生下一个健康聪明的小宝宝，男、女双方无论在孕前或孕中都要格外注意，避免接触各种不良因素。

2. 避免胎儿发育异常的措施

目前，我国仍提倡一对夫妇只生一个孩子。因此，要选择最有利的时机来受孕，也就是说要有计划地受孕。若能避免下面述及的一些不利因素，就可能防止或减少有缺陷婴儿的出生。

(1)尽量避免高龄(35岁以上)妊娠：因为35岁以上的妇女分娩畸形儿的几率增高。

(2)男、女任何一方身体健康状况欠佳时要避免妊娠：如患急性传染病、病毒性肝炎、风疹、流感等，因为这些疾病可能影响精子和卵子的质量及胚胎的正常发育。在女方患有心、肝、肾等慢性疾病并影响到脏器功能时，则应避孕，待病情缓解、停药及脏器功能恢复正常时再妊娠。

(3)避免接触放射线：直接接触放射线的女性，最好脱离接触放射线一段时间后再妊娠。

(4)停用药物：长期服用某些有致畸作用或不良影响的药物，如抗癌药、抗癫痫药、链霉素、四环素等，最好在停药一段时间后再怀孕。

(5)忌烟、酒：烟、酒对生殖细胞都有不良影响，还可使受精卵的质量下降。因此，如想要怀孕，最好在夫妇双方都戒掉烟、酒2～3个月后再怀孕为好。

(6)创造一个良好的受孕环境:天气、地点及夫妇双方情绪等都应该调整到最佳的状态。但一些迷信之说,如“虎年生虎子”、“羊年生人命苦”等,纯属无稽之谈,不要因此而去做人工流产。

3. 放射线对胎儿的影响

放射线具有很强的穿透力,进入人体后会产生各种各样的影响。小剂量放射线经常照射能引起组织损伤和基因突变,大剂量可能引起染色体断裂。胎儿受到照射可导致多发性畸形和智力发育障碍。这些都有实验根据,并有医学统计证明。如第二次世界大战期间,日本广岛、长崎的原子弹爆炸后,当地就有大量的畸形儿出生。因此,长期接触放射线工作的人员,平时要注意防护,最好脱离一段时间后再妊娠。孕妇要尽量避免X线照射。妊娠早期,胚胎的各种组织在逐步分化形成不同器官。此时,胚胎对放射线异常敏感,受到照射极易发生各种畸形或影响胎儿生长、发育。妊娠中期以后,胎儿的大多数器官已基本形成,放射性损伤很少引起明显的外观畸形,但此时胎儿的生殖系统、牙齿、中枢神经系统——脑和脊髓仍在继续发育,如受X线影响,可能发生生长障碍、功能障碍或智力低下。

对于可能已怀孕或妊娠早期的妇女,不可轻易地做X线检查,万不得已需要进行此项检查时,也必须要屏蔽下腹部。准备怀孕的妇女不慎受到较大剂量的X线照射,最好推迟怀孕。若在妊娠3个月内接受了腹部X线照射,或反复接受多次胸部X线照射,考虑可能对胎儿造成不良影响时,可以施行人工流产术。

4. 烟酒对胎儿的影响

烟草燃烧后产生的气体中有1/2的物质对人体有害,其中主要为尼古丁、氰化物和一氧化碳等。这些物质作用于末梢血管,使血管收缩。胎盘血管受到影响后,脐血中的氧气含量降低,引起胎儿缺氧,长期缺氧会导致胎儿生长受限。据统计,孕妇吸烟者比不吸烟者的自然流产、早产、死胎及围生期并发症发生率高,新生儿低体重者多,甚至可致畸形。如孕妇每日吸烟超过20支,其婴儿围生期死亡率便增加35%。

酒精也是日常生活中较常见的致畸剂之一。酒精对胎儿的损害作用主要是脑细胞,使脑细胞发育停止、数目减少,导致不同程度的智力低下,精神发育不良,并常有小头、小眼裂等面部畸形和先天性心脏病。致畸作用与饮酒量、酒中含酒精的浓度、不同胚胎时期有关。孕期越早影响越大,经常饮酒较偶尔饮

酒危害大。孕妇若长期饮酒可致胎儿慢性酒精中毒，出现胎儿酒精中毒综合征。因此，要想生一个健康、聪明的孩子，建议夫妇双方在女方妊娠前先戒掉烟和酒，妊娠后，孕妇更要绝对禁烟、禁酒。

5. 预防遗传性疾病

遗传性疾病除了给家庭带来不幸及令患者终身痛苦外，还可以将疾病传给后代。为了控制或减少各种遗传病的发生，需要注意几点事项。

(1)实行优生保护法：对凡有能导致或有很大可能导致其后代发生严重的遗传性疾病者，均应避免生育。这些疾病包括：先天愚型、白痴、遗传性精神病，显著的遗传性躯体疾患，如舞蹈病、肌紧张病、白化病等。我国有关部门已重视这个问题，正在拟定优生保护法。

(2)避免近亲结婚：亲上加亲会增加一些遗传病的发生率，这在医学统计学上已得到证实。例如，肝豆状核变性病人，非近亲婚配后代中的患病率为1/400万，而表兄妹结婚者后代中的患病率为1/64。又如，近亲婚配所生弱智子女比非近亲婚配者要高3.8倍。所以，我国婚姻法已禁止近亲结婚。

(3)避免高龄生育：妇女的生育年龄不宜超过35岁。

(4)遗传咨询：孕前对遗传知识的咨询十分重要。如有以下情况者，孕前或妊娠后更应及早进行咨询：①年龄，女35岁以上，男45岁以上。②有遗传病家族史。③夫妇一方有遗传病或是致病基因的携带者。④有生育畸形儿史。⑤有多次流产或胎死宫内史。⑥有接触致畸物质史，如接触放射线、同位素或服用某些药物等。⑦围生期感染史，如感染风疹、弓形虫病等。

(5)产前诊断：经过遗传咨询后，对一些有指征的孕妇做胎儿产前诊断，以了解有无先天性或遗传性疾病。常用的方法有绒毛活检染色体核型分析，羊膜腔穿刺吸取羊水做各种检查，还可用B型超声扫描及胎儿镜检查等。

(6)及时终止妊娠：在产前诊断中确诊胎儿罹患疾病时，可以终止妊娠，避免有严重遗传病或先天性疾病儿的出生。

(二)慢性疾病对妊娠和胎儿的影响

夫妇双方在身体健康时怀孕、生育，这是最理想的。但是，有些妇女患有慢性疾病，有些疾病为终身性，有些疾病一时康复不了，而又想要孩子，此时能否怀孕？能不能顺利地经历妊娠和分娩过程？对胎儿的发育有无影响？

对以上这些问题要从两个方面来分析考虑。一方面是妊娠、分娩是否会加

重患有慢性疾病孕妇的病情，使健康甚至生命受到严重威胁；另一方面是这些慢性疾病对胎儿到底会产生多大影响。由于妇女所患慢性疾病的种类和程度不同，对孕妇及胎儿的影响也各异，当然最终的妊娠结局也就不同。

第一类疾病：如继发性贫血、慢性皮肤病（如牛皮癣）及慢性支气管炎等。只要产前定期检查，并给予适当药物治疗，一般来说对孕妇及胎儿的健康无不良影响。

第二类疾病：如轻度心脏病（心功能代偿期）、轻型糖尿病及早期的原发性高血压病等。患这些疾病的孕妇需要在医师的严密监护及精心检查和治疗下，才能得到良好的妊娠结局。

第三类疾病：如各种心、肝、肾疾病的急性期，慢性肾炎伴肾功能减退，心脏病心功能不良者，以及糖尿病伴有动脉硬化或肾功能不全者。妊娠后，往往会增加孕妇的心、肝、肾等的负担，致使疾病加重，甚至威胁生命。即使采取孕期监护及治疗，也难以得到良好的结局，所以最好不要妊娠。

因此，凡患有慢性疾病的妇女，在准备怀孕前应先向医师进行咨询，再决定是否妊娠。

1. 患肺结核的妇女痊愈后可以怀孕

肺结核是一种常见的慢性传染病。患者往往有持续低热、疲劳、咳嗽、咳痰甚至咯血等慢性消耗性症状，需要积极治疗。如果处于肺结核开放期，随着咳嗽、打喷嚏喷射出的唾沫或痰液中的结核菌可以传染他人。如在这个时候妊娠、分娩、产后育儿等，都会增加患者的负担。治疗中所用的各种抗结核药物，如链霉素、异烟肼（雷米封）、利福平等都对胎儿有一定的影响，如引起先天性耳聋或致畸等。所以万一妊娠，应早期做人工流产手术。

随着抗结核药物及手术疗法的进展，完全治愈的病例越来越多。待疾病痊愈后，不需要抗结核药物治疗时，再考虑妊娠和分娩。

曾患过结核病已经治愈的妇女，妊娠后也一定要加倍注意，要有足够的营养，充足的睡眠，规律的生活及安静、清新的环境，定期进行产前检查，在医师的监护及管理下平安地度过妊娠及分娩期。

2. 患心脏病妇女的怀孕时机

妇女在妊娠期间的血容量比妊娠前增加 35％～40％，在妊娠 32～34 周时达最高峰。每分钟心搏出量比未孕时增加 20％～30％，在妊娠 22～28 周达高峰。妊娠后，随着子宫增大，膈肌升高，心脏移位，机械性地增加了心脏负担。

分娩时由于子宫收缩、产妇屏气用力、腹压加大及产后子宫迅速缩小，致使大量血液进入血液循环均可增加心脏负担。这些情况发生在健康妇女身上不成问题，但对患有心脏病的产妇则非同小可，甚则可能导致心力衰竭或死亡。

但也并非患有心脏病的妇女都不能妊娠。要根据所患心脏病的性质、心脏被损害的程度、心功能状况，以及能否进行心脏手术纠正等具体情况，由医师综合考虑后作出决定。

一般来说，轻的心脏瓣膜病和先天性心脏病的患者，如能胜任一般体力活动或活动后稍有心悸、气短和疲劳感的，可以妊娠和分娩，但要比健康人的风险大一些。这类病人必须选择有心脏病专科的医院，由心脏科医师与产科医师协同处理整个妊娠与分娩过程。

如果患者稍事活动就感心悸、气短，夜间不能平卧，口唇发绀，呼吸困难，端坐呼吸，咯血或痰中带血丝，肝脏肿大和下肢水肿，则千万不可冒着生命危险去妊娠和分娩。有病毒性心肌炎的妇女，须治愈后才能妊娠。

3. 患高血压病对妊娠和胎儿发育的影响

妇女平时血压在 18.7/12 千帕（140/90 毫米汞柱）或以上就是患有高血压病。首先要经医生检查血压高的原因，排除由于肾脏病或内分泌疾病所引起的高血压。只要是没有明显血管病变的早期高血压患者，一般都允许怀孕。

患有高血压的孕妇容易并发妊娠期高血压病，而且往往成为重症。此时血管痉挛加重，影响子宫、胎盘的血液灌注量。胎盘缺血、缺氧导致胎儿生长受限、胎儿窘迫，重者胎死宫内。另外，胎盘部位的底蜕膜出血，产生胎盘早期剥离，严重威胁母、儿生命。

患高血压病的孕妇，在妊娠中期约有 1/3 血压可降至正常，但即使这样，也不能放松警惕。孕期中，要注意休息、避免精神过度紧张，采用高蛋白、低盐饮食，及早进行产前检查，根据病情适当增加检查次数，按时服降压药使血压维持在接近正常的水平。只有这样才能降低妊娠期高血压病的发生或使发病推迟到妊娠 35 周后，以减轻对胎儿的影响。做到上述各项才能保障母、儿平安。

4. 肾炎对妊娠和胎儿发育的影响

妇女在怀孕后，体内的血容量比妊娠前约增加 1/3 以上。由于血容量增加，通过肾脏的血流量也相应增加，因而妇女怀孕后肾脏负担加重。妇女患肾炎而未彻底治疗，症状未完全缓解或伴有高血压和蛋白尿者，妊娠会导致肾小球病变加重，甚至发生肾功能衰竭。妊娠后期，若并发妊娠期高血压病还可以

进一步加重肾脏的损害,并损伤胎盘功能,导致胎儿窘迫、生长受限、早产、死胎或死产。总之,肾炎特别是伴有高血压及肾功能不全者的妊娠结局不良。已怀孕者最好终止妊娠,并劝其永久避孕。

曾患肾炎已基本治愈,血压正常,尿中蛋白微量或偶有(+),肾功能已基本恢复正常者,还是可以怀孕的。但在妊娠期要注意监护,保证休息和营养,定期检查以便及时发现妊娠期高血压病,并采取相应措施。如能做好上述各项,多数妊娠的结局是圆满的。

5. 肝炎对妊娠和胎儿发育的影响

肝脏是人体重要器官之一。它除了参加体内所有物质的代谢过程,还有分泌、排泄胆汁、解毒及合成某些凝血因子等功能。患肝炎后,这些功能都将受影响,如此时怀孕,由于妊娠期新陈代谢增加,肝脏负担加重,将使肝功能进一步恶化。

早期妊娠时如患肝炎,会使恶心、呕吐、进食差等早孕反应加重;而严重的早孕反应又会影响肝内营养物质的补充,使肝炎病情加重,甚至引起急性黄色肝萎缩,危及生命。妊娠晚期本来负担已重的肝脏,如再传染上急性病毒性肝炎,则易发生急性肝坏死(黄色肝萎缩),严重威胁母、儿的生命。此外,患肝炎的孕妇并发妊娠期高血压病的机会也增多;分娩时还容易因血液不易凝固而发生产后出血。

患肝炎的孕妇发生流产、早产、低体重儿及胎死宫内的几率均比正常孕产妇为高。患乙型肝炎的孕妇,如表面抗原及e抗原均阳性,所生的新生儿未采取母婴阻断措施的,80%～90%可发生乙型肝炎。

妊娠早期合并急性肝炎者,以行人工流产为好;妊娠中、晚期合并肝炎者,则要在专科医师指导下,对肝炎进行积极治疗,采用高蛋白质的饮食疗法及卧床休息等。产后是否进行母乳喂养,需依病情而定。重症及传染性强的患者不宜母乳喂养。表面抗原及e抗原阳性的母亲所生的婴儿应当注射高效乙型肝炎免疫球蛋白和乙型肝炎疫苗。

目前,我国全部新生儿均纳入乙型肝炎的计划免疫项目,这样对阻断母婴传播有重要意义。

6. 糖尿病对妊娠和胎儿发育的影响

自应用胰岛素治疗糖尿病以来,糖尿病患者的不孕症显著减少,糖尿病孕妇的死亡已极少见。但糖尿病孕妇的围生儿病死率仍较高,巨大儿、畸胎率也

比正常人高3倍，达6%～10%。糖尿病患者妊娠后，临床过程复杂，处理不当会危及母、儿生命。伴有明显肾脏病变或严重视网膜病变的糖尿病患者妊娠，畸胎的发生率可高达20%，而且妊娠还会加重肾脏病变和血管病变，对母、儿均不利，故不宜妊娠。血压不高，心、肾功能和眼底均正常，或病变较轻的糖尿病患者可以妊娠，但妊娠过程必须由产科医师和内科医师共同监测及管理。如果糖尿病病情控制满意，并能及时治疗产科并发症，则妊娠、分娩可以得到满意的结果。

（三）妇科疾病对妊娠和胎儿发育的影响

1. 围生期病毒感染对孕妇和胎儿的危害

孕妇受到病毒感染时，本人可能仅表现为轻度上呼吸道感染的症状，往往被认为是一次感冒。胎儿虽有胎盘屏障的保护，但由于胎盘屏蔽并不完善，病毒仍然可以通过胎盘使胎儿受到感染，从而影响胎儿的正常发育，造成流产、死胎、胎儿生长受限和先天畸形，如无脑儿、脊柱裂、小头畸形、腭裂及先天性心脏病等。

孕妇免疫力低，病毒感染较为常见。引起感染的病毒有巨细胞病毒、风疹病毒、单纯疱疹病毒及流感病毒等。孕期感染对胎儿的影响与胎龄关系密切。孕早期，胎儿各系统器官正在分化、发育，受病毒侵袭造成的危害最大，若此时确诊有病毒新发感染者可以考虑行人工流产术。孕晚期则依母、儿的情况分别对待。

2. 子宫肌瘤对妊娠及分娩的影响

子宫肌瘤是妇女常见的良性肿瘤，30岁以上的妇女约20%患有子宫肌瘤。肌瘤可为单个，也可以是多个，其大小相差悬殊。肌瘤生长的部位可在子宫肌层内（壁间肌瘤），子宫表面（浆膜下肌瘤），或子宫腔内（黏膜下肌瘤）。浆膜下肌瘤及小的壁间肌瘤一般对妊娠和分娩没有影响；肌瘤大、数目多或黏膜下肌瘤，可使子宫体和子宫腔变形，或因输卵管受压而妨碍受孕或影响胚胎发育导致流产、早产或不孕。

妊娠合并子宫肌瘤时，如肌瘤较大，胎儿活动受限，容易产生胎位不正；分娩时，肌瘤可妨碍子宫收缩；生长在子宫下段的肌瘤还可能阻塞产道，影响胎儿娩出。分娩后，因子宫收缩不良易发生产后出血。妊娠期间，因子宫血液供应丰富，子宫肌肉增生、肥厚，子宫肌瘤往往会迅速增大。若肌瘤中心缺血，血管

发生破裂出血称为肌瘤“红色变性”，孕妇常感腹痛、伴有发热、血白细胞计数增高等现象。它是肌瘤在妊娠期较常见的并发症。

尽管子宫肌瘤对妊娠、分娩可以产生上述的各种不良影响，但因子宫肌瘤的位置、大小、数目不同，其后果也有很大差异。估计阴道分娩有困难者，可施行剖宫产术；娩出胎儿后，再酌情处理子宫肌瘤。对患有子宫肌瘤的妇女怀孕后的要求是希望她们遵照医嘱，定期检查。

3. 卵巢肿瘤对妊娠及分娩的影响

妊娠合并卵巢肿瘤较合并子宫肌瘤少见。近年来，因强调早孕期检查（孕3个月前），再加上B型超声的应用，故能及早发现一些没有症状的卵巢肿瘤。

各种卵巢肿瘤均能合并妊娠，对妊娠、分娩的影响取决于肿瘤是良性还是恶性，所在部位和有无并发症等。

卵巢肿瘤常位于子宫两侧或后方。随着妊娠子宫的增长，肿瘤位置上升到腹腔，易产生扭转而发生坏死、破裂。如卵巢肿瘤仍留在盆腔内，分娩时可能会阻塞产道，影响胎儿娩出或因子宫收缩和胎头压迫而导致肿瘤破裂。一旦发生上述并发症，对孕、产妇来说都是极其不利的。

当医师发现妊娠合并卵巢肿瘤，特别是活动度大的肿瘤，原则上均应行手术治疗。通常安排在孕16～20周手术，因此时手术不易引起流产。如为恶性，则不应再考虑胎儿的存活问题，应尽早行彻底的手术。

如果在妊娠晚期才发现卵巢肿瘤，只要无恶性表现，可待分娩后将肿瘤切除，或剖宫产同时切除肿瘤。

妊娠合并卵巢肿瘤的患者无论在孕期或产后，一旦发现急性腹痛，要警惕肿瘤蒂扭转、破裂或感染的可能，应及时就诊。必要时需行急诊手术。

4. 子宫颈癌前病变治疗后可以生育

子宫颈癌前病变，是指阴道镜下宫颈多点活组织检查，经病理诊断的宫颈上皮不典型增生。根据不典型增生的程度，分为轻度不典型增生（CINI）、中度不典型增生（CINII）及重度不典型增生（CINIII），后者含子宫颈原位癌。轻度不典型增生常与湿疣病变并存，大多数可以自然消退。中、重度不典型增生自然消退的机会要少得多。

子宫颈癌前病变，特别是中、重度不典型增生可以发展为癌。从癌前病变发展到浸润癌需要经数年，甚至更长的时间。高危型人乳头瘤病毒感染是促使病变发展的重要因素。

一旦确诊为宫颈上皮中、重度不典型增生，一是不要过分紧张；二是要进行积极的治疗。癌前病变的治疗与浸润癌相比要简单得多，费用也相对低廉。通过子宫颈锥形切除（酌情做 LEEP 或冷刀切除）多数可治愈。宫颈锥形切除后的标本，经病理科医师详细检查，若切缘处不再存在病变，且术后复查宫颈刮片细胞学检查正常则可认为治愈。治愈后可以妊娠及分娩。

即使病理诊断为子宫颈原位癌，若患者迫切要求生育，经上述治疗后也可以允许其怀孕，临床上成功妊娠及分娩的例子不在少数。凡患有子宫颈癌前病变者，在分娩 6 周后行产后检查时，一定要复查子宫颈刮片。以后每年也要定期复查。

5. 患梅毒的妇女治愈后再生育

梅毒是一种性病，是由苍白密纹螺旋体的微生物引起的慢性传染病。患梅毒的妇女妊娠后，螺旋体可以通过胎盘、脐带传染给胎儿，使胎儿发生梅毒性病变，导致流产、早产、死胎。还有 40%作为先天性梅毒患儿存活下来，一直延续到成年人。

因此，患梅毒的妇女应在治愈后再妊娠。现代医学上已有准确而有效的检验及治疗方法，只要早期诊断，早期治疗，根治梅毒并不是什么难事。妇女在怀孕期间感染上梅毒，则更应及时治疗。

6. 患淋病的妇女必须彻底治愈后再生育

淋病是性病的一种。女性患淋病后，淋病双球菌可侵犯阴道、子宫颈、子宫内膜、输卵管而引起一系列的炎症反应。急性淋病如治疗不彻底，淋球菌便可以长期潜伏于尿道旁腺及前庭大腺中，形成慢性感染，并可以导致反复发作。产妇患有淋病，胎儿在通过产道娩出的过程中即可受到感染，发生淋菌性眼结膜炎，又称“脓漏眼”，如不及时治疗或治疗不当，往往可致失明。

因此，患有淋病的妇女应在彻底治愈后再怀孕。妊娠期发病者需要积极治疗，达到根治。为了预防新生儿淋菌性眼结膜炎，除了给孕妇常规做淋病涂片检查外，对刚出生的婴儿均给以 0.25%氯霉素眼药水滴双眼。患淋病母亲所生的婴儿，应先取婴儿眼分泌物做涂片及培养，眼部使用 0.5%红霉素眼膏或 1%四环素眼膏。当确诊为淋菌性眼结膜炎时，则应给予全身性抗生素治疗，可酌情采用青霉素、壮观霉素或头孢类抗生素治疗。

7. 患外阴尖锐湿疣的妇女最好治愈后生育

尖锐湿疣是由人乳头瘤病毒感染所致。好发生在女性的大、小阴唇，肛

周，会阴部，严重时可波及阴道、宫颈、尿道等处。因其传染途径主要是性接触，故属性传播性疾病之一。尖锐湿疣病灶在妊娠时可迅速增多、增大，并可由阴道上行感染至子宫颈。如孕妇在阴道内或阴道口存在尖锐湿疣病变，通过阴道分娩时，新生儿可被感染，以致婴儿出生后不久就可能发生喉乳头瘤。孕期患有尖锐湿疣，小的可做冷冻治疗；大的可用电刀切除。为避免感染婴儿或分娩时病变处发生出血，对患严重的外阴、阴道尖锐湿疣的孕妇宜行剖宫分娩。因此，患有尖锐湿疣的妇女最好是治愈后再妊娠。

三、顺利度过妊娠期

（一）妊娠期母体的变化

1. 怀孕早期的表现

妊娠后，体内将发生一系列的变化，有些变化出现较早，妇女自身便能感觉到已经受孕。

(1)停经：是怀孕首先的征象。育龄期的健康妇女平时月经规则，又未采用有效的避孕措施，一旦月经逾期即应考虑妊娠的可能。

(2)早孕反应：停经 40 天左右，多数孕妇就会出现不同程度的食欲缺乏、恶心、呕吐，喜吃酸辣食物，讨厌油腻，并感到头晕、乏力、嗜睡等。

(3)乳房改变：怀孕 8 周左右，乳房由于受雌激素及孕激素刺激逐渐增大，自觉发胀或刺痛，乳头及乳晕颜色加深。

(4)尿频：妊娠 2～3 个月，逐渐增大的子宫在盆腔内压迫膀胱，可引起尿频。已婚妇女如出现以上征象，就要想到可能是怀孕了，应到医院检查以确诊。

2. 妊娠试验的诊断意义

妊娠后，胎盘绒毛滋养层的合体细胞分泌一种激素，称为人绒毛膜促性腺激素(HCG)。通过测定尿或血中的激素便能了解是否怀孕。测定的方法有多种，都称为妊娠试验。既往常用的方法为雄蟾蜍试验和免疫试验中的乳胶或羊红细胞凝集抑制试验，根据临床的需要，还可以进行定性、稀释或浓缩试验。目前这些方法已不再使用。当今，应用单克隆抗体酶免疫试验及放射免疫测定。定量试验的灵敏度高，能准确地测出血中微量的 HCG；定性试验则具有简便、快捷及灵敏的优点，妇女可以在家中自行测定。

妊娠试验可以协助诊断早期妊娠及与妊娠有关的疾病，如先兆流产预后的判定，流产后胎盘组织有无残留，是否异位妊娠，以及诊断滋养细胞疾患(葡萄胎、恶性葡萄胎、绒毛膜癌)等。此外，对判定滋养细胞疾患的疗效，随访及早期发现恶性变或复发均有重要意义。妊娠试验为妇产科常用而不可少的检查方法之一。

3. 计算预产期

已经怀孕的妇女，自然想知道自己该什么时候生小孩，好为将出生的小宝宝早作安排，这就需要学会推算预产期。从怀孕(即受精)到分娩大约经过 265 天，但是每个妇女常无法准确地判定出是哪一天怀孕的。为计算方便起见，医学上规定从末次月经来潮的第一天开始计算，则整个妊娠期就多了 2 周，为 280 天左右，即 10 个妊娠月(每个妊娠月为 28 天)。常用计算预产期的方法有 3 种。

(1)从末次月经计算预产期：末次月经的月份减 3 或加 9(如不够减时)，日数加 7。例如，末次月经为 1983 年 4 月 10 日，预产期应为 1984 年 1 月 17 日。又如，末次月经为 1984 年 2 月 10 日，预产期应为 1984 年 11 月 17 日；若按农历计算，月份计算同前，只是日数加 15 日。此种计算方法仅适用于月经周期规律者。

(2)从胎动时间推算预产期：如记不清末次月经日期，或哺乳期月经尚未来潮而受孕者，可以根据胎动日粗略推算。一般胎动开始日期在末次月经第一天后的 18～20 周，再加上 20 周就能推算出大约的预产期。

(3)B 超检查推算预产期：如有条件做 B 超检查，通过测量胎头双顶间径、头臀长度及股骨长度等进行测算，即可测出胎龄，并以此推算预产期。

以上测算的预产期与实际的分娩日期常有差距，若平时月经周期长短变化较大者，差距可能更大，可见预产期仅是一个大约的分娩日期。凡是在预产期前 3 周或后 2 周以内分娩者都是正常的。

4. 妊娠期胎儿的生长发育过程

精子和卵子在输卵管里结合为受精卵，经过约 5 天后从输卵管移行到子宫腔，植入子宫蜕膜后发育成胎儿。胎儿在子宫内发育生长时间，是从末次月经第一天算起，约经 40 周即 280 天左右。胎龄是以 4 周作为一个妊娠月计算的。

(1)胎儿的发育过程可分 3 个阶段

①受精后两周内(即停经 4 周)称为胚卵期。此时受精卵发生迅速的细胞分裂，形成胚泡。

②孕 8 周内称为胚胎。此时胚体初具人形，各器官也都在这个阶段分化、

形成，如心脏已形成且有搏动，肝、肾也开始形成，故又称为胚胎器官形成期。

③孕 9 周以后称胎儿。各脏器继续发育成熟直至出生。

(2)胎儿发育的大概情况

①妊娠 4 个月末(即孕 16 周末)，胎儿身长约 16 厘米，体重约 120 克，外生殖器已可区分男、女性别，从母亲腹部可听到胎心，母亲自己也可能感到胎动。

②胎儿发育到 7 个孕月末(即孕 28 周末)，胎儿身长约 35 厘米，体重约 1 000克，头部有毛发，眼皮可张开，有呼吸运动。如果此时出生，婴儿生活能力极弱，需要很好地护理才能存活。

③胎儿发育到 9 个孕月末(即孕 36 周末)，胎儿身长约 45 厘米，体重约 2 500克，皮下脂肪发育良好，指甲已达指(趾)尖，出生后能啼哭及吸吮，生活能力较强，此时出生可以存活。

④孕 40 周的胎儿，身长约 52 厘米，体重大多在 3 000 克或以上，皮下脂肪丰满，头发长 2～3 厘米，出生后能大声啼哭，四肢运动活泼，心跳、呼吸及吸吮力强，表现出很强的生活能力。

5. 妊娠期母体内的变化

妊娠期由于胎儿的生长发育，母体内发生了许多变化，变化最为显著的有如下几方面：

(1)生殖系统方面：以子宫变化最为明显，其重量由未孕时的 50 克，增加到足月妊娠时的 1 000 克左右。宫腔容量比未孕时增大约 1 000 倍。子宫底于怀孕 3 个月后，从腹部即可触知，并随着怀孕月份的增加而上升，至妊娠第九个月时，宫底可达胸骨剑突下。

(2)心血管方面：心脏位置因增大的子宫上推横膈而上移。孕妇全身血容量比怀孕前增加约 35%，加重了心脏负担，致心跳加快。怀孕后半期血液稀释，即使是正常妊娠，血红蛋白也有所下降，故孕妇易患贫血症。妊娠子宫增大后，压迫腹腔及盆腔大血管，使血液回流受阻，易致下肢和外阴静脉曲张和痔疮的形成。

(3)呼吸系统方面：母亲对氧的需要量及二氧化碳的排出量增加，使肺的负担加重；妊娠后期增大的子宫使膈肌活动受限，故孕妇呼吸比较急促。

(4)泌尿系统方面：孕妇由于代谢旺盛及替胎儿排泄废物，故尿中排出尿素、肌酐、尿酸等增加。又因妊娠期体内激素的变化，使平滑肌迟缓，致肾盂、输尿管扩张，输尿管蠕动减弱，尿流缓慢，且因右侧输尿管易受右旋的妊娠子宫压

迫，故孕妇易发生肾盂肾炎，并以右侧者为多见。

(5)消化系统方面：早期妊娠常出现恶心、呕吐等早孕反应，多于妊娠3个月后好转。妊娠晚期因受增大子宫的压迫，再加以胃、肠蠕动减弱，孕妇常有食欲缺乏、腹胀及便秘等。

(6)乳房的改变：因激素的影响，乳房增大，乳头变黑。妊娠晚期乳房开始有分泌功能，挤压时可挤出少量乳汁。

(7)其他：有皮肤色素沉着，面部出现蝴蝶斑，产后也不一定能完全消失。孕妇可因骨盆关节或椎骨关节等松弛，而发生腰骶或肢体疼痛等。

以上各种变化都属于生理现象，对健康无害。但孕期如未给予足够重视，可以诱发一些并发症。

6. 孕妇感到胎动的时间

早孕9周时，B超检查便可观察到胎儿肢体的运动，但由于运动的强度及幅度微小，尚不足以引起孕妇的感觉。随着胎儿的生长发育，当其运动强度及幅度增加到一定程度时，方可为孕妇察觉。

胎动本身虽是客观存在，但感觉却因人而异。比较细心的孕妇，可早在孕4个月时便体察到轻微的胎动；大多数在4个半月左右察觉；仅个别孕妇在5个月时方感到胎动。经产妇由于已有经验，往往察觉得早。月经规律的妇女，当孕5个月还未察觉胎动时，应及时就医以确定胎儿情况。

胎动是胎儿存活的征象，正确地体察胎动是一项简便的自我监护措施。胎动是胎儿的随意运动，无固定规律，应与肠蠕动及腹部大血管的跳动加以区分。

(二)孕妇的衣、食、住、行与环境

1. 孕妇睡眠时采取的合适体位

人们卧床休息，不论采取什么体位，只要自己感到舒服就行。孕妇则不然，不能只顾自己，还要考虑到哪种体位对胎儿更为有利。胎儿通过胎盘与母体进行气体及物质交换，获取氧气、营养，排出二氧化碳及代谢废物。胎盘血液灌注的充足与否，对胎儿的发育与生存至关重要。孕妇的体位直接影响胎盘的血液灌注，故对孕妇的睡眠体位应予以足够重视。

妊娠早期子宫增大不明显，体位对胎儿的影响不大。此期孕妇一般多喜平卧，膝下垫枕，全身肌肉易于松弛。妊娠5个月后，子宫日益增大，对体位则有一定要求，一般侧卧位比仰卧位好。仰卧时，子宫压迫位于脊柱前方的血管，下

腔静脉管壁较薄，所以受影响更大，以致阻碍下肢、盆腔脏器及肾脏的血液回流入心脏，从而降低了心脏排血量，子宫、胎盘的血液灌注也相应减少。若腹主动脉受到压迫，则直接降低了子宫、胎盘血流量。长期胎盘灌注不足，胎儿缺乏氧气及养料，可导致胎儿生长受限。急性而严重的胎盘灌注不足，可造成胎儿宫内窘迫，甚至危及其生命。另外，当下腔静脉受压时，下肢及盆腔内静脉的压力增加，可致下肢静脉曲张及痔疮的发生。因此，提倡孕妇取侧卧位，以避免上述各种弊端。在正常情况下，妊娠子宫多向右侧旋转，使子宫动脉受到扭曲，左侧卧位可使之得到一定程度的纠正，从而保证子宫血流畅通及良好的胎盘血液灌注。因此，左侧卧位又比右侧卧位为好。

睡觉时，孕妇可用棉被或枕头支撑腰部，两腿稍弯曲，或上面的腿伸向前方。孕妇如有下肢水肿或静脉曲张，应将腿部适当垫高。

2. 孕妇的着装

孕妇体形的变化主要表现为腹部日见增大，乳房逐渐丰满，胸围亦增大。孕妇的衣着应以宽大舒适为原则，式样简单，易穿也易脱，防暑、保暖，清洁卫生。不宜穿紧身衣裤或紧束腰带，以免限制胎儿生长，影响胎儿的发育。裤带及袜口不可过紧，以免影响下肢血液循环。由于孕妇体形的改变，服装设计可根据个人的爱好，选择能较好显示出胸部线条，并使增大的腹部显得不太突出的衣服，一般认为“A”字形、上小下大的连衣裙比较好；也可选上、下身能分开的套服，穿脱比较方便。

3. 孕妇穿鞋

孕妇穿鞋首先应注意安全。怀孕后子宫逐渐增大，孕妇身体重心前移，腰椎也随之前凸，孕妇的肩要向后仰，才能保持身体的平衡。由于上述原因，孕妇最好穿平跟鞋，牢固宽大的鞋后跟有助于支撑身体重量。鞋的尺码要合适，与脚紧密结合，不穿容易滑脱的鞋，不穿高跟鞋；鞋底最好有防滑纹，以免滑倒。当孕妇下肢有明显水肿时，鞋应稍大些，最好穿松软的便鞋。

4. 孕妇应避免的家务劳动

孕妇干家务活也是一种运动，只要不感觉累，可以像正常人一样地干。随着妊娠的进展，孕妇会感到行动越来越不方便。因此，干家务活要适度，有些活动应当避免。

(1)避免登高、搬抬重物及长时间弯腰的动作。

(2)洗衣服不宜使用冷水，避免受凉感冒；一次不要洗衣服过多，以免过度

劳累引起流产或早产。

(3)避免长时间站立引起下肢水肿。

(4)近路出行,以步行为宜。避免乘坐拥挤的公共汽车,以免腹部被人挤撞。不去人群密集的场所,防止受到呼吸道疾病的传染。远路出行需要乘公交车时,尽量躲过上、下班的高峰时间。

5. 孕、产妇居室空调的使用

随着人们生活水平的提高,各种家电产品已悄然走进千家万户,空调也成为许多家庭的夏季防暑设施。在炎热的夏季或气温偏高的地区,当环境温度达到35℃即接近人体体温时,机体的余热难以散发,令人感觉不适。孕妇体内的新陈代谢旺盛,平时就怕热,再遇酷暑则更难熬。分娩后,体内多余的水分需随汗液、尿液散发或排出。高温下,汗出受阻,体温调节可出现障碍,甚至发生中暑。如使用空调适当降低室内温度,创造凉爽、舒适的环境,对孕、产妇均有利。需要注意以下几点:一是室温宜维持在26℃～28℃,不应过低,避免室内、外温差过大,因产妇出汗多,容易发生感冒或肌肉酸痛。温度应控制在自己感觉舒适的程度。二是夜间最好关闭空调。睡眠时,机体代谢率降低,对周围温度感觉不敏感,容易着凉。三是空调启动后,门窗密闭换气不好,最好在清晨及晚间停用空调,开窗通风。

6. 孕妇外出旅游或出差的注意事项

孕妇最好不要外出旅游或出差,因为路途中可能遇到许多对妊娠不利的因素,如发生传染病,旅途中的劳累及心情紧张,再加上道路不平而受颠簸,或行车太快突遇急刹车,或因人多拥挤没有座位等,都很容易引起流产或早产。

孕妇在妊娠的头3个月及末两个月尽量不要外出,必要的出差或旅游可以安排在妊娠中期。此时,妊娠反应已过,孕妇的生活基本恢复正常,心情也相对稳定,腹部还不算太大,行动也比较灵活。即使出行,孕腹仍应注意防止过劳,乘船、坐车应事先订好座位,远行要有卧铺。最好结伴而行,万一发生意外情况,有人能协助处理。

7. 孕妇参加体育运动的注意要点

孕妇应该有适当的体育运动。通过运动能促进机体的新陈代谢及血液循环,加强心、肺及消化功能,锻炼肌肉的力量,从而使孕妇能保持健康的身体及充沛的精力。孕妇多在户外活动还能呼吸新鲜空气,获得充足的阳光,从而避免维生素D的缺乏。

平时骑车上、下班者，怀孕后仍可照常。骑车本身也是一种运动，只是要注意运动量要适当，运动后孕妇不应感到过度疲劳与紧张。注意留有充裕的时间，车速不要太快，避免在颠簸的路面上行驶，平时骑自行车上、下车时注意勿撞击腹部。

在早孕反应消失后便可开始运动，应每日坚持进行。运动量可逐渐增加，每次活动时间不要太长，20 分钟左右为宜。如果感到疲劳随时停止，不必勉强。

妊娠晚期身体的负担较重，活动不便，散步是最为适宜的运动。各种球类、田径、跳水、骑马及滑雪等，不仅运动量过大，而且还可能受伤，不宜参加。带有比赛性质的活动易造成精神紧张，孕期也不适宜参加。

以上是指正常孕妇，对有流产、早产征象，孕史不良或其他并发症者，不在此列。

8. 接触宠物对孕妇及胎儿的影响

有的人爱好养小猫、小狗、小鸟等小宠物。因为爱就不认为它们脏，总把它们抱在怀中，与之脸挨脸地亲昵，甚至嘴对嘴地喂食，也不去理会它们是否携带有细菌或患有传染病。殊不知这些小动物也可以使人受染而得病。有一种原虫名为弓形虫，它寄生在动物身上，虫卵随动物的粪便排出体外。通过受动物粪便污染的食物或其他物品，便可将疾病传染给孕妇。孕妇受染后，原虫可以通过胎盘传播给胎儿。孕早期的感染，可能导致流产、胎儿发育异常；妊娠中、晚期的感染，可以影响胎儿大脑的发育，导致胎儿脑积水或小头畸形。为了孩子的健康，孕妇最好不饲养上述宠物，还应避免去其他饲养宠物的人家。孕妇若实在不愿舍弃自己心爱的小动物，则应该请兽医为动物做检查，确定为无人畜共患病的健康动物时，才可以继续饲养；妇女在准备怀孕前，安排动物进行检查则更为理想。

9. 给孕妇加强营养的具体做法

孕妇的营养对母、儿的健康都很重要。胎儿及其附属物的发育需要营养。母体子宫的增大，分娩所需的产力及产后哺乳等的消耗，也都需要充足的营养供给与储备。一切营养都是从食物中摄取的。加强营养并非一定要吃大量的鸡、鸭、鱼、肉，也不是要过分地多吃、多喝。饮食过量，孕妇的体重增长太快，除肥胖外，还可能引起妊娠期糖尿病、血压升高等妊娠并发症。摄取营养要平衡，防止热能过剩，既不能少，也不能过多。妊娠早期，可以少吃多餐，以清淡食物为主。妊娠中期后，食欲增加，只要选择食物得当，定能满足孕妇的营养需要。

(1)粗、细粮合理搭配:玉米、小米及土豆等所含的维生素和蛋白质比大米、白面要高,还含有微量元素,是胎儿发育的重要营养物质。

(2)适量的新鲜蔬菜和瓜果:可以满足身体所需的多种维生素,是胎儿发育不可缺少的营养物质。

(3)搭配豆类、花生和芝麻酱等:因其中含有较丰富的蛋白质、脂肪、B族维生素和维生素C、钙、铁等。豆芽富含维生素E,对胎儿的大脑发育有益。

(4)适量的鱼、瘦肉、蛋、奶:可以提供所需的蛋白质,特别是牛乳及鸡蛋,除含有各种必需氨基酸外,还含大量的钙和磷脂,可供胎儿骨骼生长及神经系统发育所需。

总之,孕妇食物要多样化。米面混合,粗细并用,荤素搭配,菜果兼有,才能起到互补作用,保证孕妇所需的全面平衡的营养。

10. 肥胖对妊娠的影响

正常人的体重与身高、年龄、职业、运动及饮食等因素有关。以身高(厘米)－105＝体重(千克),作为标准体重的计算公式较为简便、实用。妇女正常体重可以波动在标准体重的10％,若超过标准体重20％即为肥胖,介于二者之间为超重。多数肥胖的妇女是由于摄入热能过多,剩余的热能以脂肪形式储存于体内。肥胖是高血压病、冠心病及糖尿病等多种疾病的危险因素。

近来有关妇女孕前身高、体重,以及孕期体重增加对妊娠结局影响的研究,还有关于孕妇体重增长过多与妊娠及分娩期的高危因素相关的分析。结果表明,我国人民生活水平不断提高,超重或肥胖的人数也日渐增多。肥胖孕妇存在热能摄入与消耗间的失衡,体内脂肪组织明显增加。其妊娠期并发症,如巨大儿、妊娠期高血压病、过期妊娠和产程延长的发生率明显增高。子宫收缩乏力引起产程延长,亦可能与体重过重、代谢失调、脂肪组织蓄积过多,致腹肌收缩力弱和盆腔内脂肪堆积影响胎儿先露部下降有关。孕前体重过重,孕期又显著增加者,在妊娠及分娩期容易发生各种高危情况。因此,对体重超重的孕妇,在围生期尤其要注意控制饮食,以减少妊娠及分娩期并发症的发生。

11. 孕妇避免体重增长过多的具体做法

孕妇体重增长过多,会引起妊娠期的许多并发症。体重增长过多的原因不外乎营养过剩及水、钠贮留。

妊娠期的妇女每日摄入的营养及热能,不但要供给随妊娠进展自身变化的

需要，而且还要负担胎儿及其附属物的生长发育所需。因此，孕妇每日所需的营养与热能要适当高于未孕的妇女。轻体力劳动者，每日的主食一般在300克左右(包括玉米、白薯、土豆等)，还要配有适量的鱼、肉、禽、蛋、奶制品及蔬菜、水果等。中、重体力劳动者还要适当增加。

值得提出的是营养要均衡，有些妇女错误地认为多吃水果，胎儿的皮肤会长得好，每日可吃上1～1.5千克的瓜果。却不知大量的水果提供了过多的糖，从而增加胰岛的负担，容易诱发妊娠期糖尿病。

孕妇每日的活动要支付一定的热能。如果餐后不活动，经常坐着或躺着，消耗的热能相应减少，多余的热能就会以脂肪的形式储存起来，人就会发胖。

因此，要想维持比较理想的体重，就需要保持食物摄入与支出的基本平衡，能做到这点是很不容易的。节制饮食需要毅力，不能饿了就吃，还需要合理的饮食结构。同时，也要注意保持适当的体力活动，如散步、体操、游泳、骑车等。真能做到上述诸点，便可以避免体重增长过多。

另外，体重增长过多也可能是由于水、钠在体内的潴留，表现为体重增加或水肿。因此，妊娠期应提倡妇女采用低盐饮食。一旦发现明显水肿时，需要予以休息、低盐饮食、定期检查血压及尿蛋白的情况，警惕发生妊娠期高血压病。

12. 孕妇补钙方法

胎儿骨组织的生成和发育及母体生理代谢，均需大量的钙，故孕妇对钙的需要量增加。胎儿所需的钙从母体获得，即使母体缺钙时，胎儿仍然要从母体吸取一定量的钙。母体缺钙及维生素D，若未得到补充，严重时母体骨骼和牙齿就会脱钙，引起腰腿痛、手足抽搐及牙齿脱落等，甚至导致骨质软化症，骨盆变形，造成难产。胎儿缺钙易致胎儿骨骼发育不良，引起先天性佝偻病。因此，孕妇应多吃含钙丰富的食物。

小鱼、海藻类、牛奶和奶制品等食物含钙较多，且易于被人体吸收，可多食。不足的部分可以给予钙剂补充，常用的钙剂有乳酸钙、葡萄糖酸钙、碳酸钙等。为了促进钙的吸收，需要辅以维生素D或接受充足的阳光照射。

13. 孕妇对铁的需要量

铁是人体不可缺少的物质，是主要的造血原料。腹中的胎儿为了制造自己的血液，需要铁，并只能从母亲那里取得。孕妇除了供给胎儿造血的原料外，还要为自身造血储备所需的铁。因此，孕妇对铁的需求量增加。铁质主要从食物中获取，孕妇每天必须从食物中得到足够的铁，与未孕者相比，后者每天摄取铁

12毫克即可；而孕妇在孕早期，每天就需要铁15毫克，孕晚期则每天需要20毫克，约为非孕妇女的2倍。食物中缺铁，就容易引起贫血。贫血的孕妇会感到头晕、心慌、气短、面色苍白，血红蛋白低。贫血可导致组织缺氧，严重者引起水肿、心脏扩大、心力衰竭等。孕妇缺铁性贫血时，对胎儿的供氧减少，如果得不到及时的纠正，就会影响胎儿的发育。胎儿脑部严重供氧不足，可影响大脑的发育及日后的智力。

含铁丰富的食物有动物肝、肾、瘦肉、贝类、豆制品，以及菠菜、油菜、芹菜、胡萝卜及海带等，其次是鱼类及鸡蛋。

14. 孕妇不宜喝茶和咖啡

喝茶、饮咖啡易形成习惯，我国大多数人不喜欢喝咖啡，但有喝茶的习惯。有的人整天不离茶杯，而且喜喝浓茶，妊娠后这种习惯也不易改变。在药物对胎儿致畸的动物实验研究中发现，咖啡因能引起小动物畸形。目前，临床上尚未见到饮用咖啡或含咖啡因饮料对人类胎儿致畸的报道，但动物实验的结果值得我们注意。各种茶叶内均含有一定量的咖啡因，因此最好少喝浓茶，特别是睡前喝茶会引起失眠。喝一些淡茶或淡咖啡是可以的，没有必要完全禁止饮用。

15. 孕期乳房保健

众所周知，母乳是婴儿的理想食品。为了产后能顺利地哺乳，准备工作应始于孕期。孕期的乳房卫生保健非常重要。

(1)防止乳房下垂：妇女怀孕后，乳房进一步发育长大，孕期不宜穿过紧的上衣，以免由于压迫而妨碍乳房的发育，应佩戴合适的乳罩。

(2)清洁乳头：孕妇的皮脂腺分泌旺盛，乳头上常有积垢和痂皮，强行清除可伤及表皮，应先用植物油(香油、花生油或豆油)涂敷，使之变软再清除。妊娠4～5个月后，每日用毛巾蘸肥皂水擦洗乳头数次，以增加其弹力，并可使表皮增厚，从而可耐受婴儿吸吮，减少产后乳头皲裂的发生。

(3)纠正乳头内陷：内陷的乳头，于擦洗干净后，用双手手指置乳头根部上下或两侧，同时下压，便可使乳头突出。乳头短小或扁平者，可用一手压紧乳晕，另一手自乳头根部轻轻挤压，将乳头牵出(有早产倾向者不宜采用)。这些都是简便、易行的纠正方法，每日可进行10～20次，甚至更多，数月后，就可见到成效。

16. 孕妇能否接受免疫接种

免疫接种是将生物制品，如疫苗或类毒素等接种到人体内，使人体产生对传

染病的抵抗力，以达到预防疾病的目的。但这些生物制品均是异性蛋白质，能使接种部位发生红、肿、痛等反应，或发生全身反应，如高热、头痛、寒战、腹泻等。

孕妇免疫接种的反应与非孕妇并无多大差异。局部反应及高热等不适，在某些免疫接种中较为明显，可引起流产、早产。某些免疫接种，如风疹疫苗可致胎儿畸形，孕期禁用；其他，如流行性腮腺炎、脊髓灰质炎、麻疹、黄热病等疫苗亦忌用，因为它们都是活疫苗，可以通过胎盘到达胎儿体内，造成不良影响；狂犬病与伤寒疫苗在孕期应该慎用，但需要时还是可以进行接种的。在白喉、鼠疫传染病流行地区工作或居住时，应该进行这类疫苗接种，因为一旦受染，会危及孕妇的生命。总之，孕妇若非特别必要，以不做免疫接种为宜。

17. 孕妇用药的注意事项

许多个人或家庭都有一些自备药物，小的毛病不一定都去就医。对孕妇来说，则不能这样，用药时应格外小心。这是为什么呢？主要是必须考虑到体内的胎儿。早孕3个月内，是胎儿各种器官形成的重要时期，胎儿对来自外界的影响极为敏感，用药不当可导致胎儿发生一种或多种畸形。另外，凡对母体有毒的药物，对胎儿也有同样的毒性，而且不受妊娠阶段的影响。为了减少药物对胎儿的不良影响，向孕妇提出几点建议：

(1)一旦怀孕不要随便用药：月经规律的已婚妇女，一旦月经逾期就要想到妊娠的可能，应尽量不用药，更不能自己随便用药；就医时别忘了告诉医师，自己可能已经怀孕。

(2)确实患病需要治疗时，要在医师指导下用药：只要在医师的指导下，选择对胎儿无影响或影响最小的药物，便可避免不良后果。由于药物的种类繁多，对胎儿的影响还有其他因素参与，极其复杂。孕妇很难掌握哪些药物能用，哪些药物不能用。一句话，就是用任何药都应在医师的指导下，不能疏忽大意。

(3)母体患有严重疾病应及时治疗：不治疗则自身难保，也就谈不到胎儿的安全。用药虽对胎儿有危害，但别无选择，必须进行治疗。妊娠早、中期用过对胎儿有危害的药物，待母亲病情稳定后，可考虑行人工流产或中期引产手术。药物对妊娠晚期胎儿的影响相对较小，可顺其自然。

18. 孕期性生活的注意事项

性交对阴道及子宫颈的机械性刺激，通过神经反射及体液的调节，导致子宫内源性前列腺素释放。另外，射入阴道中的精液也含有大量的前列腺素，该激素能诱发强烈的子宫收缩。

早孕3个月内，胎盘尚未形成，强烈的子宫收缩可导致孕卵自子宫壁部分或全部剥离而发生流产。此时，孕妇常由于妊娠反应身体健康情况欠佳，往往对性生活不感兴趣。在妊娠末3个月，强烈的子宫收缩可引起早产、胎膜早破，还可能将细菌带入阴道，成为产后感染的祸根。因此，妊娠早期及晚期不宜有性生活。

妊娠中期，孕妇的精神及身体已适应孕期的变化，精力比较充沛，是相对稳定的阶段，性生活一般不至引起不良后果。但是性生活要求做到，性交前双方清洗外阴，避免粗暴的动作，阴茎不要插入过深，以免造成损伤或引起子宫收缩；性交体位可以适当改变，避免压迫孕妇腹部。

上述情况是针对一般孕妇而言。对有严重孕期并发症的孕妇，如已出现流产、早产征兆或有习惯性流产史者，则应禁止性生活。

(三)妊娠期的异常情况

1. 早孕反应与饮食调整

早孕反应的症状是各种各样的，每个孕妇的表现都不相同。但大多数有胃部沉重感、食欲缺乏、恶心，甚至呕吐。为了不使母亲的健康及胎儿的成长受到较大影响，就得想法进食以取得营养。饮食上有几点应注意的事项。

(1)饮食不要求规律化，想吃就吃：每次进食量少一点儿，可以多吃几次；不必过分考虑食物的营养价值，只要能吃进去就可以。待早孕反应过后，再恢复正常的饮食规律。

(2)准备一些随时可吃的食物：空腹时，即感胃部不适、恶心者，应事先准备一些自己爱吃的食品，如饼干、点心或酸奶等，放于床旁，可供随时取用。这样有助于控制恶心、呕吐。

(3)设法增进孕妇食欲，根据其爱好进行调味：如喜食酸者，可准备些酸梅、柑橘或在菜肴中加醋；喜冷食者，可做些凉拌菜，如凉拌豆腐、黄瓜、西红柿，以及冰酸奶等，不断改进烹调方法，以促进食欲。

(4)避免刺激性气味：尽量远离炒菜、炖汤等油腻味。

(5)避免便秘：因便秘可引起腹胀而加重早孕反应。建议多食蔬菜、水果及含纤维素的食物，并多饮水以预防便秘。对已有便秘者，可采用开塞露或乳果糖等通便。

(6)补充水分：除进食水果、汤菜、牛奶外，还可饮淡茶水、酸梅汤、柠檬汁，

甚至糖盐水以补充水分，避免由于摄入量少及频繁呕吐引起的脱水。

2. 孕妇便秘的应对措施

孕期体内激素的变化有助于维持妊娠子宫的安定，同时其他系统，如胃肠道及泌尿系的平滑肌活动也相应迟缓。胃肠蠕动减弱是导致孕妇便秘的原因。

孕妇便秘十分常见，严重者 3～4 日或更长时间才解大便 1 次。大便不通往往引起腹痛、腹胀及食欲缺乏，解便困难，久蹲用力又促使痔疮的发生及加重。

平时应建立每日定时排便的良好习惯。对于便秘，人们通常采用进食香蕉、白薯或饮蜂蜜水等方法促使排便。而在妊娠中、晚期，特别是肥胖或伴有糖代谢异常者，这些方法则不合适。孕妇也不宜使用泻药，因排便次数过多或腹泻可以招致流产或早产。适合孕妇使用的安全、有效的方法：一是平时进食一些粗粮及含纤维素多的蔬菜，并要多饮水。二是当 1～2 日未排便时，可以使用开塞露（主要成分为甘油及水），每次用 1～2 支，通过膨胀直肠及润滑粪便而促进排便。用时要注意将瓶口剪切光滑，以免插入时损伤肛管的黏膜。还可以使用乳果糖，清晨口服乳果糖 1 包（15 毫升）或 1 支，24 小时仍不能排便时，可加量至每日 2 包。乳果糖在结肠中被细菌分解为有机酸，降低了肠道的 pH 值，通过保留水分增加粪便体积，刺激肠蠕动而促进排便。

3. 孕妇发生皮肤瘙痒的原因

有些孕妇在妊娠中、晚期发生全身皮肤瘙痒，往往四肢及躯干抓痕累累。此多由肝内胆汁淤积所致，病因尚不明了，可能与孕期高水平的雌激素有关，有家族发病倾向。

胆汁的主要成分是胆盐及胆色素，由肝细胞分泌，经过肝毛细胆管及肝胆管进入胆囊。正常时，进食可刺激胆囊收缩，使胆汁排入十二指肠，胆盐可乳化脂肪，协助其消化与吸收，并能促进脂溶性维生素的吸收。

发生肝内胆汁淤积症时，胆汁反流入体循环中，血中胆盐浓度随之增高，过多的胆盐沉积于皮肤内，刺激皮肤而致瘙痒。症状轻、重不等。部位以四肢明显，躯干较轻，亦有累及面部者。可外用止痒药或服消胆胺治疗。

有些病例在发生皮肤瘙痒数日至数周后出现黄疸，表现为皮肤及巩膜发黄，并可伴有轻度恶心、乏力、腹泻及腹胀等症状。对此应予足够重视，需要及时就医，以排除急性病毒性肝炎、妊娠期急性脂肪肝及妊娠期高血压病伴发肝损害等严重疾患。

并发肝内胆汁淤积的孕妇容易发生胎盘功能不全、胎儿宫内窘迫、死胎、死

产，还增加早产、妊娠期高血压病及产后出血等的发生率，危害母儿健康，属于高危妊娠。重症患者需要及时住院，进行治疗和严密监测胎儿情况。绝大多数患者于产后1～2周内，瘙痒及黄疸迅速消退，预后良好。

此外，孕妇在妊娠晚期常有腹壁皮肤瘙痒，这往往是由于腹壁过度伸展出现妊娠纹，以及腹壁的感觉神经末梢受到刺激的缘故，而不是肝内胆汁淤积所致，症状常较轻微，不需要治疗。

4. 流产的常见原因及预防措施

孕期不足28周，胎儿提前产出称为流产。发生在孕13周前，称为早期流产。发生在孕13周及以后，称为晚期流产。流产的胎儿通常不能存活。

(1)引起流产的原因：①属于胚胎方面的，如孕卵发育异常是早期流产最常见的原因之一，主要由于精子或卵子的缺陷，或二者均有缺陷所致；也可能是孕卵在发育过程中，受到外界因素的干扰（如X射线等），引起分裂异常所致。②属于母体方面的，如内分泌失调、子宫局部因素、母体的疾病及围生期感染等。③早期妊娠时，若卵巢黄体功能不全，其所产生的孕激素不足可致子宫蜕膜发育不良，从而影响孕卵着床及发育。④甲状腺功能减低时，甲状腺素分泌不足，细胞的新陈代谢降低，从而影响胚胎发育。⑤子宫局部因素，如子宫畸形（双角子宫、纵隔子宫等），子宫肌瘤，尤其是黏膜下子宫肌瘤可影响胚胎生长的环境而致流产。⑥患有子宫颈内口关闭不全时，逐渐长大的胎儿及其附属物，对子宫颈口施加的压力与日俱增，以致原来关闭不全的子宫颈内口不堪重负，终将引起胎膜早破而发生晚期流产。⑦急性传染病，如流感、肺炎等的病毒或细菌毒素可以通过胎盘进入胎儿体内引起胎儿中毒、感染而死亡，高热也可引起子宫收缩导致流产。⑧母体的慢性疾病，如严重的心、肝、肾等疾病，或引起胎儿缺氧，或引起胎盘损害而发生晚期流产。⑨母、儿血型不合时，由于母体产生对抗胎儿的抗体，致使胎儿无法在子宫内继续生长而流产。⑩围生期的各种感染，如风疹病毒、巨细胞病毒、单纯疱疹病毒及弓形虫感染等也可能造成流产。

(2)预防措施：确诊为妊娠的妇女，如发生下腹痛或阴道流血，则应该考虑流产的可能；若发生于极早期妊娠时，还需排除异位妊娠的可能。许多早期流产的胚胎本身存在着染色体的异常，因此流产实际上是一种自然淘汰现象。出现流产征兆的孕妇，应及时去医院就诊。腹痛越重，阴道出血越多的孕妇，发生流产的可能性越大。若在怀孕的极早期，孕妇发生少量阴道出血，经休息或适当采用保胎药物，如黄体酮及镇静药等治疗，症状消失后，还必须监测胎儿的发

育情况。需强调，不可以盲目地进行长期保胎，在治疗 7～10 日后必须到妇科检查，做 B 超检查以确定胎儿发育情况，然后再决定进一步的处理。

孕妇应注意孕期卫生，预防并及时治疗急性传染病。尽量避免接触有害物质。存在内分泌失调，生殖器官疾病或慢性内科疾病者，在孕前就应该进行医学咨询，根据病情确定能否妊娠，尽量争取在疾病治愈后或病情控制和稳定时再怀孕为好。

5. 预防早产

早产是指不足月的分娩，确切地说，是怀孕 28～37 周前分娩者。由于早产月份的不同，胎儿出生体重及生活能力亦有很大的差异。早产的月份越小，一般说来，胎儿的体重越轻，生活能力也越弱；大月份的早产则与之相反。

早产是围生儿死亡的重要原因之一，特别是月份小的早产儿，因此预防早产是降低围生儿死亡率的重要环节。早产能预防吗？这需要看早产的原因是什么。母亲方面的原因有急性传染病，严重贫血及心、肝、肾等内科疾患，以及孕期并发妊娠期高血压病、产前出血、胎膜早破、子宫畸形、外伤等。胎儿方面的原因有胎儿窘迫、多胎、羊水过多及胎儿畸形等。

预防早产，首要的是孕妇应定期做产前检查，及早发现上述疾病，并积极治疗，从而减轻或消除这些可能导致早产的原因。其次，孕妇要避免过度劳累、精神紧张，注意孕期卫生，预防传染病，并尽量避免接触放射线等有害物质。此外，房事亦要有所节制。有多胎和早产史等情况的孕妇，可适当提前入院待产。

当孕妇出现下腹痛或阴道出血等早产征象时，应及时就医。医生将根据病情采取保胎措施，如卧床休息及应用保胎药物、镇静药等。经过治疗，多数孕妇可以继续妊娠；少数孕妇的妊娠期往往也能得到适当延长，这样便为促胎肺成熟提供了充裕的时间，有利于早产儿成活。

6. 双胎妊娠的注意事项

一次妊娠同时孕育两个胎儿称为双胎妊娠。在早期妊娠阶段，通过 B 超检查即可确诊双胎。当医生告知你将会得到两个小宝宝时，你一定会欣喜万分。需知双胎妊娠时，母体的负担加重，容易发生各种妊娠并发症，从而增加了母、儿的风险，属于高危妊娠。双胎妊娠应注意下列事项：

(1)补充营养，纠正贫血：由于两个胎儿生长、发育，其所需要的营养也要加倍；双胎孕妇的血容量比单胎者也明显增多，因此极易发生贫血。孕妇应尽可能多吃一些营养食品，特别是富含铁质的食物，并根据血红蛋白的情况及时补

充铁剂，以预防和纠正贫血。

(2)提前住院待产：双胎孕妇的子宫比单胎孕妇子宫明显增大，这不仅增加了双胎孕妇身体的负担，还由于心、肺及下腔静脉的受压迫，而产生较明显的心慌、气短及下肢水肿等。双胎妊娠容易并发妊娠期高血压病；因子宫过度膨胀也容易发生早产。因此，双胎孕妇要严格按时进行产前检查，并常需提前住院待产，以得到充分的休息，减轻压迫症状，控制妊娠期高血压病及避免早产。

双胎妊娠通常可经阴道顺利分娩。有些情况，如子宫过度膨胀导致宫缩乏力、胎位异常或单羊膜囊双胎等则需施行剖宫产术分娩。

7. 臀位的纠正方法及注意事项

怀孕7个月之前，由于胎儿较小，羊水相对较多，因而胎位常不固定，此时若为臀位，可不必处理，多数能自行转为头位。孕30～32周后，仍为臀位则应予以纠正，从而降低胎膜早破、脐带脱垂及臀位分娩的风险。

纠正臀位最常用又比较安全的方法是采用胸膝卧位(图1)。胸膝卧位，是让孕妇跪在硬板床上，双上肢及胸部紧贴床垫，臀部抬高，大腿与床面垂直。这样便可使胎儿臀部从骨盆中退出，并可借助于胎儿重心的改变，促使胎儿从臀位转为头位。每日进行2次，每次15分钟，可安排在清晨或晚上进行，事前应解小便，并松解腰带。通常可在1～2周内见效。膝胸卧位对于肥胖或有高血压的孕妇来说仍是个不小的负担。国外有学者提出，采用臀高头低位也同样可以达到纠正臀位的目的，在睡眠时，将臀部垫高，这种体位不会使孕妇感到太多的不适，更体现了人性化的关怀。其他，如艾灸至阴穴(图2)，中药或音乐转胎也有一定的效果。采用上述方法不能纠正的臀位，也不必勉强地进行纠正。双胎、子宫畸形、骨盆狭窄或前置胎盘合并臀位时，则不必进行纠正。

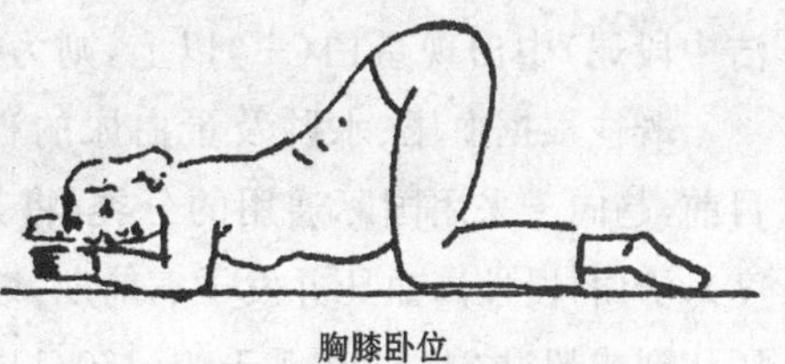

图1　转胎位简易方法

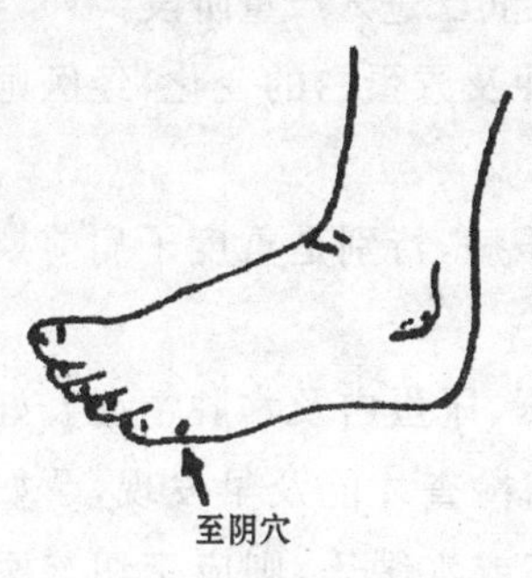

图2　至阴穴

臀位的孕妇要避免负重及节制性生活，以防胎膜早破；在破膜后要平卧，防止脐带脱垂，并应及时就医。

8. 妊娠期高血压病的防治

(1)临床表现:在妊娠20周以后,孕妇出现水肿、血压升高、蛋白尿,严重者有头痛、头晕,甚至抽搐、昏迷,称为妊娠期高血压病。它是妊娠期特有的并发症,发病原因尚不明了,分娩后上述症状随之消失,可见它与妊娠的存在直接相关。其主要的病理生理变化是全身小动脉痉挛,从而导致各脏器血液灌注量减少。该病严重危害母、儿健康,是引起孕、产妇和围生儿死亡的主要原因之一。

妊娠晚期,由于子宫压迫下腔静脉使下肢血液回流受阻,孕妇常可出现轻微的下肢水肿。经过休息,水肿能自然消退者属于生理性,否则为病理性的。有时孕妇虽无明显的凹性水肿,但体重增长较多(每周超过0.5千克)时,这便意味着体内水分潴留过多,应予以重视。血压升高是指相隔6小时,2次测量的血压达到或超过18.7/12.0千帕(140/90毫米汞柱),或比基础血压升高4.0/2.0千帕(30/15毫米汞柱)或以上。正常孕妇的尿中可以有微量蛋白,如尿(清洁中段尿)中出现蛋白(+)以上,则为病理现象。

既往根据血压、水肿及蛋白尿的程度,将妊娠期高血压病分为轻、中、重度。目前,趋向于采用国际通用的分类,将其分为:妊娠期高血压,子痫前期(轻度、重度),子痫,慢性高血压并发子痫前期,妊娠合并慢性高血压。重度子痫前期时,血压达到或超过21.3/14.7千帕(160/110毫米汞柱),并出现不同脏器功能的严重受损(含心、肝、肺、肾弥散性血管内凝血及胎儿窘迫、胎盘早期剥离、胎死宫内或胎儿生长受限等),但不一定全部出现,可仅以某一个或两个脏器受损为主;在子痫前期的基础上,发生抽搐、昏迷则为子痫,均表明疾病已进入严重阶段。

孕妇定期进行产前检查,能及时发现血压、水肿及尿蛋白的变化,经医师的相应处理便可防止其向严重阶段发展。

(2)妊娠期高血压病的预防:预防妊娠期高血压病,特别是重度子痫前期及子痫,是降低围生期母、儿病死率的重要一环。

首先,孕妇一定要按时进行产前检查,监测血压、尿蛋白及水肿情况。妊娠期高血压病初期并不一定都有自觉症状,只有定期检查才能及早发现,孕妇不能怕麻烦而忽视这一点。其次,一旦发现血压升高或水肿等,则应密切与医师配合,注意休息,并采取侧卧位以减少子宫对下腔静脉的压迫,使下肢及盆腔的血液能充分地回流到心脏,从而保证肾脏及胎盘的血液灌注量。注意多进食高蛋白食物,适当限制食盐的摄入;必要时遵医嘱服用解痉或镇静药物。及时控制轻度子痫前期,避免其向严重阶段发展。

9. 妊娠晚期阴道出血的原因和防治

妊娠晚期指的是怀孕末3个月，即妊娠28周至妊娠足月。此期，孕妇阴道出血的主要原因是由于胎盘异常，以前置胎盘和胎盘早期剥离为常见。

(1)前置胎盘：正常胎盘的位置是在子宫体部的前壁、后壁、侧壁或底部。当胎盘附着部位较低，部分或全部覆盖在子宫颈内口上，则形成前置胎盘。胎盘的下缘位于子宫下段或接近宫颈内口，为低置胎盘及边缘性胎盘；胎盘部分性或完全性覆盖子宫颈内口，则为部分性或完全性（又称中央性）前置胎盘（图3）。妊娠晚期，子宫不规律收缩，子宫下段扩张，可使覆盖于子宫颈内口处的胎盘与子宫壁分离，而引起出血。前置胎盘的出血量与胎盘覆盖子宫颈口的程度有关，覆盖面越大，出血越早，量亦越多；反之则出血晚，甚至临产后才发生出血，量亦少些。此种出血的特点是血色鲜红且不伴有腹痛。

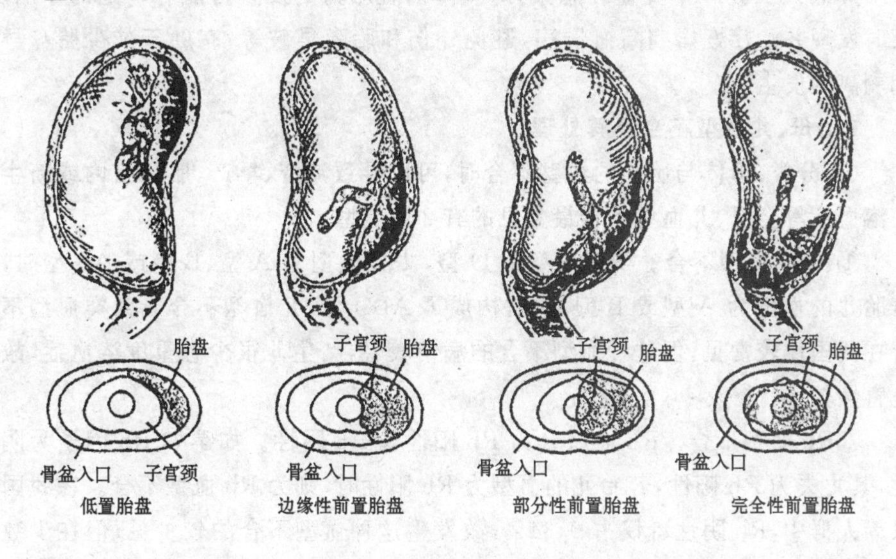

图3 前置胎盘和低置胎盘

(2)胎盘早期剥离：胎盘早期剥离是指正常位置的胎盘在胎儿娩出前，已部分地从子宫壁剥离。常由于妊娠期高血压病、外伤或突然大量羊水流出而引起。出血色暗并伴腹痛，重者胎盘后血肿的压力致血液渗入子宫肌层，可引起强直性宫缩，甚至子宫卒中。此时，孕妇感到腹部剧痛，扪之子宫硬、局部压痛且不能放松，子宫卒中时则子宫迟缓。由于胎盘剥离面的出血与阴道不一定相通，以致外出血量与孕妇及胎儿的危重情况不相符合，往往会掩盖病情。因此，

密切观察孕妇及胎儿情况的变化是极其重要的。

前置胎盘及胎盘早期剥离，是妊娠晚期的严重并发症。大量的失血，无论是内出血还是外出血均可导致休克，若处理不及时将会危及母、儿的生命。孕期的B超检查可以确诊胎盘的位置。但在孕早、中期检查发现胎盘位置低时，由于胎盘可能随孕月增长而上移至正常位置，故此时若无阴道出血，不需特殊处理，可定期随访胎盘位置的变化。孕34周，胎盘仍处于低位时，才做出低置或前置胎盘的诊断。一旦发生妊娠晚期出血，孕妇应立即到医院就诊，必要时住院观察。妊娠晚期或临产后，胎盘低置或轻度胎盘早期剥离的孕妇若阴道出血量不多，情况良好时，可以严密观察，有时仍可能自阴道顺利分娩；但若出血量增多、腹痛加重或产程进展不顺利，则应立即行剖宫产结束分娩。

降低人工流产率及盆腔感染，对预防前置胎盘的发生可能有一定的作用。及时发现并治疗妊娠期高血压病，避免外伤和胎膜早破等，有助于减少胎盘早期剥离的发生。

10. 母、儿血型不合及其处理

(1)分类：母体与胎儿的血型不合时，可以导致流产、早产、胎死宫内或新生儿溶血症等。母、儿血型不合最常见的有2种类型。

①ABO血型不合。孕妇血型为O型，丈夫血型为A型、B型或AB型时，若胎儿的血型为A型或B型，这就构成了ABO母、儿血型不合。此类血型不合在我国比较常见，但这种血型不合的病情较轻，新生儿很少患重度溶血症，故危害性较小。

②Rh血型不合。Rh血型分为Rh阳性和Rh阴性。如孕妇Rh因子为阴性，其丈夫为Rh阳性，若胎儿的血型为Rh阳性时，则为Rh血型不合。在我国汉族人群中，Rh阴性者仅占0.34%，故发生这种血型不合的较少见；但在少数民族地区，Rh阴性者占有一定比例，如维吾尔族Rh阴性者占4.9%，故在少数民族地区，Rh血型不合的问题就比较突出。Rh血型不合往往可导致严重后果，如引起胎死宫内，或引起严重的新生儿溶血症。当胎儿从父方遗传下来的显性抗原，通过妊娠、人工流产或分娩过程等，反复进入母体达到一定量，或母亲曾输入过Rh阳性的血液，母体就会对这种显性抗原产生相对应的抗体。尔后再妊娠时，这种抗体便会通过胎盘进入胎儿体内。母亲的抗体作用于胎儿的红细胞，导致胎儿的红细胞凝集、破坏，造成胎儿严重的溶血及贫血。其危害程度取决于母亲血中抗体的滴度与活性，抗体的滴度愈高、活性愈强则危害愈大。

为了解有无母、儿血型不合的可能性，可靠的方法是检查孕妇及其丈夫的血型。当存在母、儿血型不合的可能时，还应该检查母血相应抗体的滴度。

（2）母、儿血型不合时的处理：对怀疑有可能发生新生儿溶血症的孕妇，如过去有过死胎、死产或新生儿溶血症史的孕妇，再次妊娠时必须进行血型及血中抗体滴度的测定。原则上应当在妊娠 16 周检查抗体滴度，以后则遵医嘱定期复查，以观察动态变化。若 ABO 血型不合，抗体的滴度达到 1∶512；Rh 血型不合，抗体的滴度达到 1∶32 以上时，表明病情严重。遇此情况，若胎儿已具有生存能力，则应及早终止妊娠。

孕妇如有 ABO 血型不合，抗体滴度达 1∶32；Rh 血型不合，库姆试验阳性时，或过去曾有过新生儿溶血症史，可给予中药预防，这是临床上常用的方法。有条件者还可采用孕妇血浆置换以降低血中抗体的浓度，或给胎儿宫内输血纠正严重的贫血。由于妊娠晚期抗体产生日益增多，酌情提前在孕 35～38 周娩出胎儿，往往用于严重的 Rh 血型不合需要挽救胎儿的情况。在预产期前 2 周，孕妇口服苯巴比妥，可以增加胎儿肝细胞内的葡萄糖醛酸酶的活性，提高其与胆红素结合的能力，从而减少新生儿溶血症的危害。

胎儿经引产或自然分娩后，必须迅速切断脐带，以减少抗体进入新生儿体内。密切监测新生儿黄疸情况，及时诊断并给予相应处理。目前常用的治疗方法有给新生儿输入白蛋白，采用波长 425～475 纳米的蓝光照射，中药及激素等药物治疗。个别严重的患儿，还可采用换血疗法，以降低间接胆红素的浓度，减少核黄疸的发生。

Rh 血型不合的妇女，应于第一次分娩、流产、或异位妊娠手术后的 72 小时内，注射抗 D 球蛋白，以结合、破坏进入母体的胎儿红细胞。这样，母体就不会再产生抗体，从而保护再次妊娠不受 Rh 血型不合的危害。

11. 妊娠期糖尿病

患糖尿病的妇女怀孕，属于妊娠合并糖尿病。若孕前无糖尿病，妊娠期由于胎盘产生的大量激素削弱了胰岛素的作用，导致胰岛素抵抗，可以引起糖代谢异常或妊娠期糖尿病。该病为妊娠期的并发症，其对孕妇、胎儿的影响与妊娠合并糖尿病相似，均属于高危妊娠。在产后，妊娠期糖尿病者的糖耐量试验能够恢复正常。如果对孕前糖尿病病史了解得不清楚，孕期才发现血糖异常者，可以暂时按妊娠期糖尿病对待，产后复查糖耐量试验正常时便能确诊。

发生妊娠期糖尿病的高危因素有：①尿糖阳性。②肥胖或体重增长过多。

③胎儿增长过快。④羊水过多。⑤孕、产史不良，如畸形儿史、不明原因的死胎或新生儿死亡史。⑥既往妊娠期糖尿病史或糖尿病家族史等。

凡存在上述高危因素时，应进行糖尿病的筛查，通常将检查安排在妊娠 26 周左右，必要时还可重复施行。目前在有条件的地方，提倡孕期进行常规糖尿病筛查，可以及时发现妊娠期糖尿病并予以管理，从而减少其对母、儿的危害。

12. 多囊卵巢综合征患者怀孕后要注意的问题

多囊卵巢综合征是年轻妇女的常见病。其病因尚不清楚，主要的病理生理是高雄激素血症。由于雄激素过多而影响卵泡的正常发育，卵泡不能成熟和排卵。大多数患者表现为月经稀发，少数患者呈月经淋漓不尽，不孕，基础体温呈单相型，可伴有肥胖、多毛及痤疮等。B 超检查，典型的表现是多个卵泡沿卵巢皮质呈环状排列，犹如一串项链。部分患者还存在高胰岛素血症。可见该病并非一个简单的妇科内分泌疾病，它还涉及糖、脂等代谢紊乱，可能是代谢综合征的一种特殊表现形式。

多囊卵巢综合征患者中，少数可有自然的排卵，多数经治疗或采用辅助生育技术后可以怀孕。此类患者怀孕后与正常妇女妊娠相比较存在以下问题：①流产率高。②妊娠期糖尿病的发生率高。③妊娠期高血压病的发生率高。

因此，该类患者在怀孕最初 3 个月要注意适当休息，避免过劳；黄体功能不足者，可给予绒毛促性腺激素支持黄体功能，或直接补充黄体酮预防发生流产。妊娠期胎盘分泌的激素促使孕妇产生胰岛素抵抗，容易引起妊娠期糖尿病。孕前已存在胰岛素抵抗的患者，怀孕后自然更会加重，发生妊娠期糖尿病的机会当然也会升高，故怀孕后要在医师的指导下采用合理的食谱，适当限制糖类（米、面、玉米、土豆、白薯及水果等）的摄入量，保持体重的正常增长；酌情在孕早、中期进行糖筛查或行糖耐量试验，必要时可加用胰岛素，使餐后 2 小时的血糖控制在正常范围。此类孕妇并发妊娠期高血压病的机会也增多，怀孕后应采用低盐饮食，合理地安排生活与工作，避免过度的紧张及劳累，按时进行产前检查以便及早发现异常，及时对症处理，防止病情向严重阶段发展。

分娩后，由于疾病的根本原因未被消除，原有的体内紊乱仍然存在，各项临床表现仍可能复现。长期无排卵时，单纯雌激素的刺激往往会导致不同程度的子宫内膜增生，日后子宫内膜癌的发生率明显高于正常人群，因此仍需酌情采用孕激素周期疗法或使用短效口服避孕药进行治疗。此类患者远期发生糖尿病、高血压病、冠心病的风险也远超过正常人群，因此采用合理的食谱、控制盐

的摄入量，强调有规律的生活及适当的运动是非常重要而且需要长期坚持下去的。此外，还要定期进行体格检查，了解自己的健康状况，力争减轻及延缓上述风险的发生。

13. 妊娠妇女发生急腹症的紧急处理

急腹症是指由于各种原因导致的突发性剧烈腹痛，需要及时的诊断与治疗，一旦延误可能危及生命。妊娠妇女与非孕妇女一样可以患各种疾病，较常见的急腹症有急性阑尾炎、急性胆囊炎、急性胰腺炎、肠梗阻、附件肿物扭转及泌尿系结石等。妊娠期特有的并发症也可以表现为急腹症，如输卵管妊娠流产或破裂、胎盘早期剥离、子宫肌瘤红色变性及重度子痫前期肝包膜下出血等。

不同原因的急腹症，临床病史及表现有各自的特点，而剧烈腹痛是其共同点，往往伴有不同程度的胃肠道刺激症状，如恶心、呕吐。急性炎症常有发热及白细胞计数增高；伴出血者，表现面色苍白，但急查的血红蛋白不一定降低，腹腔内出血时腹部膨隆，叩诊可以发现移动性浊音；子宫肌瘤变性时，肌瘤局部压痛明显；胎盘早期剥离时，子宫放松不好或呈现强直性收缩伴有压痛，胎心出现变化或消失。病情危重者可以引起流产、早产、胎儿窘迫，或胎死宫内。病情发展迅猛导致感染性休克或失血性休克时，则可危及孕妇、胎儿生命。妊娠妇女一旦发生急性腹痛，不可在家中观察等待，必须立即到医院就诊。医师通过询问病史，进行体格检查及必要的辅助检查，便可以及时作出诊断，根据具体情况采取有效的治疗手段（保守治疗或手术治疗），才能使患者转危为安。

（四）产前保健

1. 产前初诊要做的检查项目

为了保护母、儿安全，初次产前检查应在妊娠 14～16 周开始，初诊时的检查项目如下：

（1）询问病史

①详细了解孕妇以往情况。重点了解以往月经情况，既往妊娠、分娩有否异常；既往有否患心、肝、肾及结核等疾病；家族中有无高血压病、糖尿病、结核病，以及其他与遗传有关疾病的患者。

②了解本次妊娠的经过，早孕反应情况，有无病毒感染及用药史等。

（2）全身检查：对全身情况进行观察并检查各脏器，尤其是心脏有无病变。并测孕妇身高、体重、血压及检查乳房发育情况。

(3)产科检查

①腹部检查。子宫底高度、腹围、胎心等。

②阴道检查。未曾进行早孕检查者,应进行此项检查以了解产道、子宫及附件有无异常,以及白带的检查(含滴虫、念珠菌等)。

③骨盆测量。包括骨盆内、外径的测量。外测量什么时间都可以施行;但内测量(从阴道内测量)多安排在妊娠30周左右完成,此时阴道松软便于测量,也未临近预产期,不易导致感染。内测量对评估阴道分娩的价值更大。

(4)实验室检查:初诊必要的检查为血常规(红、白细胞计数及血红蛋白值,出、凝血时间,血小板计数),血型(ABO血型,有条件时做Rh血型),尿常规(尿蛋白、尿糖、尿沉渣等)。应做肝、肾功能及心电图检查,乙肝、丙肝、梅毒及艾滋病等筛查,进行唐氏儿筛查,酌情进行围生期感染的筛查。白带淋菌涂片检查。通常在听到胎心音后安排上述检验,为了减少取血的次数,取血时间多在孕14～16周。B超检查不作为产前初诊必查的项目,对有出血、腹痛、子宫大小与孕月不符合者,可以酌情进行检查。

(5)其他检查

①高危妊娠者,应酌情增加其他检查项目,如血液生化及血电解质等。

②高龄孕妇或不良产史者,如死胎、胎儿畸形、遗传疾病史,则应安排产前咨询和产前诊断;还可以通过胎儿镜及B超检查等,以筛出胎儿的先天性代谢、遗传和染色体疾病及畸形等异常情况。

2. 孕妇定期产前检查的重要性

孕妇在怀孕40周的过程中,胎儿逐渐发育成熟,同时孕妇体内也发生了一系列的变化。此外,妊娠晚期极易出现各种并发症。只有定期检查,才能做到动态地观察胎儿的发育情况,及早发现及处理胎儿畸形或胎儿生长受限,以及纠正异常胎位。另一方面,了解孕妇的健康状况,发现及治疗各种合并症及并发症,如心脏病、糖尿病、贫血、缺钙及妊娠期高血压病等;并进行孕期卫生宣传教育及自我监护的指导。最后,综合孕妇与胎儿的全面情况,初步制定分娩方案。可见,规范的产前检查有利于母、儿顺利地度过妊娠及分娩期。

整个孕期,检查的次数一般应为9～13次,高危妊娠还要相应增加。检查大致安排时间是:早孕12周内应检查1次,以后每月检查1次;孕28周后,每2周检查1次;孕36周后,改为每周1次。有些孕妇不做产前检查,临产才来急诊住院,这样对母、儿均不利,应引起重视。

3. 产前诊断

从母亲血清或胎盘绒毛活检、羊水穿刺等获取的标本进行相关的酶、生化、染色体核型或基因分析等早期诊断先天性遗传性疾病。现以唐氏综合征和人体免疫缺陷病毒为例进行说明。

(1)唐氏综合征(先天愚型):系因第 21 对染色体数目比正常多一条所致,又名 21 三体病。它是引起弱智的一种较为常见的原因。患儿除具有一定的体表特征外,还伴有智力低下,部分合并有心脏畸形。此类患儿因抗病能力低下,往往在婴幼儿期夭折;幸存者由于智力低下,仅能从事简单劳动;严重呆傻者生活不能自理,成为家庭与社会的负担。

已知唐氏综合征患病率在高龄孕妇中明显高于年轻孕妇,25～35 岁患病率为 0.15%,35 岁以上为 1%～2%,40 岁以上为 3%～4%;生育过 1 次患儿者,再分娩同类患儿的几率为 1/60。当然,年轻孕妇也仍然有分娩唐氏儿的可能。

值得庆幸的是,现在医学水平对唐氏综合征完全可以做到产前诊断。唐氏综合征产前筛查的方法,包括 B 超观察胎儿颈后皮肤皱褶的厚度,血生化检测(含甲胎蛋白、绒毛促性腺激素、雌三醇及妊娠特异蛋白比值的变化),羊水细胞的染色体核型分析,或荧光原位杂交技术检测第 21 对染色体数目等。后者为确诊的手段,但它是一种有创性检查,流产的风险为 1%左右。血生化筛查简便、无创,有助于筛出高危人群,少数高危人群再进一步行羊水检查,这样可以节约医疗资源。目前,许多医院对年轻孕妇也进行唐氏综合征的血液生化筛查,35 岁以下无高危因素的孕妇筛查为低风险时,便可以继续妊娠;为高风险时,则应行羊膜腔穿刺,吸取羊水进行检查。对 35 岁以上的孕妇,有些医院直接安排羊膜腔穿刺;有些医院仍进行血生化筛查,即使筛查为低危时,也应向孕妇说明筛查试验存在假阴性及假阳性的可能,孕妇本人可根据个人具体情况及对筛查的了解,进行知情选择。拒绝羊膜腔穿刺者,个人需要承担后果。唐氏综合征血液生化筛查最好安排在 16 孕周左右,发现异常时仍可留有充足的处理时间。羊膜腔穿刺通常在孕 20 周左右进行。

一旦确诊为唐氏儿,即应抓紧时间终止妊娠,这样便可避免残疾儿的出生,有助于提高出生人口的质量。

(2)人体免疫缺陷病毒:孕妇血液中人体免疫缺陷病毒(HIV)抗体阳性,表明曾受过 HIV 的感染。受 HIV 感染的孕妇在妊娠、分娩及产褥过程中,或通过胎盘,或分娩时胎儿接触母体的血液及阴道分泌物,或母亲哺乳时,通过

乳汁将病毒传播给胎、婴儿，这些传播方式称为母、婴垂直传播。新生儿一出生就受到HIV的感染，最终发展成为艾滋病（一种致死性传染病）的患者，岂不是一场悲剧。

遇此情况应详细地向孕妇及家属说明HIV感染对胎、婴儿的危害，为免于让子女受害，选择终止妊娠是上策。若已到妊娠晚期或坚决不愿终止妊娠者，则应向她们提供必要的医学咨询及相关的产前诊断。目前认为，HIV感染不影响产科的转归；妊娠也不影响母亲HIV的病程，重要的是应设法将母、婴传播降到最低程度。降低母、婴传播的措施包括以下三个方面：

①药物阻断。无论在妊娠的任何阶段，都应进行抗逆转录病毒的药物治疗，即鸡尾酒疗法，以抑制病毒的复制，提高机体免疫功能。分娩时，仍应继续抗病毒药物治疗。产后对新生儿也要及时地给予抗病毒药物的治疗。抗病毒药物治疗可以降低体内的病毒载量，当病毒载量＜1 000拷贝/毫升时，便能有效地预防母、婴传播。

②分娩的处理。母、婴传播的三个环节中，分娩过程的感染占70%。提倡在破膜前行剖宫产术，避免人工破膜、内监护、胎头吸引及产钳助产等操作。

③建议人工喂养。乳汁中的病毒可以通过母乳喂养传播给婴儿，人工喂养便可阻断这一传播途径。

需指出，这类患者应到指定的传染病院接受规范的母、婴阻断治疗及监测，包括定期监测孕妇体内的病毒载量、免疫指标的变化、治疗药物的不良反应及胎儿生长发育情况，并对新生儿进行长期随访。有研究表明，对HIV抗体阳性的孕妇若不给予任何干预，其母、婴传播率为25%～40%；当进行有效的干预后，母、婴传播率最低可降到2%以下。目前，国家为感染艾滋病病毒的孕妇免费提供母、婴阻断的药物及婴儿检测试剂，这对控制艾滋病的流行与传播将起到积极的作用。

4. 胎心监测

胚胎心脏于卵子受精后18～19天时发生，21～22天即开始跳动，并推动血液循环。此时胎儿心跳微弱，目前常用探测胎心的方法还不能将其显示出来。随孕周增长，多数于早孕7～8周（自末次月经第一日算）做B超检查便可观察到胎心搏动并能计数，此时胎心率偏快，可达180次/分或以上，仍属正常。妊娠10～12周时，用超声多普勒胎心探测仪便可在孕妇下腹部探得。妊娠4个月后，可用各种胎心音听诊器，自孕妇腹部子宫的适当部位直接听取。妊娠后

期，胎心音更容易听取，俯耳于孕妇腹部胎背处，便能清楚地听到胎心音。正常胎心率为120～160次/分，规律。由家人协助听取胎心音，以监测胎儿情况，是产科的一种家庭监测手段。

电子胎心监护是采用一种电子仪器将胎儿心脏瞬时活动进行即时并连续地描记，形成的图像即胎心监护图。胎心监护图主要反映的是胎儿脑部的调节功能。脑调节功能直接受氧供应的影响。缺氧时，胎心监护图便出现异常变化，借此可以及时发现胎儿窘迫。它较既往凭听胎心来诊断胎儿窘迫要准确、简便。

正常胎心监护图的基本要素：基线胎心率（120～160/分），基线在一定幅度内上下波动称之为变异；胎动时胎心率增快超过15次/分，持续超过15秒钟。但要注意胎心监护图受胎龄、胎儿睡眠及孕妇用药等因素影响，诊断时要注意排除这些因素的作用。医师通常会根据胎心监护图的变化综合分析，以判断有无胎儿窘迫及其程度。

胎心监护是重要的胎儿监护措施之一，适用于存在胎儿缺氧的各种高危妊娠，也适用于临产后的入室观察。胎心监护可以评估宫缩时胎儿对短暂缺氧的承受能力，以确定适当的分娩时间及分娩方式。

5. B超检查准确了解胎儿生长发育情况

测量宫高及腹围，反映子宫大小，只能间接地了解胎儿发育情况。B超检查可以直接而全面地观察胎儿、胎儿附属物及其周围环境，是监测妊娠的简便、可靠而又无创的方法。通过B超检查可协助了解以下各方面的情况：

(1)判断单胎或双胎，以及胎儿是否存活。

(2)诊断某些胎儿畸形，如脑、心、肾及肢体等畸形。

(3)测量胎儿各种径线，判断胎龄或发现胎儿生长受限。

(4)确诊前置胎盘、羊水过多或过少等。

(5)彩色多普勒超声检查可诊断胎儿某些先天性心脏病及发现脐带绕颈等。

(6)以B超为主的生物物理五项评分，有助于了解胎儿在宫内是否缺氧。

(7)经阴道B超，还可以测量骨盆的大小。

综上所述，B超有助于发现多种妊娠与分娩的高危因素，是现代产科的一项重要产前监测手段，凡有条件者均应定期进行。

迄今为止，国内、外的研究资料表明，当今用于临床诊断的超声剂量对胎儿及孕妇均无不良影响，因此不必过分担心。

6. 孕期的自我监护与家庭监护

按时进行产前检查、B超监测等，是了解孕妇及胎儿情况的重要手段，但均需在门诊部或医院中进行。

孕妇本人对其自身情况最了解，通过接受孕期卫生知识宣传教育与指导，便可能察觉出异常情况，及时就医。只要定期检查，就不至于有大的问题。对胎儿来说则完全不同，在“正常妊娠”中仍可能出现异常情况，特别是难以预料的脐带因素，常导致胎儿窘迫，甚至死亡，即使定期检查仍然显得不足。鉴于母、儿间的密切关系，胎儿的某些变化，孕妇可以最先感知，若教会孕妇自己观察胎儿的正常与否，便可能做到每时每刻的监护，这就是自我监护的基础。由于胎儿自缺氧至死亡常需要经历一段过程。在此过程中必定会出现胎动的变化，胎动或频繁或减弱，故于妊娠28～30周后，若能指导孕妇做胎动计数，发现胎动异常及时就医便可能挽救濒危的胎儿。每日早、中、晚各计数胎动1小时，正常胎动数为＞3次/小时；也有将3小时计数之和乘以4作为12小时内的胎动数，正常应在30次以上。异常的胎动为增多或减少，提示胎儿有异常情况，应及时就诊。

妊娠晚期可教会家人自孕妇腹部听取胎心音，这样便可以在家中进行胎心监测。正常的胎心率为120～160次/分，规律；胎心率增快、减慢或不规律均为异常，要及时去医院检查，这就是简易的家庭监护。若能在家中测量体重及血压，则能做到更全面的监测。

将自我监护、家庭监护与医院的围生保健工作结合起来，便能及时发现胎儿异常情况，从而可以得到及时的处置。

四、胎儿教育

在全家人的期待中，准妈妈们怀孕了。由于是计划内怀孕，准妈妈们早早地了解了怀孕的禁忌，规规矩矩地遵守着，期待度过一个愉快的孕期生活。

作为准妈妈的小王，希望生出的宝宝健健康康、快快乐乐，有个好脾气。不过听说有什么样的父母就有什么样的宝宝，小王就担心起来：“我和老公都是急性子的人，虽然感情一直很好，但经常拌嘴，谁也不让谁。为了宝宝，我得好好进行胎教了。”

准妈妈小张怀孕5个月了，隐约感觉到了胎动。刚开始很久才能感觉到一

下。现在，胎动已经很明显了。宝宝每天都踢小张的肚皮。有时睡到半夜，小张也会被踢醒。怀孕快半年了，小张跟宝宝相处了接近半年，心情很复杂。

准妈妈小李马上就能见到宝宝了，现在也开始为分娩做准备。小李越来越担心宝宝出生后所要面对的各种问题。怀孕前一向是很果断的小李，怎么做了准妈妈以后变得这么犹豫呢，在进行胎教时也是怕这怕那的，感觉整个人换了一种性格。

这个时期要选择怎样的胎教呢？

(一)胎教不等于是对胎宝宝的早期教育

中医学关于"胎养"、"胎教"的记载，最早见于夏商周时代。《烈女传》记载，"太妊者……乃见有娠，日不视恶色，耳不听淫声，日不出傲言"。讲的就是准妈妈在怀孕期间应保持心态平和、精神愉快而放松，使身体各器官保持良好的功能状态，从而有利于胎宝宝的健康生长。现在，我们提倡准妈妈多接触美好的事物，诸如听优美的音乐，欣赏优雅的风景，观赏高雅的艺术作品，阅读清新流畅的刊物等，从而陶冶性情、开阔胸怀，对胎宝宝的生长发育产生好的影响。那么，胎教是不是对胎宝宝的早期教育呢？

研究发现，胎龄 4 个月时，胎宝宝的皮肤对冷刺激有了反应，5 个月对温热有了反应，6 个月有了嗅觉，7 个月对疼痛刺激有了反应，有了听觉并对噪声有了厌烦的动作。然而，所有这些，仅仅是感觉功能和运动功能的初步建立，还未形成知觉，更无产生思维或意识的神经组织学和生理学的基础，及社会环境的条件。国内外医学、心理学家的共识为：知觉是出生后建立的，哪怕是最初级的知觉，也是在出生后半个月产生的。因为胎宝宝在准妈妈子宫内受环境所限无法接受外界某一事物的各种属性的刺激，在大脑中不会产生对外界这一事物的感受，不可能得到该事物的整体印象，也就根本不可能产生对该事物的知觉。因此，不能把胎教误解成早期教育。

因此，科学的胎教是准妈妈在保证充足的营养和适当的休息条件下，从胎龄满 6 个月后开始对胎宝宝实施每天定时的声、光、触摸等的刺激，借此使胎宝宝的听觉神经通路、视觉神经通路、触觉神经通路所产生的神经冲动在大脑细胞间传递，其途经的细胞得以伸展出更多的树突，供建立更多的信息传递的"突触"。这些"突触"是我们大脑网络丰富的必要条件。大脑网络丰富了，记忆容量和记忆速度就会得到提高，这样就为以后的学习和工作奠定了一个良好的、

丰富的大脑网络物质基础。

(二)胎教内容

胎教的实质是最终促进胎宝宝大脑网络的丰富化。胎教具体可以从以下几个方面来进行。

1. 营养胎教

营养胎教被称为“孕期第一胎教”，主要包含了两个方面：一方面是根据孕期的特点与胎宝宝发育的进程合理安排蛋白质、脂肪、糖类、无机盐、维生素、水、纤维素等7大营养素，以保证准妈妈和胎宝宝双方对营养的需求；另一方面，通过调整准妈妈的饮食方式，潜移默化地影响胎宝宝，形成良好的食物结构和饮食习惯，以减少出生后的喂养困难。有些婴儿没有胃口、常吐奶、消化吸收不良或明显偏食，原来准妈妈也往往是偏食或是吃饭的过程紧张匆忙，常被外界干扰打断或是常常有一餐没一餐的。由此可见，营养胎教不等于以往单纯的营养补给，而是涉及食物的选择与组合、进食模式与习惯的更新等方方面面，展示出整个家庭累积的饮食科学与文明的程度，将优孕的概念从胎宝宝期延伸到孩子出生以后，如婴儿期、幼儿期乃至更长的时期，建立起孩子后天的绿色食物源及健康食物结构的雏形，其积极影响将惠及孩子一生。

(1)营养胎教要从准备受孕开始：一个新生命从受精卵开始，每一个阶段都有其独特的健康与智力价值。而营养又是胎宝宝整体价值及质量的基础和保障。因此，营养胎教在时间上应从准妈妈受孕前6个月列入生活日程，如戒烟、戒酒、停用药物等，并安排一些诸如蘑菇、畜禽血、绿叶蔬菜、海带、绿豆，木瓜、苹果等具有排毒功效的食物，目的是来个体内大扫除，为未来的胎宝宝营造一个干净无污染的孕育环境。同时调整食谱，提升富含优质蛋白、维生素(尤其是叶酸)与多种无机盐的食品在餐桌上的比重，为十月怀胎做好胃口的铺垫与营养的储备。通常情况下，受孕后的最初2～3个月内，轻重不等的早孕反应会使准妈妈的营养摄取陷入困境，而丰富的营养储备无疑会及时弥补这一亏损，顺利度过难关，使胎宝宝先天健康的优势得到充分的保障。

(2)孕期不同，食谱有别：孕期长达十个月之久，各阶段准妈妈与胎宝宝对营养的需求并不一样，要遵循每一期的孕妇、胎儿生理特点，把握住所需营养的重点。营养上，要注意热能的合理供给，蛋白质、维生素、微量元素，以及必需脂肪酸的科学补充。科学证明：人的大脑皮质锥体细胞树突和树突棘的发生发

展，及锥体细胞之间“突触”建立的多少和人一生中的行为、学习、记忆的能力有直接的关系。如果在胎宝宝大脑细胞分裂增殖的第一个高峰期(即孕 10～24 周)，大脑皮质的 6 层结构将要全部形成时，热能、蛋白质、必需脂肪酸、维生素、微量元素供给充分，可促进大脑锥体细胞生长得更多。在此基础上，从胎龄 6 个月起，锥体细胞体积开始长大、树突开始延伸的期间，可增加由外界到大脑皮质的各种良性刺激，如声、光、触摸等。正确认识胎教的科学本质不仅引导人们从对胎宝宝早期教育的误区中走出来，更重要的是强调了准妈妈营养的充分摄入，对胎宝宝大脑发育的重要性。

胎宝宝大脑的生长发育，在 40 周的孕期内，其速度是不一样的。在怀孕的 10～18 周，其大脑锥体细胞生长最快，这期间胎宝宝要从准妈妈体内获取大量的多种氨基酸、维生素、微量元素(特别是锌、铜、碘)，必需脂肪酸，特别是不饱和脂肪酸二十二碳六烯酸(DHA)，以便合成锥体细胞的核蛋白，使胎宝宝大脑锥体细胞迅速增殖。因此，强调怀孕的 3～6 个月期间，合理与充分的饮食营养，特别是 DHA 的补充应作为营养胎教的主要内容。

①孕早期 3 个月。大多数准妈妈出现早孕反应，如恶心、呕吐、厌恶油腻食物，影响摄食量，导致脱水，甚至饥饿。而饥饿可引起准妈妈血液中的有害物(如酮体)蓄积，进而危害胎宝宝大脑等组织器官的发育，甚至引起畸胎或诱发流产。尤其是缺乏叶酸可能导致胎宝宝神经管畸形，致使无脑儿、脊柱裂、脑膨出等怪胎的发生率增高。此期胚胎(严格地说只能叫胚芽)小且生长较慢，准妈妈对热能和营养素的需求量并未增加多少，不必在量上过分计较，保证体重增加1～2千克即可。但要防止早孕反应对胎宝宝发育的干扰，故应在改善准妈妈的胃口与提升三餐的质量上下工夫。

②孕中期 3 个月。此乃怀胎 10 个月中最舒适的一段时间，可谓准妈妈的“蜜月期”。加上此阶段胎宝宝生长提速，对养分的需要量也明显增加，故为纠正、弥补、调整、补充营养的黄金时期。最好与营养专业人员配合定期做营养监测和评价，做到缺什么补什么，缺多少补多少，保证体重增加 4～5 千克，给准妈妈和胎宝宝两人最好的呵护。三餐结构以应季食物为主，如春季的番茄、黄瓜、菠萝、菠菜等；夏季的桃、莴笋、绿叶菜、玉米、豆类等；秋季的苹果、香蕉、板栗及五谷杂粮；冬季的橙子、柚子及深海鱼类等。

③孕后期 3 个月。这时，胎宝宝着手为出世做准备，开始从准妈妈体内大量储备物质，如脂肪、维生素、抗体等，增加了准妈妈的养分负担；另一方面，准

妈妈开始为分娩做准备，特别是产力上的准备需要借助于钙、锌等元素之力。故此期准妈妈的餐桌上绝对不可缺少富含钙、锌的食物。准妈妈的“蜜月期”已经到头，加上胎宝宝对胃部的挤压，致使食欲再度滑坡。此时，主食应以容易消化的半流食或软食为主。另外，蔬菜、水果也要有一定量的保证，但不可用水果代替蔬菜，因为两者的维生素、无机盐含量不一样，各有千秋，只能互补，不能互相取代。

(3)为孩子的健康做好食物结构准备：营养胎教的内容还要延伸到胎宝宝出生以后，如婴儿期、幼儿期，为孩子健康食物结构做好准备。要达到这个目的，以下要素你不可不知。

①建立智力食谱概念。医学研究证明，营养胎教对胎宝宝的智力有突出的贡献，准妈妈应建立起智力食谱的概念。鹌鹑、葡萄、核桃、果仁、苹果、草莓、桂圆等益智食品榜上有名。准妈妈千万不要遗忘它们。

②以未加工的食物为主。提倡喝豆奶、吃豆制品，将绿色蔬菜列为孕期的重要食物结构。养成生吃新鲜蔬菜(注意卫生)和水果(一定要削皮)的习惯。多喝蔬菜汁、鲜果汁、白开水，将这些健康食品发展成为孩子后天绿色健康食物结构的主要部分。相反，高脂肪肉类特别是畜肉应适当限制，以禽、鱼类取代之。禁食动物内脏、头、蹄、爪和蛇类及野味等，这些也是孩子后天食物结构中应淘汰的污染食品。

③革新烹调方式。以煮、蒸、炖、轻炒等方式为主，少用煎、炸等法，注意色、香、味。并避免暴饮暴食，高盐高糖，嗜烟贪杯，也不要吃剩饭剩菜与刺激性强的食物，如咖啡、臭豆腐、皮蛋、辣椒等，并将其发展为孩子的后天饮食模式。

(4)养成良好的饮食习惯：孩子吃饭不守时，边吃边玩，一餐多一餐少、挑食、偏食……一连串的不良饮食行为，折腾着年轻的妈妈们。“餐桌大战”就是人们对这种现象的形象概括。那么，有没有克服的办法呢？这就是营养胎教的第三个要点：准妈妈“以身作则”，将良好习惯的信息“种植”于胎宝宝。在其出生以后开花结果，以减少或避免种种喂养方面的困难。准妈妈“以身作则”至少要做到以下三方面：

①定时三餐。无论你怎么忙碌都要把吃饭的时间留给自己。理想的进餐时间为早餐7～8点，午餐12点，晚餐6～7点。每餐持续时间掌握在30～60分钟。速度从容，心情愉悦，细嚼慢咽。

②定量三餐。每餐都不要随意忽略或凑合，并且分量要足。每餐各占1天

所需热能的 1/3 或呈倒金字塔形，早餐丰富，午餐适中，晚餐适当减少。

③定点三餐。如果希望未来的宝宝能坐在餐桌旁专心吃饭，那么你现在就应该树立“榜样”，相对固定于一个气氛融洽、温馨的地点，尽量不受外界的影响。

2. 音乐胎教

音乐胎教是人们经常听到的胎教方法，但你知道音乐胎教有什么讲究吗？要说明的是，无论是音乐胎教，还是运动胎教或者抚摩胎教、语言胎教等都是在胎龄满 6 个月（怀孕 24 周）后才能进行。

音乐胎教是指在胎宝宝满 6 个月后，在其内耳的耳蜗神经细胞已经发育完善，听力接近成人的情况下，给宝宝听音乐。音乐选择应以最响成分为中、低频（500～1 500 赫兹）的声波为主，声音以 60～70 分贝为宜，音乐听起来轻柔舒缓。为了使音乐能更清晰地传导到宫内，还可以使用一种特殊的传声器装置，将它扣在宫底下两、三横指处（要避开肚脐部）。目前，由北京青少年出版社出版的《爱心胎教音乐全集》经过中国优生优育协会胎教专业委员会专家的审核，认为其满足了胎教音乐的特殊要求。

为什么给胎宝宝听的音乐要考虑频率的因素呢？原来研究证实，人耳容易受较强的高频声波刺激，从而破坏内耳，损伤听力。但是，这并不等于说准妈妈周围绝对不允许有高频声波。因为有的高频声音如金属砂轮声，由于是经过空气传播的，进入子宫后它的声压会衰减 20 多分贝，只要进入人体前它的声压不超过 85 分贝，一般不会有太大影响，如果声音太响当然还是应尽量躲避。但是，当用传声器给胎宝宝放含有声压较强的高频成分的音乐时，由于这时的高频声音不衰减，就会对胎宝宝造成损伤了。所以，在选择胎教音乐时，使用传声器给胎宝宝听的音乐，其中最响的成分应当是频率为 500～1 500 赫兹的中低频的声波。

由于男性的声音主要是中低频的成分，从胎宝宝听觉器官生长发育的角度来讲，爸爸的声音更容易传到宫内，更容易为宝宝听到。所以，准爸爸要积极参与到胎教的工作中来，每天可以给胎宝宝进行语言胎教。同时准爸爸还要关心、体贴准妈妈，让她保持愉悦的精神，轻松的心情。这些也是非常重要的胎教内容。

音乐胎教还应注意以下几点：

（1）胎宝宝喜欢听节奏平缓、流畅、柔和的音乐，准妈妈可以挑选一些轻柔

的胎教音乐，最好是不带歌词的，以便更好地激发胎宝宝的反应。如优美的中国传统音乐、民乐、西洋古典音乐等。欣赏前应放松肌肉、保持心情舒畅，并告知胎宝宝“要一起听音乐了”。

(2)音量要适中，注意音乐质量。每天有计划地听 1～2 次，每次 15 分钟左右。乐曲不宜过多、过杂。

(3)欣赏音乐时宜采取半卧姿势，最好坐在沙发或躺椅上；多用播放式，少用传导器。

(4)最好给胎宝宝唱歌，当中稍加停顿，留时间给胎宝宝“跟着唱”。

3. 运动胎教

运动胎教，是指导准妈妈进行适宜的体育锻炼，促进胎宝宝大脑及肌肉的健康发育，有利于胎宝宝健康成长和顺利出世。例如，准妈妈小陶喜欢练习瑜伽，不但可以增强体力和肌肉张力，增强身体的平衡感，提高整个肌肉组织的柔韧度和灵活度。同时还可以起到按摩内部器官的作用。很多准妈妈会抱怨晚上睡不好觉，而练习瑜伽，在一定程度上有益于改善睡眠质量。瑜伽还能帮助准妈妈进行自我调控，使身心合二为一，这也是一种很好的胎教。

在整个妊娠过程中，准妈妈可以练习不同的瑜伽姿势，但必须以个人的需要和舒适度为准。准妈妈在练习某个姿势时若觉得有困难，不妨找一张椅子或靠住墙，或者在家人朋友的帮助下进行，以便平衡身体。在练习瑜伽时，思绪不要到处游移，把注意力集中到呼吸和自我感觉上。

此外，准妈妈还可以和胎宝宝一起做“胎教操”。从怀孕第 7 周开始，胎宝宝就开始活动了，小至吞咽、眯眼、咂拇指，大至伸展四肢、转身、翻筋斗，都可以做到。准妈妈和准爸爸可以通过动作和声音，与胎宝宝沟通信息。这样做，胎宝宝会有一种安全感，感觉舒服愉快，出生后也愿意同周围的人交流。在妈妈肚子里进行体操锻炼，胎宝宝的肌肉活动能力增强，出生后翻身、抓、握、爬、坐等各种动作的发展都比没有进行过体操锻炼的要早。

怀孕 6 个月时，你可以每天在固定的时间给胎宝宝一个信号：“宝宝，快来和妈妈做操。”躺在床上，全身尽量放轻松。用双手从上到下、从左到右在腹部轻轻地来回抚摸，然后用一个手指轻轻一压再放松，并观察宝宝的反应。如果胎宝宝用力挣脱或者蹬腿反对，就表示胎宝宝不高兴了，你就要停止。几周以后，胎宝宝对妈妈的手法熟悉了，一接触妈妈的手就会主动要求“玩耍”。妈妈要记得开始这些动作时要轻，每次持续 5～10 分钟，每日 1 次，每周 3 日。

胎宝宝6～7个月时，妈妈就可以感觉出他的形体了，这时还可以轻轻地推着宝宝在腹中“散步”。8个月时，妈妈就可以分辨出宝宝的头和背了。宝宝如果“发脾气”用力顿足，或者“撒娇”身体来回扭动时，妈妈就可以用爱抚的动作来安慰胎宝宝，而胎宝宝过一会儿也会以轻轻的蠕动来感谢妈妈的关心。

如果能和着轻快的音乐同宝宝交谈，跟他“玩耍”，效果会更好。教胎宝宝做体操比较理想的时间是在傍晚胎动频繁时，也可以在夜晚7～8点，但不要太晚，你也不希望小宝宝一生下来就黑白颠倒吧。还要注意的是，怀孕3个月以内和临近产期都不可以进行“胎教操”。每次做操最好不要超过10分钟，即使训练高峰的7～8月也不例外。

4. 抚摸胎教

小莉怀孕8个月的时候，与腹中的儿子做起游戏来，她朋友一脸的惊讶：“新鲜！没出生的胎宝宝怎么和你做游戏？”小莉说：“我儿子会跟我交流了，并且还能‘识数’呢。我用手在我的腹部轻轻按压他，他一定会用小脚丫踢我的肚皮回应我，如果我按压他两下他就会踢我两下，按压3下，他就踢我3下，屡试不爽，特绝。”小莉的这种与儿子做游戏的方法属于“抚摸胎教”。

(1)抚摸胎教内容：怀孕5个月的准妈妈会感觉到胎动，准爸爸、妈妈可以通过抚摸和轻轻拍打帮助胎宝宝做运动，给胎宝宝的大脑一个良性刺激，促进胎宝宝的动作能力和智力发展。胎宝宝不仅需要有准爸爸、妈妈给予的语言交流和优美的乐曲，而且还需要有与父母的肢体的接触。

(2)抚摸胎教方法

第一步：抚摸。准妈妈仰卧在床上，全身放松，用手捧着腹部，从上到下，从左到右，反复轻轻抚摸，然后再用一个手指反复轻压。抚摸胎教刚刚开始时每星期3次，每次5～10分钟，以后可以逐渐增加至每天做1～2次，而且可以一边抚摸，一边与胎宝宝讲话，或者一边抚摸，一边播放轻柔的音乐，从语言和动作上都让宝宝感受到妈妈和爸爸对他的关爱。

第二步：按压。用手轻轻推动或按压胎宝宝身体，胎宝宝会出现踢准妈妈腹壁的动作，像是在回应你的抚摸。这时，你可以再用手轻轻按压胎宝宝踢你的部位，胎宝宝会第二次踢你的腹壁，像是在说：“妈妈，我在这儿呢！”，然后你再次用手按压胎宝宝踢你的部位，胎宝宝会第三次踢你的腹壁……这种交流会渐渐形成条件反射，每当你用手轻轻按压胎宝宝时，他都会向按压的位置踢去。抚摸胎教可以促进胎宝宝的肢体运动和触觉，增加他肢体的灵活度。经过抚摸

胎教锻炼的胎宝宝出生后，肌肉活力较强，动作敏捷灵活，翻身、坐起、爬行、站立、行走及动手能力都比没有经过抚摸的孩子发展得早一些、快一些，而且身体健壮，手脚灵活，动作协调。

(3)抚摸胎教的注意事项

①注意每次抚摸按压的部位应基本保持不变，起码不要距原来的位置太远。在抚摸时要注意胎宝宝的反应，如果胎宝宝对抚摸刺激不高兴，就会出现躁动不安或者胡乱蹬踢等现象，这时你就应该停止抚摸。

②如果胎宝宝受到抚摸后出现平和的蠕动，就表示胎宝宝感到非常舒服，很满意，这时你就可以多抚摸一会儿。

③一定要在医生指导下进行，避免因抚摸、按压不当或过度而产生意外。

④有流产、早期宫缩、早产迹象者，不宜进行抚摸胎教。

⑤手法宜轻柔，循序渐进，不可急于求成。

⑥每次仰卧时间不能超过10分钟。

5. 环境胎教

在环境上，给6个月以后的胎宝宝进行音乐、光照、触摸等的刺激，是希望用适度的上述刺激，刺激并诱导相关的神经通路及大脑皮质中枢，使这些部位的锥体细胞增长更多的树突，以促进它们和周围的锥体细胞建立传递信息的突触联系，让大脑与感觉、运动、思维、记忆等密切相关的神经网络更丰富，有利于生后的智力开发。这实质上是在产前对胎宝宝大脑生长发育的一种来自于环境的干预。它和在胎宝宝大脑细胞生长的剧增期所给予的营养干预一样都很重要。

从准妈妈的角度来讲，看优美的图片，安静地剪纸、绘画可以让准妈妈精神放松，间接改善准妈妈的微循环，从而有利于胎宝宝宫内环境的改善。但是，这并不能说成可以通过剪纸或者看图片达到和宝宝“交流”的目的，胎宝宝在宫内完全是被动地接受刺激产生感觉，不会产生知觉，更不会“懂得交流”。从这里也可以看出，胎教不是教育，而是从环境方面来促进胎宝宝大脑发育的过程。

(三)胎教应该注意的问题

上面各种胎教都属于狭义的胎教内容。事实上，胎教的内容是很广泛的，胎教还有很多要注意的环节，它的工作从准备怀孕就已经开始了，比如选择最

佳的生育年龄。医学上来说，20～29 岁的女性生殖能力、分娩能力都是最好的。男性的最优生育年龄在 28～30 岁，最好不要超过 35 岁。怀孕季节的选择也是胎教的一个内容，从我国大部分地区的生活、地理条件来考虑，6～8 月份是怀孕比较理想的季节，其原因如下：

一是受病毒感染的机会少。妊娠前 3 个月为致畸敏感期，此时准妈妈如患感冒、风疹等，对胎宝宝危害极大。如果 6～8 月份怀孕，此时季节温和，可以避免感染，减少致畸的可能性。等到度过早孕反应期（妊娠头 3 月）时，正是各种瓜果梨桃、鱼肉禽蛋大量上市的季节，准妈妈有足够的营养来源。虽然现在经济较前发达，但是准妈妈最好选择正常季节的蔬菜水果，选择反季节蔬菜和水果时还是应该慎重。

二是分娩时气候宜人。6～8 月份怀孕，正是在第二年气候宜人的春末夏初分娩，各种新鲜的主副食品又开始供应，使产妇获得足够的营养，保证了母乳的质量。同时，对于刚刚出生的小宝宝也有轻装上阵的优越气候条件，方便了宝宝的四肢自由活动，利于宝宝智力和体格的发育。

当然，选择 6～8 月份怀孕是我国的传统观点，由于角度不同，选择受孕季节也可以不同，同时还要结合自身的心理、经济条件、工作环境等综合考虑。

预防有缺陷儿童的出生，也属于胎教的范畴。因此，科学的胎教还要求准妈妈在准备怀孕前 3 个月开始服用叶酸，一直吃到满孕 3 月（12 周）止，以预防胎宝宝神经管的发育缺陷。叶酸主要富含在黄豆中，每 100 克黄豆中含叶酸 381.2 微克，每天需要摄入 400 微克的叶酸，最高不要超过 1 000 微克。因为，叶酸补充过量可能会影响锌的吸收，导致锌缺乏，使胎宝宝发育迟缓，体重低。另外，菠菜、小白菜、油菜、红苋菜中叶酸的含量也非常丰富。

目前，大多数的准妈妈和妇幼保健医院都重视了叶酸的补充，但是碘的补充还没有引起足够的重视。准妈妈在准备怀孕的前 1 个月就要开始关注碘的补充，还有要注意准备怀孕的阶段不要再与猫、狗等动物有过多接触，以防弓形虫的感染。同时也要注意怀孕期间的用药问题，积极做好用药咨询的工作，也是胎教成功的积极保障。

（四）准爸爸在胎教中的作用

准爸爸在胎教中的作用不仅影响着自身，也影响着准妈妈和胎宝宝。为此建议如下：

1. 关爱妻子

准妈妈在妊娠、分娩、养育各时期都会产生一些紧张心理，尤其是由于妊娠反应而产生的烦恼情绪，会对胎教不利。丈夫要比热恋时更加关爱妻子。比如上下班时亲吻、拥抱妻子，餐后陪她散步，共同欣赏音乐、艺术美学，陪同产前检查，陪待产，共同养育宝宝等，准妈妈才能保持积极的心态，夫妻双双为即将为人父母感到喜悦和自豪才是。

2. 积极参与胎教

在准妈妈进行音乐胎教、美化环境胎教、对话胎教、运动胎教时，准爸爸也要积极配合，不能因工作忙而放弃。

3. 考虑给宝宝起乳名

可以考虑为胎宝宝取一个乳名。等胎宝宝的听觉发展成熟后，父母经常呼唤他的乳名，当宝宝出生后听到自己的乳名时就会有特殊的安全感。

4. 准备一本胎教日记本

挑选一本精美的胎教日记本，送给准妈妈，或一起督促养成每天记录胎教情况的好习惯。

（五）胎教给准妈妈的慰藉

一位母亲在回忆她的妊娠经历时不无感慨地说："在我最困难的时候，是我的宝宝给了我慰藉和力量！"那时处在妊娠末期的她，经常感到腰酸腿疼，脚肿得像个馒头，想着即将来临的分娩这一关，心里更是害怕，再加上担心孩子的健康，所以她常常感到身心俱惫。后来她无意中用手拍了拍腹部，却意外地发现她的宝宝竟把脚伸到了她刚刚拍打的地方。而当她的手换到其他部位时，过了一会儿，宝宝的脚也随后赶到了。以后的日子里，她每天早上一起床，就要用手唤醒她的宝宝。不仅如此，每每不如意时，她就轻轻地呼唤宝宝的乳名，而他这时总是乖乖的，一点也不闹，像是在倾听妈妈的声音。就这样，亲子相互呼应、扶持，她很快地盼来了宝宝的降生，而且到现在孩子还是和她最亲。后来她在杂志上看到，她无意中用到的两种与腹中宝宝交流的方法均属于胎教范畴。

胎教不是一种教育方式，而是一条亲子之间传递信息的情感纽带。通过这条纽带，胎宝宝得以感知外面的大千世界和准妈妈的美好祝福，而准妈妈在收获喜悦的同时，也能从中获取战胜一切艰难困苦的勇气和信心。准妈妈种种压

力和不安的化解，除了需要其本人具有良好的身体和心理素质，以及家人的理解关怀，更重要的是需要来源于腹中胎宝宝的“问候”。因为只有胎宝宝才能唤起准妈妈的生活信心，让她们更好地明白作为母亲的不可推卸的职责，以及母爱的社会价值和人生价值。这对于保持准妈妈的心理平衡，坚定准妈妈的信念无疑是积极而且有益的，这就是胎教给于准妈妈的慰藉！

五、主动配合平安分娩

(一)分娩前的准备

1. 确定住院分娩

妊娠足月时，孕妇出现了有规律的子宫收缩，表明临产的开始，应立即到医院就诊。然而，若发生胎膜早破，虽然尚未开始宫缩，也应及时入院。

孕妇若无并发症则不需要提前入院，以免待产时间太长吃不好、睡不好，再加上受其他产妇的影响，加重思想负担，造成产前身心疲惫，而且增加了经济负担。

对有合并症或并发症的孕妇，医师会根据病情确定入院时间，孕妇及家属应予以理解与配合，不可自作主张，以免发生意外。需要立即入院的情况有：重度子痫前期，子痫，突然发生的胎动或胎心异常及产前出血等。此外，还有按计划需提前入院者，如试产病例、胎位不正或骨盆狭窄。凡决定做选择性剖宫产者，应在预产期前1～2周入院；妊娠达41周者也应入院进行引产。至于有其他科合并症者，还需与有关科室医师协商确定入院时间。

2. 孕妇住院分娩前、后的准备工作

孕妇在妊娠37周后，随时可能临产而住院。在此之前，应该做好各项准备，以免临时手忙脚乱。

(1)住院前的准备：备好现金或开好支票，随时可以办理入院手续；联系好交通工具，以备夜间临产可以及时送往医院；还要准备好日用杂物，包括洗漱用品、水杯、汤匙、餐具、消毒的卫生纸及卫生巾、乳罩和吸奶器等。最好再准备一些饼干或点心，以供产程中或产后食用。将各种物品整理打包，一旦需要，提起就走。

(2)出院需带的物品：婴儿的衣服、尿布、包单、被子，天冷时还要准备帽子；产妇的衣服、鞋袜、头巾或帽子。

(3)家中的准备:混合喂养或人工喂养者,应备好牛奶、奶粉及消毒的奶瓶与奶嘴;住处要清洁、干燥、温暖,冬季要有良好的取暖设施。

(二)分娩的相关问题

1. 发生难产的主要原因

难产,医学术语叫做异常分娩。发生难产的原因很多,但不外乎产力、产道、胎儿。在这三个因素中,任何一个或一个以上的因素发生了异常,都会使分娩的进程受阻而发生难产。顺产和难产在一定条件下可以互相转化。如果顺产处理不当,可以变为难产;反之,难产处理及时,也可能变为顺产。

妇女在妊娠期,应常规进行一系列产前检查,还需要做骨盆的测量,以便对母、儿情况有全面了解。在预产期前2～3周,医师要对产妇的分娩方式作出初步评估,并要告诉其本人,可以阴道分娩、试产或需要施行剖宫产。如果需要行剖宫产,应向其说明原因,以便做好思想和物质上的准备。

当前,我国许多大城市对孕妇实行分区管理,要求孕妇到辖区所属的医院检查及分娩。这样,辖区内的产科医师和孕妇本人,在产前都可以做到心中有数。妊娠足月出现临产征兆,或按医师约定的时间去住院待产。如果能做到上述各项,将有助于减少难产的发生。

目前,难产发生的原因主要是因为有些孕妇从未到医院进行过系统的产前检查,也没有测量过骨盆,更未经医师鉴定是否具备阴道分娩的条件。本人对自己能否正常分娩心中也没有数,只是在临近产期或是已经临产才到医院就诊。这时,医师对产妇的情况缺乏全面了解,临时发生问题往往措手不及,难产的机会自然增多。提倡孕妇做系统的产前检查,遵从医师指导,这样便可以有效地减少难产的发生。

2. 臀位分娩

臀位俗称"立生"或"坐生",在分娩时胎儿的足或臀部先从阴道娩出,是除了头位以外最多见的一种胎位。

在妊娠6～7个月时,胎儿活动度大,臀位比较多见。到了8个月以后,其中多数都能自行转为头位。如果分娩之前仍未转为头位,则为臀位分娩。

臀位分娩有其不利的一面。由于胎儿臀部先娩出,较大的肩和头部必须在很短的时间内按着一定的机转进行转动,由有经验的助产人员协助才能顺利娩出。在分娩过程中,发生新生儿窒息及产伤的风险要大于头位分娩。如果是全

臀位或单臀位，没有骨盆狭窄，胎儿又不过大，临产时助产人员通过采用堵臀、臀位助产等方法协助，多数能够顺利分娩。

根据以上所述，臀位分娩不一定都需要做剖宫产。在产前检查时，根据产道、胎儿及母体的各项条件综合考虑有无手术指征，然后再决定是否需要施行剖宫产。如果有骨盆狭窄，胎儿偏大，臀位足先露估计后出胎头困难者；或怀孕不易，胎儿特别珍贵者；有产科并发症或有内、外科合并症者；35岁以上高龄初产妇；曾有难产史无活婴者，均应当考虑剖宫产。否则，还是可以从阴道分娩的。

3. 脐带绕颈

胎儿在子宫内活动于羊水中，脐带缠绕胎儿颈部或躯体是常见的事。接生时，发现脐带缠绕胎儿颈部者可达半数或更多，也就是说，绝大多数脐带绕颈的胎儿可以安全分娩。然而，也有极少数病例是由于脐带缠绕而发生胎死宫内，或在分娩过程中发生问题，包括死产、新生儿窒息、颅内出血等。

脐带绕颈是否会导致胎儿窘迫或分娩过程发生问题，主要取决于有效的脐带长度(脐带总长度减去绕颈的部分)、绕颈的周数及缠绕的松紧度。孕期尚无法测量有效脐带长度，只能在下推胎头时观察胎心变化，或临产后子宫收缩胎头下降时观察胎心的变化，以间接推测是否存在有效脐带过短，或通过B超检查了解脐带绕颈的周数及缠绕的松紧度。

经过观察，如怀疑有效脐带过短，或脐带缠绕儿颈达3周或缠绕过紧者，宜行选择性剖宫产；或可在孕期加强胎动监测、远程胎心监护及产程中胎心监护，若一切正常便可以自阴道分娩，否则随时可改剖宫产分娩。

4. 产后出血的预防

胎儿及胎盘娩出后，一般出血量为50～250毫升；如果出血量超过500毫升，即为产后出血。产后出血是引起产妇死亡的主要原因，也是产科常见而又严重的并发症，发生率占分娩总数的1.6%～6.4%。因此，预防产后出血十分重要。

首要的预防方法是做好计划生育工作，避免生育过多、过密或多次行人工流产、刮宫，从根本上预防产后出血的发生。对孕妇来说，预防产后出血应从妊娠、分娩及产后各个时期加以注意。采取相应措施，方能达到预防目的。

(1)妊娠期：要有规范的产前检查，要注意孕妇的一般健康状况，如有无贫血、高血压病或其他异常情况，一经发现异常应及时纠正。对有产后出血高危因素的孕妇，如多胎妊娠、羊水过多、妊娠期高血压病或以往有产后出血史者，

均必须住院分娩；临产时做好输血准备。

(2)第一及第二产程：消除产妇思想顾虑，鼓励进食及睡眠，督促排尿，维持体力，防止产程延长。第二产程中，在医师指导下适时运用腹压以促进胎儿娩出。接生时不可过分用力牵拉胎儿，以避免软产道损伤及妨碍子宫的正常收缩；必要时，进行会阴切开以免发生重度会阴裂伤引起出血；对于有出血高危因素的产妇，应于胎儿前肩娩出时，立即静脉或肌内注射子宫收缩药，以促进子宫收缩减少出血量。

(3)正确处理第三产程：胎盘未剥离时，不可揉挤子宫或牵拉脐带，以免干扰胎盘的自然剥离过程。胎盘娩出后，应仔细检查胎盘及胎膜是否完整，以免胎盘残留或副胎盘遗留宫内，如发现残缺应立即取出。经助产手术分娩者，产后应常规检查软产道，以便及时发现裂伤，进行修补。如产后出血量多且持续不止时，应迅速查明出血原因，针对原因进行处理。

产后要仔细测出血量，并继续观察1～2小时，了解出血量及全身情况，待情况稳定后送回病房。回到病房仍要定时观察，3～4小时后应督促排尿，以免膀胱充盈，影响子宫收缩引起出血。

5. 提倡自然分娩

妇女妊娠和分娩都是生理现象，是人类繁衍后代的必经途径。怀孕40周左右，正像瓜熟蒂落一样就要分娩。

在妊娠期间，为了适应胎儿不断生长、发育的需要和准备分娩，母亲的生殖器官和体内的各个系统和器官都发生很大变化，这些变化是属于生理性的。

妊娠足月，子宫肌肉出现有规律性的收缩，随之子宫的“大门”渐渐打开，胎儿从子宫里出来，通过产道，来到人间。产后母亲的生殖器官和其他器官相继恢复原来的状态，这也是一种自然规律。

剖宫产术是一种手术。手术及麻醉都会给母、儿带来一定的风险及并发症；产后的恢复过程也要比自然分娩者来得慢；对日后的妊娠、分娩还可能带来不利的影响。可见，剖宫产术和其他手术一样都应该有其适应证，绝不可将剖宫产术作为解脱产痛的手段。总的说来，选择自然分娩对母、儿都更有利。

剖宫产是产科重要而不可缺少的一项手术，是解决高危妊娠和分娩的重要手段，使用得当可以挽救母、儿的生命。然而，现在有些孕妇到了医院，产程尚未开始，就要求剖宫产，还有要求按拟定的时辰进行剖宫产者，致使我国的剖宫产率居高不下。对这种不正常的现象，应予以重视及纠正。

6. 剖宫产术的适应证

剖宫产术是剖腹切开子宫，取出胎儿的手术。事先已估计到不能或不适合阴道分娩者，可采用剖宫产术，多安排在孕 38～39 周时进行手术。当临产后，产程进展不顺利或出现异常情况不能继续分娩时，则需要行急诊剖宫产术。

哪些情况需要施行剖宫产术？这要从母亲和胎儿两个方面来进行考虑。

(1)产妇方面的原因

①骨盆狭窄、畸形，相对头盆不称或有产道梗阻，如阴道瘢痕狭窄、盆腔肿瘤、子宫肌瘤等，胎儿不可能通过产道分娩者。

②严重的合并症或并发症，如心脏病、重度子痫前期、子痫、部分性或完全性前置胎盘、胎盘早期剥离、先兆子宫破裂等，分娩可能危及母、儿生命。

③35 岁以上的高龄初产妇、多年不孕史等。

(2)胎儿方面的原因

①胎位不正，如横位，臀位胎儿大、足先露，单羊膜囊双胎或臀头位双胎，或产程中发现头位难产无法纠正者。

②孕期或产程中，出现胎心音变化或羊水严重粪染，表明胎儿窘迫；破膜后，脐带脱垂胎心音正常，估计短时间内不能自阴道分娩者。

由此可见，剖宫产术是解决高危妊娠及分娩的重要措施，用得恰当可以挽救母、儿的生命；用得不当也会给母、儿带来危害。需强调，施行剖宫产术也和做其他手术一样，必须要有手术指征。上述种种仅是常见的剖宫产术的指征。

(三)新生儿脐带血的储存

脐带血是新生儿出生时剪断脐带后残存在胎盘及脐带中的胎儿血液。脐带血中含有大量的造血干细胞，是一种具有自我复制及多向分化潜能的细胞。应用干细胞可以治疗 40 多种疾病，它在骨髓移植、修复损伤或衰老的人体器官等方面有着广阔的应用前景。

干细胞除存在于脐带血，还来源于骨髓及外周血，脐带血的收集远较后二者更为简便，来源也丰富。采集脐带血对母、儿没有任何损害，是其优点。脐带血在过去并没有很好地被利用，而今脐带血已成为一种宝贵的生命医学资源。脐带血干细胞与骨髓及外周血干细胞的区别，在于它具有免疫不成熟性的特点。婴儿日后自身应用，具有不需配型、不产生排斥反应、价格低廉的优点。其在家族成员中可应用的几率也大，还具有快捷的优点；即使应用于人类白细胞

抗原(HLA)配型不同的个体,移植后的免疫排斥率也低。

脐带血的采集需要由受过专门培训的接生医师或助产士按操作规程进行。采集后,由有卫生部颁发脐带血造血干细胞库执业许可证的工作人员,在一定时间内取回入库,进行科学处理与保存。脐带血造血干细胞在目前的科学条件下可以长期地保存,这样更增加了它的使用价值。

父母为降生人世的子女储存脐带血,就是给孩子留下一份珍贵的生命备份,是一项有价值的健康投资,有利于个人、家庭与社会。准备为自己宝宝储存脐带血的父母,在住人产科病房后,要及时向产科医师提出申请,并履行一定的手续。

六、产褥期的康复

(一)产褥期常见问题

1. 产褥期范畴

胎儿娩出后,胎盘自母体排出,从这时开始,产妇进入了产后恢复阶段。在妊娠期间,母体的生殖器官和全身所发生的一系列变化,都要在产后 6～8 周内逐步调整,以至完全恢复,医学上将这段时间称为产褥期。

胎儿和胎盘娩出后,产妇会立刻感到十分轻松,但却非常疲倦。有的人就想休息,希望好好地睡上一觉;也有的人感到饥饿,想饱餐一顿,这些都属于正常现象。多数产妇体温是正常的,遇有产程延长或过度疲劳时,体温可能略有升高,一般不超过 38℃,次日多能自行恢复,一般不需特殊处理。产后由于胎盘循环的停止,子宫缩小,再加上卧床休息活动少,以及分娩后的情绪放松等原因,脉搏往往比较缓慢但很规律,每分钟 60～70 次,于产后 1 周左右逐渐恢复平时状态。妊娠期间的生理性贫血,多在产后 2～6 周逐渐自然纠正。产褥早期白细胞计数增高,产后 1 周左右可下降至正常。大多数人的血沉可在 6～8 周恢复正常。腹壁松弛恢复的快慢与程度,和产后的运动或锻炼有关。产后早期开始在床上做产褥体操,并继续进行锻炼的人,腹肌张力恢复得就快。腹壁正中线的色素可逐渐消退。腹壁上的妊娠纹也在数月内由紫红色变成银白色条纹。

产妇抵抗力较弱,再加以哺乳、照顾婴儿等负担,在产褥期特别要注意外阴卫生,避免产褥感染;要适当增加营养,注意休息。一旦发现异常,如发热,恶露

异常，乳房疼痛、有块或阴道出血量多时，应及时就医。

2. 产妇脱肛或痔疮的防治

孕妇患有痔疮，经过分娩，一般病情都会加重。这是因分娩时，产妇向下用力，盆腔充血，以及胎头下降压迫，加重了肛门的静脉曲张和充血，使痔疮加重。

罹患痔疮的产妇分娩，当胎头拨露和着冠时，接生者应当在保护会阴的同时，用手隔着纱布压迫肛门，防止痔疮自肛门脱出。若痔疮已经脱出，在胎儿娩出后，要将脱出的部分立刻还纳入肛门，然后用纱布卷压于肛门处，并紧束月经带，以防其再度脱出。大便后，若痔疮再度脱出，应在清洗外阴及肛门后，将脱出部分还纳，再用同法压迫，这样会慢慢好起来。

痔疮在分娩后的2～3周内，表现为红肿、疼痛，产妇因为怕痛，常常不敢解大便；由于便秘，排便困难等，使痔疮更加重，形成恶性循环。因此，产妇要注意饮食，多吃水果、青菜，除细粮外，还应吃些粗粮，以防便秘。有痔疮的产妇，在产后可以应用痔疮膏治疗。当痔疮脱出，并发生水肿时，应将之还纳。方法是在痔疮的表面涂些药膏，用手指将充血水肿的痔疮慢慢推入肛门内。当局部水肿消退后，疼痛、下坠等症状便会减轻或消失。

(二)母乳喂养的有关问题

1. 开始哺乳的时间

母乳是新生儿的理想食品。健康的妇女都应当以自己的乳汁哺育小宝宝。仅有少数母亲因健康条件所限不能哺乳，如患有活动性肺结核病、心脏病伴心功能在Ⅱ级以上、较严重的肾脏病、糖尿病及重度贫血、急性肝炎或其他传染病等不适宜哺乳。

关于开始哺乳的时间，现在多主张早开奶。产后或剖宫产后，便可立即让婴儿吸吮乳头，这样不但可以促进乳汁分泌，还可以加深母、儿的感情。有些产妇对此不理解，认为还没下奶，为什么就急着要喂奶？不是白受累吗？其实不然，早开奶的好处很多。因为乳汁分泌是受神经支配和多种内分泌激素调节的，婴儿吸吮对乳头的刺激通过感觉神经传导到中枢，然后再通过传出神经向下作用于垂体，使垂体催乳素的分泌量增加，从而促进泌乳。与此同时，垂体又分泌一种叫做催产素的物质，这种物质不但可使乳腺管收缩，促进乳汁排出，还能促进子宫平滑肌收缩，加速子宫的复旧及恶露的排出，所以哺乳对母亲也有很大好处，可谓一举两得。

2. 哺乳前、后应做乳房护理

产妇通常在产后2～3天开始感到乳房发胀，并可挤出少量初乳，以后乳量逐渐增多。产后1～2周，初乳转变为成熟乳。在乳汁尚未开始分泌前，就应当让婴儿吸吮乳头。孕妇应该在妊娠期就做好哺乳的准备，如用棉签蘸植物油浸湿乳头，将乳头污垢清除，还要经常用温热水和软毛巾把乳房、乳头清洗干净。产后于每次喂奶前，用软肥皂和清水洗净乳头和乳晕，并擦干；喂奶前产妇应洗净双手。喂完奶亦应再清洗乳头，以免乳汁黏着于乳头上。平时亦应保持乳头干燥。哺乳期妇女应佩戴合适的乳罩，以支持胀大的乳房。哺乳时，应将乳头及乳晕全部放入婴儿口中，避免单吸乳头造成局部负压过大，引起乳头皲裂。

发生乳头皲裂时，除用上述方法保持乳头清洁、干燥外，裂伤轻者仍可继续哺乳；裂伤重者要及时上药，局部可涂以复方安息香酊或10%鱼肝油铋剂。将药液涂于乳头上。喂奶前应将药物彻底清洗干净。治疗期间，可采用乳头罩间接哺乳，直到痊愈后再直接哺乳。

（三）科学坐月子

1. 产后可以洗脸、刷牙、梳头

有些产妇听说产后不能洗脸、刷牙，更不能梳头，以为会带来不良后果。这种说法其实毫无根据，既不符合卫生要求，又影响身体健康。

产妇在经历十余小时的分娩过程后，往往已精疲力竭，无暇顾及洗脸、刷牙，更不会去梳理头发，看上去是蓬头垢面的。胎儿娩出后，腹内空空感到饥饿，这时就应当好好地进餐，一般产后1～2小时即可进食。进食前须先洗手、洗脸、刷牙、漱口。以后也要和正常人一样，每天照常梳洗。不但要梳头，而且还要经常清洗头发，尤其在夏天，由于炎热多汗，头发更应勤洗。但产后应注意：洗脸、刷牙、洗头时，最好都用温水，水温不要太高，以产妇不感到烫手，觉得舒适为宜。

许多产妇包括产科医师在内，产后每天照常洗脸、刷牙、梳头，既没有引起牙痛，也没有发生脱发，无任何不良后果，因此不必多此顾虑。

2. 产妇吃水果的注意事项

我国有些地方流传着产后不能吃生冷食物，也不要吃咸、酸食物的习惯，所以有些产妇连水果都不敢吃。产妇于产后头几天消化功能差，可以吃些容易消化、清淡而富于营养的饮食，以后再逐渐增加进食量。产妇应多吃些水果，以补充所需的维生素及无机盐。饭后可吃些水果，如苹果、橘子、香蕉等。不要吃过

凉的水果,刚从冰箱里拿出来的水果最好在室温下放一段时间再吃。此外,还要注意清洁,先将水果洗净去皮后再吃,以免发生腹泻。有些人怕凉,可将水果切成块儿,用开水烫一下再吃,也可加些糖吃,但不要煮熟,以免破坏水果中的维生素。

3. 提倡产后早期下床活动

产后经6～8小时休息,自然分娩的健康产妇多能自产程的疲劳中恢复过来,可以在床上活动,并坐起来。8～12小时后,可以自行上厕所。次日,便可在室内随意活动及行走。

早期下床活动,能促进机体各种功能的恢复,如增强胃肠道的功能,提高食欲,减少便秘;有利于盆底肌肉、筋膜紧张度的恢复;促进子宫的复旧及恶露的排出;还可以减少下肢深静脉血栓的发生,特别是剖宫产分娩者及患某些心脏病的产妇。总之,产后早期活动,可以促进身心的康复。

产后应避免仰卧,最好取侧卧或俯卧位。这样不但可以防止子宫后倾,而且有利于恶露的排出。剖宫产分娩的产妇平卧6～8小时后,可以翻身活动及侧卧。拔除导尿管后,便可以坐起,在床上活动。手术后24～48小时,于输液完毕,在他人协助下,可开始在室内活动。术后早期活动可以减少肠粘连及预防下肢深静脉血栓形成。开始时活动时间不宜太长,以免过度疲劳,以后可逐步增加活动时间及活动量。至于具体下床活动的时间,还要根据产妇本人的身体情况来定。对于那些体质较差、产后大出血或难产手术后的产妇,不要勉强劝其过早下床活动,但是要将早期活动的好处告诉她们,让她们量力而行。

我们提倡产后早期下床活动,是指轻度的床边活动或做简单的日常家务,并不是让产妇过早地进行体力活动,更不是过早地从事重体力劳动。产妇在分娩后3个月内,应避免做重体力劳动或剧烈运动,避免久蹲及搬、扛重物,以预防发生阴道壁膨出或子宫脱垂。

4. 产后洗澡问题

胎儿、胎盘娩出是分娩期的结束,随后进入产褥期,这个时期一般定为6周。产妇什么时候可以洗澡?采取什么方式洗澡?这要看分娩是否顺利,会阴部有无裂伤或切口的愈合情况,是不是剖宫产,以及母亲是否发热或患有其他疾病等来决定。

如果分娩顺利,又无上述各种情况,产妇经休息体力恢复后,就可以擦澡

或洗澡。因为产妇出汗多，故应勤洗澡、勤擦身及勤换内衣，以清除皮肤的汗污和积垢，保持身体清爽、干燥，有利于预防感冒。如果产妇身体过于虚弱或有发热，腹部或外阴部切口尚未愈合，则可由他人协助用温水擦身。不论洗澡或擦身，都要注意室温不能太低或过高。夏季一般室温就可以，冬日以28℃～30℃较为合适。水的温度也要适宜，夏天水温应略高于体温，冬天还应适当高一些；洗澡时，避免水温忽冷忽热以防着凉、感冒，还应紧闭门窗，以免受风引起肌肉及关节疼痛。产后1～2周内应避免盆浴，以免污水进入阴道，招致产褥感染。

5. 哺乳期妇女用药对婴儿的影响

正常人服药后，药物进入人体，或在肝脏解毒，或由肾脏排出。哺乳期的妇女服药后，有一部分药物经乳汁排出。婴儿如果吃母乳，乳汁中的药物便会进入婴儿体内。由于大多数药物在乳汁中的含量很少，为母体血药浓度的1%～2%，故药物对婴儿的影响不大。但有些药物进入乳汁的浓度较高，还有些药物能在婴儿体内蓄积。又鉴于新生儿的肝、肾功能尚不完善，药物对新生儿可能产生不良影响。

乳母如果口服四环素，在乳汁中的药物浓度可达到较高的水平，哺乳可能影响婴儿骨骼、牙齿的发育。临近产期，母亲服磺胺类药物时，由于磺胺可与血浆白蛋白结合，以致婴儿血中游离的间接胆红素水平增高，加重高胆红素血症的危害，导致核黄疸的发生，对早产儿的危害尤甚。乳母服用甲硝唑（灭滴灵），可使乳儿厌食、呕吐；服用呋喃类药物剂量过大时，能引起婴儿溶血反应。

除上述列举的药物外，还有一些由乳汁中排出的药物，对乳儿可能造成不良影响。抗感染药物有红霉素、氯霉素、链霉素等；抗结核药有异烟肼；镇静安眠药有氯丙嗪（冬眠灵）、溴化钠、苯巴比妥等。乳母长期服用利血平，乳儿可产生鼻塞等症状。乳母如每天吸烟20～30支，乳汁中的烟草酸含量足以使乳儿发生恶心、呕吐。

总之，药物虽然有治疗作用，但也有一定的不良反应。新生儿对药物较为敏感，所以哺乳期妇女用药时一定要慎重，既要考虑药物的治疗作用，又要考虑其对婴儿的影响。如果患病需要服药治疗时，应当在医师的指导下，选用由乳汁排出量少，对乳儿影响不大的药物，以用最小的有效剂量为宜，一般用药3～5日。还可以根据药物的半衰期，调整哺乳的时间。如病情较重，需要治疗，而药

物对婴儿又有较大影响时，可以暂时停止哺乳，按时吸出乳汁以维持泌乳。

（四）产后检查及生活指导

1. 产后42天妇科检查

妇女于妊娠期间，体内所发生的解剖和生理上的变化，在产后都要逐渐恢复到原来的状态。为了解这些变化恢复的情况，当产褥期结束时，应给产妇进行一次全面的体格检查。发现问题或异常，可以及时进行卫生指导及处理，从而保障妇女的身体健康和劳动能力。这项检查通常安排在产后6～8周施行，若有特殊不适，可以提前进行检查。医师首先通过询问病史，了解其产后生活、婴儿喂养情况及恶露是否干净。检查的内容包括，测量血压、体重，检查子宫复旧及两侧附件的情况，腹部及会阴部切口愈合情况，盆底托力，乳房及泌乳量等。凡在1年内未曾检查过宫颈抹片者应予以补查。

有妊娠期并发症或合并症者，除上述一般检查外，还应根据各自不同情况进行必要的检查。例如，妊娠期高血压病需要检查尿蛋白；贫血者，要复查血红蛋白及红细胞计数；有泌尿系统感染者，要做尿常规检查，必要时做尿培养；妊娠期糖尿病患者，则要复查尿糖及血糖，并安排做糖耐量试验等。

另外，还要进行生活指导、育儿及计划生育知识的宣传，并协助选择适当的避孕方法。

2. 产后抑郁症

产后抑郁症是发生于产褥期，不伴有精神病症状的抑郁症，病因不明。目前认为，产后内分泌环境的变化和社会、心理因素与其发病可能有关。内分泌变化与本病的关系尚未得到确切的证明；社会因素包括缺乏家庭支持、婴儿性别及健康的困扰，住房困难，家庭不和及经济拮据等，都可能成为重要的诱因；心理方面包括对初为人母的不适应，性格内向，保守固执者好发本症。有人认为，社会、心理因素是产后抑郁症发生的主要原因。

本症通常在产后2周发病，表现为睡眠不好、疲惫无力、烦躁易怒、悲观厌世、有负罪感；严重者不能照料婴儿或伤害婴儿。此症以心理治疗为主，酌情配合药物治疗，多在2～3个月恢复正常，预后良好。

本症发病与社会、心理因素有密切的关系。预防则应想方设法地消除上述各种诱发因素。多方给予支持，为产妇创造温馨的环境；对于性格内向的产妇，应从科学的角度详细耐心地解释妊娠、分娩过程及面临的种种问题，使其能正

确地对待客观存在，不要钻牛角尖，使自己从各种压力中解放出来。

3. 产后开始来月经的时间

多数妇女于哺乳期间不来月经，这属于生理现象。产后什么时间来月经，往往与是否完全母乳喂养，哺乳时间的长短及母亲的年龄等方面有关。

在产后 4～6 周，不哺乳妇女的脑垂体对下丘脑分泌激素的反应已经恢复正常。卵巢内开始有新的卵泡生长、发育和成熟而发生排卵，大约在排卵后 2 周左右就会来月经。也有少数妇女虽然哺乳，仍可能有排卵，在产后的不同时间也可能有月经来潮。在分娩 2 个月左右就来月经者占 18%～23%；大多数产妇于产后 4～6 个月来月经；长期哺乳的母亲，由于下丘脑及脑垂体的功能受到抑制，闭经时间可以长达 1 年或以上。过去有些妇女采用长期哺乳达到避孕的目的，需知，这种自然避孕法并不是百分之百的可靠。

上面已经谈过，产后月经的来潮主要取决于卵巢的功能是否恢复。如果卵巢功能恢复得早，月经来潮也会早。因此，每个妇女产后月经复潮的时间是不同的。由于排卵发生在月经来潮之前，所以产后未来月经的妇女也需要采取避孕措施，否则仍可能怀孕。

4. 产后的性生活问题

产后什么时候可以过性生活？这需要通过产后 6 周的检查，根据产妇身体恢复的情况来定。无特殊异常情况者，最好在产后 2 个月恢复性生活。需要等待这么一段时间的理由是因为女性生殖器官大约需要 8 周时间才能完全恢复正常。分娩时，阴道、会阴的损伤，需要恢复；在子宫颈口尚未完全关闭前性交，细菌就会通过子宫颈口侵入子宫，导致产褥感染。由于侵入细菌的种类、数量、毒力和产妇抵抗力的不同，发生炎症的范围和程度也不同。病情由轻到重的顺序是：子宫内膜炎、子宫肌炎、急性盆腔结缔组织炎、急性输卵管炎、急性腹膜炎及败血症等。疾病如未能及时治疗而加重者，可以危及生命。

在此期间，夫妇双方要互相体谅、合作，并应充分了解不应过性生活的原因。待女方身体完全恢复后，再开始性生活。罹患产褥感染的妇女，或由于难产、剖宫产等身体恢复较慢者，则应当延长到疾病痊愈，身体完全恢复健康后，再过性生活。

产后，特别是母乳喂养者，由于卵巢功能低下，阴道黏膜脆弱，柔润度和弹性都较差。有些产妇会感到性交疼痛，故性交时体位要合适，可配合使用一些润滑剂，动作要轻柔，以免发生损伤。当然，还应当注意避孕。

5. 哺乳期避孕

有些妇女生孩子后，在哺乳期还没有来过月经就怀孕了，因此感到莫明其妙。其实这并不奇怪，因为在来月经前两周就可能发生排卵了，这时性交就可能怀孕。怀孕后，当然不会再来月经了。目前，尚无简便方法预测妇女在产后什么时候开始排卵，若想等来月经之后再开始避孕常为时已晚。所以，产妇只要有性生活，就应当采取避孕措施。

哺乳期妇女用什么避孕方法较为合适？这就要选用避孕效果好，又能达到性满足的方法。目前，避孕的方法很多，各有优、缺点。既要选择合适有效的方法，又要求夫妻双方互相配合。常用方法有以下 2 种：

(1)安全套(阴茎套)：安全套是哺乳期夫妇首选的避孕法。此法使用简便，除避孕作用外，还可以预防性传播疾病。有人认为此法使性感下降，而不愿使用，若能采用超薄、强力的产品可能会改善此种缺点。采用这种方法避孕，要求男方主动配合。每次性交开始就需戴上避孕套(事先必须检查套子有无破口)，戴时一手捏住套的顶端气囊，使气体排出，性交后要及时取出，才能保证避孕效果。若与避孕药膏合用，效果更佳。

(2)宫内节育器：是妇女常用的避孕措施。自然分娩 3 个月，并已来过月经者，于月经干净 3～7 日即可放置宫内节育器；哺乳期妇女，产后 3 个月尚未来月经时，应先到医院检查，排除妊娠后，即可放置宫内节育器；剖宫产分娩者要待产后半年才可放置。

哺乳的妇女不适宜使用口服避孕药，因药物能抑制乳汁分泌，使奶量减少；药物还可通过乳汁进入婴儿的体内。不哺乳的妇女还是可以采用口服避孕药。

第二章　新生儿保健

一、为即将出生的小宝宝做准备

当年轻的父母怀着兴奋和忐忑不安的心情迎接小宝宝的到来时刻，你有没有仔细想过，应该为你即将出生的小宝宝做一些什么样的准备工作呢？下面就详细加以介绍。

（一）宝宝居住房间的选择

1. 选择阳光充足的房间

宝宝居室最好要选择朝南的正房，有充足的阳光和持续的阳光照射，会给母子带来许多好处。阳光可以照亮每一个角落，使宝宝视觉能力加强，能够更加清晰准确地观察到母亲和亲人的脸，锻炼宝宝的观察能力。日光中的紫外线可以杀灭细菌，清洁空气。用适量的日光照射宝宝皮肤，可以使宝宝感到温暖舒适，同时还可以改善皮肤和组织的营养状况。日光也是宝宝防治疾病的良好方法，即有益于防止发生佝偻病，又可以促进宝宝黄疸的早日消退。

2. 房间的摆设和清洁

色彩缤纷，清洁整齐的房间会使人感到心情舒畅，易于消除疲劳。科学家经过大量的第一手资料观察发现，刚出生的宝宝就有良好的视觉，宝宝最先能辨别的颜色是鲜红色，宝宝可以用眼睛跟随穿红衣服的母亲身影移动。因此，宝宝房间可以放置一些红颜色的气球、塑料球等物，或者张贴一些带有鲜明的红颜色纸画，也可悬挂一些以红颜色为主的色彩鲜艳的玩具。居室内保持清洁卫生，以湿式清扫为宜，避免灰尘飞扬，不能选择刚刚装修过的房间，以免建筑装饰材料中的有机污染物，如苯、铅等有害物质影响宝宝的身体健康。

3. 房间的通风和环境

宝宝房间最好通风良好，因为空气流通可以减少室内有害微生物的生长，降低室内的空气污染。长时间的空气不流通，容易造成空气中氧缺乏，使母子均感到烦躁不安，影响食欲。

另外，不宜选择坐落在大街及道路旁边的房屋作为宝宝居室，由于人员嘈杂，汽车等噪声会影响孩子的睡眠，致使宝宝体重不增。另外，汽车废气的排放也会加重室内的空气污染。

(二)宝宝房间温度和湿度的调节

1. 宝宝居室温度的调节

宝宝居室的温度应随不同季节气候的变化调节，有条件的家庭在冬季应使室内温度保持在 22℃左右，洗澡时可升高到 26℃～28℃。为了随时了解室内温度的变化，应在宝宝居室内醒目的位置摆放一个温度表，在这里需要强调的是要保持室内的恒温至关重要，因为室内温度的波动对宝宝体温影响较大。宝宝中枢神经系统的体温调节中枢尚未发育成熟，因此对于外界环境变化的温度不能及时调节，室温过高，孩子的体温可能就会升高，室温降低，孩子的体温也会下降。室温过高，身体向环境中辐射的热能减少，加之宝宝特别是早产儿汗腺发育不好，不能大量出汗排出体内的热能，故而出现宝宝发热。如果摄水量再不足，使宝宝体内水分减少，就会引起宝宝脱水热。室温过低，会刺激宝宝皮肤，使其感到不适，同时给宝宝做生活护理时容易受凉。若室温太低，且持续时间较长，会使宝宝体温不升，严重者还可以发生宝宝硬肿症，肺出血而死亡。

2. 宝宝居室湿度的调节

湿度是空气中含水的程度，用百分比表示，宝宝居室最合适的湿度为 50%～60%。湿度过高，会使宝宝产生不适感，呼吸不畅，影响食欲。过低，室内空气干燥，会使宝宝皮肤黏膜干燥。比如鼻黏膜干燥，鼻分泌物不易排出。支气管黏膜干燥，影响痰液的吸收，痰液黏稠易造成支气管堵塞，影响呼吸，影响宝宝进食和睡眠。湿度过高，可采用开窗通风方法降低湿度，湿度过低，可用加湿器或勤用湿墩布擦地，暖气搭一些湿毛巾等来增加湿度。

(三)为宝宝准备调乳用品和消毒用品

有一些宝宝因某种原因不能直接母乳喂养或者暂时不能母乳喂养时，需要

用奶粉补充喂养，通常需要用下列调乳用品。

1. 调乳用品

(1)奶瓶：目前市场上销售的奶瓶有耐热玻璃制品和塑胶制品两种，一般在家中多使用玻璃制品，清洁方便、污染少、耐煮沸。塑胶制品轻、不易损坏，因此外出携带比较方便。

(2)奶嘴：奶嘴通常都是由塑胶材料做出来的，刚开始用时比较硬，宝宝吸吮比较费力，煮沸几次之后就会变软。可以把新买回来的奶嘴多煮沸几次之后再给宝宝使用会更好。奶嘴孔有大(L)、中(M)、小(S)三种型号，0～3个月宝宝用小型孔，3～6个月宝宝用中型孔，6～9个月宝宝用大型孔。还有比较常用的多孔型，如1孔、2孔、3孔、4孔等，可根据不同年龄和需要来选择几孔型。十字孔型奶嘴也很方便，它可以根据宝宝吸吮的强度自动调节吸奶量，宝宝吸吮力量过大容易出现呛咳，使用时要注意。

2. 消毒用品

(1)奶瓶刷：清洁奶瓶用。

(2)保温桶：保存调制乳品的合适温度。

(3)水壶：盛用冲调奶粉的热水。

(4)奶锅和消毒锅：调制乳品和消毒奶具用。

(5)瓶夹子：夹奶瓶和奶嘴用。

(6)挤奶器：母乳需要挤出来哺喂时使用。

(7)消毒小毛巾和湿纸巾：擦拭皮肤用。

(四)为宝宝准备衣服

刚出生不久的宝宝皮肤娇嫩，容易擦伤，而皮肤损伤后极易受到感染。因此，宝宝的衣服选料应采用纯棉质类布料，比较柔软的，浅颜色的为宜。宝宝换衣比较勤，所以要选择容易洗涤的衣物。

样式要选择无领斜襟衣(和尚服)，衣服最好不用塑料或者金属扣子，可用布带系在腋下部即可，样式越简单越好。

每个季节出生的宝宝准备的衣服是不一样的(图4)。

春季：天气晴朗，气候宜人，但温差比较大，白天穿上贴身内衣，套上棉毛宝宝服一件，外出时，给孩子准备薄棉斗篷一件。

夏季：天气炎热，应多准备一些薄棉布类衣服，勤洗勤换，外出时应给孩子

带上帽子。

秋季：天气凉爽，但风沙较大，尽量避免外出，室内衣被与春季相似。

冬季：因多在室内，要准备贴身棉布衣裤、质地柔软或厚棉类衣裤，在寒冷的地方，应该准备棉衣或棉背心。棉衣要用新棉花，不宜过厚。

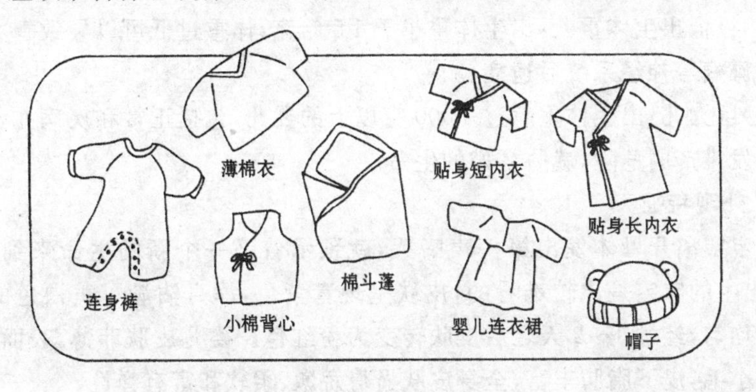

图 4 新生儿衣服

值得注意的是，一些母亲或其家人为了表达对孩子的一片爱心，费尽力气用毛线编织或钩出小衣服，样式很好看，但由于这类毛线均为羊毛及化纤制品，孩子穿上容易磨损皮肤，同时还容易引起皮肤过敏，最好不要贴身穿用。

最后告诫家长的是，平时在家里宝宝没有必要穿袜子，出门或者到医院做健康检查时可以穿上小袜子，防止受凉。

二、新生儿生理特点

(一)新生儿一般知识

新生儿是指出生 0～28 天以内的婴儿，这一时期又称为新生儿期。胎儿离开母体进入到人类的自然生活环境中，由于机体生命器官发育不成熟，免疫力低，特别对生活环境适应能力差，因此很容易出现各种各样的疾病，导致死亡。

1. 新生儿分类

根据怀孕时间和出生体重通常将新生儿分为以下几种：

(1)足月儿：是指出生时胎龄满 37～42 周，体重一般多会在 2 500 克以上。

(2)早产儿：是指胎龄不足 37 周，比预产期提前出生的婴儿。引起早产的

原因很多，与母亲妊娠期间合并疾病、外伤、受刺激、劳累，以及生殖器畸形等有关，有一些先天遗传性疾病，染色体疾病等胎儿畸形也会引起早产，怀孕32周以下的早产儿死亡率高，存活后可能有智力低下、脑瘫等神经系统后遗症。

(3)低出生体重儿：出生体重小于2 500克，大多为早产儿。

(4)极低出生体重儿：出生体重小于1 500克，体重过低可以导致智力低下、脑瘫和癫痫等神经系统后遗症。

(5)巨大儿：出生体重超过4 000克以上的婴儿，包括正常和疾病儿，体重过大有引发难产的危险，威胁孕妇的生命。

2. 外观特征

小宝宝离开母体发出第一声啼哭，就预示着又一个新的生命来到了人世间，刚出生的宝宝是比较难看的，皮肤呈现青紫色，浑身沾满了黄白色的胎脂，呼吸不均匀，经过1～2天之后皮肤转变为粉红色。婴儿皮肤菲薄，表面有一层细细的小毛，皮下脂肪丰富，全身皮肤显得娇嫩、柔软和富有弹性。

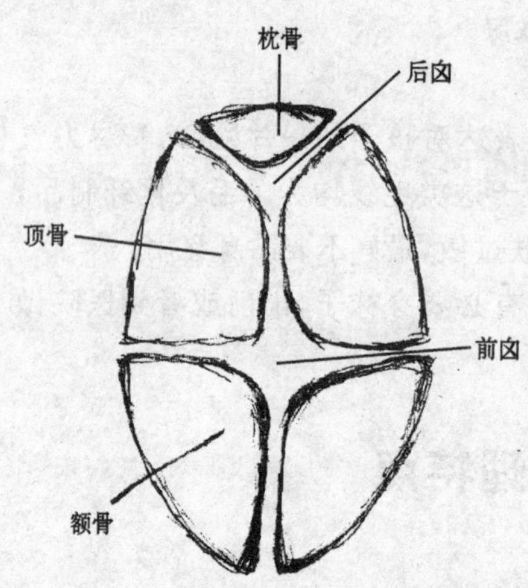

图5 婴儿头骨与前、后囟

宝宝头比较大，头长约为身长的1/4，头发分条清楚。刚出生时头部因分娩时受到产道的挤压，会出现头顶部的肿胀(医学上叫血肿或产瘤)。在头顶部和头顶后部可摸到一块没有骨头的区域，称之为囟门，这是由于该处的头颅骨尚未连接到一起所致，触摸起来感觉像一个“坑”(图5)。有的婴儿鼻尖部可见黄白色小点状物，是由于皮脂分泌过多而堆积所致。眼球很少转动，呈定视状，眉毛较稀疏。

胸廓比较小，呈圆柱形，不论是男婴或女婴，刚出生时两侧乳腺多显得有些肿胀，用手能摸到硬结，有些婴儿还会流出少许白色乳汁样液体，不必处理，几日后自行消失。腹部看起来比较膨隆，脐带已经用绳结扎完毕，并用消毒纱布覆盖。

男婴的阴囊大小不等，表面有皱褶，阴囊内可摸到硬块时表明睾丸已降至阴囊，有时候睾丸停留在腹股沟区或根本摸不到，这时就需要到医院检查，以免延误治疗。女婴大阴唇发育良好，能覆盖小阴唇及阴蒂，可有少许白色分泌物流出。

新生儿期的小宝宝只会仰卧位躺着，双手紧紧握成拳头状，很难掰开，四肢喜欢屈曲着，尤其下肢通常是伸不直的。

3. 体重和身长

(1)体重：小宝宝的出生体重是每一位父母非常关心的问题。一般认为，出生体重为2 500～4 000克是正常的。出生体重低的原因有早产、怀孕期间营养摄入不足、母亲合并疾病等。巨大儿的原因有遗传、孕妇饮食过量、母亲有内分泌疾病，如糖尿病等。

(2)身长：身长一般和体重是一致的，正常新生儿身长平均为50厘米，低出生体重儿身长略为短一些，巨大儿体重可能会长一些。身长受遗传因素影响比较明显。

4. 体温变化特点

正常新生儿肛温为36.2℃～37.8℃，腋下温度为36℃～37.5℃，低于或者超过这个温度都应该视为异常。

母体内的胎儿浸泡在温暖的羊水中，保持一个恒定的体温。当宝宝娩出后，周围环境温度低，加之新生儿体温调节能力差，皮下脂肪薄，体内热度容易散发，这时如果保温不够，很容易出现低体温。当体温低于36℃持续一段时间，宝宝就会出现皮肤僵硬(皮下脂肪硬化)，医学上称“新生儿硬肿症”，如皮肤硬肿面积广泛是可以危及生命的。另一方面，当居室温度过高，穿衣盖被过多，加之喂水量不够，又很容易出现体温升高，有时甚至可以达到39℃以上，这种现象又叫“脱水热”。新生儿的汗腺发育不完善，对热的反应仅为成人的1/3左右，早产儿汗腺功能更差，几乎不出汗，所以在热环境中更容易出现体温上升。

新生儿体温调节中枢发育不完善，对外界温度或体内的疾病反应都是不敏感的。当宝宝患有严重的感染性疾病时，宝宝体温不升反而可能下降，甚至低于正常，因此判定宝宝是否得病是不能光靠体温来判断的。

宝宝发热，一般不用退热药(如阿斯匹林、退热糖浆等)，而多采用物理降温方法，如打开包裹的被单或盖在身上的棉被，开窗通风，多给宝宝喝水，还可以通过洗澡降温。当宝宝体温超过39℃，应尽快到医院就诊。

5. 呼吸变化特点

新生儿的鼻腔短小，没有鼻毛，鼻腔黏膜柔嫩，血管丰富，出现感冒时首先表现的就是鼻塞。咽和气管都比较狭窄，呼吸起来容易产生阻力。宝宝的胸部肌肉发育很差，做呼吸动作时很费力气，因此宝宝胸部的呼吸动作比较微弱，仔

细观察腹部往往能看见较明显的腹部起伏动作(腹式呼吸)。

小宝宝呼吸还有一个特点就是呼吸比较快,这是因为小宝宝整个肺容积比较小,加之肺组织发育差,必须通过加快呼吸次数来满足机体的需要。

小宝宝神经系统发育不成熟,呼吸中枢不健全,因此会出现多种呼吸现象,如呼吸深浅不一致,呼吸次数不均匀,有时快,有时慢,平均呼吸次数在40次/分左右。

患肺炎的小婴儿一般不会咳嗽,口腔和气管内的分泌物经气流的作用,形成许多小泡泡分布在口腔和口唇边,所以小宝宝如果呼吸快,口唇处可见许多小泡沫,要注意合并肺炎的可能,应迅速到医院诊治。

6. 心率变化特点

新生儿心率较快,主要是因为刚出生的小宝宝心脏肌肉收缩力弱,每次心跳输出的血液量少,为了维持全身血液量的供给,保持机体的新陈代谢,只能增加心跳的次数以满足需要。正常胎龄的新生儿在睡眠时平均心率为120次/分,清醒和哭闹时可明显增快,达到140～160次/分,平均搏动范围在90～160次/分。孕周小的早产儿心率会更快,睡眠时可达到130～140次/分。

(二)新生儿皮肤

1. 皮肤特点

新生儿的皮肤娇嫩、菲薄,极易受到伤害。皮下血管丰富,皮肤表面的破溃处很容易发生感染,细菌容易进入血液造成全身细菌感染,引发败血症。

生后1～2天的小宝宝全身表面有一层厚厚的胎脂,呈灰黄色,这些都是羊水中的脂肪沉积在宝宝的皮肤表面形成的,对宝宝的皮肤有一定的保护作用。生后头几天的皮肤清洗一定要轻柔、适度,注意不要过度擦洗宝宝皮肤。

宝宝皮肤汗腺发育不好,皮下汗腺毛孔小,出汗少,散热差,当机体热能过多时,从皮肤表面不能蒸发,结果就会出现发热表现。皮下脂肪薄,缺乏皮肤角质层,皮下形成的代谢产物很容易透过皮肤渗透到表面,如脂肪聚积在皮肤表面,很容易滋生细菌感染,表现是皮肤出现大小不等的黄色小疱,形成脓疱。环境温度过高或者捂得太多,会使宝宝汗液通过皮下渗透到皮肤表面,形成汗疱疹。

小宝宝肾脏排泄能力差,容易出现水代谢异常。刚出生头几天可以看见皮肤有一些肿胀,主要是皮下水分的堆积。水肿容易发生在手、脚、小腿及眼窝等地方,一般经过数天的吸收多会消失。

2. 宝宝臀部青蓝色的色素斑

很多小宝宝的背部下方或臀部可以见到青蓝色的色素斑，人们习惯称为"胎痣"，这种色素斑一般随年龄增长而消退，极少一部分遗留终身。

3. 脸上小疙瘩

刚出生的宝宝脸上会出现一些白色和黄色的小疙瘩，医学上叫"粟粒疹"，是皮肤表面的皮脂腺分泌物堆积所致，一个月以后就会减少逐渐消失。

"湿疹"也是宝宝经常发生的一种皮肤异常表现，通常从生后十几天开始，日渐增多，轻者可看到在皮肤表面散在浅红色皮疹，严重者可形成水疱、结痂，有的皮肤溃烂造成感染。湿疹的原因主要与环境温度过高，造成皮肤毛孔分泌物过多，引起皮肤反应。另外一个重要的原因与宝宝的体质有关，如对牛奶过敏，主要是牛奶中的蛋白成分。最近发现喂母乳的宝宝也有不少出现湿疹的，推测可能与母亲饮食成分，如食用大量海鲜类食品或人工添加剂过多的人工合成食品等。轻型者一般持续1～3个月左右自愈，严重的湿疹可以合并皮肤感染，需要到医院接受治疗。

（三）新生儿五官

1. "对眼"或"斜视"

新生儿一天之内睁眼时间很短。每当小宝宝睁开眼睛，细心的父母都会发现宝宝在注视东西的时候，有时出现"对眼"或"斜视"，令父母很担忧，其实这都是宝宝眼球运动不协调和视觉发育不健全的表现。一般到6个月以后才会逐渐消失。

2. 鼻塞

新生儿鼻腔细窄，缺少鼻毛，空气中有害物质很容易吸进，黏膜血管丰富，环境温度过高会引起血管扩张，导致分泌物过多堵塞鼻道，引起鼻塞。

3. 口腔黏膜

新生儿口腔黏膜是不能随便擦洗和涂抹的，因为黏膜上皮非常柔嫩，一碰就会损伤、破溃。两次喂奶之间要喂一点儿水，可以起到清洁口腔的作用。很多宝宝口腔内会出现一些黄色和白色的点点或片状，这些都是新生儿口腔黏膜增生的表现，属于正常的生理现象。

4. 耳郭软骨发育

新生儿耳朵很软，耳郭软骨发育比较差，胎龄越小越明显，有一些宝宝出生

时耳朵外观有些变形，这是由于在宫内挤压所致，一般随着年龄增长逐渐恢复正常形状。如果发现宝宝从耳孔流出黄色液体，可能是外耳道湿疹，要尽快到医院接受诊治。

（四）新生儿睡眠

在母亲体内，宝宝几乎都是在睡眠中度过的，出生之后面对外界的各种声音和身体触碰等刺激，宝宝的大脑是不能全部接受的，因此需要通过睡眠保持大脑的相对静止状态，避免外界的过多刺激。新生儿几乎整天都在睡觉，每天睡眠时间达 18～22 小时。仅在喂奶前和喂奶后的短暂时间内保持清醒状态。

新生儿睡眠是深睡眠和浅睡眠交替进行的，深睡眠时宝宝表现非常安静，脸部、四肢均呈放松状态，偶尔在声音的刺激下有惊跳动作，一些宝宝出现嘴角的摆动，呼吸非常均匀，偶有鼻鼾声，处在完全休息状态。浅睡眠时整个睡眠过程不安静，眼睑虽然是闭合的，但可见到眼球在眼睑下快速运动，偶尔短暂的睁开眼睛，四肢和躯体有一些活动，脸上常显出可笑的表情，如微笑和皱眉，有时出现吸吮动作或咀嚼动作，轻微的声响就可引发惊跳动作。深睡眠和浅睡眠组成一个睡眠周期，时间各占一半，一个周期大约持续 30 分钟到 1 个小时。所以，新生儿每天有 18～20 个睡眠周期，在这期间大约有 9～10 个小时是浅睡眠状态，难怪大人看着孩子睡觉不踏实。

（五）新生儿哭闹

1. 啼哭

啼哭对新生儿来说是最直接的需求表达方式，通常在宝宝肚子饿、口渴、困倦、排便、排尿、过热、过冷、突然受到刺激，以及患病不舒服的时候，宝宝都会用啼哭表示。

（1）饥饿：新生儿睡醒时开始哭，大一点的婴儿还把脑袋扭来扭去，嘴巴张开，这时的宝宝一定是肚子饿了。有一些宝宝好像老也吃不饱，虽然吃奶时间很长，但喂奶间隔却缩短，可能是因为母乳不够吃，不要着急，找小儿科医生咨询或问一下有经验的保育人员就可以了。也有的婴儿每次只吃一点奶就睡着了，怎么扒拉也不醒，过一会儿又哭着要吃奶，父母感觉好像老在喂奶，实在是有些受不了，其实有些婴儿就是这样的脾气，只要顺着孩子，稍微大一点儿就能集中吃奶了。

（2）口渴：有些宝宝吃完奶不长时间，或给奶只吃一两口又大声啼哭起来，

这是告诉你“我想喝水”。冬天的时候可以给一些温热的白开水，夏天喂一些凉白开水，不要刻意规定量，想喝多少就喝多少。新生儿的味觉是很敏感的，一开始就给宝宝喂有味道的水，以后宝宝就不会再喝白开水了。

(3)困倦：从清醒进入到睡眠状态需要大脑完整的神经调节系统，新生儿脑神经调节功能尚未发育成熟，因此入睡需要一段时间，有时看到宝宝非常困，可就是睡不着，表现为哼哼唧唧或烦躁不安，老年人说这是“闹觉”，其实这正是宝宝在调整自己使其进入到睡眠状态，日常生活中有很多方法可以帮助孩子快速睡眠，如用手轻轻拍打婴儿身体，摇篮摇晃婴儿等。

(4)排便或排尿：有些婴儿排便或排尿前往往要啼哭，而且哭得挺厉害，可是排便或排尿之后马上就停止了啼哭，可能是排便前肚子不舒服，或是因卧位排便和排尿感到费力所致。一些婴儿皮肤敏感，尿布湿了或屁股粘上大便也会哭得很厉害，只要更换尿布就会停止啼哭。

(5)过热：婴儿比成人怕热，而且还爱出汗，天热或晚间盖得太多，婴儿就会出很多汗，身体感到不舒服而出现哭闹不安。宝宝刚睡觉时要稍微少盖一些，待熟睡之后再添加厚一点的被子。如果宝宝老是睡得不踏实或哭闹不安，一定要用手摸一摸宝宝头发或后背，如果有汗说明宝宝啼哭的原因是热了。

2. 定时定点哭闹

经常碰到家长问这样的问题：“我的孩子很奇怪，每天总是定时定点哭闹，怎么哄也不行，哭闹一段时间后，不知怎的自己也就好了。”有的家长急急忙忙抱孩子上医院，可孩子一坐上车就安静了，到医院时已经睡得很香了，叫都叫不醒。

孩子这种定时定点哭闹，完全可以看作是一种正常的生理现象。表现有下述几种：

(1)傍晚时哭闹明显：孩子白天睡眠不好，到傍晚时非常疲乏，要求安静睡眠，而这时往往又是父亲或其他家人下班归来的时候，因而孩子很厌倦，这样的孩子往往是傍晚 5～7 点哭闹一阵。

(2)有规律的哭闹：一些孩子哭闹非常有规律，每天在固定的某一时刻连续哭闹不止。啼哭时，孩子蹦直双腿，小胳膊也在奋力挥舞，使出最大的气力哭啼。给奶也不吃，给水也不喝。经过一段时间后哭声逐渐变小，最后疲乏地进入睡眠状态。医学上认为，这种情况可能是由于腹痛，称之为“肠痉挛”。原因不很清楚，可能是因为喂奶时吞气过多，肠蠕动过快，或便秘所致。这种孩子往

往在不哭的时候表现很好，生长发育正常，3 个月以后哭闹就逐渐减少了。

3. 白天睡觉，夜里哭闹

有些宝宝白天很好，可夜里的某一时刻哭得很厉害，令父母非常不安，担心是不是孩子得了什么病。常见的原因有以下几种：

(1)母乳不充足的表现。

(2)由于白天看护人员让宝宝睡的太多，导致晚间不容易入睡。

(3)晚间房间温度过高，宝宝感觉太热。

(4)宝宝身上盖被太厚，感觉不适。

(5)宝宝白天生活不规律或母亲离开宝宝时间过长，导致孩子惊慌或焦躁不安所致。

(6)有人认为，可能是一种姿势躺的时间过长，压迫后背肌肉引起不适。

所以孩子哭闹的时候，一定不要着急，要找出原因，寻找适合宝宝的睡眠规律。宝宝一哭就喂奶，或者不断爱抚，反而会加重宝宝的厌烦情绪，使宝宝的夜哭时间更长。更不要随便抱到医院，增加交叉感染机会。

(六)新生儿免疫力

新生儿皮肤薄嫩，容易受到损伤，黏膜血管丰富，皮肤破损后细菌容易进入到血液之中。新生儿血液中免疫球蛋白浓度低，白细胞功能低下，不能抵御细菌入侵，很容易出现严重的细菌感染。新生儿对某些传染病，如水痘、麻疹等具有先天的免疫能力，这是因为新生儿的血液中有从母亲带来的免疫抗体。婴儿对呼吸道等病毒均无免疫能力，因此患有呼吸道感染的人最好不要接触宝宝。如果爸爸、妈妈或其他家人患有伤风、感冒，一定要戴口罩，感冒严重时还应该与宝宝隔离，避免传染。

(七)新生儿特殊生理现象

1. 胎便

小宝宝生后头 1～3 天内排出的大便多呈黏稠状，颜色黑绿色，没有什么气味，我们管这种大便叫“胎便”。如果宝宝吃奶好，排便顺利，2～4 天就会转为黄色大便。

2. 新生儿黄疸

50％～70％的新生儿都有生理性黄疸，这是由于血液中胆红素增多所致。

生理性黄疸在出生后 2～3 天时出现，新生儿没有什么不适，其黄疸程度有个体差异，尤其有种族差别。一般生后 4～5 天黄疸最明显，1～2 周渐渐消退。早产儿的黄疸常常较重，可延至 2～4 周才消退。对生理性黄疸的新生儿多给喂凉开水或葡萄糖水，无需治疗。生后早喂奶，促使胎便排出可以减轻生理性黄疸。

3. 新生儿“马牙”

细心的父母在宝宝张嘴的时候会发现宝宝上腭中线部位或在牙龈边缘可见到黄白色米粒大小颗粒，有的还融合成黄白色扁平状斑块，略高出牙龈，大小不一，这就是老百姓所说的“马牙”，一些地方还称之为板牙。现经医学证实，这些均是由上皮细胞堆积或黏液腺分泌物积留所致，均属正常。以前人们常常认为宝宝吸吮不好是由于马牙妨碍所致，一些家长误认为是牙龈上的附着物，用纱布去拭擦，一旦未擦掉就用针挑破或用刀刮掉所谓的马牙。其实这样做是非常危险的，很容易擦伤或刮伤口腔黏膜，一旦细菌进入破溃的组织，就会引起感染，发生败血症，危及生命安全。

有些地方还把新生儿口腔内两侧黏膜的隆起物习惯地称之为“螳螂子”，一遇到孩子不吃奶，就怪罪到这两侧的隆起物，用针或刀挑刮。实际上，这两块隆起物是脂肪组织，婴儿吸吮奶液时，可起到辅助加压作用，有利于孩子有效的吸吮，千万不要随意挑破。

4. 乳腺肿大

无论男婴或女婴在生后 3～5 天都会出现双侧乳腺肿大，一般出现 1～2 厘米左右大小的结节，摸起来比较硬，触摸时宝宝并未出现不适感，有的婴儿乳腺中间出现白色或黄色点状物。乳腺肿大是因为母亲的雌激素在宫内一直影响胎儿的发育，出生后这些影响中断所致，无须特殊处理，一般 2～3 周自行消退。一些老年人常常认为是乳腺中间长了什么东西，认为必须要挤掉，这种观念是非常错误的。过度挤压乳房势必会造成感染，严重者还可以引发败血症。

5. 女婴阴道流血

有一些女婴在生后 5～7 天从阴道流出一些灰白色黏液分泌物，一周末阴道流出血性分泌物，医学上称“假月经”。这是由于胎儿阴道上皮及子宫内膜受母体激素影响，类似于妇女排卵前的情形，出生后母体雌激素来源中断，造成与月经相似的出血现象。这种假月经一般持续 2 周，流血期间可用温水清洗外阴部，不能用带有碱性的清洁用品，防止刺激阴道皮肤及黏膜。阴道流血的同时，如果伴有便血、吐血等其他出血症状时，可能为新生儿出血症，应及时到医院诊治。

6. 出生后暂时性体重下降

宝宝在出生的头一周，由于进食量比较少，而排尿、粪便较多，加之皮肤蒸发水分过多，导致宝宝体内水分丢失过多，体重会比出生时略有下降，一般下降体重的10%以内，出生10天就可以恢复到出生时的体重。早产儿可能会更慢些，10～14天左右。如果体重下降过多，恢复过慢，要仔细寻找原因，以免耽误病情。

三、新生儿护理

(一)日常护理

1. 保暖

出生后特别需要注意保暖。冬季新生儿居住的房间温度要保持在20℃～22℃(早产儿房间温度在24℃左右)，洗澡时可升高到26℃～28℃。

天气炎热季节，一定要注意通风，保持湿度，如果过度保暖，反而会使宝宝感到不舒适，哭闹不安。

2. 皮肤护理

刚出生的宝宝全身皮肤覆盖一层薄薄的黄白色胎脂，对皮肤具有一定的保护作用，没有必要全部擦掉，待24小时之后，体温稳定，皮肤干燥后就可以洗浴了。

全身洗浴最好每天1次，不仅可以去除皮肤的污垢，还可以清除皮肤上的细菌，防止皮肤感染。

皮肤皱褶多的地方容易受损，比如颈部、腋窝、肘内侧弯曲处、大腿内侧、阴囊内侧、肛门周围等处皮肤之间接触密切，局部散热不良，尤其是在炎热的夏季，出汗较多，再加上活动时皮肤互相摩擦，非常容易造成皮肤损伤。因此，在给孩子做皮肤清洁时，应重点清洗这些皱褶处皮肤，为了保持褶皱部位的干燥，可用小纱布或专用扑粉海绵在皮折处擦抹少许爽身粉，目的是吸收汗液，干燥皮肤。

清洁面部时，要用小块的湿毛巾轻轻擦洗颜面部，最好不用水直接洗，以免水流入宝宝的眼睛、耳朵和口中，引起眼结膜炎和外耳道炎，或吞入口腔，损伤消化道器官。

有的宝宝头垢比较多，用一般温水很难清洗干净，需要使用专用的婴儿润肤油。用法是在宝宝洗头前将润肤油涂抹到有头垢的部位，反复按摩使头垢软化，然后再用温水清洗就可以了。

每次大便之后要用温水清洗臀部，清洗擦干后，夏季用一些爽身粉，冬季用一些婴儿专用护臀膏涂抹在臀部，防止臀部皮肤受到尿液和粪便的刺激。

平时洗浴或穿脱衣服的时候一定要检查全身皮肤，特别是背部、臀部、皮肤皱褶部位等，如发现红肿、皮疹、局部发炎等异常应尽快到医院就诊。

新生儿皮肤娇嫩，所以一定要使用对皮肤无刺激的洁肤用品。使用前可将浴皂或浴液先涂擦在洗澡者的手或上臂，如无不适感，再涂到新生儿的皮肤上。目前市场上销售许多不同种类的婴幼儿洁肤和护肤用品，家长可仔细慎重挑选。

3. 洗澡

新生儿皮肤薄而嫩，皮脂腺分泌旺盛，如果不经常清洗，皮肤的分泌物等就会堆积在皮肤表面，造成皮肤毛孔堵塞，继发感染。严重者还可以出现败血症，导致死亡。

(1)洗浴前的准备

①调试室温 24℃～26℃之间

②洗浴前应观察新生儿的一般状态，若有感冒、呕吐、腹泻时，应先测试体温，若腋下温度高于 37.5℃时，最好不要洗澡。

③洗浴人员的准备：剪短指甲，洗净双手，戴上清洁的围裙。

④做好物品的准备：大浴盆、洗脸盆、宝宝沐浴剂、宝宝浴巾、小毛巾各一条、水温计、宝宝润肤油、脐带处理用具包括有酒精、棉棒等。

⑤热水的调试，浴盆内的热水温度应控制在 38℃～40℃左右。

⑥洗浴时间不要过长，以 5 分钟内为宜。

(2)洗浴步骤

①脱掉衣服，用毛巾裹住宝宝。

②用双手托住宝宝，用肘部试一试浴盆中的温度，感觉合适后用温水毛巾仔细擦洗眼、鼻、面部和耳朵，不必使用浴液。

③淋湿头发，涂抹婴儿洗发液，用手掌轻轻擦洗，要注意清洗头发部位，用温水洗净洗发液，用拧干的毛巾将头发擦干(图 6)。

④打开包裹身上的毛巾，轻轻从脚开始将宝宝放入水中，按颈部、胸部、腋下、上

图 6　洗头

腹、手等顺序涂抹婴儿浴液，用毛巾盖好胸部(图7)。

①打浴液　　②清洗

图7　洗全身

⑤继续清洗腹部，再洗大腿根部，最后洗脚。这里需要提醒的是，如果脐带未脱落应小心不要弄湿。

⑥翻过身来洗背部及臀部(图8)。

⑦最后用已备好的温度适宜的清水冲洗全身(图9)。

图8　清洗后背

图9　冲洗全身

(3)洗浴后的护理

①将宝宝用毛巾包裹，擦干水分(图10)。

②爽身粉涂抹在颈部、腋下、大腿根部等皱褶处，容易发生摩擦的部位。

③脐部护理。先用棉棒蘸上消毒用的酒精(75%酒精)擦洗脐带的根部,再擦脐带周围部分。然后用干棉棒重复擦拭脐带的根部和周围部分,擦干为止。

④换好尿布并给宝宝穿衣(图 11)。

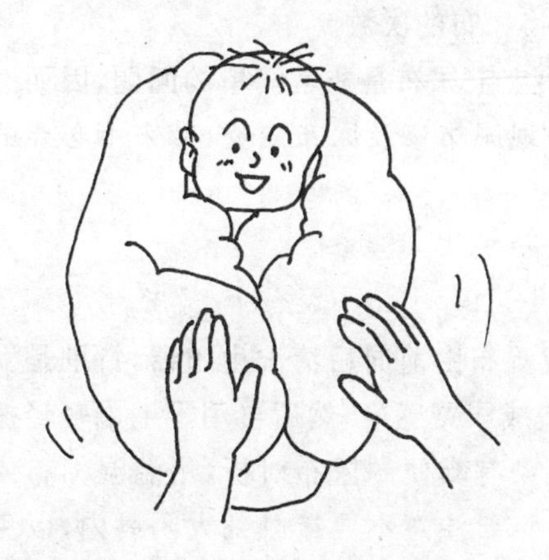

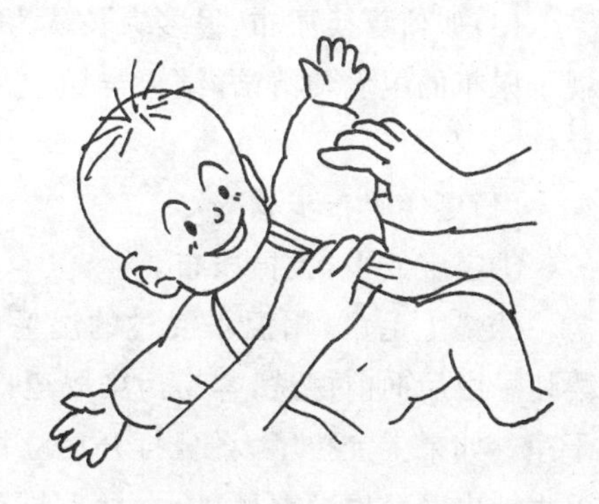

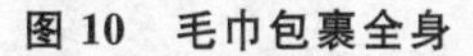

图 10　毛巾包裹全身

图 11　宝宝穿衣

⑤如果发现耳、鼻部有分泌物时,可用浸上油的棉棒轻轻擦洗耳鼻部。

⑥洗浴完毕之后,可让宝宝饮用温开水,补充水分。

最后需要提醒家长的是,新生儿皮肤娇嫩,所以一定要使用对皮肤无刺激的洁肤用品。使用前可将浴皂或浴液先涂擦在大人的手或上臂,如无不适感,再涂到新生儿的皮肤上。目前市场上销售许多不同种类的婴幼儿洁肤和护肤用品,家长可仔细慎重挑选。

4. 选择和更换尿布

(1)如何选择尿布:首先,要使用棉布类尿布。棉布柔软,而且吸水性能好,不带有化学成分,对宝宝皮肤不造成刺激性损伤。化纤类制品吸水性能差,容易使尿碱附着在表面,刺激皮肤造成尿布疹及尿布皮炎。

现在市场上有许多新型的一次性纸尿布,吸水性强,无须清洗,而且还有各种大小和不同厚度,减轻了许多年轻父母的家务负担。但是长期使用这种纸尿布,特别是夏季或室温过高时,过厚的纸尿布透气性能差,对宝宝会产生不适感,宝宝反复啼哭不止。这些纸尿布一般价格较贵,一些家长为了节省纸尿布而减少更换次数,结果反而造成尿布皮炎。因此作者认为,平时在家中尽量使用棉布类制品,纸尿布仅在携带宝宝出门或旅行时使用为宜。

(2)多长时间更换一次尿布:一般更换尿布只需每次喂奶之前就已经足够。但有一些宝宝皮肤比较敏感,因此需要奶间再更换1次。随着年龄增长,宝宝饮奶量和饮水量增加,因而尿量和尿次数也明显增加,有的宝宝平均1小时1次排尿,因而对于这些宝宝则需要增加更换尿布的次数。

(3)如何更换尿布:很多家长认为更换宝宝尿布是非常简单的问题,因而忽视了尿布的卫生和清洁,结果导致宝宝出现尿布疹及尿布皮炎,带来不必要的烦恼。

(4)更换尿布步骤

①宝宝放平,去掉尿布。

②垫上毛巾,用温水浸过的湿毛巾或湿布由前向后清洗生殖器,特别是女婴切忌由后向前擦洗,容易污染尿道口,造成尿路感染,然后再用干毛巾轻轻擦干净。如果宝宝拉了大便,打开后立即将染有粪便的尿布对折,用温湿棉布或卫生纸巾轻轻擦净臀部,给女婴擦拭时一定要注意不要接触到大阴唇内,以免污染尿道和阴道,然后用清水冲洗干净并擦干。

③臀部涂抹宝宝护臀膏,这些油状物在皮肤与尿布之间形成一层隔离层,避免尿布上的尿碱接触到宝宝皮肤。不主张使用爽身粉或滑石粉类,这些粉剂主要是起到吸汗、皮肤拔干的作用,对防止尿碱的刺激效果并不好,这就是为什么总有一些家长提出,每次换尿布都用爽身粉宝宝还出现尿布疹的缘故。

④折叠尿布的方法男婴和女婴是不一样的,男婴尿流出方向冲上,因此前方尿布应对折多一些,女婴尿流出方向冲下,因此尿布对折以后方为主(图12,图13)。

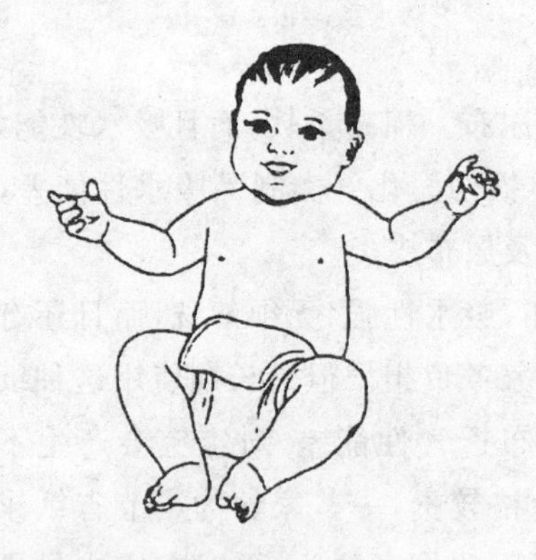

图12 男婴的折尿布方式

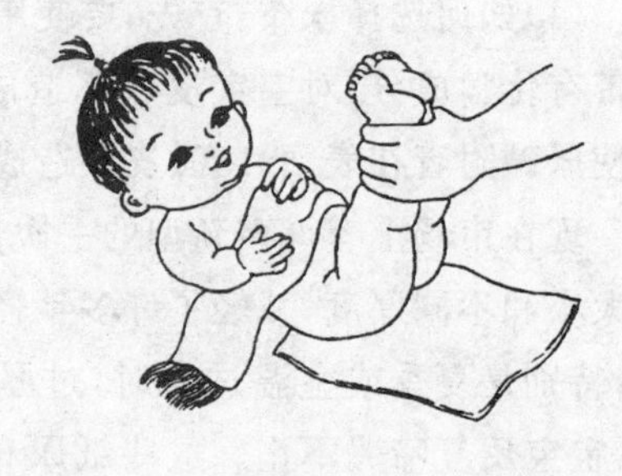

图13 女婴的折尿布方式

⑤换下的湿尿布应立即冲洗浸泡在清水中，用宝宝肥皂清洗，并尽量漂洗干净，避免碱性物残留，尿布要每天清洗，并要与其他衣物分开洗涤。拧干后放在日光下晒干，如果家里过度潮湿或冬季尿布不易晒干的时候，应定期消毒尿布，防止真菌生长，刺激皮肤，形成真菌性皮肤炎症。

5. 脐带消毒和护理

脐带是母亲与胎儿相连接的纽带，母亲通过脐带将身体内的营养物质和氧气输送给胎儿，以满足婴儿机体发育的需要。脐带从胎儿的脐部延伸出来，表面上灰白色的皮层是羊膜，里面包裹着三条并行的血管，分别是两条脐动脉和一条脐静脉，这三条血管直接与胎儿体内的动、静脉血管相连接，脐带的另一端连接到母亲的胎盘里面。

小宝宝一经娩出，医护人员就要快速在距离肚脐 1～2 厘米的地方进行结扎、切断，并反复消毒后用纱布包裹好，防止感染。断脐后的脐带残端逐渐干枯变细而成为黑色，一般在出生 7～10 天自行脱落。

(1)结扎脐带时的消毒：脐带在结扎过程中的消毒是小宝宝出生后遇到的第一个问题，在结扎的过程中如果消毒不严，就会污染细菌，引起破伤风，危及宝宝生命。断脐的剪刀，结扎脐带的线，包盖脐带残端的棉花、纱布，以及接生人员的手必须严格消毒。因此，最好到正规医院分娩，尽可能减少在自家分娩或为省钱到不正规的小医院或私家医院分娩。

(2)脐带结扎后的消毒：结扎脐带后的头几天要密切注意有无渗血，如果有渗血说明脐带没有结扎紧，需要重新结扎。如发现在结扎后的脐带周围有一些少量的血性液体和淡黄色分泌物都是正常的，这是由于脐带血管没有完全愈合而排出的液体。消毒时，用左手提起结扎脐带的绳子，右手用蘸过 75%酒精的棉签由里向外依次涂抹，要涂抹到脐带周围完全没有分泌物为止。一些家长不敢触碰脐带，只用棉签在脐带外周做涂抹，这样的消毒根本起不到作用，反而延缓脐带的愈合，造成脐部感染。

当脐带周围无红肿，比较干燥，说明脐带是正常的，可用 75%酒精轻轻涂抹即可，每日 2～3 次。如果脐带分泌物较多，或脐带周围发红时，可用 75%酒精拉起脐带残端反复涂抹数次，直至分泌物完全清除。如果发现脐部有脓性分泌物，脐周红肿或伴有发热等全身症状时，应及时到医院接受医生的治疗。

(3)脐带脱落后的处理：脐带脱落之后，仍要坚持用 75%酒精消毒，每日1～2 次，直至脐带完全没有分泌物为止。值得一提的是，脐带创口没有愈合时，爽

身粉等异物刺激可引起脐部慢性炎症而形成肉芽肿。因此，洗澡后涂抹爽身粉时，注意别触碰脐带创口，如果发现脐带创口处有异物，则应立即清洗干净。

最后一个值得注意的问题是，当脐带脱落后十余天以上仍然不断有分泌物从脐部渗出，仔细观察脐部还可以看到一个粉红色的肉块组织，这是由血管增生造成的，应该到医院咨询，寻求处理。

6. 新生儿臀红

新生儿皮肤比较娇嫩，很容易受损伤，新生儿臀红就是很常见的皮肤损伤性疾病。一旦发生臀红，每次大便和小便以后，粪便就会刺激臀红部位的皮肤，引起孩子的烦躁不安和哭闹。

(1)发生臀红的原因

①大小便的代谢产物刺激。尿液中的尿素被粪便中的细菌分解产生氨粪，刺激皮肤使其发炎。喂牛奶的婴儿发生臀红者比吃母乳的婴儿多见。这可能是因为喝牛奶的婴儿大便多是碱性状态，对皮肤刺激较重，大肠中愈呈碱性环境，愈利于产氨细菌的繁殖，大量产氨细菌的代谢产物对皮肤刺激很大，极易形成臀红。

②未及时更换被大小便浸湿的尿布，致使尿碱及粪便长时间刺激皮肤。

③用碱性液或肥皂洗尿布未漂净，肥皂等碱性物质对皮肤有刺激作用。

④使用一些不透气的橡皮布、油布或塑料布，使婴儿臀部处于湿热状态，这样也会引起臀红。

(2)如何预防新生儿臀红

①尽可能母乳喂养，尤其在新生儿早期母乳喂养尤为重要，母乳成分更加适合新生儿，不容易出现消化不良。喂母乳的新生儿其大便中双歧杆菌和乳酸杆菌的比例较高，大便多呈酸性，不利于产氨细菌的繁殖，可减少对臀部皮肤的刺激，预防臀红。

②勤换尿布。每次喂奶前后都要更换尿布。在新生儿后期及 1 个月以上的孩子因饮奶量增加，尿量及尿的次数也明显增加，1 天可达 10 次以上。因此对于这个时期的婴儿应该平均 1 小时更换 1 次尿布为好。尽量不要让湿透的尿布刺激臀部皮肤时间太久。

③注意尿布的清洗。用肥皂洗过的尿布一定要用清水漂洗干净，每次能用开水烫一下更好。在阳光下晾晒干燥。

④孩子大便后应用温水冲洗臀部，保持皮肤的清洁。随后再涂抹护臀类药

膏，以保护臀部皮肤免受尿和大便的直接刺激。

7. 宝宝便秘时帮助宝宝顺利排便的方法

当遇到宝宝几天不排便，或者排便很困难时，可采用下列几种辅助方法帮助宝宝排便。

(1)牛奶或奶粉喂养儿要增加喂水量。

(2)大便明显干燥的婴儿可以添加一些糖水，或试喂一点儿童蜂蜜。

(3)1 个月以后的婴儿可以喂一些果汁，只是不要太酸而影响孩子食欲。

(4)运动不足也是孩子便秘的一个原因。因孩子太小，可以帮助孩子做运动，如每天做腹部按摩，以肚脐为中心，按顺时针方向稍稍用力按摩腹部。可以在孩子有便意时或每天坚持 1～2 次。每天还可以给孩子做全身按摩操，锻炼全身肌肉系统。

(5)人工辅助帮助宝宝排便

①肛门刺激方法：肛门周围有肛门括约肌，平时是收缩紧闭的。可以用带有甘油和凡士林油的医用棉签先涂抹肛门括约肌表面，再把棉签插进肛门，刺激肛门括约肌深面，这样反复刺激数次，一般的便秘均可以通便。这里需要注意的是轻轻触及肛门是没有用的，一定要用手握住棉棒中间的位置，插到肛门内括约肌的深面(深度为 1～2 厘米)。

②肛门注入药物：对于顽固性便秘或孩子因便秘表现很痛苦时，可以用药物帮助排便。目前多采用的是液态甘油(儿童开塞露)，一般到医院或药店都可以买到。使用前先在肛门涂抹一些油，然后将盛有药液的药柄杆慢慢插入肛门，深度 1～2 厘米为宜，尽量将药液挤干净，注入药物之后，为了防止药液外流，要用干净的卫生巾或纱布按压肛门处数分钟，待孩子便意感很强时再松开，这时孩子就可以轻松排便了(图 14)。

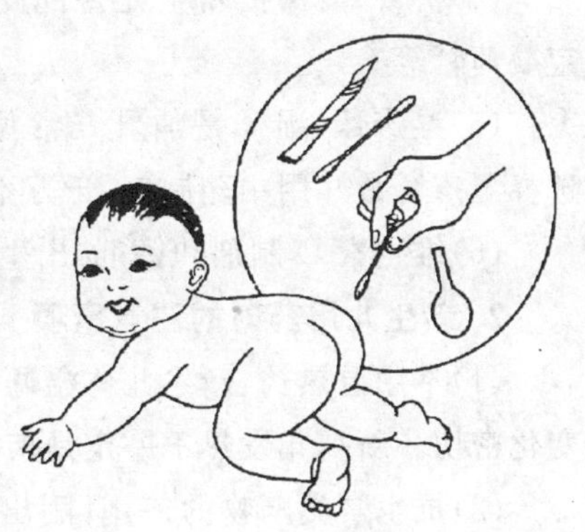

图 14　人工辅助排便方法

当然，后一种方法是不得已才使用的方法，重要的还是要从饮食上进行调整。不过家长不用担心，反复使用肛门注入药物并不会影响孩子自主排便的能力。

(二)新生儿用药知识

1. 新生儿应该准备的医疗用品和药品

新生儿期是一个特殊的生理时期,新生儿的全身各个脏器和系统发育不成熟。一些重要的器官,如肝脏、肾脏功能明显低于成人,对于一些化学物质的吸收代谢和排泄承受能力差,而大部分药物都要经过肝脏代谢,从肾脏排除,用药不慎就容易出现体内药物蓄积和中毒。轻者表现为不良反应,重者可以导致死亡。因而新生儿用药是非常局限的。父母如果发现孩子有异常一定要到医院,在医生指导下慎重用药。

(1)酒精:酒精属于消毒用品,是新生儿必备药品。用于:①新生儿皮肤娇嫩,皮质腺分泌旺盛,如果皮肤清洁不干净或过热都会导致皮肤毛孔分泌物的堆积,继发感染,形成皮肤脓疱疹。这时首先要用75%酒精擦拭化脓处,直至脓疱疹消失为止。②用于新生儿脐部消毒。

(2)抗生素软膏:如红霉素软膏等,用于皮肤脓疱及化脓病灶。

(3)有益菌制剂:如乳酸菌活性剂和双歧杆菌制剂,可以预防肠道感染,治疗腹泻或便秘等肠道功能紊乱。

(4)护臀膏:保护新生儿臀部皮肤,防止尿液及粪便的刺激。如鞣酸软膏、宝婴药膏等。

(5)湿疹膏:湿疹是哺乳儿常见的皮肤症状。是由于对奶制品过敏所致。选择湿疹膏最好用中药制剂,千万不要用带有激素类制剂,防止损伤皮肤。

(6)维生素D制剂和钙剂:出生第三周起应补充维生素D制剂和钙剂。

2. 新生儿用药时的注意事项

(1)不用退热药:新生儿体温调节中枢不成熟,皮肤温度与外界环境温度的变化密切。新生儿发热不一定是疾病所致,因此不能随意使用退热药。

(2)抗生素类药物的使用:刚出生的新生儿由于肝、肾功能差,药物代谢和排泄能力差,稍微增加药物的使用量就会出现药物中毒。父母对新生儿是否是过敏性体质尚不了解,滥用抗生素还会导致变态反应。另外,过多使用抗生素容易使新生儿细菌耐药性增加,肠道菌群失调导致腹泻,同时降低机体抵抗能力,引起体内生态失调,合并二重感染。

(3)最好不用清热解毒药:当新生儿出现鼻塞流涕、咽有痰感、大便干燥等症状时,一些父母就认为孩子可能是"上火"或有"内热",给孩子服用一些清热

解毒类药物。其实上述症状的出现是由多方面原因造成的，其中包括哺乳种类、哺乳方式、居室环境及个人机体状况等。随意使用这些中药，不仅会影响孩子正常的食欲，还会导致肠道功能紊乱，出现腹泻症状。

3. 给新生儿喂药的方法

一提起给宝宝喂药，许多父母就犯难，只会吸奶瓶的孩子如何喂得了药呢？下面介绍几种新生儿喂药方法：

(1)粉剂

①将药物倒入新生儿专用小杯中，用温开水调成稀糊状，在用小勺放到舌下处。如果孩子吞咽较慢，可再喂一勺水，帮助药物流入咽部。

②如果药品本身无特殊异味，可放入奶瓶，用温水混匀，给新生儿饮用。

③如果量比较少，可将药粉沾到乳头或橡胶奶头上面，直接将其送入孩子口中吸吮。

(2)水剂

①用新生儿专用小勺紧贴嘴角，一点点喂服，使药液沿嘴角一侧慢慢流入。

②用吸管吸满药液后，将管口放在孩子口腔颊黏膜和齿龈之间慢慢挤滴，注入口腔。

③喂药中途孩子哭闹张大嘴时，不要图省事直接倒入咽喉部，可以放到舌下部，以免发生呛咳或误吸入气管。

(3)片剂：将药片研成细粉状，喂药方法同粉剂。

(4)胶囊制剂：目前新生儿用胶囊制剂主要是维生素AD胶囊，可将胶囊头部用清洁剪刀剪开，直接沿嘴角或舌下滴入口腔。挤压时尽量挤压完整以免药物残留。

4. 给新生儿喂药时的注意事项

(1)药物的选择要在医生指导下进行。

(2)有些药物不能与奶制品和果汁类合用，如钙制剂和牛奶混合喂哺会影响钙剂的吸收。某些药物与果汁混合，会发生反应，影响药效。所以，使用前请询问医生或仔细阅读药物说明书。

(3)某些药物之间不能合并使用，如抗生素类药物与其他类药物合用易发生变态反应，最好单独哺喂。

(4)喂药时间最好在两次喂奶之间，这样可以防止因药物的异味感而导致呕出奶液。

新生儿对进入口腔内的固体会自动推出，医学上称“推出反射”。因此，用小勺喂药时，应将小勺直接放到舌下部，以免新生儿用舌部顶出。

（三）预防感染

宝宝居住的房间一定要阳光充足，通风良好，保持合适的温度和湿度。打扫房间时最好使用湿抹布擦拭，防止灰尘飞扬。

保持衣服的清洁和用具的清洁。要单独清洁宝宝衣物，每日更换，衣物最好放到干净通风有阳光照射的地方，还要定期晾晒床上用品。皮肤护理用的毛巾、浴巾、浴盆等，用具最好单独使用，用完洗净后放到阳光下晒干。装衣物的容器内不要放置樟脑一类防虫剂。冬季要定期将室内衣物拿到阳光下照射，以免真菌生长。

护理宝宝的父母及家人、有关保健人员必须保持全身皮肤的清洁，特别是双手的清洁，防止细菌接触到宝宝皮肤引起感染。

护理人员患感冒或呼吸道感染时应避开宝宝，必须与宝宝接触时要戴口罩。

四、新生儿常见问题

（一）宝宝“打嗝”

每当宝宝刚吃完奶大声啼哭，或使劲扭动身躯之后都会出现打嗝，而且这种打嗝会持续很长一段时间才停止，令家长很着急。

新出生的宝宝大多数都会打嗝，有的宝宝在妈妈肚子里就会打嗝，打嗝是由于胃上方的横膈膜肌肉痉挛所致。在人体腹腔上方有一块肌肉叫横膈膜，它就像一块盖子盖在腹腔上方，一旦胃膨胀就会刺激膈肌痉挛，引起宝宝打嗝，因此吃奶过急、过快，或吸入过量空气，都会造成胃膨胀，导致打嗝，加之宝宝神经系统发育不完善，当膈肌出现异常运动（打嗝）时往往不能够自行调节，所以宝宝打嗝会持续很长时间不缓解。看见宝宝“打嗝”时可以将宝宝抱起拍一拍，或给宝宝喂一点儿水，大部分都可以停止。打嗝频繁时要寻找原因，如果宝宝因饥饿大哭时，一定要抱起先拍一拍再喂奶，不要让宝宝吃得太快、太急，喂完奶以后要把宝宝头竖起来，连续多拍一拍，最好能打出饱嗝。这种现象一般4～5

个月之后就会减少,不必过于介意。

(二)"溢奶"和"吐奶"

漾奶和吐奶是初为人母感到非常困惑的问题。漾奶是一种新生儿期普遍存在的现象。一些宝宝吃完奶,刚把奶嘴拔出,奶就从嘴角边流出,当抱起拍背排气的过程中也容易流出奶汁,有一些宝宝打嗝时会吐出许多,还有一些表现在奶后数分钟乃至数小时之后,吐出的奶汁还伴有一些酸臭味。宝宝在漾奶的过程中,一般没有什么预兆,无恶心症状,流出的奶量也比较少。上述现象中,奶从嘴角旁边流出的叫溢奶,从嘴中呕出的叫吐奶。经常漾奶的原因是因为宝宝的胃形状与成人的胃形状不同所致。成人的胃多呈鱼钩形,而刚出生不久的宝宝胃呈酒壶状,也就是说胃底部发育差,较平坦,胃的入口(贲门)括约肌较松,而胃的出口(幽门)括约肌发育较发达,故容易出现胃内容物的反流。还有一个重要的原因,就是由于宝宝哭闹时吞气过多,或者喂奶时吞入气体至胃内,如果不及时排出,小孩就会反复打嗝,打嗝时会加重漾奶。

图 15 拍背法帮助宝宝排气

预防漾奶的办法:目前多采用拍背法,即等喂完奶之后将宝宝直立,拍背至打出嗝为止(图 15)。

如果婴儿在吃奶前哭闹明显,可先抱起哄至安静再吃奶。小孩吃奶较急时,可在哺乳中途歇息数秒再接着喂。

有时吐奶量较多,且从鼻腔中喷出,这时应立即侧卧,或将孩子抱起来,擦净呕吐物,观察孩子表现,如果吐奶后精神很好,则不必担心。

尽管孩子老有吐奶,但体重增加正常,说明这种吐奶是生理现象,不是疾病,不必担心。如果宝宝吐奶前表现不适,烦躁不安,吐奶时有痛苦表情,应立即到医院就诊。对于吐奶频繁且奶酸臭味较重,体重增长不良者,应怀疑先天性幽门狭窄,应迅速到小儿外科手术治疗。

(三)白天晚上老是不停的扭动身子,还发出声音

很多出生十几天以后的宝宝无论是清醒或是睡眠老是不停的扭动身子,有

的还同时发出很大的声音,令家长迷惑不解。其实这是宝宝在运动,有人说是在长个儿,作者也同意,而且作者还认为这是在“舒筋活络”。因为,长时间一个体位,靠床的部位血液循环差,就会感到难受,婴儿不会翻身,只有通过不停地扭动身躯,调节身体不同部位肌肉骨骼的血液循环,才能保证身体的舒适感。一旦宝宝会转头、转身子,自己能够调节体位,这种扭动和发声就会明显减少了。

(四)宝宝出生时头发很少

有一些刚出生的宝宝头发很少,或出生后不断掉头发,使宝宝头发愈来愈少,令家长很着急。这里要告诉年轻的父母们,宝宝的毛发浓密或稀疏个体差异很大。但是不管头发多么稀少,1～2 岁时头发会变浓,5～6 岁时毛发会变致密。而且,新生儿期毛发稀疏,到成人时头发不一定会少,相反,新生儿期头发浓黑,发丝硬,多呈直立状,随着年龄增长可能会变得愈来愈少,发丝也逐渐变软。因此,新生儿期的头发只是一种假象。

一些人认为,经常剃头会使头发多起来,但实际上是否这样缺乏考证。剃与不剃,随着年龄增长,会逐渐生长出新的毛发。对于宝宝尽量不用剃刀,以免损伤头部及颜面部皮肤,留下瘢痕。

(五)头发中间或眉毛中间出现黄色结痂

出生后不久,许多宝宝毛发中间及眉毛中间出现一片一片的黄色结痂,医学上叫“脂溢性湿疹”。这是因为宝宝皮肤的皮脂腺分泌较旺盛,每时每刻都会分泌出较多的脂肪性代谢物质,如果不及时清洗,这些脂肪就会堆积在皮肤的毛孔中,久而久之就形成了黄色结痂。到 3～4 个月以后皮肤分泌物逐渐减少,就不容易形成黄色结痂了。

出现黄色结痂之后,可先用棉纱布浸蘸消毒过的香油或蓖麻油轻轻擦拭结痂部位,当结痂部位逐渐变软后再用婴幼儿专用香皂或浴液清洗。这样经过数次的清洗,黄色结痂就会渐渐洗掉。擦拭结痂时如果用力过度会损伤皮肤。所以清洗时不要太着急,可以分次逐渐清除。如果黄色结痂不严重可以不予特殊处理。若结痂处皮肤发生破溃或流脓时,必须到儿科或皮肤科寻求医治。

(六)宝宝舌苔很白很厚

每天吃奶的孩子舌苔很白而且厚腻,这是因为乳渣残留在舌表面所致,一

般是刮不掉的，有些家长用勺刮或用纱布擦都是不对的，这和中医所说的"舌象"有所不同。当添加辅食之后，舌苔就会逐渐变薄，颜色变浅。

有一种情况要注意，不仅在舌表面，当双侧颊黏膜和齿龈处也有白色覆盖物，用手指不易擦掉时，就不是乳渣，医学上叫做"鹅口疮"，这是一种念珠菌感染（真菌感染）引起的表现。多数是因为使用了不清洁的奶具、毛巾等引起。鹅口疮大部分能自愈，如果病灶延伸到咽喉部则应尽快到医院诊治。

（七）新生儿双下肢弯曲

刚出生的新生儿双下肢有些弯曲是正常的。这是因为新生儿在子宫内均呈蜷曲状，双下肢一直是弯曲的体位，加之新生儿肌肉发育差，牵拉骨骼的力量比较小，因而出现弯曲。随着婴儿的不断生长和发育，逐渐由坐到站立和行走，双下肢就会自然变直。旧的观念认为刚出生的孩子必须要用绳索捆绑住下肢，才可以防止下肢弯曲，这是不对的。捆绑下肢妨碍了孩子的活动，影响了孩子的运动发育，过度捆绑还会影响新生婴儿的骨骼发育，同时还会引发髋关节脱位等骨科疾病。

一些家长提出新生儿下肢弯曲是否是由于缺钙所致，答案当然是否定的。新生儿缺钙导致的佝偻病主要表现在头颅骨的软化，而佝偻病引起的下肢弯曲一般见于孩子开始行走后，由于骨骼软化和肌肉关节松弛，在站立及行走的影响下才逐渐出现了下肢的畸形。因此，不要一见到孩子下肢弯曲就急于给宝宝补钙，给孩子带来不必要的负担。

（八）吃母乳引起的腹泻

经常听到喂母乳的妈妈问到这样的问题。其实这种担心是多余的，而且这里要强调千万不要因为吃母乳拉肚子，就急忙把母乳停掉。喂母乳的宝宝排便次数比较多，有一些宝宝几乎在每次哺乳后都要排便，通常一天要排便5～6次。因为婴儿大多都是按需喂养，母乳喂养很难控制奶量，所以宝宝摄入量往往过多，引起腹泻，但由于母乳成分容易消化，这种腹泻对宝宝并无大碍。

（九）3～4天排一次大便（便秘）

回答这个问题之前首先要明确什么是"便秘"。一般说来，孩子每天1次大便最正常，但有一些婴儿2～3天排1次便，甚至3～4天也不排便，但吃奶正

常，气色好，没有无故的烦躁和哭闹，虽然排便次数少，但排便时并不感到很费劲，而且粪质也比较柔软，不成形，这不是便秘。如果宝宝3～5天排便1次，而且排便时很用力或者使劲也排不出大便，粪便干硬呈条索或丸球状，排便时甚至刮破了肛门，有时还伴有腹胀，食欲下降等症状，这时才考虑可能是便秘。

母乳喂养的孩子很少有便秘的，有一些喂母乳的宝宝虽然大便次数比较少，甚至3～4天才便1次，但每次大便不费力，粪便不成形，孩子也无不适感，只要母亲适当调整饮食种类，多吃蔬菜、水果类就可以改变粪质，增加大便次数。如果宝宝3天以上不排便，可以用蘸有肥皂水的棉签轻轻刺激肛门，或插进肛门内少许就会排便了。

牛奶和人工配方奶粉喂养儿容易出现便秘。这是因为新生儿或较小的婴儿在尚未添加辅食前只能单纯牛奶或奶粉喂养，这些奶制品中有些不容易消化的蛋白质和脂肪及钙质，在肠道形成凝块及钙沉淀物等，加之水分摄取不足，新生儿肠道蠕动缓慢等因素都可以出现便秘。可以适当增加喂水量，添加一些糖水。另外，还可以采用肛门刺激方法帮助宝宝排便。

对于顽固性便秘或孩子因便秘表现很痛苦时，可以用药物帮助排便。目前多采用的是液态甘油(儿童开塞露)，一般到医院或者药店都可以买到这种药。当然，这种方法是不得已才使用的方法，重要的还是要从饮食上进行调整。不过家长不用担心，反复使用肛门注入药物并不会影响孩子自主排便的能力。

(十)宝宝肚子咕噜响，排气多

宝宝肚子老是咕噜响，排气也特别多，有时还伴有哭闹，这是怎么回事呢?因为有些宝宝吃奶比较急，尤其在饥饿大哭后马上喂奶，就会使宝宝肚子里存有很多气体，这些气体流动刺激胃肠道，引起胃肠蠕动增强，就会出现上述表现。还有一些家长老担心宝宝喝奶会呛着，总是用小号的奶孔喂奶，这样不仅使孩子吸奶费力，而且还让宝宝吸入过多气体。肠道内气体发胀，也会引起胃肠道的蠕动过多，因而使宝宝感到不舒服，甚至会出现肠道的绞痛，这时孩子就会哭闹不安。预防的方法与打嗝的预防方法是相同的，主要是尽量让宝宝少吞入过量的气体。

(十一)新生儿足跟血筛查

在医院出生的新生儿都要做足跟血筛查。很多家长都在问筛查什么。这

项检查主要是为了筛查能够引起小儿智力障碍的先天性疾病。从80年代起，国际上就已经能够同时筛查出多种疾病。目前，我国主要筛查两种疾病，即苯丙酮尿症和先天性甲状腺功能减低症（俗称“呆小症”）。

以上两种疾病如果出生后能够早期发现早期治疗，小儿发育完全可以达到正常水平。

（十二）新生儿补充维生素D和钙剂的时机

我们都知道钙是人体骨骼发育中不可缺少的主要成分，婴儿期钙的缺乏不仅可以引发佝偻病等影响体格发育，还可以导致其他器官的功能异常。如免疫系统及脑功能障碍等。

足月儿一般在出生后第三周开始补充维生素D和钙剂，维生素D的预防量为每日400单位。母乳喂养儿出生头3个月可以不必添加钙剂，牛乳喂养儿或人工配方奶哺喂者可适当加用钙剂，每日200～300毫克。

对于早产儿维生素D和钙剂需要提前补充和加大剂量，一般在生后第三周开始每日补充维生素D 400～800单位和200～300毫克的钙剂。如遇到腹泻患儿，待腹泻恢复后适当加大维生素D预防量和钙入量。

（十三）早产儿及其护理

1. 什么是早产儿

早产儿顾名思义就是比预产期提前出生的婴儿，临床上通常将胎龄小于37周的婴儿称之为早产儿。早产儿的体重一般多在1 000～2 500克之间，也叫低出生体重儿。早产儿各组织器官发育不成熟，机体功能尚不完善，生活能力差，免疫力低下，在分娩过程中容易出现异常，娩出后极易合并呼吸系统疾病和感染性疾病等，病死率很高。即使存活有时也可能留有脑瘫，智力低下，学习障碍等后遗症。因此，怀孕后的妇女应该定期做产前检查，预防早产，一旦分娩了早产儿，应该加强早产儿护理，预防疾病的发生。同时还要与儿科医生联系，定期做儿科门诊随访检查，加强智能和体能的训练。

早产宝宝和成熟宝宝有什么不同？能与成熟儿一样存活和生长发育吗？下面我们要加以详细介绍。

（1）早产儿与成熟儿体格发育和外貌差异很大，早产儿胎龄越低，体重越小，最小可低于1 000克。

(2)抗病能力较成熟儿弱,容易合并感染性疾病。早产儿自身机体内免疫抗体数量非常少,对各种外来感染的侵袭缺乏抵抗力。即使轻微的感染,也可酿成严重的败血症而死亡。

(3)容易并发呼吸系统疾病,病死率极高。由于呼吸中枢不成熟,常常会出现呼吸不规则或一过性呼吸停止,导致身体组织缺氧。肺部组织发育差,缺乏必要的生物活性物质,引起严重的呼吸困难和缺氧,最终死亡,病死率可达50%以上。

(4)大脑组织容易受损伤,造成脑残疾。早产儿脑组织结构、脑细胞发育不成熟,对外来的刺激完全没有调节能力,极易造成脑组织的损害,严重者死亡,存活者也多留有脑瘫、学习障碍、癫痫、智力低下等后遗症,造成终身残疾。

(5)生长发育速度较成熟儿明显增快,尤其是早产儿体重明显快于成熟儿,如成熟儿1岁时的体重可达初生时的3倍,而1 500～2 000克的早产儿1岁时的体重就可达到出生时的5.5倍,因而容易患早产儿贫血、佝偻病等营养性疾病。

从以上几方面我们可以看出,早产儿生存能力低,病死率高。所以,一旦你的孩子被确认为早产儿,就应该立即接受专业医生的正规治疗和有关保健人员的护理指导,顺利度过新生儿期。

2. 早产儿的护理

前面已经提到,胎龄小于37周出生的新生儿均为早产儿。早产儿因胎龄的不同,体重的不同,故其机体各脏器功能状况也差异较大。一般来说,胎龄大于35周,体重大于2 000克者比较容易护理,而对于胎龄在34周以下,体重小于2 000克的早产儿则需要特殊护理。

(1)保暖:早产儿体温调节中枢发育不成熟,体表面积较大,容易散热,加之基础代谢低,肌肉活动少,致使早产儿体温极易随环境温度的变化而变化,因此环境温度和早产儿保暖尤为重要。一般说早产儿室内温度应该保持在24℃～26℃,相对湿度在55%～65%之间。体重愈轻,外界环境温度愈应接近早产儿体温。一般体重在1 500～2 000克者,环境温度应在30℃～32℃,体重在1 000～1 500克者,温度应在32℃～34℃,小于1 000克者应调节在34℃～36℃。在医院,体重小于2 000克的早产儿应该入暖箱。在无暖箱的条件下,可以根据当地现有的条件,因地制宜,采取保暖方法。比如在北方、东北地区等采

用火炕或热沙袋保暖等就是很好的方法。

(2)空气流通,保证充分的氧气供应:早产儿因呼吸系统发育不成熟,容易出现呼吸困难及呼吸暂停导致缺氧,所以室内应该经常开窗通风,保证空气中的氧气供应,如果呼吸困难明显,出现颜面发绀和频繁的呼吸暂停,应立即到医院诊治。

(3)尽早哺喂母乳:早产儿最理想的食物就是母乳,应该尽早开始哺喂早产儿,只要孩子有吸吮意识,母亲就应该让孩子练习吸吮乳头,频繁的刺激乳头会增加母乳的分泌量。

(4)维生素的供给:早产儿体内缺乏足够量的维生素,生长发育较成熟儿快,容易导致维生素缺乏,所以早产儿每日应给予维生素 K_1 1～3 毫克和维生素 C 50～100 毫克,共 2～3 天。生后第 3 天开始服用复合维生素 B 片和维生素 C 50 毫克,每日 2 次。生后第 10 天开始给浓缩鱼肝油制剂,每日 400～800 国际单位,补充适量的钙制剂。维生素 E 每日 25 毫克,直到体重达 2 000 克以上为止。

(5)补充铁剂:由于早产儿生长迅速,红细胞生命短于成熟儿。因此,早期补充铁剂有利于防止早产儿贫血。目前补铁的时间,多数专家认为以出生后 2 周为宜。

(6)专用奶粉:如果没有母乳,可以用市场上销售的专用早产儿奶粉,在专业医护人员指导下使用。

(7)预防感染:早产儿机体免疫力低下,尤其免疫球蛋白含量少,极易发生感染性疾病,如败血症等,病死率很高。因此,严格的消毒隔离护理尤为重要。喂养及护理人员应在护理前后用消毒用品(包括肥皂、消毒液等)洗手,早产儿哺喂用品要定期消毒煮沸处理。早产儿居室内要保持通风,地面清洁,避免闲杂人员来往,以免交叉感染。如有条件应每日做皮肤清洁护理,一旦发现皮肤有脓疱等化脓灶,脐带部红肿流脓应及时到医院诊治。

(十四)巨大儿特点

目前认为,出生体重超过 4 000 克的新生儿称巨大儿或高出生体重儿,现在由于生活水平普遍提高,孕妇的机体营养状况良好,所以出生的巨大儿较以前明显增加,相当一部分巨大儿均为健康儿,但其中也有一部分是由于母亲身体异常造成的。

1. 分娩巨大儿的原因

(1)遗传因素:父母体格比较高大。

(2)孕妇饮食:母亲摄入过量的营养物质,如蛋白质、脂肪等。

(3)母亲有内分泌疾病:如糖尿病等。

巨大儿对母亲的最大危害就是容易发生难产,特别在一些偏远地区,医疗条件较差,不能做剖宫手术的乡村医院,自然分娩是相当危险的,极易出现胎儿不能娩出,或娩出后窒息,孕妇子宫受损伤大出血而死亡。

2. 巨大儿容易出现的合并症

(1)生后窒息:由于娩出困难而发生难产和产伤。

(2)低血糖:糖尿病母亲生的巨大儿较多见。由于母亲血糖高,出生后葡萄糖来源突然中断,而此时的胰岛素仍然较高,所以容易发生低血糖。

(3)呼吸困难:胎儿的高胰岛素可以抑制肺的呼吸功能,导致呼吸窘迫综合征。

(4)严重的新生儿黄疸。

(5)一部分巨大儿为畸形儿。

(6)母亲有糖尿病的巨大儿病死率高,存活者可出现智力发育落后。

巨大儿的预防应该从怀孕初期开始,重视孕期保健,定期到医院检查其身体状况。要做血糖监测,因为有一部分孕妇怀孕前并无糖尿病,而到怀孕中后期合并糖尿病,称妊娠糖尿病。应定期测量胎儿的大小及评估重量。避免饮食过量,特别要注意蛋白质的摄入。巨大儿出生后要仔细检查,有无畸形和其他疾病。母亲患糖尿病者需查新生儿血糖,血糖过低要及时输注葡萄糖,尽早哺乳防止低血糖。巨大儿较大,但由于各个脏器尚不成熟,一定要格外细心加以护理,以免疾病的发生。

(十五)过期产儿

母亲怀孕时间超过 42 周(294 天)出生的婴儿称为过期产儿。

1. 发生原因

过期产儿多发生于年龄较大的孕妇,因惧怕怀孕过程中出现意外(特别是到妊娠后期)采取过度的卧床休息方式导致子宫收缩发生延迟。

另外,还与孕妇的体质和遗传因素,机体内分泌状况等因素有关。

2. 过期产儿特点

(1)过期产儿皮肤干燥、松弛、皱纹较多,皮下脂肪少:睁眼或啼哭时前额部

及颜面皮肤皱褶特别明显，酷似老人貌。全身显现营养不良状态。一部分过期产儿由于在污染的羊水中浸泡时间过长，指趾末端均可染成深黄色或绿色。

(2)容易造成难产：过期产儿在宫内停留时间过长，可导致巨大儿，体重和头围均超过正常儿，难以直接从阴道娩出。

(3)合并窒息儿率高：过期妊娠的胎盘，多呈现生理性衰老和变性，使胎盘内血管发生堵塞，血流不畅，输送到胎儿的氧气和营养物质通过受影响，胎儿机体缺氧，导致脑、肝、肾脏的功能损伤，其中以脑损伤最为严重，表现为胎儿宫内窒息和生后窒息。

(4)合并低血糖：由于营养物质不能及时供给胎儿，使胎儿或刚分娩的过期产儿发生低血糖。

(5)过期时间越长，病死率越高：过期时间过长导致宫内窒息及营养物质的缺乏，发生机体功能障碍，如果出生后合并窒息则极易导致过期产儿死亡。

(6)常留有中枢神经系统后遗症：如脑瘫、智力低下、学习障碍等。

3. 预防

过期产儿的预防甚为重要，对妊娠时间超过预产期的孕妇要密切观察，尽早采取措施择期剖宫产，同时要高度重视临产后的新生儿诊治工作。

(十六)双胎

1. 双胞胎的特点

(1)双胎儿体重低于单胎儿。

(2)双胎儿容易发生早产和急产。

(3)先天性畸形发生率高于单胎儿。

(4)由于双胎儿娩出时间较长，较容易出现缺氧，特别是第二个娩出的新生儿由于没有机会直接进入骨盆，因此第二个娩出的新生儿更容易发生颅内出血和缺氧缺血性脑病的危险。

2. 保健措施

一旦确诊为双胎，就应立即与有关保健医生联系，建立孕妇保健卡，定期做产前检查，分娩时最好不要在家接生，应到条件比较好的医院进行母子监测；由专业妇儿医务人员参加分娩过程。娩出后如果体重过轻，或者合并有窒息者，应及时转小儿科诊治。最后告诉双胎的家长，最好两个婴儿一块出院，避免分开。

(十七)出生后六周的健康检查

宝宝出生后第六周需要由家长抱到指定的医院做检查，检查的内容主要分为以下几方面：

1. 体格发育检查

主要是测量身高和体重，观察宝宝体重增长是不是属于正常。目前认为，出生6周的宝宝体重应该平均增加1 000～1 500克，身长应该增加2～5厘米。大部分的宝宝体重增长良好，仅有少数宝宝体重与出生体重相比，增长还不够500克。这些体重增长不好的宝宝中大多数是由于喂养不当，或护理方法不当所致。如母乳不充足，频繁更换奶粉种类，护理方法不好导致孩子睡眠不足。也有的是由于患有某种疾病所致，如新生儿肺炎、新生儿全身感染、新生儿持续性腹泻等，孩子表现全身营养不良状，精神反应差，如果不及时治疗，将严重影响宝宝的大脑细胞发育，出现智力发育障碍。所以通过到医院进行随访检查，及时发现问题，指导正确的哺乳方法，改善宝宝的健康状况，有利于身体和智力发育。

2. 早期发现疾病及时治疗

医生对每个接受检查的婴儿做全面的体检，经常会发现一些在出生及生长发育过程中出现的问题和疾病。如头颅血肿、前囟过大或者过小、鹅口疮、呼吸道感染、心脏是否有杂音(先天性心脏病)、脐疝、腹股沟疝、睾丸鞘膜积液、先天性喉鸣(先天性喉软骨发育不良)等，同时还可以做一些相应的实验室检查，血常规检测有无贫血，胆红素检测黄疸情况，大便常规明确腹泻性质等。

早期发现上述疾病可以得到及时治疗，必要时还需要住院治疗，防止病情进一步加重，对某些复杂性、先天性疾病提出下一步诊治意见。

3. 合理喂养及营养指导

母亲在哺育宝宝的过程中，常常会遇到一些喂养方面及身体发育方面的问题，作为医生可以提供咨询帮助，比如母乳分泌不足的措施和混合喂养的方法，以及孩子经常哭闹不安是什么原因等诸多问题。同时，还要指导母亲合理用钙和鱼肝油，防止佝偻病的发生。

4. 高危儿的疾病防治

产妇怀孕期间发生的某些疾病，如妊娠高血压、先兆子痫、羊膜早破、胎盘功能不良等，均可影响胎儿在宫内的发育和生长。分娩中出现的异常，如各种

难产、高位产钳、分娩过程中使用镇静药和止痛药物等。新生儿出生时，脐带绕颈、打结发生窒息、缺血缺氧性脑病，以及全身感染性疾病，新生儿重度黄疸等。另外，早产儿、巨大儿、各种先天性畸形等也属随访之类。

上述患病的婴儿大多数在住院期间，都曾经进行抢救和治疗，痊愈或者部分痊愈出院，出院后要知道他的发育是否正常，出生 6 周后的检查则是重要的随访检查。某些患病的婴儿除了上述检查项目之外，还要加做一些特殊的神经学检查等。为了使孩子更加健康，家长应当按时带孩子到医院检查，及早发现异常，早期治疗。

5. 预防接种

预防接种是保护婴儿预防传染病的有效措施，新生儿期的预防接种主要有卡介苗和乙肝疫苗，42 天随访主要是检查卡介苗接种反应状况，如发现接种反应较差及无反应时，应叮嘱家长 3 个月到有关专业门诊进行复查。早产儿或体重小于 2 500 克，体弱患病的婴儿 6 周检查时，恰好是补种的年龄。乙肝疫苗这时已经接种完两次，如果没有接种第 2 次，需要在检查当日补种乙肝疫苗。

五、新生儿神经发育特点

以前的观点认为，出生几个月以内的宝宝只会吃、喝、拉、撒和睡觉，只要吃饱喝足，不哭不闹就可以了，尤其“坐月子”期间，家长只会关注孩子的日常护理和喂养问题，却很少思考孩子是否能看见什么、听见什么、对外界有什么样的反应、是不是需要人们对他们的关爱等问题。他们错误地认为，在家主要是照料好宝宝的生活，到孩子入托儿所或幼儿园才应该接受教育，这种观念是非常错误的。

现在的研究表明，新生的宝宝不仅具有视听能力，还有惊人的模仿和记忆能力，早期开发新生儿大脑功能已经得到越来越多的专家和学者的认可，并得到了广泛的社会关注。在新生儿医学方面，已经逐步由单一的体格发育、营养发育的研究转向为智力潜能开发的研究。

（一）新生儿神经反射

对刚出生不久的宝宝给予一定的刺激后，出现一些反射性动作，医学上称之为原始反射，这些原始反射一般持续 3～4 个月后自行消失。

1. 吸吮反射

嘴唇接触到乳头或奶嘴时，自动张开嘴进行吸吮。

2. 觅食反射

用手指或奶嘴等物轻轻接触宝宝面颊，宝宝会自动转向面颊同侧，并张口寻找。

3. 握持反射

当手掌部接触到某件东西时会自动握紧，不易松开(图16)。

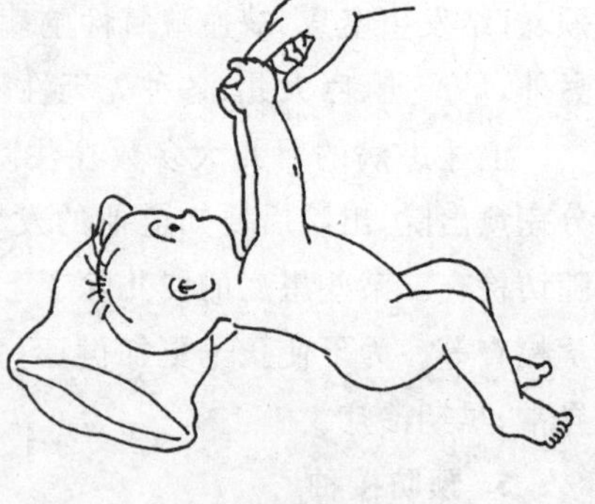

图16　握持反射

4. 拥抱反射

突然巨大的声响后，双手张开，呈拥抱状(图17)。

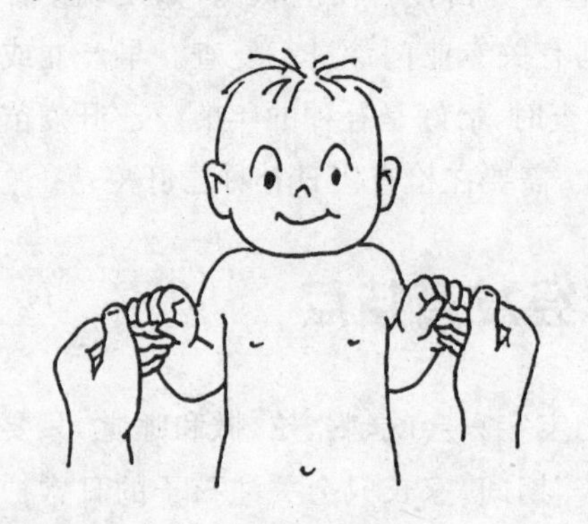

①拉住婴儿双手

②松开双手后婴儿双臂呈拥抱状

图17　拥抱反射

5. 踏步反射

抱起宝宝让其站立时，反射性地向前迈出1～2步(图18)。

以上这些神经反射对判定新生儿神经系统是否正常非常有用。这些反射均在出生3～4个月逐渐消失，如果出生4个月仍未消失可视为异常，应及时到医院求治。

(二)新生儿视觉

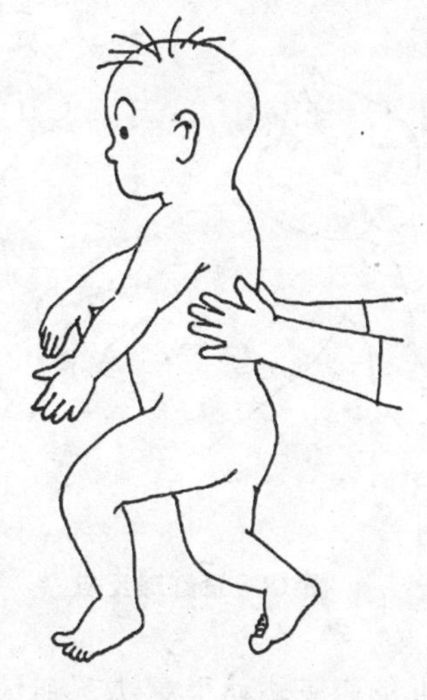
图18　踏步反射

尚未娩出的胎儿对光就有感觉,许多母亲会发现刚出生不久的孩子对光非常敏感。如用手电照孩子的眼睛,孩子就会出现皱眉、突然闭眼。夜里突然打开灯,孩子会从睡眠中惊醒。

有些家长在给宝宝看东西时,一些宝宝很配合,看得很好。一些宝宝却对视物置之不理,家长非常焦急,认为自己的宝宝不会看东西,反应力差。其实不是这样的。新生儿视觉有以下特点:

1. 清醒状态下看东西

新生儿看东西一定要处于清醒状态,当然这种状态非常短暂,通常在喂奶后1小时左右。

2. 喜欢红颜色

宝宝喜欢鲜艳的东西,最初开始认识的颜色是红色,以后逐渐认识黄色、蓝色等。因此,视物最好以红色为宜。

3. 以20厘米为好

视物最好放在眼前20厘米左右的位置。

记住以上三个特点,只要有耐心,所有健康的宝宝均可非常听话地注意放在他面前的东西。

通常训练这种能力的做法是买一个鲜红颜色的、圆形或方形视物玩具,放置在距孩子眼睛20厘米的位置,当孩子注视到你所提供的视物时,左右和上下轻轻移动,孩子的眼睛就会跟随移动,这就证明孩子已经能看见东西了(图19),可以每日训练多次。但要记住,新生儿不仅能看见而且还能记住。所以,最好经常更换视物玩具,使孩子永远保持一种新奇的反应。

特别能引起小宝宝兴趣的是人脸,最喜欢看的还是妈妈的脸,不仅如此,宝宝还能分辨出母亲脸上的变化。如果戴上口罩或眼镜,孩子就会非常频繁地注视母亲的脸,当婴儿发现妈妈与以前不一样时就会显得很烦躁,如不好好吃奶、睡觉不踏实或睡眠时间减少等。

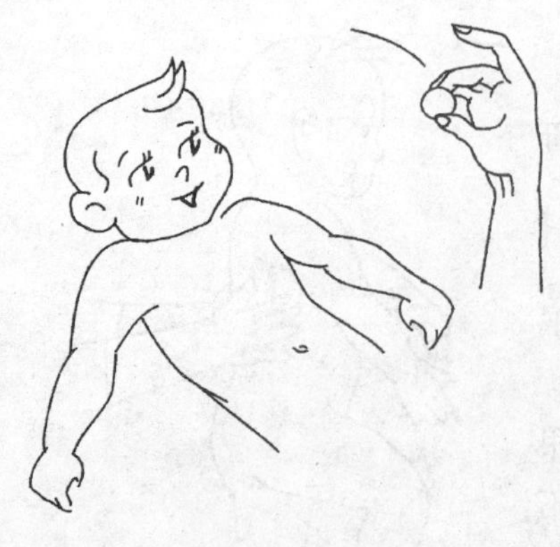

图 19 看红球反应

新生儿早期教育训练中视觉的练习是非常重要的。通过眼睛看到的东西可以刺激脑细胞活动,促进脑智能的发育。

(三)新生儿听觉

现已证明,胎儿在 24 周时内耳已经生长成形,开始具有听的能力,能够听到母亲的心跳声,甚至还能听到外部世界的声音,其中倾听最清楚的莫过于母亲的声音了,接下来的几个月中胎儿逐渐熟悉了父母的声音。研究表明,父母谈话的语调和韵律会使胎儿的心脏跳动得更快。到怀孕后期,胎儿不仅能够准确地听到一些声音,并且还能区别不同的声音(如嗡嗡声或铃声),以及声音的强弱,声调的高低,熟悉与不熟悉的声音等。刚出生的新生儿已经建立了非常完整的听觉系统。在孩子的耳边放一些比较柔和的音乐,他们就会非常安静,甚至还出现面部表情的变化,如微笑等。有的母亲在宝宝清醒时,摇晃小铃铛或玩具棒,宝宝就会以某些方式来表示他(她)们听到声音了,如皱眉、眨眼、张嘴、扭动身体等。小宝宝非常喜欢柔和、缓慢、单纯的声音,而厌烦尖利噪声,这些不和谐之音会突然引发宝宝的躁动不安或哭闹。

新生儿听的能力还有一个非常重要的功能,就是能够辨别声音来源的方向。有专家做试验,在距离小儿耳旁 10～15 厘米处轻轻摇动带有咯咯声音的小塑料盒,就会发现小宝宝开始转动眼睛寻找声音的方向,通常转向声音发出的方向,同时还用眼睛寻找,似乎是在问:是这个东西发出的声音吗?这项试验通过视觉和听觉的相结合,说明新生儿具有良好的眼耳协调功能。

新生儿从出生的头几天起,在所有的声音中他们似乎更喜欢倾听人类的声音,尤其是母亲的声音,但在早期尚不能分辨父亲与其他人的声音,这可能是由于母亲声调较高,男人声调低不易区别所致。有些哭闹的新生儿听到母亲的声音后立刻就安静下来,同时还会寻找自己母亲的脸。国外有人曾做试验,当新生儿听到自己母亲声音而看到其他母亲的脸,或看到自己母亲的脸而听到其他母亲的声音时就会表现出非常不安的样子,当同时听到自己母亲的声音和看到自己母亲的脸时才变得非常安静。

总之，从孩子一出生就已经具备了很完善的视觉和听觉功能，父母应该细心捕捉新生儿的这种能力，及时发掘和引导，经过一段时间的努力，就会发现你的宝宝出现了令人惊讶的进步。

（四）新生儿模仿和记忆能力

1. 新生儿模仿力

刚出生的婴儿就已经具有很强的模仿和记忆能力了。最有名的就是"伸舌试验"。当宝宝处于清醒状态时，让宝宝的脸与大人的脸相距20厘米，并让孩子直接注视大人的脸。大人尽可能的伸出舌头，慢慢重复伸舌动作，每20秒1次，共6～8次，然后停止。如果宝宝继续看着你的脸，常常会在嘴里移动自己的舌头，大约半分钟左右，宝宝就会模仿大人将舌头伸出嘴外。有趣的是婴儿不仅能够记住整个伸舌过程，而且还能记住是谁做的"伸舌动作"。有人做了这样的试验，首先由一个人对刚出生不久的新生儿反复做"伸舌动作"，待宝宝学会之后，让宝宝注视几个人的面孔，这里包括对宝宝反复做"伸舌动作"的人，令人惊奇的是宝宝见到别人时，没有嘴和舌的特殊动作，惟独见到这位反复"伸舌"的人时，不管这个人表情如何，宝宝都会伸出自己的舌头，令人忍俊不禁。这说明新生儿不仅具有模仿能力，还有准确的记忆能力。

作者在新生儿室工作期间，经常听到护士说："莫非打哈欠'传染'，每当我打哈欠时，总能看到婴儿也跟着打哈欠。"其实护士这种观察是对的，新生儿就是具有这种模仿大人打哈欠的能力。

2. 新生儿记忆力

新生儿具有记忆能力的最好证明还有著名的"母语分辨试验"。具体是这样做的：把刚出生12小时父母都是说英语的婴儿放进摇篮，把一个橡皮奶嘴放进婴儿的嘴里，这个橡皮奶嘴连接着一台计算机，能够记录婴儿吸吮的频率和强度。研究人员让婴儿听英语和菲律宾语，当婴儿听到以前从来没有听到的菲律宾语时，反应很微弱。而当听到熟悉的英语即父母的语言时，婴儿的反应明显出现了变化，吸吮的强度和频率迅速提高。当再换回菲律宾语时，婴儿的吸吮动作明显减少了。这个试验充分证明婴儿在母亲的腹中就已经具有了记忆。有记忆就有交流，父母与刚出生的小宝宝交流得越多，宝宝的记忆内容就会越多，记忆功能也会越强。由此看出，与宝宝交流是多么的重要。

再大一点儿的新生儿还能记住所看到的的东西，如床头的彩图或玩具，开

始他注视很长时间，以后注视的时间逐渐缩短，好像已经厌烦了，这时如果换一样东西，又会重新表现出好奇的样子，这说明新生儿对已经看过的图像和玩具具有记忆的能力。宝宝几天就能够记住妈妈的面孔。当母亲突然戴上眼镜时，新生儿就会好奇地注视着自己的母亲，似乎是在问："我的妈妈今天怎么变样了？"这些表现都告诉我们，新生儿不仅会看东西，还能记住看到的形象，具有更高一级脑功能。

（五）新生儿被动运动能力

新生宝宝具有以下运动特点：不规则、不协调的无意识动作，不能随意改变自己身体的位置；平躺时头一般喜好转向一侧，主要因在母体内习惯体位所致；趴着时肩部抬高，两膝关节屈曲，两腿蜷缩在下方，头转向一侧，脸贴在床面上；有时面部会刚好能离开床面，小儿手臂放在胸下不动，两腿有时会做交替蠕动；拉腕坐起时，小儿头向前倾，下颏靠近胸部，背弯曲呈"C"形；孩子手总是握拳状，物体塞到手中不易拔出，能短暂地留握手中；俯位悬空时，用手托起孩子的胸腹部，头及下肢经常下垂到躯干的水平以下，呈倒"U"形；握住孩子腋下将其直立双足踩在桌面上，引起下肢屈曲然后伸直，类似踏步的动作向前迈步。

（六）新生儿发声特点

新生儿能发出不规则的音节，当母亲与孩子说话时，孩子能注视母亲的面孔，停止啼哭，有时能把嘴张开或缩小模仿大人口形。能用不同的哭声表示饥饿、口渴、排尿、排便、热、冷等感觉，以引起大人注意。

六、新生儿的早期教育与训练

新生儿的早期教育主要是通过对宝宝的感觉器官进行不断的刺激，促使脑细胞发育的方法。

（一）视觉的练习

1. 练习对红色物体的追视

给刚出生的新生儿距眼前 20 厘米处放置一个鲜红色的塑料球，或者用鲜红色布遮住手电筒玻璃罩，打开手电筒后就会发出鲜红色暗光，轻轻移动上述

物体，如果新生儿发育正常就会用双眼注视红色物体，并跟随其转动，带动头部向移动方向转动。这也是判断新生儿是否有大脑损伤的重要指标之一。要反复做此练习，使孩子越来越熟练追视物体的动作。

2. 训练长久注视物体

在宝宝眼前，摆放色彩鲜艳和颜色美丽的图案，如方形或圆形等。让宝宝用双眼注视，最好能记下孩子第一次观看图形时的时间，每个孩子注视的时间不同，一般为7～10秒，有一些孩子可达到10～15秒。国外研究学者曾随访过注视时间15秒以上的新生儿，发现他们长大后的智商均在100以上。

3. 通过视觉培养孩子的记忆功能

定期更换孩子面前的视物，你会发现，宝宝在注视同一视物3～4天之后，注视的时间就会明显缩短。如从7～10秒缩短为3～4秒时，你就可以更换图案。每隔3～4天换一幅新的图案。你还可以考查孩子是否记住了第一幅图画。当你拿出原来孩子曾经看过的一幅画时，他仅仅盯看3～4秒就将目光移开，而拿出一幅新的图案时他又会长时间的盯住图案。这说明孩子已经记住了第一幅图画，而且产生了厌烦感，对新的图案有新鲜感，喜欢多看一会儿。要反复拿新旧图案对比练习。母亲还可以用自已的脸与宝宝做练习，移动脸向左侧或者右侧，这时就会发现宝宝也会用眼睛跟着母亲的脸移动。有时候甚至头部或颈部也随之运动。孩子的这些动作会使母亲非常惊讶，兴奋不已。

4. 视觉练习时应该注意的问题

(1)新生儿具有看的能力，通过视觉的捕捉不断接受世间的各种信息，刺激脑细胞活动和发育。但是新生儿大部分时间都在睡眠中度过，除去喂养及护理等占用的时间，真正清醒和睁眼的时间是很短暂的，作为父母应及时利用宝宝这短暂又宝贵的清醒时间，尽可能做一些视觉方面的训练，一定会收到非常惊人的良好效果。

(2)视觉练习通常选在孩子两次喂奶间的清醒状态。每次时间不宜过长，一般2～5分钟。一些细心的家长会发现，当宝宝反复注视某物体几次之后就会打呵欠，说明宝宝累了，需要休息了。这时就应该停止练习，让宝宝带着美好的记忆进人甜美的梦乡。下一次的练习他会更加积极的参与。

(3)练习过程中不要让室内光线过亮，因过亮光容易使宝宝出现视觉疲劳。保持居室内安静，避免过度吵闹影响宝宝的注意力。

(4)如果母亲属于高危妊娠，孩子出生前后有缺氧史，生后患有感染性疾病

及严重的新生儿黄疸，更应该在新生儿期抓紧练习，帮助脑功能的恢复，这也是早产儿和新生儿脑疾病康复的重要手段之一。

(5)如果经反复训练孩子不能注视或追视，有的孩子还有完全不眨眼现象，这说明孩子可能看不到眼前的物体，应当马上到医院接受检查。例如，母亲曾感染风疹及弓形体等疾病，使孩子出现先天性白内障，应当立即到医院手术。如果延误了手术最佳时期，孩子会终身无视力。

(二)听觉的练习

1. 通过音乐训练胎儿听力

妊娠早期胎儿已经具有非常完整的听力传导系统。因此，在胎儿时期就可以开始做各种各样的听力训练。现在比较流行的就是胎教音乐。胎教音乐是专门给孕妇和胎儿听的音乐。适合于孕妇的音乐应该是舒缓流畅，委婉柔和的乐曲，不要听节奏感强烈、音色单调的音乐，以使大人的焦躁不安和情绪波动影响到胎儿。有噪声的音乐会使母亲感到心身疲劳，造成胎儿代谢障碍，影响胎儿的身体发育。怀孕 6 个月以上就可以让胎儿聆听胎儿音乐，可直接将收录机放在腹部胎头部位，音量控制在 40～60 分贝之间。每次 20～40 分钟即可。

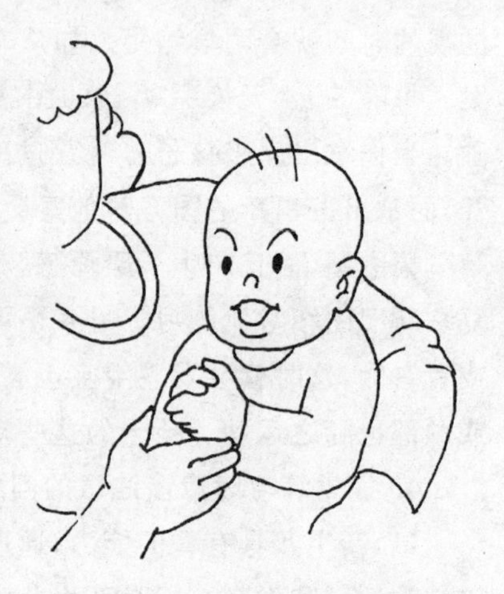

图 20 妈妈和宝宝说话

2. 经常和宝宝说话，增加交流机会

普通的方式就是与自己的孩子说话(图 20)。说话的语调一定要温柔和亲切，特别当孩子清醒时，母亲可以一边用双眼注视着孩子的双眼，一边轻声轻语地说：“亲爱的孩子，你醒了”，“看见妈妈了吗？”“想和妈妈说话吗？”等等类似的语言。每天可以重复多次，每次最好 2～5 分钟。

(三)重视新生儿触觉训练与宝宝抚触

新生儿触觉非常灵敏，握住哭闹孩子的手，或者将手放在宝宝的腹部，并按住手臂，大部分的孩子都会安静下来。在西方，儿科专家利用宝宝这种灵敏的触觉能力，发明了一种新型的育儿方式——“宝宝抚触”。就是由亲人(母亲或

父亲)反复按摩自己孩子全身皮肤各个部位,通过亲吻和抚摩宝宝,促进父母与孩子之间的交流,同时给宝宝最大的关怀与爱抚,提高小宝宝与外界交往和认识的能力,培养小宝宝的人际智能。

抚触每日做3次,每次为10～20分钟,一般按摩从上到下,从头部开始依次为胸部、腹部、四肢、手脚末端,最后为背部。具体的抚触方法,可以到一些专科医院请有关医护人员做指导,方法简单易学。需要注意的是,抚触时要选择在奶后1小时,比较清醒的状态,室温在24℃～26℃,脱掉衣服,抚触者在手上涂抹一些按摩油或按摩乳液,避免划伤宝宝的皮肤。夏天涂抹上一些爽身粉,使宝宝感到凉爽舒适。千万不要使用成人护肤品,抚触时间不宜过长,一般家庭抚触5～10分钟为宜,以免孩子受凉。

(四)抬头和抓握训练

新生儿的运动都是被动运动,因此做这方面练习时,一定要采取合适的方法辅助宝宝进行练习。

1. 抬头训练

可以将孩子趴在床上,头侧向一侧,在孩子的头上方晃动带有响声的鲜艳玩具,逗引孩子努力抬头。每天训练2～3次,每次5～10分钟。这种训练对刚出生的宝宝很有好处,一方面训练颈部、躯干的肌肉,同时还可以刺激脊柱神经,促进神经细胞的生长发育(图21)。

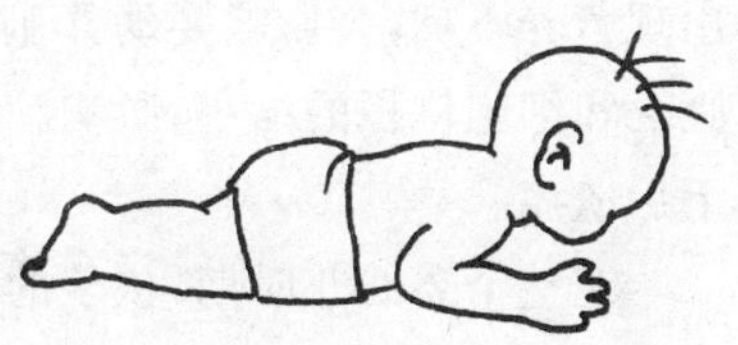

图21　抬头训练

2. 抓握训练

把细长的玩具放入宝宝手中,让他握住,一天反复多次,让宝宝体会外界物质的感觉。

总之,宝宝训练教育的内容很多,父母可以根据宝宝的身体状况量力而行,循序渐进,持之以恒,相信一定会取得事半功倍的效果。

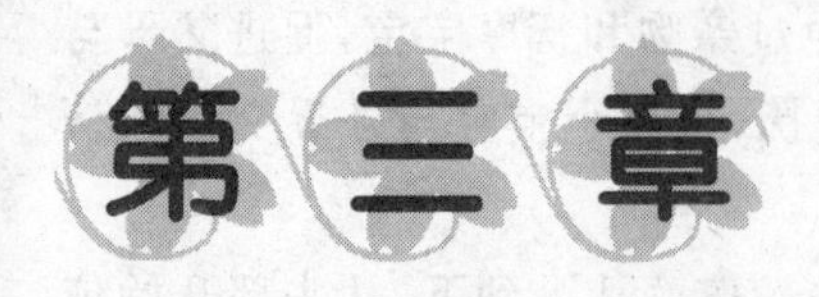

第三章 婴幼儿的合理喂养

营养对于婴幼儿非常重要。营养是人类生命的物质基础，是婴幼儿身体健康必不可少的关键条件。营养充足可以使机体发育达到最佳状态，尤其是对大脑的发育更是如此。胎儿时期神经系统发育最早，尤其是脑的发育最为迅速，出生时新生儿脑重约为370克，6个月时就会增长到600～700克，1周岁时增加到1 000克左右，2岁时基本完成了脑细胞的增殖。小儿脑细胞含有丰富的蛋白质，生长发育期脑组织氧的消耗也很大。所以，从生后到2岁以内这个阶段是脑发育最关键的时期，尤其在6个月以内，提供给充足的优质蛋白，有助于促进脑的发育，这是孩子智能健康发展的重要物质基础。如果在生后1～2年出现营养不良，会影响婴幼儿脑细胞的进一步增殖和增大，引起脑细胞数目的匮乏和细胞体积的缩小，影响脑神经的正常发育，严重者可导致脑神经损害，留下后遗症。

在整个婴幼儿时期，孩子的生长发育速度之快是其他任何时期都不能相比的。出生头半年体重平均增长600～1 000克，1岁体重是出生时的3倍，2岁是出生时的4倍以上。从身高增长情况来看，第一年身长平均增加25厘米，第二年平均增长10～12厘米，也是增长很快的时期。从以上可以看出，整个婴幼儿时期身体的生长发育也是非常迅速的，如果没有足够的、合理的营养及科学的喂养方法，即便胎儿期发育良好，也会因出生后营养不良影响孩子正常发育。

一、家长应该了解的各种营养素

人体主要有蛋白质、脂肪、糖三大营养素，以及多种维生素、无机盐及水分等。这些重要的物质成分在体内担当着各种不同的职责。下面将分别予以简单介绍：

（一）蛋白质

蛋白质是构成人体组织细胞的重要成分，也是保证其生理功能的必不可少的物质基础。婴幼儿由于生长发育旺盛，需要的蛋白质供给量也较大一些的孩子和成人多，蛋白质对于神经系统的发育起着非常重要的主导作用。另外，人体内的多种抗病免疫球蛋白也都是由蛋白质构成，如果蛋白质摄入量缺乏，不仅会导致孩子机体营养不良，影响孩子的体格生长发育，同时还会使孩子的中枢神经系统发育障碍，出现智力低下。体内免疫球蛋白含量低，致使孩子免疫力低下，经常患病，甚至可以导致死亡。

（二）脂肪

脂肪是供给机体能量的主要营养素，也是人体组织和细胞的重要成分。脂肪分布在身体的各个部位，尤其在细胞膜、神经组织等含量最高。某些脂肪酸在体内不能单独合成，需要由外界食物提供，称必需脂肪酸，如亚油酸、亚麻酸等，对婴幼儿的神经系统发育十分重要。脂肪组织是机体贮藏能量的主要来源，同时又具有保暖、隔热作用和保护脏器、关节等组织的功能。脂肪丰富的食物口味香，大多数婴幼儿喜欢，并含有丰富的脂溶性维生素 A、维生素 D、维生素 E 等成分。脂肪组织容易消耗，供给不足时很快出现消瘦，长期脂肪摄入不足可引起生长停滞、营养不良及维生素缺乏症。

（三）糖类

糖是人体能量的来源，人体含有的糖类物质分为很多种，主要有葡萄糖、果糖、半乳糖、蔗糖、麦芽糖等。糖类的主要来源为谷类、带根茎类食物及食糖。乳汁中含有乳糖，容易消化和吸收；豆类、蔬菜、水果中含有少量的糖。糖经消化吸收之后最后都会分解为葡萄糖，成为机体能量的主要来源。一部分糖类和蛋白质结合形成糖蛋白，参与核酸的合成和代谢。糖类物质中还有一种对人体非常有用的成分叫多糖，一般存在于可被消化吸收的淀粉、不被消化吸收的纤维素和果胶中。纤维素和果胶虽然不被吸收，但在肠道可刺激产生消化液，促进肠蠕动，因此也是一种重要的营养物质。

以上三种营养素都是人体不可缺少的重要物质，但是它们之间的摄取和利用是要有一定比例的，三者平衡摄取才会使孩子正常生长和发育（表 1、表 2）。

表1　不同年龄各种营养素的每日需要量

年(月)龄	蛋白质（克/千克体重）	脂　肪（克/千克体重）	糖（克/千克体重）	水　分（毫升/千克体重）
新生儿	2.6～4.0	7	10	80～150
1月～	3.5	6	12	130～160
6个月～	3.5	4	12	120～150
1岁～	3	3.5	12	110～130
3岁～	2.5	3	15.5	90～100
7岁～	2.2	2.5	15	70～90
10岁～	1.8	2.5	13	60～85
13岁～	1.7	2.5	10	50～65

表2　不同年龄各种营养素比例

年　龄	蛋白质	脂　肪	糖
婴儿	15％	35％	50％
1～3岁	10％～15％	30％～35％	50％～60％
3岁以上	10％	30％	60％

三种营养素摄取不均衡也会导致孩子出现体格发育异常。①脂肪摄入量过多而糖不足时，容易机体酸中毒，全身不适感强烈，注意力不集中，易出现肥胖。②糖过多而蛋白质少时，说明能量足够，但孩子容易出现虚胖，免疫力低下，易发生感染。③蛋白质充足而糖和脂肪不足时，孩子体格消瘦。④三种营养素均供给不足时，孩子消瘦，营养不良。

综上所述，婴幼儿营养和饮食不仅仅是给足、给够量，重要的是还要营养成分均衡，故在婴幼儿饮食安排方面必须合理搭配三种营养素，使其发挥最佳作用，保证宝宝身心全面发展。

（四）维生素

维生素对调节体内各种代谢过程和生理活动，维持正常生长发育极其重要，是机体必不可少的营养物质调节剂。机体对维生素的需要量很少，但大多数不能在体内合成，必须从食物中获取。维生素分为两大类，第一类为维生素

A、维生素 D、维生素 E、维生素 K，可以贮存在体内，无须每日摄取。第二类为维生素 C 和 B 族维生素，需要每日摄入，没有毒性，摄入多一些也没有关系，但如果不足则会迅速发生维生素缺乏症，引起机体功能障碍。各种维生素的作用和来源见表 3。

表 3　各种维生素的作用和来源

维生素种类	作　用	来　源
维生素 A	维持视觉功能，保持皮肤和黏膜细胞的完整性，促进骨骼的生长发育，增加机体的抵抗能力。	肝、牛奶、鱼肝油、胡萝卜、番茄
维生素 B_1	维持神经、心肌活动功能，调节胃肠蠕动，促进生长发育	谷类、豆制品、花生
维生素 B_2	维持皮肤、口腔和眼睛黏膜的健康，预防发生疾病	肝、鸡蛋、乳类、蔬菜
维生素 B_6	参与神经、氨基酸和脂肪代谢	各种食物、肠道细菌
维生素 B_{12}	促进细胞和细胞核的成熟，促进血细胞生长，参与神经组织代谢	肝、肾、肉类、动物食品
叶酸	参与核苷酸的合成，促进神经系统发育，缺乏导致神经畸形	绿叶蔬菜、肝、肾、肉类、鱼、乳类
维生素 C	维持血液和神经系统的稳定性，防止出血，促进骨骼发育，增强免疫力	各种水果和新鲜蔬菜
维生素 D	调节钙、磷代谢，维持骨骼、牙齿发育	鱼肝油、肝、蛋黄、日光照射可形成
维生素 K	维持血液系统稳定性	肝、蛋、豆类、青菜、肠道细菌合成

（五）无机盐和微量元素

无机盐有钙、铁、锌、磷、铜、碘、镁等。钙是构成机体骨骼和牙齿的主要成分，体内含量较高。铁、锌、铜、碘、镁等均因在体内极少而被称之为微量元素。以上微量元素对机体有明显的营养作用和生理功能，叫必需微量元素，而有一些微量元素对身体并无明显的生理功能，摄入过量还会导致中毒，影响机体的生长发育，如铅过量就会引起铅中毒。各种无机盐和微量元素的作用和来源见表 4。

表4　各种无机盐和微量元素的作用和来源

种　类	作　用	来　源
钙	构成骨骼和牙齿的主要成分，凝血因子之一，降低神经和肌肉的兴奋性	乳制品、蛋类、豆浆
磷	构成骨骼、牙齿、细胞核蛋白、各种酶的主要成分，促进糖和脂肪代谢，维持酸碱平衡	乳类、豆类、肉类、谷类
铁	构成血红蛋白、肌红蛋白、各种酶的主要成分，帮助氧运输	肝、蛋黄、豆类、血、肉类、绿叶蔬菜
铜	促进红细胞、血红蛋白的生成，增加铁的吸收，与各种酶关系密切，缺乏可引起贫血	肝、鱼、肉、谷类、坚果、豆类
锌	促进蛋白质合成，参与免疫反应，缺乏可出现身材矮小、食欲差、贫血、皮炎、肠炎	鱼、肉、谷类、禽、麦胚、豆类
镁	构成骨骼和牙齿成分，细胞代谢过程的重要因子	谷类、豆类、肉、乳、干果
碘	甲状腺激素的主要成分，缺乏引起甲状腺肿、呆小病（智力低下）	海带、紫菜、海鱼等

二、母乳喂养

经过大量实践证明，母乳是最适合婴幼儿喂养的天然食物。一般说来，只要是健康母亲，她所分泌的乳汁常可以满足4～6个月以内婴儿营养的需要。

世界卫生组织（WHO）和联合国儿童基金会（UNICEF）倡导，出生后头4～6个月应该纯母乳喂养。根据世界卫生组织的统计，每年有100万以上的婴幼儿由于没有适当的母乳喂养而患腹泻、呼吸道感染或其他感染性疾病而死亡。

很多母亲对母乳喂养担心，惟恐自己奶汁不足或过稀而影响宝宝的身体发育，过早添加糖水或奶粉；一部分的母亲因不了解母乳喂养要领，不会让宝宝正确吸吮而耽误了最佳泌乳时机；还有一些母亲需要出去工作，她们不知道工作的同时该如何用母乳哺喂宝宝；极少数的妈妈惟恐母乳喂养使自己的体形发生改变而影响形象，不愿意给宝宝喂母乳。以上诸多因素都是导致母乳喂养失败的原因。为了成功进行母乳喂养，必须了解母乳喂养的有关知识，掌握哺喂的要领。当宝宝由于母乳喂养而智商高，身体好时，必然是宝宝越聪明，妈妈越骄傲，你就能真正体会母乳喂养的乐趣。

(一)乳汁的分泌

人体的乳汁分泌是机体自身为了适应所生宝宝的需要而出现的一种生理现象。其依靠以下几种调节方式：

1. 催乳素的分泌

怀孕使雌激素分泌增加,刺激乳腺的乳小管生长发育,同时刺激脑中枢分泌一种特殊的物质,促使乳汁的分泌,我们叫它"催乳素"。分娩后催乳素迅速增加,乳腺开始分泌乳汁。宝宝对乳头的刺激、乳房的排空,都会反射性刺激产生催乳素,使母亲体内的催乳素维持一个较高的水平。不喂奶的妈妈血中催乳素的浓度一般都是很低的。

2. 刺激乳汁分泌

每日多次哺喂母乳,能保证宝宝有较强的吸吮力(图 22)。

宝宝不断吸吮乳头,刺激乳房乳汁的合成和分泌,因此宝宝的吸吮是促进乳汁分泌的重要原因。如果过多给婴儿喂糖水,减少了吸吮乳头的次数和时间,母亲乳房的刺激减少,乳汁分泌也随之减少。大部分母乳喂养不成功的主要原因就是缺乏乳头的吸吮造成的。

图 22 多次哺喂刺激乳汁分泌

3. 影响乳汁分泌的因素

影响乳汁分泌的因素很多,母亲的因素主要与情绪、健康状况有关。如果母亲心情愉快,轻松不紧张,乳汁分泌就会增加;反之,如果心情紧张,疲劳过度,营养状态不佳,都会使乳汁分泌减少。喂养方式也对乳汁分泌有影响,特别在出生头一个月之内,应该按需喂奶。硬性给宝宝规定喂奶时间,一方面减少了宝宝吸吮的次数和时间,同时也会造成母亲的精神紧张,影响乳汁分泌。

(二)母乳分泌的成分变化和生理功能

1. 不同阶段的母乳分类

分泌的母乳随着时间的推移,其成分会随着发生改变。根据不同阶段的特点,我们把母乳分为以下几类。

(1)初乳:产后4天以内的乳汁。

(2)过渡乳:产后5～10天的乳汁。

(3)成熟乳:11天至9个月的乳汁。

(4)晚乳:10个月以后的乳汁。

为了让家长详细了解不同时期母乳成分和分泌量的特点,我们提供以下数据,可供参考(表5、表6)。

表5 各期母乳成分表 (克/升)

成分	初乳	过渡乳	成熟乳	晚乳
蛋白质	22.5	15.6	11.5	10.7
脂肪	28.5	43.7	32.6	31.6
糖	75.9	77.4	75.0	4.7
无机盐	3.08	2.41	2.06	2.00
钙	0.33	0.29	0.35	0.28
磷	0.18	0.18	0.15	0.13
钠	0.34	0.19	0.11	0.10
钾	0.28	0.59	0.45	0.48
氯	0.57	0.58	0.35	0.44

表6 不同时期母乳分泌量

出生后时间	每次分泌量(毫升)	每日平均量(毫升)
第1周	18～45	250
第2周	30～90	400
第4周	45～140	550
第6周	60～150	700
第3月	75～160	750
第4月	90～180	800
第6月	120～220	1 000

2.“前奶”和“后奶”的成分变化

每次哺乳的乳汁成分前后也是不一样的,先分泌的乳汁脂肪低而蛋白质高,我们叫“前奶”,后分泌的乳汁脂肪高而蛋白质低,我们叫“后奶”。前奶的颜色呈蓝色,后奶的颜色较白。

前奶乳汁量很多，占全奶的大部分，其中具有丰富的蛋白质、乳糖和其他营养素。宝宝吃了大量前奶，已经获得了足够的水分，因此宝宝在4～6月以前不需要再喝其他的水，即使夏天也是如此。如果担心“口渴”，给宝宝喝水，就会使他们的摄入母奶量减少。

后奶量比较少，含有较多的脂肪，因此颜色看起来发白，这些脂肪提供了母乳喂养的大部分能量。最近的研究表明，后奶中含有大量的不饱和脂肪酸成分，也就是最近人工奶粉中添加的不饱和脂肪酸(DHA)成分。

3. 母乳成分中的营养素生理功能

(1)蛋白质：乳类制品的蛋白主要有两种，一种叫乳清蛋白，一种叫酪蛋白，乳清蛋白在人体胃中可以形成很小的乳凝块，容易被胃肠道吸收，而酪蛋白形成的乳凝块比较大，不容易被胃肠道吸收，母乳中含有的乳清蛋白与酪蛋白比例为4∶6，乳清蛋白明显多于酪蛋白，说明母乳蛋白是很容易消化和吸收的，而牛乳中两者的比例却正好相反，乳清蛋白和酪蛋白的比例为1∶4，酪蛋白明显多于乳清蛋白，说明牛乳蛋白不容易消化和吸收。

母乳蛋白中含有大量的婴儿生长发育所需要的氨基酸，还含有多量的免疫球蛋白，防止机体感染。

母乳蛋白中还有一种特殊的成分——牛磺酸，它对促进婴幼儿神经系统和视网膜的生长发育具有很重要的作用，但新生儿，特别是早产儿因机体器官发育不成熟，自身不易合成牛磺酸，而母乳中含有足够量的牛磺酸(425毫克/升)，可以满足婴幼儿生长发育的需要，它对婴幼儿脑发育具有特殊意义。

(2)脂肪：母乳的脂肪含量和牛乳是基本相同的，但母乳和牛乳中的脂肪成分却差异很大，母乳脂肪以长链不饱和脂肪酸为主，对胃肠道刺激小，容易消化和吸收。母乳中含有较多的亚油酸(人体必需不饱和脂肪酸，可以合成DHA)，是婴幼儿中枢神经系统生长发育和脑组织发育的必需物质，而牛乳脂肪主要以饱和脂肪酸为主，对消化道有刺激，不容易被吸收。

(3)糖：母乳中含有丰富的糖类物质，主要包括乳糖、糖脂、糖蛋白、低聚糖等。

(4)维生素：母乳中含有维生素A、维生素C、维生素D、维生素E等，初乳中更为丰富，但母乳中的维生素K含量明显低于牛乳，仅为牛乳的1/4，不能满足婴儿生长发育的需要，因此单纯母乳喂养的婴儿通常在满1个月时要补充维生素K，以免发生维生素K缺乏，而引起全身脏器，包括脑组织的出血，并危及生命。

(5)钙、铁、锌:母乳的含钙量是低于牛乳的,但其吸收率却明显高于牛乳,这是因为母乳中的钙、磷比例合适,有利于钙质的吸收,同时母乳中蛋白和脂肪形成的乳凝块小,可加速钙质的吸收。另外,母乳中含有大量的乳糖,可以在肠道中转变成乳酸,降低肠道的酸碱度,有利于钙盐溶解后消化和吸收。母乳含钙量为0.28～0.35克/升,出生头几个月可以满足机体的需要,随着月龄的增加,母乳含钙量逐渐减少,而体重却在增加。因此,对于出生3个月以上的婴儿,单纯母乳喂养儿还是应该补充一些钙剂,防止发生佝偻病。

锌是人体必需的微量元素,对宝宝的生长发育具有很重要的生理作用。锌缺乏可致人体组织内的蛋白代谢、生理功能、免疫力、体格和智力发育等障碍。小宝宝每日锌的需要量为1～3毫克,母乳锌含量为4毫克/升,基本能够满足宝宝的需要量。

(三)母乳乳汁与其他动物乳汁的区别

母乳乳汁与其他人工配方奶、动物乳有很大的区别,无论从蛋白质、脂肪、糖、维生素及其他营养素等诸多成分方面,都要优于其他乳类制品。各种营养成分含量、生理特点见表7、表8。

表7　人乳和牛乳的营养成分比较

营养成分	人乳含量	牛乳含量
蛋白质(克/100克)	0.9	3.3
酪蛋白(克)	0.4	2.7
乳清蛋白(克)	0.6	0.6
脂肪(克/100克)	3.8	3.8
不饱和脂肪酸%	8.0	2.0
乳糖(克/100克)	7.0	4.8
无机盐(毫克/100克)	200.0	800.0
钙	34	117
磷	15	92
钠	15	58
钾	55	138
镁	4	12
铁	0.05	0.05

续表 7

营养成分	人乳含量	牛乳含量
锌	0.4	0.4
碘	0.003	0.005
铜	0.04	0.03
维生素(1000 毫升)		
维生素 A(单位)	1898	1025
维生素 B_1(微克)	160	440
维生素 B_2(微克)	360	1750
维生素 B_6(微克)	100	640
维生素 B_{12}(微克)	0.3	4.0
维生素 C(毫克)	43	11
维生素 D(单位)	22	14
维生素 K(微克)	15	60
维生素 E(毫克)	2	0.4

表 8　各种乳类营养成分生理特点比较

	母　乳	人工奶粉	其他动物乳汁
细菌污染	无	配奶时污染	可能
抗感染因子	有	无	无
生长因子	有	无	无
蛋白	容易吸收消化	人工配制努力接近母乳	不容易消化和吸收的蛋白比例高
脂肪	含有必需脂肪酸,容易消化和吸收	缺乏必需脂肪酸,不容易消化和吸收	缺乏必需脂肪酸,不容易消化和吸收
铁	量少,容易吸收	添加,吸收差	少量,吸收差
维生素	维生素 A、C、E、D 足量,K 缺乏	人工添加	缺乏维生素 A、C
水分	足量	需要补充	需要补充

(四)母乳喂养的好处

1. 降低宝宝病死率

以国外某些资料显示,不同喂养方式的宝宝,其病死率大不相同。以观察从生后到1月龄的宝宝为例,母乳喂养儿的病死率明显低于人工喂养儿。

2. 降低宝宝的患病率

母乳中含有大量的免疫物质,如免疫球蛋白、乳铁蛋白、溶菌酶、巨噬细胞等,可以帮助宝宝机体抑制细菌、病毒感染和许多常见病的侵袭。母乳中含有人类蛋白质,因此不易患湿疹、哮喘等过敏性疾病。

3. 易消化、易吸收

母乳最容易消化吸收,最适合宝宝的营养和发育的需要。母乳中所含的蛋白以乳清蛋白为主,最容易消化和吸收,还含有丰富的人体必需氨基酸、核苷酸等,可增强体质。人乳的脂肪颗粒小,还含有脂肪酶,容易帮助脂肪消化和吸收。人乳以长链脂肪酸为主,对胃肠刺激小。上海某医院经过对母乳脂肪成分的测定,发现初乳中长链多价不饱和脂肪酸(DHA,AA)含量丰富。这是胎儿在宫内最后3个月至生后18个月脑迅速生长时期对脑发育和神经髓鞘形成起着重要作用的物质,而牛乳中含量明显少。人乳中以乳糖为主,促进双歧杆菌的生长并把乳糖分解成乳酸,使大便呈酸性,抑制肠道有害菌生长。另外,人乳还含有丰富的β-胡萝卜素,可促进视觉发育。

4. 人乳中含有丰富的维生素和无机盐

人乳较牛乳含有更多的维生素A、维生素C、维生素D、维生素E,初乳中更为丰富。人乳中电解质浓度低于牛乳,正好适应了宝宝的肾脏功能,过高电解质浓度会加重宝宝的肾脏负担。人乳中含钙量虽然明显低于牛乳,但由于钙、磷比例合适故有利于钙的吸收,人乳中铁的吸收率(50%)也远远高于牛乳(10%)。锌的吸收率(62%)也远远高于牛乳(<40%)。

5. 经济方便,省时省力

人乳最新鲜,清洁,卫生,无菌,从不变质,温度适宜,无需消毒和灭菌,随时满足宝宝的需求。这些都是牛乳或宝宝配方奶所不能具有的优势。

6. 增进母婴情感

用母乳喂养你自己的孩子,会享受到意想不到的乐趣,每当孩子吸吮到母亲的乳头时,每一位母亲的内心都会充满幸福感。正如一位宝宝6个月时的母

亲所说："母乳既是宝宝最好的天然饮食，又是一种最好的精神营养。"通过母乳喂养活动，可以增进母子感情交流，加强母子间的情感联系。食母乳的宝宝在母亲怀抱中，体验到母体的温暖，有亲切安全感。由于受到母亲的爱抚，宝宝情绪愉快，动作、语言、智能等也能得到较好的发展。

7. 加速母亲产后恢复

宝宝的吸吮可以减轻乳房饱胀的不适感，减少乳腺炎的发生。宝宝吸吮乳头，可使母亲子宫收缩的激素增加，加速子宫的收缩，使母亲的子宫更迅速地恢复到未怀孕时的状态。

80 年代，联合国儿童基金会高度评价了母乳喂养，不用母乳喂养的宝宝在其出生后 6 个月以内，腹泻的发病和死亡机会分别比那些用纯母乳喂养而得到免疫保护的宝宝高 15～25 倍。据世界卫生组织估算，如果全世界的母亲在宝宝出生后 4～6 个月一律恢复母乳喂养，那么每年就会有 100 万个小生命免于夭折，使儿童营养不良会减少一半。

有的年轻妈妈害怕母乳喂养使身体发胖，不能保持良好的体形而不愿意喂奶，这种观念是错误的。上面已经提到母乳喂养可以加速子宫的收缩，使子宫早日恢复到未怀孕时的状态。因此，母乳喂养不仅有益于婴儿的健康，同时还会使母亲的身体更加健美，精神更加焕发。轻易放弃母乳喂养，对大人和孩子都是巨大的损失。

现在已开发多种与母乳非常接近的人工配方奶粉，但无论如何也不及母乳。所以，建议每一位母亲为了孩子的健康成长，请你奉献出最诚挚和最伟大的母爱，给你的宝宝一生最珍贵的礼物，母乳喂养会使你和你的宝宝终身受益。

(五)母乳喂养成功的措施

经常碰到哺乳的妈妈提出这样的问题："为什么我的奶总比别人的奶少呢？""怎样才能保证母乳充足呢？"有人说母乳分泌得多少与遗传有关，也有人说和母亲的体质有关，而我们认为以上两者并不是主要的原因，主要取决于母亲的精神、健康、营养状态、喂养方法、生活方式及周围亲人的关爱等多种因素。因此，想保证母乳充足，必须要从以下几方面做起。

1. 母亲要建立必须用母乳育儿的信念

分娩后的第一个星期，母乳量很少，仅仅可吸出少量的浓稠初乳。要建立

信心，坚持让宝宝反复吸吮。7～10天后母乳分泌会明显增加。

2. 让宝宝反复多次吸吮

反复多次吸吮乳头，给予刺激，有利于母乳的增加。多余的母乳一定要用吸奶器吸空，有利于母乳的再分泌。

3. 保证充足的睡眠

促进母乳分泌的激素多在睡眠中分泌。因此，母亲要保证足够的睡眠，最好增加午间睡眠时间，每日至少保证睡眠时间在8小时以上。

4. 保持开朗、愉快的心情

经过怀孕、分娩的一系列事件，对母亲形成了巨大的压力。因此，亲人的关怀至关重要，丈夫要多体谅妻子，尽量分担看护宝宝的繁重家务劳动，妻子这时也要尽量抽出时间与家人交流，经常保持愉快、高兴的心情。

5. 摄取足够的营养和水分

哺乳期间饮食相对增加，主要补充高蛋白食物，多吃蔬菜和水果，保证充足的维生素来源，每日可饮用500毫升牛奶，保证钙剂的补充。

（六）母乳喂养的方法

1. 开始母乳喂养的时间

现在的观点认为，给宝宝喂奶愈早愈好。世界卫生组织、联合国儿童基金会编写的母乳喂养教程中指出“帮助母亲在产后半小时内开奶”。母亲在产后甚至在裸体的情况下就可以怀抱宝宝，或将新生儿放在母亲的胸前让孩子吸吮。这就是早接触，它有助于母婴交流，即培养彼此亲密无间的情感，有助于母亲进行母乳喂养，并延长喂奶时间。

正常情况下，宝宝在出生后1～2小时反应是很敏捷的，他们能够吸吮并很容易做到良好的含接乳头。多数宝宝在生后半小时至1小时内就要吃奶，但并无准确的固定时间。如果第一次喂奶时间推迟至出生后1小时以上，母乳喂养成功的可能性将有所减少。

但是，如果母亲和宝宝未做好准备，保健人员就强迫宝宝立即吃母乳，可能会使母亲和孩子产生不适感，而影响母乳喂养。应根据母子身体情况选择合适的机会开奶。

剖宫产后，母亲通常会延迟喂奶时间，但只要母亲清醒即可。准确的时间取决于母亲疾病的程度及麻醉方式。如用硬膜外麻醉，术后1小时就可以

喂奶。

有时宝宝因生病或因低出生体重而需要特殊照顾，不得已与母亲分开时，应该生后立即开始做“挤奶”工作，这是建立和维持泌乳所必需的。当宝宝一旦能吸吮则应尽力提供一切便利的条件，帮助母亲尽快让宝宝直接吸吮乳头。

2. 喂奶的间隔时间

每个宝宝刚出生后因体格发育的差异，每次吃奶的量和吃奶次数差异很大。一般来说，如果宝宝含接乳头良好，想吸多长时间就让他吸多长时间，一个月以内的孩子不要特意限制喂奶时间和喂奶次数。现在的观点认为，出生头1～2个月的宝宝应该采取“按需喂养”原则。

那么，什么是按需喂养呢？按需喂养是指在母乳喂养的情况下，无论白天还是夜间均按婴儿所要求的频度喂奶。当宝宝张开嘴开始寻找时就意味着他准备吃奶，不要等到宝宝已经烦躁或明显哭闹时才喂奶。

按需喂养的好处：①促进母亲乳汁的早期分秘。②宝宝体重增长快。③母亲出现乳房肿胀和乳腺炎的机会比较少。

出生头1～2天，宝宝吃奶次数比较少，有些宝宝一次吃饱后可睡眠8～12小时。假如宝宝保暖好，健康，不是低出生体重儿，且他吃得很饱则不必在固定的时间内叫醒宝宝，再次喂奶。

在出生3～7天，当乳汁量越来越多时，宝宝可以随时喂奶。但在3～4周以后，婴儿逐渐长大，每次吸奶量增多，喂奶的间隔时间会自然延长，此时可逐渐减少喂奶次数，尽量定时哺喂，但时间不能规定过于死板，否则会造成母亲精神紧张。一般认为2～4个月以内的婴儿可以间隔3～4小时喂奶1次。有研究观察表明，每天喂奶6～7次的母亲，乳汁分泌可以达到最佳状态。另外，定时哺喂还可以使母子有充足的睡眠时间，同时也保证孩子有充分的消化时间，减少腹泻。

3. 每次喂奶的时间

每次喂奶时间为15～20分钟，如果孩子吃了30多分钟也不撒奶头，有的宝宝甚至含着奶头入睡，说明母亲的奶水可能不够。

有些宝宝在几分钟内就可以吸够他所需要的乳汁量，另一些宝宝则需要半小时才得到相同数量的奶，特别是生后头1～2周更是如此，上述情况均属正常现象。

一旦孩子吃饱了，自已就会放开乳头。如果孩子在吸吮过程中，强制性的

移开乳头，孩子没有吃饱，就会出现哭闹等现象。

4. 喂奶的姿势

给孩子喂奶的姿势因母亲的习惯和婴儿的状况是不同的，但重要的是要以母亲舒适和放松为主，刚开始抱孩子时不妨多试几种方式，选择最适合你和你的宝宝的姿势。

(1)双上臂环抱式：这是大多数母亲愿意采用的体位，适合所有的正常婴儿。①选择一个比较舒服、有扶手和靠背的椅子或沙发。②上身坐直，把孩子枕在一侧胳膊上，用另一只手托住孩子的臀部。③让孩子的脸面向母亲乳房，鼻子对着妈妈的乳头，并且孩子要紧贴母亲的身体(图 23)。

(2)单上臂抱握式：这种方法适用于比较小的婴儿，剖宫产的母亲。①选择一个比较舒服、有扶手和靠背的椅子或沙发。②上身坐直，用准备喂奶的乳房另一侧手掌和手臂扶着孩子的背和肩部。③把孩子的双腿夹在妈妈的胳膊下方，孩子的脸面向妈妈的乳头，同时让孩子的耳朵、肩和髋部呈一条直线(图 24)。

图 23　双上臂环抱式

图 24　单上臂抱握式

(3)卧位式：适用于剖宫产或比较疲劳、夜间喂奶的母亲。①选择一个舒适的姿势侧身躺下，头部下方枕一个或几个枕头。②把宝宝放到喂奶的乳头一侧床上，并要宝宝的脸面向母亲。③用肘部支撑着身体，用另一只手扶着孩子的颈和头部，吃饱后放平(图 25)。

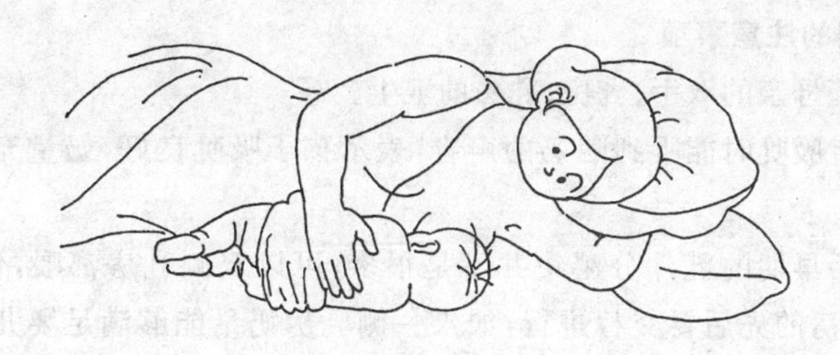

图 25 卧位式

5. 喂奶前的准备工作

(1)喂母乳前应先给宝宝更换尿布垫;如尿布过湿或有粪便,会影响宝宝的心情和食欲。

(2)母亲用消毒皂洗干净双手。

(3)用消毒纸巾或消毒过的毛巾清洗乳头及乳头周围,这种哺乳前的消毒至少要坚持3～4 个月(图 26)。

6. 喂奶的方法

(1)喂奶前如果乳房过胀时可以先挤出一部分奶汁,并用手指按压乳头周围,突出乳头,使宝宝容易吸住。

(2)母亲可以参照上述介绍的喂奶姿势,找出最适合你的一种。

(3)宝宝吸乳头时,母亲要注意不要将乳房堵塞宝宝的鼻子,以免影响呼吸。从一侧乳房开始吸吮,尽量吸空之后再换另一侧,哺乳时间应以宝宝吃饱为准。

图 26 哺乳前的消毒

(4)当宝宝吸吮停止并出现非常满足的表情或自动吐出乳头时,表明已经吃饱,母亲可以用毛巾擦干宝宝口唇周围。

(5)哺乳完毕后轻轻将宝宝直立抱起,轻轻拍打背部,帮助宝宝排出吞入胃内的气体。

(6)当宝宝出现打嗝,说明气体已排出,即可将宝宝放平。

(7)挤净乳房的残存奶。每一次哺乳后,挤空乳房可以使下一次母乳流出更加顺畅,同时也可防止乳腺炎的发生。

7. 喂奶的注意事项

(1)保证母亲的双手、乳房、乳头的卫生。

(2)宝宝吸吮时能听到咽奶的声音,表示孩子吸吮良好,奶量充足,反之则不足。

(3)产后早期的乳汁分泌量并不是很多,可以双侧乳房都喂,促进乳汁分泌。双侧乳房的先后要交替进行,如果一侧乳房奶量能够满足婴儿需要,可以每次轮流哺喂单侧乳房,并将另一侧的乳汁用吸奶器吸出,因乳汁潴留在乳房内会减少乳汁的分泌量。

(4)定期测体重,检查母乳量是否充足。

(5)尽量用母亲的乳头吸吮,而不要将乳汁吸出用奶瓶哺喂。

(6)不要轻易加喂其他牛奶或人工配方奶,导致母乳分泌量减少。

(7)母亲尽量不要吸烟、喝酒,烟酒的代谢物质有毒,可影响宝宝的身体健康,甚至影响宝宝的生长发育。

8. 母乳喂养时的水分添加

世界卫生组织和联合国儿童基金会规定,一个只给母乳而不添加其他食品及饮料,包括水(除药物,维生素滴剂外)或茶类喂养的婴儿称为单纯母乳喂养。规定中还明确指出,生后最初 4 个月以内应该单纯母乳喂养,也就是说,4 个月以内的婴儿食品只有母乳,无其他任何辅助食品包括水。

最近国外有关专家指出,婴儿 4～6 个月前添加饮水的危险有以下 3 点:

(1)婴儿过多饮水会导致母乳量减少:有些父母或过去的医务工作者在婴儿刚出生的几个小时内等待母乳分泌时,因担心新生儿低血糖,而让孩子喝糖水。现在认为这样会影响新生儿的吸吮能力,吸吮能力不够或新生儿饥饿感不强烈都会影响乳汁的分泌,导致乳汁产生延迟。新生儿出生后半小时即应给予乳头吸吮,对增加乳汁的分泌非常有好处。反复吸吮可以刺激泌乳素的产生,维持乳汁分泌。所喂饮的水量越多,乳汁的分泌就会越少。所喂饮的水量会导致等量奶液的分泌减少。

(2)新生儿喂水会缩短母亲分娩后的闭经期(月经停止间期):大量临床研究表明,一个单纯母乳喂养的母亲,分娩后的闭经期时间明显多于部分母乳喂养的母亲,也就是说,单纯母乳喂养可以防止分娩后近期再妊娠的危险。而部分母乳喂养或未用母乳喂养的母亲由于分娩后的闭经期时间很短,所以很快又会恢复妊娠能力。

(3)喂很多水或其他液体类饮料能增加新生儿患病死亡的危险性:如果不注意而用一些被污染的液体,尤其在水源贫乏、水质不良地区,以及卫生条件比较差的家庭中更容易发生疾病。

那么,在什么情况下容易使家长们给新生儿添加饮水呢?通常来自以下几个错误的概念:

①气候炎热时对于刚出生不久的新生儿应该给予适当的液体以补充水分防止脱水。这个建议看似合理,因为气候炎热时,医生都会建议要大量饮水。

②一些母乳喂养儿经常会伴有大便次数频繁,为此会给饮用多量的水分。

③还有一些母亲为了给孩子添加一些营养物质,所以就给新生儿喂一些糖水、鲜果汁、蜂蜜等饮料,这些父母认为,这些饮料有助于补充营养物质、帮助消化,强壮身体。以上这些错误的做法,关键就是没有搞清楚母乳中含有婴儿所需的所有营养素就包括水分这一基本概念。

一般情况下,母乳能满足婴儿前4～6月时的包括水分在内的全部营养需要。因为母乳中只含有低浓度的无机盐类及氮类,故单纯母乳喂养儿的尿排泄量很少。而且,当体内水分缺乏时,新生儿的肾脏就会开始进行自动调节浓缩尿液,从而减少排尿量以适应机体内的变化。因此,不要认为母乳喂养儿一定水分不足,只要母乳充足,那么你喂养的宝宝就不会缺乏水分。

如果气候炎热时,可适当增加母乳喂养的频率。假如单纯母乳喂养儿大便次数较多,母亲疑母乳所致,而欲断奶或加人工配方奶都是不可取的方法。虽然宝宝有腹泻,但一般情况好,无合并脱水,体重增加良好,母亲不仅要坚持喂养,还要适当增加喂养次数,没有必要增加任何其他液体量。

总之,母乳是4～6月以内婴儿的真正全部食品,无须添加任何其他液体类食品。单纯母乳喂养能够满足婴儿的所有饮食需要,提供给婴儿获得最佳营养效果。

9. 夜间哺喂母乳的方法

母乳在宝宝的胃肠内消化时间很短,一般只有1～1.5小时。因此,吃母乳的宝宝有必要经常喂奶,母亲最好不要过分限制喂奶时间,如2～3小时1次,特别是在出生的第一个月,宝宝吃奶的次数是很多的,这是由于宝宝的吸吮力量很弱,吸吮数分钟就会感到非常疲劳,但实际上并未吃饱。初为人母,哺乳经验不足,加之比较紧张,所以尚不能马上分泌出大量的乳汁供应宝宝。因此,频繁哺乳就成了母亲惟一采取的哺乳方式,当然这也包括夜晚的频繁哺乳。

许多宝宝并无昼夜概念，因此夜晚经常饥饿，使母亲起来的次数较频繁。如果夜间频繁喂奶，特别是在坐月子的期间，可使母亲感到极度疲劳，反而会影响乳汁的分泌。

碰到上述情况时可采用下述方法：

(1)将宝宝吸吮剩余的母乳用手挤出，放置冰箱内保存到夜间。

(2)白天尽量挤出乳房中剩余的母乳，夜晚由父亲代喂。尽量用小杯子或小勺代喂。

(3)母乳挤出有困难，可选择一些接近母乳配方的人工配方奶粉，用小杯子或小勺子补充母乳喂养后的宝宝。

采用以上方法，可以使宝宝吃得饱；母亲也能睡得安稳踏实，促进乳汁的分泌，得以继续母乳喂养。

10. 婴儿患病时哺喂母乳的方法

婴儿患病期间，大多数食欲降低，吸吮力减弱，吸奶量明显减少，或者由于鼻塞等呼吸道不畅影响吸吮功能时，孩子往往吃不到所需要的乳汁量，这时可以采取以下几种方式补充母乳喂养：

(1)如果宝宝能吸吮但每次吃奶量较前减少，可以增加哺乳次数，比如可以增加到每日 12 次以上，有的宝宝生病时更加喜欢母乳，因此可以适当增加母乳哺喂次数和时间。

(2)如果宝宝鼻塞严重或因呼吸不畅呛奶明显时，可以挤出乳汁，用小杯或小勺哺喂。

(3)如果宝宝不能吸吮或不能通过杯子吃母乳，可以通过鼻饲管注入母乳。

(4)如果宝宝因外科手术暂时不能哺喂母乳时，可将母乳挤出，经冷冻贮存。一旦宝宝恢复建康，可以重新开始母乳喂养。

患病时继续母乳喂养可以使患儿得到最好的营养，尽快恢复健康。母亲也可以持续产生乳汁，排出乳汁，防止乳腺炎。当宝宝康复时还能够继续母乳喂养。

11. 不宜哺喂母乳的几种情况

(1)母亲突然高热，原因不明。

(2)母亲患有比较严重的上呼吸道感染。

(3)母亲患有严重的腹泻，肠炎。

(4)乳腺炎合并有发热。

(5)母亲患有慢性疾病，如心脏病、肾脏病、糖尿病、结核病、肝炎、精神病、癫痫和其他严重疾病。

(6)母亲患有急性传染病时，要暂停哺喂。

(七)乳母用药的注意事项

如果母亲患有慢性疾病，或突然遭遇疾病时该如何用药，这些药物对宝宝有什么影响？以上这些都是医生和保健人员经常听到乳母询问的问题。一般来说，凡是进入母亲血液循环的药物都能通过母乳传递给孩子，因此当母亲患有疾病需要服用药物时，必须考虑到对孩子的影响。如母亲为感染性疾病需要长时间使用抗生素或其他抗菌药物时，宝宝就会从乳汁中不断接受同类的抗菌药物，引起体内真菌感染，轻者出现口疮(鹅口疮)，重者引起真菌性肠炎，出现严重的顽固性腹泻，久治不愈。青霉素和头孢类抗生素还可以引起变态反应；许多镇静药对婴儿起到神经抑制作用，可以引起嗜睡、食欲下降；有些退热药可以引起孩子的血液系统异常；一些口服避孕药抑制乳腺分泌，使奶量减少。另外值得一提的是，现在有一些复合性的感冒药由于成分复杂，最好询问医生，了解其成分和作用，确定对孩子无影响之后再使用。

总之，能不用药时尽量不用药，能用中药就不要用西药。如果必须使用，也要在医生的指导下，尽量使用对孩子没有影响的药物。如果母亲因疾病需要治疗必须使用时，应在服药期间停止哺乳。如用药时间比较短，可以暂时使用吸奶器吸空乳汁，以保证正常乳汁的分泌，待停药后继续哺喂母乳。

(八)母乳不足的措施

1. 母乳不足的表现

母乳不足主要表现在以下几个方面：

(1)体重增加不良。每周可以测量1次体重，算出其平均值。生后3个月内，每日增加20～30克，为最合适状态，如果母乳不足，宝宝体重增加会低于此值。

(2)喂奶次数增加，哺乳间隔缩短，有的宝宝甚至在哺乳1小时之内又出现饥饿感。

(3)吸乳时间增加，宝宝吸乳30分钟以上仍不愿意离开乳头，或者勉强拔出后出现啼哭，表示不满。

(4)哺乳后入睡不安稳,或持续啼哭不止。

(5)大便次数减少,量也减少,或经常便秘。

2. 母乳不足应该采取的措施

母乳不足通常因母亲营养不良、过度疲劳、睡眠不足、精神紧张而出现,同时母乳分泌的量与乳母的体质、饮食、情绪、周围亲人的关爱,以及宝宝的吸奶程度关系密切。因此,如果发现母乳不足一定要先寻找母乳不足的原因。

(1)增加吸吮:孩子刚出生不久,对奶头的吸吮还不太适应,母亲乳汁的分泌不太充足,这是很正常的,不必着急和忧虑,因为着急和忧虑会使乳汁分泌减少。母亲下奶的时间也不一样,有的第一天就分泌很多奶汁,有的好几天才下奶,重要的是要让孩子不断的吸吮,可以试一试增加喂奶次数,因为宝宝吃得愈多,母亲所分泌的乳汁也越多。这是因为宝宝反复吸吮乳头可刺激母亲的泌乳反射,使母乳分泌增加。千万不要认为母乳不足而急急忙忙添加人工配方奶粉或干脆改成奶粉喂养。

(2)加强营养方面的调理:母亲应该注意调理饮食,加强营养,保证母亲有足够的营养物质产生乳汁。要多吃高蛋白食物,如鸡蛋、瘦肉、海鲜类产品、豆制品等,可以熬一些排骨汤、棒骨汤、鸡汤、鱼汤、鸡蛋汤、青菜汤等。牛奶也是乳母非常好的营养食品,牛奶中含有很多的钙,可防止缺钙。还要注意补充一些动物类的肝脏,防止缺铁导致的贫血。应该多吃蔬菜和水果,必要时还要加一些粗粮,以补充蛋白质、维生素。

(3)生活规律,注意休息,保持愉快的心情:母乳喂养期间生活一定要规律,无节制的生活方式,或睡眠不足,过度疲劳都会使母乳分泌不足。一般来说,从一天的奶量分泌来看,早上通常分泌的乳汁要多一些,下午或晚间乳汁的分泌就会少一些,这是因为下午和晚间母亲身体劳累所致。因此,母亲一定要安排好合理的作息时间,最好每天中午休息 1 个小时左右,以保证下午和晚间的乳汁分泌,适当地安排好工作、学习和生活,注意保证足够的休息和睡眠,这样乳汁的分泌就会愈来愈多。母亲一定要保持一个良好愉快的心情,精神上的焦虑和紧张会使乳汁分泌愈来愈少。注意调整心态,和周围的亲人、朋友等多交流和沟通,保持心情愉快,相信你的小宝宝一定会喝上足够的乳汁。

(4)配用一些无毒无害的中药帮助下奶:具体可以找有关医生咨询。

采用上述方式,母乳量仍不能满足宝宝的需要时,也不必忧虑,现在市场上有许多宝宝奶粉可以使用,母亲可以选择一些口味及配方接近母乳的宝宝奶

粉，帮助你度过暂时的母乳不足时期，一旦调整成功就可以停用奶粉，继续进行母乳喂养了。

（九）挤奶的时机和方法

1. 母亲需要挤奶的几种情况

母亲用母乳哺喂宝宝的时候，经常会遇到喂养方面的问题，有一些时候母亲不得不将奶挤出哺喂自己的宝宝。那么，什么情况下适合挤奶呢？

（1）产妇在产后 3～4 天会觉得有奶胀的感觉，原因是由于乳房内血液和淋巴液增加，使血管及淋巴管扩张，这时触摸乳房会感到很硬，而奶头因吸吮不够相对较扁，婴儿不容易吸到奶头，乳汁排泄不畅，母亲感到乳房很痛，因此需要辅助挤奶，防止乳管堵塞和乳汁淤积。

（2）乳房有问题。比如乳头扁平或者凹陷、皲裂吸吮时疼痛，宝宝往往吸吮不好，需要先挤奶喂他，待宝宝学会吸吮或习惯这种乳头的吸吮后，或皲裂已愈，再停止挤奶。

（3）分娩后数周乳汁分泌少，奶量不足，为了增加奶量。

（4）早产儿、低出生体重儿不能吸吮或吸吮不协调时，需要挤奶喂养一段时间，待能够吸吮或吸吮协调之后尽量恢复自然吸吮。

（5）患病的宝宝，吸吮力不够时需挤奶喂养。

（6）母亲生病，服用某些药物时，为保持乳汁的分泌，必须挤奶，防止回奶。

（7）母亲外出或者工作时，可挤出乳汁留给宝宝用。

（8）母亲乳汁较多，每次喂奶宝宝不能将乳房吸空，母亲经常感到胀奶和漏奶时，为防止乳汁过多淤积引发乳腺炎等，必须挤奶。经常挤奶还可以防止乳头及乳晕发干或疼痛。

总之，在母乳喂养过程中，适时挤奶是一项非常有益和有效的措施。通过挤奶可使母亲能够继续和在某些特殊情况下不间断母乳喂养。

2. 挤奶的方法

（1）用手挤奶：用手挤奶适用于乳房比较软的时候。在乳房肿胀和有疼痛时，用手挤奶就比较困难。所以，一般认为在分娩后 1～2 天就应该开始练习用手挤奶了。如果等 3～4 天乳房变硬时就不容易挤奶了。一般用手挤奶不需要任何器具，方法简单污染少，无论在任何时候、任何地方都可以进行，所以用手挤奶是最有效的方法。

①母亲要彻底洗手，特别是手指。

②将拇指及食指放在距乳头根部2厘米处，二指相对，其他手指托住乳房。

③用拇指及食指向胸壁方向轻轻下压，为防治乳腺管阻塞，不要按压太重。

④按压的作用力主要在拇指及食指间乳晕下方的乳房组织上。准确地说，就是按压在乳晕下方的乳窦上。哺乳期的乳房有时能触摸到乳窦，黄豆粒大小，不很硬，一旦摸到乳窦，即能准确挤压。

⑤反复挤压数次。如果感到挤压疼痛时，说明方法不正确，应改进方法或重新寻找乳窦，准确挤压。挤压数次后，将会有奶溢出，如果挤奶方法得当，奶汁就会顺畅流出。

⑥用上述方法循环挤压乳晕，使其能够按压到每一处乳晕。

⑦一侧乳房至少挤压3～5分钟，双侧乳房交替挤压，反复数次。需要强调的是，挤奶时间应以20～30分钟为宜。特别是分娩后的头几日。

泌乳量少时，挤奶时间应稍微延长一些。挤奶时间过短会起不到效果。另外，分娩后数日，母亲应尽量多挤几次奶，最好跟孩子吃奶的次数相同。通常每隔3小时1次。如果挤奶次数过少或间隔时间过长，就可能导致泌乳量减少或不足。

(2)用吸奶器挤奶：当乳房又肿又痛或乳房炎症有触痛时，用手挤奶很困难，可用吸奶器挤奶。挤奶容器的准备要选用大口径的杯子，玻璃瓶等。用洗涤灵和水洗净容器，到入沸水，放置几分钟，起到消毒杀菌的作用。挤奶前将水倒掉。目前市场销售的吸奶器多为橡皮吸奶器，挤奶步骤如下：

①挤压橡皮球排出空气。

②把玻璃瓶的广口处覆盖在乳头上。

③确定玻璃瓶完全附着在皮肤上，使其与空气隔离。

④放松橡皮球，乳头和乳晕被吸入玻璃瓶内。

⑤反复数次挤压和放松橡皮球，乳汁开始流出。

⑥轻轻从乳房拿开吸奶器，倒出乳汁。然后重新开始挤奶。

每次使用橡皮球吸奶器前，一定要彻底清洗和消毒吸奶器。特别要注意清洗橡皮球。因为挤出的乳汁很容易粘到橡皮球内，如果清洗不干净极易造成奶的污染。乳房较软的时候，吸奶器效果不好。

(3)热瓶法挤奶：此方法适用于乳房严重肿胀，乳头绷紧，触碰之后疼痛特别明显，用手或吸奶器挤奶困难的时候。

①用具的准备：玻璃瓶（不能用塑料瓶），容量为 1～3 升，不得小于 700 毫升，广口瓶直径至少为 2 厘米，最好在 3～4 厘米之间，使乳头完全置于瓶口内。准备足够热瓶子的热水，一块厚布，用于包裹热水瓶。

②将热水倒入瓶中少许，预热玻璃瓶，继续注满热水，倒热水时速度应放慢，以免瓶子炸裂。

③等待数分钟，使瓶子升温。

④用布包裹好瓶子，倒出瓶内热水。

⑤托住瓶子不动，几分钟后瓶子受凉产生负压，轻柔地将乳头吸向瓶颈内。

⑥瓶子内的热气会促进乳汁分泌，这时可见乳汁缓慢流出，待乳汁流出停止后拔掉瓶子。

⑦倒出瓶子中的乳汁，再反复做上述挤奶步骤，当挤出一部分乳汁后，乳房的疼痛感会明显好转。这时就可以继续用手挤奶或让宝宝吸吮乳头了。

（十）正确贮存母乳的方法

有时候因母亲需要工作或出门或暂时不能喂奶时，就需要将奶挤出，贮存备用。母乳的贮存过程最重要的是清洁卫生。因此，不管是用手挤出，或是用吸奶器，都要注意消毒卫生。挤出的奶水可以放置在冰箱格内，并且冷藏的奶水一定要贴上标签，注明日期及时间。放置在冷藏柜内的母乳大约可以存放 24 小时，冰格内可以贮存 3 个月。但是，要注意的是喂剩下的奶水必须丢弃。因为经过宝宝吸吮的奶水已经是污染过的食物，重新食用会引发肠道内感染。

拿出来的奶可以放到温水或稍热一些的水中，轻轻摇动。不要用水加热煮沸或直接煮沸奶水，这样会破坏奶中的蛋白质和免疫抗体成分。现在许多人家都有微波炉，而且微波炉化冻也很快，有些家长图省事用微波炉热奶，这是不可取的。因为用微波炉加热会使热能散发不均匀，容易发生奶瓶破裂，而且微波炉温度太高，会降低和破坏奶水的营养价值。

（十一）预防和处理胀奶的方法

分娩后 3～4 天，产妇就会明显感到有胀奶感，如果不及时处理胀奶，严重者就会引发乳管阻塞和奶汁淤积。许多乳腺炎就是由于乳汁排出不畅所致的。这里我们有必要明确乳房充盈和肿胀的不同。乳头充盈是产妇觉得乳房又热又肿，触摸起来很硬，但是奶汁流出很通畅，可以看到从乳头滴出奶汁，这是正

常的充盈，惟一的解决方法就是让孩子吃奶，吃空奶之后，乳房的热、肿、重、硬的感觉就会减轻，乳房变软和感觉舒适。几天以后母亲的奶量就会适应宝宝的需要，乳房充盈也会缓解。乳房肿胀则说明是乳房充盈过度，可能是因为乳汁过多，也可能是因为组织液和血液的增加，干扰乳汁的排出所致。因为有水肿，乳房表面皮肤发亮，母亲自觉乳房很痛，不敢触碰。

1. 乳房胀奶的原因

(1)乳汁分泌过多。

(2)开始哺喂时间延迟。

(3)宝宝吸吮方法不正确。

(4)每次吸吮时不能完全排空乳房。

(5)过于限定喂奶时间。

2. 预防乳房胀奶的方法

(1)产妇及早开始喂奶，练习两侧吸吮。

(2)按需哺喂，只要宝宝需要，就给他喂奶。

(3)训练宝宝采用正确的吸吮方法。

(4)在工作需要时，可以采用挤奶方式，挤出奶水储存以备宝宝使用。

3. 缓解乳房胀奶的方法

要想缓解乳房胀奶必须要想方设法排出乳汁，如果长期乳汁淤积就有可能发展为乳腺炎，严重者可形成脓肿。

(1)只要宝宝想吸吮就让他吸吮，频繁的吸吮会使乳汁不断排除，防止乳腺管阻塞，宝宝吸吮时要注意吸吮方法必须正确，以免损伤乳头。

(2)乳房胀奶明显，宝宝难以吸吮时，做湿热敷，让乳房变软，然后再用手或吸奶器把奶吸出来。有时候只要挤出很少的一部分乳汁，乳晕部分就会变软，这样，宝宝就可以吸吮乳头了。

(3)如果母亲身体状况良好，也可以热水淋浴或洗热水澡，让乳汁从乳房流出，这样乳房也可以变软，便于吸吮。

(4)家人可以帮助产妇做一些事情，比如轻轻按摩产妇的乳房，刺激产妇的乳房和乳头皮肤，按摩产妇的颈部和背部，帮助产妇放松。

(5)喂奶后可以用凉毛巾冷敷乳房，帮助减轻水肿的发生。

(十二)乳头扁平或乳头凹陷时的哺乳方法

有些产妇担心乳头的形状不正，如扁平乳头或凹陷乳头会影响孩子的吸

吮。其实在绝大多数情况下，无论乳房大小、形状如何，只要经过认真训练，孩子吸吮正确，都能很好地吃到奶。极少情况下，某些妇女的乳房发育不正常，产乳少，但这种情况是非常少见的。母亲不必因为乳头暂时性的异常而着急和烦躁，大部分的扁平乳头和凹陷乳头在分娩前后可自行改善。如果发现乳头形状不好，或有问题时，应该从以下几方面着手，帮助和促进母乳喂养。

1. 妊娠后期的练习

(1)乳头矫正练习：定期到产科做常规检查，对扁平和凹陷乳头的产妇在怀孕满 8 个月后，开始做乳头纠正练习。

①乳头伸展练习。两拇指分别置于乳头左右两侧，轻轻地由乳头向两侧外方拉开，重复多次。两拇指分别放在乳头上下两侧，由乳头向上下纵形拉开，重复多次，目的是牵拉乳晕皮肤及皮下组织，使乳头尽量突出到表面。

②乳头牵拉练习。用一手托住乳房，另一手的拇指和中、食指抓住乳头向外牵拉。每日 2 次，每次重复 10～20 下。目的是练习乳头的伸展性。

③佩戴乳头罩。乳头罩可以固定乳头的周围组织，使内陷乳头突出表面。

(2)练习擦洗乳头：妊娠 7～8 月起要经常用温湿毛巾擦洗乳头，这样可以使乳头、乳晕的皮肤柔韧，耐受摩擦，防止哺乳时的乳头疼痛和皲裂。每日 1～2 次，每次 10～20 下，轻轻擦洗，千万不要损伤乳头皮肤。

(3)乳房按摩：为了增加乳房血液循环，促进乳腺发育，妊娠后期要经常做乳房按摩。用手掌侧面轻轻按压乳房壁，或环绕乳房均匀按摩，每日 1～2 次。

2. 分娩后的练习

(1)尽量让婴儿练习吸吮，孩子的反复吸吮将有助于乳头向外拉出。

(2)如果宝宝吸吮不好，母亲可以用手将乳房从下面托起，并用拇指轻轻压在乳房上部，使乳头突出来，便于宝宝吸吮。

(3)必要时宝宝的父亲可以先替宝宝做几次吸吮乳头动作，一般吸几次就可以将乳头吸出。

(4)乳房有问题时，刚出生的小婴儿在头 1～2 周往往吸吮不好，这时需要采取一些辅助措施。

①用手挤出母亲乳汁，挤奶使乳房变得柔软，便于宝宝吸吮，并促进乳汁分泌。挤出的乳汁用小杯子喂给孩子。

②直接挤奶滴到宝宝口中，当宝宝吸吮到母亲香甜的乳汁时，可使宝宝建立信心和兴趣，重新尝试吸吮乳头。

③频繁地让宝宝接触母亲的乳房，通过皮肤与皮肤的接触，一方面刺激乳汁的分泌，另一方面则引发孩子吸吮的兴趣。

一般来说，扁平乳头或凹陷乳头经产后宝宝1～2周的吸吮或母亲的牵拉矫正，大部分都能得到改善。因此，最关键是母亲要建立足够的信心，只要有耐心，坚持到底就一定能够成功。

（十三）哺乳期的乳房保健

1. 目的

哺乳期的乳房保健目的是保证乳汁的分泌，防止乳腺管的阻塞和奶汁淤积，使宝宝能够喝到干净、香甜的乳汁。

2. 方法

(1)每次哺乳前轻轻按摩乳房，可以上下左右分别按摩或环形按摩，促进乳汁分泌。

(2)哺乳前最好用温湿毛巾清洁乳头和乳晕，不要用肥皂或碱性大的洗涤物品，以免刺激乳头和乳晕皮肤，出现干燥和皲裂。

(3)努力让宝宝吸吮到乳晕部分，如果宝宝只吸吮乳头，就不会吸出很多乳汁，还可能咬伤乳头，母亲这时往往感到乳头很痛。

(4)喂奶完毕后用食指轻轻向下按压宝宝下颌，避免在口腔负压情况下拉扯出乳头，引起乳头损伤。

(5)每次哺喂时，要尽量吸空一侧乳房，并挤空另一侧乳房剩余乳汁，这样可促进乳汁分泌增加，同时预防部分乳腺管的阻塞。

(6)胀奶或乳房充盈明显时，可以先用手或吸奶器挤出一部分奶汁，避免胀奶和乳房充盈引发乳腺管阻塞和炎症。

(7)哺乳期间应戴上合适的棉制胸罩，支托乳房和改善乳房血液循环，同时防止乳房过度下垂。

（十四）乳腺炎的预防和治疗

1. 发生乳腺炎的常见原因

母乳喂养过程中，常常会合并乳腺炎，而乳腺炎又可以直接导致母乳喂养的终止。因此，预防乳腺炎是母乳喂养中非常重要的环节。

导致乳腺炎发生的最根本原因是乳腺管阻塞。比较浓稠的乳汁没有及时

吸吮流出来，就会堵住乳腺管，形成乳腺管阻塞。这时用手触摸乳房可以发现有结块，此处有压痛，有时结块上的皮肤微微发红，但母亲体温正常，一般感觉良好。由于乳腺管的阻塞使乳汁存留在乳房内，形成乳汁淤积，如果不能及时排出，乳房内就会触及较大的硬结，伴有明显的疼痛感，皮肤表面愈发红肿，出现上述症状就说明母亲已经得了乳腺炎。

引起乳腺管阻塞和乳腺炎的原因主要有以下几个方面：

(1)宝宝吸吮方法不够正确，只吸吮乳头，未吸吮到乳晕，因此乳房排空不良。

(2)喂奶次数不够频繁，如严格限定喂奶时间，不能"按需喂奶"或经常吸吮。

(3)穿衣太紧，如喜爱戴乳罩，特别是夜间也戴乳罩。

(4)母亲睡觉时喜俯卧位，压住了乳房的某条乳腺管，造成乳汁淤积。

(5)因奶流出较快，母亲用手指压挤，迫使奶汁流出缓慢，实际上正好阻塞了某条乳腺管，阻碍乳汁的流出。

(6)母亲在哺喂宝宝的过程中比较紧张和劳累，迫使母亲减少喂奶次数和缩短喂奶时间。

(7)乳房不够清洁，或孩子吸吮方法不正确，造成乳头咬伤或乳头皲裂，使细菌进入到乳房内。

由以上发生的原因可以看出，乳腺炎预防和治疗的重点应该是采用各种办法让乳汁顺利排出，减少乳腺管的阻塞和乳汁淤积，纠正喂养中的不合理方式和不良习惯，如有症状及时治疗，才能有效地预防乳腺炎和缩短病程，继续母乳喂养。

2. 治疗乳腺炎的几种方法

在哺乳过程中，如果乳房有胀感，触摸起来有疼痛，体温略有升高，比如低热时，可用下述方法治疗：

(1)反复训练宝宝正确的吸吮方式。

(2)让宝宝频繁吸吮，增加喂奶次数。

(3)穿戴比较宽松的内衣。

(4)尽量不要俯卧位睡觉。

(5)检查母亲哺乳时手指是否按压了乳晕，有无可能挡住了乳汁流出。

(6)宝宝吃奶时可轻轻按摩乳房。

(7)如果宝宝未吸空乳房，可以用手或吸奶器将奶挤出来。

(8)家人多给予关怀，减少产妇的紧张情绪。

如果母亲乳房皮肤红肿明显，疼痛加剧，且体温升高，应该及时到医院求治，主要以口服抗生素为主。治疗过程中可以和医生商量选择对宝宝无伤害的抗生素，让宝宝继续吃未患病侧乳房的奶。对于患病的一侧，如果母亲感到很痛或比较紧张不愿意哺喂时，可以用手将奶挤出，一般 2～3 天内疾病会减轻，一旦疼痛减轻应立即给孩子喂奶，同时不要中断另一侧的哺乳。

乳腺炎加重可以导致乳腺脓肿，需要外科切开及引流治疗。这时应停止喂奶，待脓肿消失，乳腺炎好转之后再开始恢复喂奶，治疗过程中还要不断地将奶挤出，挤出的奶如带有感染的细菌成分，是绝对不能用于哺喂孩子的。

三、混合喂养

1. 混合喂养定义

虽然母乳是宝宝最好的食物，但有时候，无论怎样努力也不能满足宝宝的需要，这时就必须开始添加牛奶或奶粉，通常把这种喂养方式叫混合喂养。

2. 混合喂养方法

混合喂养可采取以下几种方式：

(1)首先用母乳哺喂，宝宝吸吮 5～10 分钟后，再给少量牛乳或配方奶。

(2)不得已需要上班的母亲可以清晨喂母乳 1 次，白天喂 2 次牛奶或配方奶，晚上和夜间喂母乳。为了保证母乳的正常分泌，每天至少要吸吮乳头 3 次以上。

(3)一些母乳喂养儿，因为不喜欢牛奶的口味和不适应胶皮乳头的形状和柔韧度而出现拒乳时，可将母乳与牛乳分开交替喂，使宝宝在饥饿状态下，首先接触的是牛乳，促使孩子吸吮牛乳，下一次再喂母乳，这样就会延长母乳喂养的间隔时间，保证了一次母乳的充足量。

(4)因为母乳量不充足，宝宝每次吸吮的奶量比较少，而用奶瓶喂养相对容易一些。因此，有一些宝宝愿意选择奶瓶喂养，而不喜欢吸吮母亲的奶头。如果出现这种情况，可以换一种更小孔的乳头，奶瓶倒置时，隔 3～4 秒钟滴一滴奶为宜。

(5)在用奶瓶喂养时，应该怀抱宝宝，眼睛注视着自己的孩子，再用奶瓶哺喂。也可以把宝宝的双手放在奶瓶上，让宝宝一边享受与吃母乳同样的母爱，同时也体会参与哺乳运动的快乐。

四、人工喂养

母亲患有疾病难以哺喂婴儿，或母亲没有奶，需要用鲜牛奶或人工配方奶粉及其他代乳品来哺喂的方式称为人工喂养。

人工喂养的乳类主要有鲜牛奶、鲜羊奶、人工配方奶粉、米粉等其他代乳品。以前人工喂养只能使用鲜牛奶或鲜羊奶，不可避免地会出现放置过久引起的污染，牛奶温度的不合适，及供应量的不足等引起婴儿营养不良和消化道功能紊乱。现在由于人工配方奶粉的不断改良和完善，蛋白质、脂肪、糖、维生素及微量元素愈来愈接近母乳，而且口味也愈来愈香甜，加之市场供应量充足，完全能够满足婴儿的需要。因此，用人工配方奶粉如果品质优良，调配恰当，注意消毒，也是完全能满足婴儿营养发育需要的。

（一）人工配方奶粉喂养

1. 人工配方奶粉的优点

经常遇到家长询问："人工喂养到底是配方奶粉好还是鲜牛奶好？""配方奶和鲜牛奶有什么区别呢？"下面我们来解答这个问题。

人工配方奶粉是将液体牛奶经过加工，添加或改变其中的某些成分，使奶粉更容易消化和吸收，其成分更接近于母乳。

以往的配方奶粉在制作时首先要去掉盐分，加入容易消化的乳清蛋白，调整酪蛋白和白蛋白的比例，加入植物油、脂肪酸、乙型乳糖、多种维生素、无机盐（包括微量元素）等。现在经改良的新的配方奶粉还添加不饱和脂肪酸、牛磺酸，核苷酸、多聚糖、乳酸或双歧杆菌等，根据宝宝各个时期身体的需要，组成宝宝发育各阶段奶粉，使其更接近母乳。人工配方奶粉有以下优点：

（1）改变了牛乳中蛋白成分，增加了容易消化的蛋白质，如乳清蛋白。

（2）降低了牛乳中总蛋白的含量，尤其是去除不容易消化吸收的酪蛋白质部分。

（3）增加了不饱和脂肪酸，如二十二烯酸（DHA）、花生四烯酸（AA）等。有利于新生儿视网膜和脑部发育的脂肪酸成分。

（4）减少某些无机盐，如钙、磷，并调整其比例与母乳接近为 2∶1。增加了铁、锌、碘等无机盐含量。

(5)增加了某些牛乳缺乏或不足的维生素,如维生素A、维生素D、维生素K等,保证新生儿的营养需要。

(6)添加益生菌的合成原料,增加抵抗能力和抗过敏的能力。

目前市场上销售的婴儿配方奶粉种类有多种,都各有其特点。经大量科学研究实验证明,人工配方奶粉喂哺优于牛奶喂养,可以说是人工喂养的首选食品。

2. 人工配方奶粉的种类和用途

(1)普通配方奶粉:以牛奶为原料制作的奶粉,适用于正常无疾病婴儿。

(2)特殊配方奶粉:婴儿对蛋白等某些成分不能耐受或引起过敏者,将奶粉中一些成分去掉,经过特别加工和处理,经医师或营养师指导后方可食用。

①豆奶粉。以黄豆为主要蛋白和糖原料而制作的奶粉,适用于对乳糖无法耐受,或对普通配方奶粉蛋白过敏的婴儿。

②部分水解奶粉。适用于较轻度的腹泻或对蛋白过敏的婴儿。

③完全水解奶粉。适用于严重的腹泻或对蛋白过敏的婴儿。

(3)早产儿配方奶粉:根据早产儿生理特点和生长发育需要而配制的专用于早产儿的人工配方奶粉。蛋白量和脂肪含量低于足月儿奶粉,添加了特殊的脂肪酸(DHA),另外还有一些必需的维生素和无机盐,如维生素D和钙含量都很充足,同时还保证了足够的铁需要量,但要记住当孩子实际胎龄已满40周,或体重大于2 500克时,要及时更换为成熟儿奶粉,以免蛋白质和脂肪含量低,满足不了早产儿的发育。早产儿奶粉的选择最好在专业保健人员的指导下进行。

(4)特殊疾病奶粉:某些特殊疾病需要专门去除引起身体异常的成分,经特殊加工制成治疗奶粉,如针对苯丙酮尿症的低苯丙氨酸奶粉,就是专门去除了苯丙氨酸而制作成的特殊治疗奶粉。

3. 人工配方奶粉的添加物——DHA

DHA英文全称为Docosahexanoic acid(二十二碳六烯酸),DHA和AA(arechidonic acid花生四烯酸)是属于长链不饱和脂肪酸,又名脑黄金。

DHA可以通过亚油酸和亚麻酸合成,母乳中含有丰富的亚油酸和亚麻酸,所有的新生儿均可以通过亚油酸和亚麻酸合成DHA、AA等长链不饱和脂肪酸。早产儿在出生后的头几周从C-18亚麻油酸中合成DHA和AA功能不足,因而缺乏DHA。国外专家对这样的早产儿分别喂养含有DHA的奶粉和不含有DHA的奶粉,观察3个月时发现,哺喂不含有DHA奶粉的早产儿出现视力和神经发育延迟,因此欧洲胃肠学科/肝脏病学科/营养学科学会建议,在早产

儿配方奶粉中加入 DHA 0.3～0.4 克/100 克，及 AA 0.5～0.6 克/100 克。不少研究学者建议在正常的足月儿的配方中加入 DHA 和 AA，以保证其视觉和神经发育的需要。

4. 人工配方奶粉的添加物——核甘酸

核苷酸是一种蛋白物质，是细胞内遗传物质脱氧核糖核酸(DNA)和核糖核酸(RNA)的基本结构单位，参与细胞分化与生长，是宝宝神经、体格发育中不可缺少的物质。

有临床研究证实，用含有足够量的核苷酸配方奶喂养的婴儿传染病及腹泻减少，与母乳喂养儿的肠道菌群相似，具有更高的免疫水平。有专家观察了配方奶中添加核苷酸对足月新生儿粪便细菌类型的影响，结果发现，双歧杆菌明显增多，大肠杆菌明显减少，非常接近母乳哺喂的婴儿粪便。

总之，核苷酸能增强宝宝机体的免疫力，帮助对抗细菌的侵袭，增加肠道内有益菌的数量，减少宝宝腹泻的机会和疾病的发生。核苷酸还可以促进新陈代谢，帮助宝宝更容易消化和吸收各种营养素。

母乳中含有足够量的核苷酸，而牛乳中含量是不够的。现在许多人工配方奶中都相继添加了与母乳同量的核苷酸，令其营养成分更接近母乳，以适应迅速发育成长的宝宝需要。

5. 人工配方奶粉的添加物——β-胡萝卜素

β-胡萝卜素是一种人体不可缺少的重要营养素，但人体内无法合成，通常在一些绿色、黄色蔬菜中含量较高，如菠菜、豌豆苗、胡萝卜、韭菜、青椒和南瓜等，因此人类需从饮食中获取。母乳中含有丰富的β-胡萝卜素，尤其在初乳中。鲜牛奶中仅有微量，部分人工配方奶中添加了β-胡萝卜素。β-胡萝卜素有以下几种生理功能：

(1)β-胡萝卜素可转变为维生素 A，加快和促进宝宝的视觉发育，维持皮肤和黏膜上皮细胞的完整性。

(2)当有害物质侵袭机体，细胞受到攻击时，可以增强淋巴细胞的活性，保护机体细胞，提高免疫功能，增强宝宝对疾病的抵抗力。

(3)具有抗氧化作用，促进新陈代谢。

6. 人工配方奶粉的添加物——低磷配方奶粉

牛奶或人工配方奶粉喂养的宝宝，有时会出现不同程度的腹泻、便秘，部分营养素的缺乏，如缺钙等，目前的研究认为这与乳类制品中磷的浓度关系密切。

母乳中含磷量很低(15 毫克/100 毫升),牛奶中的磷含量特别高(90 毫克/100 毫升),普通配方奶粉中的磷含量也很高(30～50 毫克/100 毫升),磷作为一种营养素,既不能缺少,也不能太多。

那么,过高的磷对宝宝有什么不良影响呢?首先,磷与钙竞争性地在肠道被吸收,过量磷的摄入将会抑制钙的吸收,导致佝偻病,影响骨骼、牙齿的发育。其次,钙吸收不好,就会使肠道内大量未吸收的钙形成不溶性钙皂,这是导致宝宝便秘的最主要原因。最后一点,过高的磷使肠道 pH 值偏高呈碱性,不利于双歧杆菌等有益菌的生长,反而助长了有害菌的繁殖,使宝宝容易感染肠道疾病,如腹泻等。

由此可见,如果想让你的宝宝拥有一个健康的胃肠道,应选择低磷类奶制品。低磷配方奶粉可以帮助骨骼和牙齿的健康发育;提高脂肪的吸收率,有利于体重增长;帮助出生宝宝维持肠道酸性环境,抑制致病菌繁殖,预防感染性腹泻的发生;有利于肠内双歧杆菌生长,促进肠蠕动,减少宝宝便秘现象。

人奶含钙量明显低于牛奶,但其吸收率却远远高于牛奶。其原因之一就是人奶磷浓度低,钙磷比例合适(钙与磷之比为 2∶1);牛奶含钙量高,但与磷之比例为 1∶1,高磷明显影响钙的吸收。人工配方奶努力做到与母乳相近,钙磷比调整至 2∶1,特别是有一些专门采用特殊工艺制作的低磷配方奶更加适用于刚出生的新生儿使用。

7. 人工配方奶粉的添加物——牛磺酸

牛磺酸是一种人体必需氨基酸,是由半胱氨酸转化而来,广泛存在于人体脑、心脏、肌肉组织和乳汁中,具有消炎、解毒、镇痛、保护细胞膜、预防病毒感染等多项功能。长期使用可以改善体质,预防疾病。最近研究表明,牛磺酸对促进宝宝神经系统和视网膜发育具有重要作用。正常人乳中牛磺酸的含量可达 425 毫克/升,是足够新生儿用的。但是牛奶中非常少,仅为母乳的 1/10～1/30,而且新生儿,尤其是早产儿肝脏中半胱亚硫酸脱羧酶的活力很低,在体内不易合成牛磺酸。因此,人工喂养儿应适量添加一些牛磺酸,促进宝宝的神经系统发育。

8. 人工配方奶粉的添加物——低聚糖

母乳中含有丰富的糖类物质,主要包括乳糖、糖脂、糖蛋白、低聚糖等。国际上在母乳中可分离出 100 多种低聚糖,主要有半乳糖、低聚糖、果糖等,是母乳中含量仅次于乳糖和脂肪的固体成分。低聚糖主要作用于小肠上皮细胞刷状缘,合成糖蛋白和糖脂,在结肠菌群的作用下生成短链脂肪酸,保持肠道内酸

性，有利于双歧杆菌和乳酸菌的生长，对肠道致病菌产生毒素起到直接抑制作用。因此，是增强宝宝抵御肠道病菌和病毒的保护因子。另外，低聚糖还具有软化大便，减少便秘的功能。

目前，国际上正尝试在配方奶中加入低聚糖，以刺激新生儿肠道有益菌的生长。

9. 人工配方奶粉的调制及喂奶方法

(1)如何调制人工配方奶粉

①备好清洁奶瓶，洗干净双手。

②将煮沸过的开水凉至 40℃～60℃，按照规定量的 2/3 注入奶瓶中。

③将需要量的奶粉倒入奶瓶中。

④轻轻摇动奶瓶，当奶粉完全溶解后再继续注入温开水至所需要的刻度。

(2)计算人工喂养的喂奶量：婴儿每日奶量的需要量有明显个体差异。

①需要记住两个概念。婴儿需水分 150 毫升/千克体重，需热能 418.4～502.1 千焦(100～120 千卡)/千克体重[奶粉产热能为 418.4 千焦(100 千卡)/100 毫升]。

②以体重 5 千克的婴儿为例。需水量 150×5＝750 毫升，需热能 2301.2 焦(550 千卡)。

计算奶量时一定要首先满足婴儿的机体热能需要量。因此，5 千克的婴儿如果要保证足够的热能，那么根据他的体重应该需要 550 毫升的奶量，一天的需水总量为 750 毫升，所以还要另外再加 200 毫升的水。

以上为每个宝宝的标准喂奶量，实际上根据宝宝的具体摄入需要可适当增减上述奶量，以满足宝宝的需要。

(3)消毒奶具的方法

①奶瓶的清洗方法。首先要倒掉残留的奶液；然后用奶瓶专用毛刷清洗黏附在奶瓶壁上的奶渣，一定要用毛刷仔细清洗奶瓶口处，以免奶渣残留；摘下奶嘴，仔细清洗内外侧；所有奶具用清水冲洗一遍。

②奶具放入消毒锅内，盛满清水，浸泡 10～20 分钟。目的是去除奶具存留的残渣。

③浸泡完毕后，加热煮沸 3 分钟，先取出奶嘴放置专用容器中，继续将奶瓶等物品煮沸 10 分钟后取出，放到专用容器晾干。

(4)冲泡奶粉时的注意事项

①保持喂奶用具的清洁和卫生。要保证喂奶用具每次用过后的消毒煮沸,只用冷水或开水冲洗者,不能完全消毒,易引起新生儿腹泻,消毒后要低温保存,严禁哺喂腐坏变质的乳液。

②不要直接用刚刚煮开的开水冲泡奶粉,因为过热的水反而会引起奶粉中的蛋白凝固,形成凝快,不易冲开。冲泡开水一般调至40℃~60℃为宜,并将水滴至手腕内侧,感觉与体温差不多即可。

③避免过多过稠。有些家长认为,孩子吃得越多,体重增长越快,奶粉越稠,蛋白等营养成分含量越高,其实这是一种误解。对于健康的宝宝来说,如果体重增长良好,不宜给予加量过多或浓度过稠的奶,特别是新生儿期,消化道功能较弱,过多的奶可引起消化不良、腹泻,过稠的奶还会加重宝宝的肾脏负担,影响宝宝的食欲,反而导致摄入量降低。

④不宜过少过稀。家长担心食奶量过多会引起消化不良或腹泻,因而长期喂用水冲淡的稀释奶,结果每日摄入的蛋白量少,总热能也不够,结果导致体重不增。

⑤不要随意更换配方奶种类。家长总是希望选择一种营养价值最高且最适合自己宝宝的奶粉,而当哺喂过程中稍微出现宝宝生理方面的问题,就认为奶粉不适用于自己的孩子,马上更换另一种牌子的奶粉,有的新生儿1个月以内竟更换了3种以上的不同奶粉,结果导致宝宝胃肠道功能紊乱,持续的消化不良或腹泻。有些家庭接受了许多不同牌子的奶粉,为节省开支,随意拿这些不同牌子的奶粉哺喂宝宝,结果导致宝宝食欲降低,体重反而不增。因此,当孩子在哺喂过程中出现问题时,不要急于更换奶粉,应该到专科医院或有经验的保健医师那里寻求喂养指导,如指导后仍不能消除症状,可在医生的指导下更换另一种适合于自己宝宝的奶粉。

(5)用奶瓶给婴儿喂奶的方法

①将盛满奶液的奶瓶倒置,观察奶嘴滴奶情况,如果一滴接一滴流出,说明奶嘴流出顺畅,如果流出很慢,说明奶嘴流出不畅,要加大吸吮的奶眼,如果成线状流出,说明奶嘴孔过大,应更换奶嘴。

②将奶瓶放到胳膊的内侧,测试奶液的温度,如果接触奶瓶感到略热,说明温度合适,或将奶水滴在成人的手臂上感到温度合适亦可。

③抱起宝宝,拿起奶瓶,与宝宝面对面微笑对视,最好再打声招呼,比如"宝宝,现在开始吃奶啦"等,这样会使宝宝心情更愉快。

④轻轻将奶嘴放入宝宝口中，协助宝宝用手扶住奶瓶更好。

⑤喂奶时，奶瓶要倾斜至奶液充满奶嘴为宜，如果奶液没有充满奶嘴，宝宝则容易吸进空气，影响食入的奶量。

⑥喂奶时间一般10～15分钟，但个体差异很大，不必严格遵循，喂奶完毕，用消毒纸巾擦干嘴边的残留奶液。

⑦轻轻将宝宝直立抱起，拍打后背，当出现打嗝声说明从胃内排出气体，但有一些宝宝经反复拍打并不出现打嗝声，这时不要着急，平躺数分钟后再抱起拍打后背，直至出现打嗝声。

(二)鲜牛奶喂养

1. 鲜牛奶成分

牛奶蛋白质含量虽然比人乳含量高，但以酪蛋白为主，酪蛋白在胃内容易形成大凝块，不易消化；牛奶含有的脂肪以饱和脂肪酸为主，脂肪颗粒大，难以被宝宝消化和吸收；牛乳含乳糖较少，所以食用时需要另外添加糖；含钠、氯等无机盐较高，不仅使宝宝胃酸下降，同时还会加重肾脏负担，不利于新生儿和早产儿的生长发育；牛奶含锌、铜量少，含铁量虽然与奶粉相同，但吸收率明显低于母乳；牛奶钙、磷比例不合适，影响钙的吸收。

2. 配制鲜牛奶方法

由于牛奶具有上述诸多不利因素，我们在喂养当中可以采取一些方法，尽量改善牛奶的不利营养成分，使之更利于消化和吸收。

(1)稀释喂养：新生儿或早产儿消化吸收功能差，而牛乳中蛋白质含量较高，可以将牛奶加开水稀释为3∶1牛奶(3份牛奶，1份水)或4∶1牛奶，待宝宝满月后改喂全奶。

(2)添加5%～10%的糖：由于牛奶中含糖量较低，不能满足小儿热能的需求，故应加糖补充牛奶的热能。

(3)煮沸后食用：牛奶中的脂肪颗粒较大，不容易消化，可以将鲜牛奶煮沸1～2分钟，去除牛奶表面上的脂肪层。

(4)添加酸奶：牛奶的酪蛋白遇胃酸后结成的凝块较大，不易消化，故可加乳酸制成酸牛奶，使酪蛋白凝块变小，还可提高胃内酸度，有利于婴儿消化。通常情况下每100毫升牛奶可加乳酸0.5～0.8毫升。目前有成品销售。

3. 牛奶喂养的婴儿需要及时喂水

牛奶喂养的宝宝一定要及时喂水，有一些父母认为牛奶和母乳一样都是液体，吃奶就等于喝水，因此他们在喂养宝宝时就会很少给宝宝喂水，这种想法是不对的。与配方奶粉一样，多喂水可以帮助牛奶的消化和吸收，加速肠道蠕动，有利于排解粪便，防止大便干燥。

（三）鲜羊奶喂养

在农村、山区、牧区常用羊乳代替母乳，鲜羊奶营养价值与牛奶大致相同，也是婴儿良好的代乳品。牛奶比羊奶的营养成分稍高一些，羊奶的蛋白质比牛奶少一半，但是脂肪和糖类的含量没有太大区别。羊奶中的维生素及微量元素明显高于牛奶。

羊奶的脂肪颗粒体积为牛奶的 1/3，所以比牛奶容易消化，如果消化功能不太好的宝宝可以选择羊奶。

羊奶中含有较多的免疫球蛋白，可提高婴幼儿免疫力和抗病力。羊奶的核酸比牛奶、人奶含量都高，对婴幼儿大脑发育及增强智力十分有益。

羊奶中还特别含有在人奶中才有的上皮细胞生长因子（牛奶中不含），临床证明上皮细胞生长因子可修复鼻、支气管、胃肠等黏膜。

羊奶不含过敏源，对牛奶蛋白不耐受的孩子可以考虑换用羊奶试一试。

羊奶喂养应注意的问题：①羊奶的主要缺点在于羊奶中叶酸含量极低，维生素 B_{12} 也特别少，因此羊奶喂养的婴儿容易发生营养性贫血，要及早添加叶酸和维生素 B_{12} 及含有此类营养成分的辅食加以预防。②食用前要认真煮沸消毒，防止细菌污染。

（四）人工喂养时的注意事项

☞不要刻意规定喂奶量，应按照宝宝实际需要量适当增减。

☞尽量不要让宝宝含着奶嘴睡觉，以免误呛引起窒息。

☞奶嘴孔不要过大或过小，过大会引起宝宝吸奶过多，造成呛咳；过少会使宝宝吸吮费力而不愿意多吃奶，造成食奶量减少。

☞让宝宝正确含接奶嘴，奶嘴中最好充满奶液，防止宝宝吸入过多空气。喂奶中间可以从宝宝口中拔出奶嘴，排气后再继续喂奶。根据需要喝奶中间排气 1～2 次。

☞白天尽量固定喂奶时间和喂奶间隔，夜间可以适当减少1～2次喂奶次数，养成良好的饮食卫生习惯。

☞奶粉喂养的婴儿一定要及时喂水，因为奶粉的营养素和无机盐浓度比较高，容易引起宝宝的口渴感。另外，多喂水还可以帮助奶粉在肠道的消化和吸收，加速肠道蠕动，有利于排解粪便，防止大便干燥。

(五)豆类代乳品

以大豆类代乳品的营养价值较其他谷物类代乳品更好，因为大豆蛋白质含量高，质量也优于其他谷物，氨基酸种类齐全，还含有较多的铁，但脂肪和糖含量低，产能较少，钙的含量也少，而且豆类蛋白不容易消化和吸收，因此可以作为3～4个月以上婴儿的代乳品，3个月以下的婴儿因消化功能不好，最好不用此类代乳品。

1. 豆浆

豆浆是用大豆制成的，大豆中有大量大豆蛋白和B族维生素，在大豆蛋白中含有人体所必需的各种氨基酸，其含量与牛奶、鸡蛋白的含量差不多。豆浆制作很简单，大豆与水重量比为1∶8，即用大豆500克加水4千克浸泡8～12小时，用石磨细磨，用纱布滤去豆渣，将浆汁煮开两次，所得豆浆约3千克。每500克豆浆加食盐0.5克，乳酸钙1.5克，淀粉10克，糖30克，小火煮沸20分钟，目的是为了去除大豆中的有害物质。

豆浆喂养应注意以下几点：

(1)豆浆脂肪和糖含量低，必须另加植物油和糖。

(2)含钙量低，要额外补充鱼肝油和钙剂，钙量虽经补充，但仍可发生缺钙引起佝偻病的婴儿，应经常到医院接受健康检查。

(3)大豆中有一些成分不利于婴儿的消化和吸收，食用前要多煮沸几分钟，去除有害物质。

(4)开始哺喂时，可将豆浆加水1∶1的比例稀释，如反应良好，无消化不良可逐渐减少水分。

豆浆的营养价值不如牛奶或羊奶，但在缺乏母乳又无条件取得动物奶的情况下，豆浆就是婴儿最好的食品。

2. 豆制代乳品

以豆粉为主要原料，添加多种营养素配成合理的代乳品，稀释后给婴儿食

用。比如某种豆乳粉是这样配制的:大米粉45%,豆粉28%,蛋黄粉5%,豆油3%,蔗糖16.5%,骨粉1.5%,食盐0.5%,小米粉0.5%,基本具备了婴儿所需要的各类营养素,适合婴儿的需要。

(六)婴儿营养米粉

1. 婴儿米粉的种类

婴儿营养米粉是根据婴儿生长发育不同阶段的营养需要,采用优质大米为主原料,另加有乳粉、蛋黄粉、黄豆粉、植物油、蔗糖及蔬菜、水果、肉类等经过粉碎、研磨、高温灭菌等多道工序,并加入铁、锌、钙、碘等无机盐、微量元素和各类维生素,以及多种营养素精制而成的婴儿补充食品,供单纯母乳喂养或婴儿配方奶粉不能满足婴儿的需要及婴儿断奶期间食用。

下面列出几种比较受欢迎的婴儿营养米粉配方和配料。

配方1:高蛋白奶米粉。脱脂奶、大米粉、白砂糖、乳脂、玉米油、碳酸钙、磷脂、多种维生素、富马酸亚铁、硫酸锌、碘化钾。

配方2:胡萝卜营养米粉。大米粉、白砂糖、胡萝卜泥、碳酸钙、磷脂、多种维生素、富马酸亚铁、硫酸锌、碘化钾。

配方3:什锦水果米粉。大米粉、乳清蛋白、白砂糖、香蕉粉、苹果粉、磷酸氢钙、全脂奶粉、草莓粉、葵花籽油、椰子油、豆油、维生素C、维生素E、电解铁、氯化镁、硫酸锌、烟酰胺、D-泛酸钙、葡萄糖、维生素B_2、维生素A、维生素B_1、维生素B_6、碘化钾、叶酸、维生素D_3、生物素、维生素K_1、亚硒酸钠、维生素B_{12}。

2. 视婴儿情况添加米粉

宝宝3~5个月时,单纯母乳喂养或配方奶粉喂养已经不能满足婴儿生长发育的需要了,这个时期就应该及时添加一些辅助食品,帮助宝宝合理摄入足够的热能,婴儿米粉就是其中重要的辅助代乳品之一。这个时期的宝宝还没有长牙齿,对于固体食物不能入口,因此只能用米粉这类食品当作主食喂养,就相当于我们成人吃的主粮,它的主要营养成分糖类,是一天需要的主要热能来源。小宝宝吃米粉,像我们大人吃饭一样,是为了消除饥饿,补充热能。

这里必须纠正一个认识误区,一些父母认为米粉是宝宝必须食用的食物,这是不对的。每位宝宝的吃奶量有很大的个体差异,有的宝宝还不到2个月每次喂奶就能吃到150~180毫升,而有的宝宝到4个月才能吃到120~150毫升奶。前者食量大的宝宝摄入的总食量已经超过了机体的需要量,同时也超过了

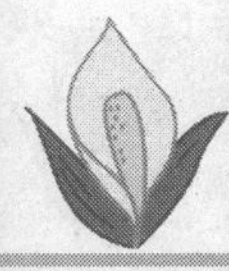

胃容量，如果继续这样喂下去，宝宝就会出现胃肠道不适等机体反应，可是食量不够又会使宝宝经常有饥饿感而哭闹不止，对于这种婴儿我们就可以适当早一些时候添加婴儿米粉。对于食量比较小，母乳喂养或配方奶粉喂养能够保证正常需要量者，则没有必要一定要给予婴儿米粉，或晚一些时候再补充米粉。

3. 婴儿米粉的选择

根据宝宝不同阶段身体发育的需要，婴儿米粉也是分为几个阶段性的。第一阶段是4～6个月的婴儿米粉，此阶段的米粉中主要添加蛋黄、蔬菜和水果，而没有动物肉类等荤的食物，这样有利于小宝宝的消化。第二阶段是6个月以后，此时婴儿米粉里常常会添加一些鱼、肝泥、牛肉、猪肉等，具有更全面的营养素。妈妈选择米粉时，可以按照宝宝的月份来选择不同配方的米粉。当然，除了注意月份，妈妈还可以根据自己孩子的需要，挑选不同配方的米粉，如交替喂养胡萝卜配方和蛋黄配方的米粉等，保证婴儿营养合理、全面和均衡。

购买婴儿米粉时应注意以下几个方面：

(1)尽量选择规模大、产品和服务质量好的品牌企业的产品。这些企业的产品配方设计比较科学、合理，对原材料的控制比较严，质量有保证。

(2)看包装上的标签标识是否齐全。国家标准规定，外包装必须标明厂名、厂址、生产日期、保质期、执行标准、商标、净含量、配料表、营养成分表及食用方法等。缺少上述任何一项的产品，最好不要购买。

(3)看营养成分表中的标注是否齐全，含量是否合理。营养成分表中一般要标明热能、蛋白质、脂肪、糖类等基本营养成分，维生素类，如维生素A、维生素D、部分B族维生素，微量元素如钙、铁、锌、磷。其他被添加的营养物质也要标明。婴儿断奶期补充食品国家标准规定，维生素A和维生素D的含量分别在1 000～1 500国际单位和200～400国际单位之间。如果作为主要营养指标的维生素A、维生素D少于国家标准，可能导致婴儿营养不良。

(4)看产品包装说明，看产品的色泽和气味，看成分含量表，可知是断奶期辅助类米粉，还是断奶期补充类米粉。前者在提供一定热能的同时，还加入了脂肪、蛋白质、无机盐、维生素；后者脂肪、蛋白质含量较低，除几种维生素和无机盐，还加入了蔬菜、水果和膳食纤维等。

4. 婴儿米粉应该吃多长时间

小宝宝在出生后前3个月里唾液非常少，唾液中所含的淀粉酶和消化道里的淀粉酶也是相当少的，如果这个时候就给宝宝喂婴儿米粉就不容易消化。一

般来说，在宝宝4个月时，可以开始添加米粉，由少到多，逐量添加。米粉可以吃多长时间，并没有具体规定，等宝宝的牙齿长出来，可以吃粥和面条时，就可以不吃米粉了。

5. 婴儿米粉的冲调方法

婴儿米粉的冲调方法很简单，可以单用温开水冲调米粉给宝宝吃，或用奶粉冲调米粉给宝宝食用。

(1)单用温开水冲调：将适量的米粉倒入碗中(用广口平底碗，调配更方便)，一边用小勺搅动米粉，一边把温开水慢慢到入碗内，不断用小勺搅动小碗中的米粉和温开水，直至冲调成糊状，没有凝结块为止，静置约15～30秒，待其充分吸水软化。

(2)加奶冲调：先将适量温奶倒入平底碗中，再加入婴儿米粉后，静置约15～30秒，待其充分吸水软化。用干净汤匙搅拌，将奶与婴儿米粉充分混合成均匀、滑润的糊状，即可给宝宝喂食。

(3)婴儿米粉和水的比例：米粉和水的比例没有严格的限制，可以根据小宝宝的生长状况、身体需要量与适应能力来制定。刚开始给宝宝加米粉的时候可以稍微冲调得稀一点儿，随着宝宝的月龄增加逐渐冲调得稠一些就可以了。

(4)冲调米粉的水温：冲调米粉的合适水温是70℃～80℃。冲调米粉不能直接用刚刚煮沸的热水，这样冲调出来的米糊中会有许多小凝块，不易冲调均匀，同时还会使米粉中的营养容易流失；水温太低，米粉不溶解，混杂在一起会结块，小宝宝吃了会消化不良。注意，妈妈不必把冲调的米粉再烧煮，否则米粉面的水溶性营养物质容易被破坏。

(5)果汁、蔬菜汁或菜汤冲调米粉：当宝宝到6～7月龄时，可以根据宝宝的需要适当用一些果汁、蔬菜汁或菜汤冲调米粉，一方面可引起宝宝的兴趣，同时也可以增加宝宝的食欲。现在很多米粉本身就不是纯米粉，已经添加了果汁、蔬菜汁，味道比较鲜美，营养也丰富。6个月以内的宝宝菜汤最好是不含盐分和调料的，以免加重宝宝未发育完善的肾脏负担。6个月以上的宝宝可以少加一点儿食盐，为以后断奶做准备。

(6)不要随意在米粉中添加糖、巧克力等香料：一些父母惟恐宝宝不愿意吃米粉，或主观认为米粉没有什么味道，而在米粉中添加糖、巧克力或牛奶伴侣，这些都是不可取的办法，虽然米粉口味甜了，但却并没有增加什么营养，反而会影响宝宝的味觉，容易使小宝宝以后形成挑食的坏习惯，保持米粉自然的口味

为最好。如果宝宝不喜欢直接吃米粉,可以买一些奶味比较浓的奶米粉,也可以和奶粉掺和着给婴儿食用,慢慢宝宝就会适应米粉的味道了。

(七)不宜给婴儿单独食用的乳制品和代乳品

1. 炼乳

炼乳是由鲜牛奶经加热蒸发水分原容量的 40%,再加入 40%的蔗糖,然后装罐制成的,炼乳的含糖量很高,直接饮用会引起宝宝腹泻,所以食用前一定要加 5~8 倍的水进行稀释,此时含糖量虽合适,但蛋白质、脂肪及维生素、无机盐的含量却随之下降,如果长期以炼乳为主食喂养婴儿,就会造成婴儿体重不增,面色苍白,容易感染疾病,同时还会出现多种脂溶性维生素缺乏症,影响宝宝的生长发育。

2. 乳儿糕及代乳粉

这些食物是用米粉或面粉制成的。主要成分为糖类,仅仅是为了供给机体所需的热能,蛋白质含量较低。长期给婴儿作为主食喂养,可能会引起蛋白质缺乏,营养不良,抵抗力降低,易引起呼吸道、消化道反复感染。因此,乳儿糕及代乳粉只能作为辅食添加,不宜作为乳品替代品。

3. 麦乳精

其主要成分是糖。它所含的蛋白质和脂肪大约为奶粉的一半,远远不能满足宝宝生长发育的需要,因此不能作为代乳品食用。

五、添加辅助食品

无论母乳喂养、人工喂养或混合喂养的宝宝,都应该按时、按月龄、按一定顺序添加辅助食品。

(一)添加辅助食品的意义

3~4 个月以内的宝宝体内还储存有母体带来的多种营养物质,单纯母乳或奶粉喂养可以满足机体生长发育的需要。但随着月龄的增长,身体发育需要的营养素愈来愈多。从表面上来看奶量是够吃的,但是各种营养素就显得不足了,如蛋白质、铁、钙、维生素等。当体重长到一定程度时,奶量也开始显得不够,此时如果单靠母乳喂养或奶粉喂养根本不能满足宝宝的生长发育。所以,

必须在适当的时候添加辅助食品，以满足婴儿生长发育的需要。无论是母乳喂养，还是混合喂养或人工喂养的婴儿，都要及时添加辅食。

1. 用辅助食品补充乳类营养素的缺乏

乳类制品以蛋白质、脂肪和糖三大营养素为主，维生素和无机盐相对不足，随着月龄的增加，这种不足会愈来愈明显。

(1)维生素C是维持身体血管和组织必不可少的物质，同时还有很强的抵御疾病的作用，如果缺乏就会出现身体各部位出血，免疫力降低，应激能力差和易患感染等。母乳中的浓度因母亲饮食摄取量的不同而有所不同，母亲营养充分的乳汁可以比牛奶高出4～5倍，营养状态差的乳汁就可能低很多，牛奶每100毫升中仅有维生素C 1毫克，而婴儿每日则需要30～50毫克，因此一定要及时添加果汁和菜汁，以满足婴儿的需要。

(2)铁是生成血红蛋白、红细胞生长不可缺少的原料，如果铁缺乏就会引起缺铁性贫血。4个月以内的宝宝体内储存有来自母亲的铁，但随着身体的发育，这些铁逐渐消耗而减少，母乳或牛奶中含有的铁仅有0.05～0.1毫克，而1岁以内的婴儿每日所需要的铁量为6～12毫克。所以说仅仅用乳汁来喂养，完全不能满足孩子的需要，必须要添加含铁量丰富的食物，如蛋黄、瘦肉、动物肝、豆制品，以及蔬菜和水果等，补充需要的铁剂。

(3)钙是骨骼和牙齿生长发育中不可缺少的主要物质成分，同时还参与血液凝固过程，是神经传导和保持肌肉力量的有用物质。如果体内钙缺乏，就会引发佝偻病和肌肉痉挛，母乳的乳汁每100毫升中含有34毫克，牛奶中含钙量要多一些，每100毫升中含有100～120毫克，但牛奶的钙质不容易被肠道吸收，婴儿每日需要钙400～600毫克。所以，必须从蛋黄、瘦肉、动物肝、豆制品中吸收钙质来补充钙的不足部分。

还有其他多种营养素和维生素等需要额外补充，在这里不一一赘述。

2. 锻炼婴儿咀嚼、吞咽能力和消化能力

出生3～4个月的婴儿不仅胃容量小，而且消化功能也非常弱，产生消化食物的酶也很少，消化器官仅能消化一些乳汁等流质类食物。随着月龄的逐渐增加，宝宝的胃容量不断增大，胃肠道产生消化食物的酶也愈来愈多，同时到6个月龄时，宝宝开始长出牙齿，这时不但要逐渐增加食物量，同时要添加一些比较稠的食物，逐渐食用一些固体食物，练习咀嚼、吞咽功能，并习惯消化一些对身体和胃肠道有好处的固体食物。

3. 为顺利断奶做好准备工作

只有当婴儿具有食用各种固体食物等辅助食品的能力，才能考虑给婴儿断奶，这样才能使婴儿的生长发育不受任何影响。因此，作为父母一定要按时、按月龄、按一定顺序添加辅助食品，使宝宝习惯吃各种辅助食物，为顺利断奶做好准备工作。

(二)添加辅食的方法

有的宝宝父母认为加辅食很简单，只要吃一些软一点儿、稀一点儿的食物就可以了。但也有一些家长却对辅食添加无所适从，不知如何做起。那么，如何做才能保证辅食添加顺利而不出问题呢？下面我们就来讲一讲这个问题。

其实辅食添加是有规律和原则可循的。

1. 从少到多

从少量到多量是让婴儿有一个适应的过程。宝宝出生后仅仅习惯于喝奶，对其他食物没有尝试的经验，因此在添加宝宝没有吃过的食品时，一定要从少量开始。如添加蛋黄时，第一天要先加一点儿试一试，最好直接加到奶中，如果母乳喂养者，可把蛋黄先煮熟，取出 1/4 个，捣成糊状，用小勺一点一点喂入口中，几天以后，宝宝习惯了，也没有什么不良反应，就可以再增加 1/4 个试一试。当宝宝 5～6 月龄时，就可以加一个蛋黄了。有的父母性急，看到宝宝吃了几次蛋黄没有什么问题，就一下子加到 1 个或更多，这样很容易引起宝宝对新的食物的厌烦感，下次再给他时，他就不吃了，甚至还会出现恶心、呕吐等胃肠道症状。所以在这里要告诉家长千万不要着急，宝宝吃东西是要有一个适应过程的。如果发现宝宝不太愿意吃新的食物，可以稍微等几天，不要勉强，以免宝宝对其他食物没兴趣，减少食欲感。

2. 从稀到稠、从软到硬、从细到粗

一般宝宝到 6 个月开始出牙，出牙前是不能吃固体食物的。因此，从 4 个月开始添加辅食时，应先从米汤、米糊、面糊开始哺喂。第一天可以将熬好的米汤稀释 1～2 倍，用小勺慢慢喂，待宝宝适应了，就可以逐渐增加米汤量，逐渐食用纯米汤。6 个月以后宝宝长出了牙齿，可以试喂一点儿煮得很烂的米粥或烂面条粥，9～10 个月以后就可以尝试着喂一些软饭或软面条等。蔬菜也是遵循这条规律，刚开始只能加菜水，慢慢过渡到菜泥，长出乳牙之后，可以试喂一些细小的碎菜。通过这样的逐步过渡使宝宝的消化能力逐渐适应，以免引起消化

不良。需要提醒的是，添加辅食以后，一定要每天观察大便，随时发现大便的异常。如发现大便突然变稀，便中还有颗粒状物，且有酸臭味，说明宝宝出现了消化不良，应及时暂停辅食添加，待大便好转之后再重新从少量开始添加。

3. 从一种到多种

添加辅食一定要从一种开始加起，等宝宝逐渐适应了这种食物再考虑添加另一种食物，不能同时加几种食物。如添加菜汤和米汤，这两种食物要一样一样地加，先加米汤，宝宝吃着没有问题了，再加菜汤。如果同时加两种以上的食物，容易引起消化道不适或消化不良，同时也难以分清到底是哪一种食物引起的反应。

4. 添加辅食的时间安排

应该在什么时间给小宝宝添加辅食最合适？这是年轻的父母经常感到疑惑的问题。从妈妈的乳汁喂养习惯改变到辅食喂养习惯是需要有一个过程的。一般6个月以内的宝宝还是要以奶汁为主，仅仅需要添加少量辅食就可以了。因此，可以在喂奶前加一点儿需要的辅食，因为宝宝这时正是感到饥饿的时候，很容易将辅食喂进去，有一些辅食如蛋黄可以和奶汁同时喂下去。6～7个月以后的宝宝已经不能满足仅仅吃奶了，他可能更喜欢食用各种口味的食物，这时就没有必要一定要在奶前或和奶在一起哺喂了，可以在喝奶后，或两次喂奶的间隔时间内添加辅食，使辅食更好地吸收和消化，为宝宝今后的生长发育打下坚实的基础。

5. 各月龄添加辅食的顺序

出生后第3周开始补充鱼肝油(维生素D制剂)，每日400单位。人乳维生素D平均含量22单位/升。牛乳14单位/升，因此单纯母乳或牛奶喂养的宝宝维生素D的供给量是远远不够的，必须每天添加1粒400单位的鱼肝油。人工配方奶粉已经添加了足够的维生素D，可以减少鱼肝油服用剂量，具体的计算可以减去配方奶粉中的含量，添加剩余不足的部分就可以了。

(1)4周～3个月：可以添加富含维生素C的新鲜果汁或果蔬汁，如纯鲜苹果汁、纯鲜橙汁、纯胡萝卜汁、西红柿汁等。可在奶后或两次奶间哺喂。维生素C还有一个重要的作用，就是能更好地促进铁在肠道吸收，防止宝宝发生贫血。当缺乏这些食品时，可用维生素C片剂代替，每日口服50～100毫克。

刚开始喂果汁时先在果汁中对一半水，每次喝1汤匙，逐渐增加果汁浓度，加至2～3汤匙。每天上、下午各喂1次，6个月后可饮用纯果汁。果汁加热时

间不要太长，温度不宜过高，以免维生素C被破坏。尽量让宝宝多次、反复尝试不同口味的果汁。因为，均衡的营养来自不同的水果，这样可帮助建立多样化的良好饮食习惯。

如果宝宝皮肤出现皮疹，可能是果汁过敏，出现腹泻时，应立即停止。

(2)4个月：贮藏在宝宝体内的铁质已经大部分消耗，故应补充铁剂。可用煮熟的蛋黄从1/4个开始，先压碎后放入米汤或奶中调匀后喂食，待适应后增至1/2个。

从本月起，在母乳喂养的基础上，给宝贝添加富含铁的纯米粉，或每天1汤匙很烂的无米粒稀粥。如果宝宝消化情况良好，从5个月起烂粥增至2～3汤匙，再加上半匙菜泥，分2次喂食。

可加菜泥及新鲜果汁供给维生素和无机盐。采用纤维少的绿叶菜，如小白菜、油菜等，或用胡萝卜做菜泥，西红柿去子、去皮，榨汁机搅拌后食用。不推荐食用菠菜，因为含有大量草酸，遇钙结合成为不溶解的草酸钙，不易被人体吸收与利用。可用苹果、梨、熟香蕉、橘子等，用小勺刮苹果泥、少量熟香蕉、少量橘瓣剥去外皮、去核在4个月末都可以给宝宝食用。

泥糊状食物添加时要由少到多，由一种到多种；添加新的食物最好在上午；一种食物添加后，最好持续喂3～5天再更换另一种食物；宝宝患病时停止添加新食物。

(3)5个月：蛋黄可以增加到1个，可吃蒸鸡蛋。宝宝的唾液腺已经发育完全，唾液量显著增加，而且还含有很丰富的淀粉酶，此时可以添加烂米粥或面片、面条。从1汤匙开始喂起，逐渐增加量和次数。还可以买一些磨牙饼干拿给宝宝，让他自己练习咀嚼，加快牙齿和颌骨的发育。

饮食安排举例：

早晨6点喂母乳或牛奶；10点喂辅食，注意开始只给一种食物(粥、菜泥、蛋黄、鱼泥、豆腐泥、苹果等水果泥)＋奶100～150毫升或母乳；下午2点喂母乳或牛奶；下午6点喂辅食，只加1种(粥、菜泥、蛋黄、鱼泥、豆腐泥、苹果等水果泥)＋奶100～150毫升或母乳；晚10点喂母乳或牛奶。

(4)6个月：可以喝一些稍微稠一些的米粥，每天先喂3汤匙，分2次喂食，逐步增至5～6汤匙；也可添加燕麦粉、混合米粉、配方米粉系列。在稀粥、米粉或面片中加上1汤匙菜泥，如胡萝卜泥或南瓜泥，稍稍加一点儿盐。米粉可以混合菜泥、果泥、面条一起喂食。如果宝宝吃得好可以减去一次喂奶。

这一阶段是宝宝学习咀嚼和喂食的敏感期，尽可能提供多口味食物让宝宝尝试，并把多种食物自由搭配，满足宝宝的口味需要。

饮食安排举例：

早晨6点喂母乳或牛奶；10点喂辅食，给一种或两种食物(稠粥、菜泥、蛋黄、鱼泥、豆腐泥、苹果等水果泥)＋奶100～150毫升或母乳；下午2点喂母乳或牛奶；下午6点喂辅食，加一种或两种辅食(稠粥、菜泥、蛋黄、鱼泥、豆腐泥、苹果等水果泥)＋奶100～150毫升或母乳；晚10点喂母乳或牛奶。

(5)7～8个月：从半个蛋羹增加到整个蛋羹。可以将新鲜瘦肉、鸡、肝、鱼、豆腐做成细末，供给蛋白质、维生素等。

每天喂稠粥2次，每次1小碗(约6～7汤匙)。一开始，粥里加上2～3汤匙菜泥，逐渐增至3～4汤匙。粥里可加上少许肉末、鱼肉、肉松(不是一次都加入)。

让宝贝随意啃馒头片(1/2片)或饼干，促进牙齿发育。

母乳或其他乳品每天喂2～3次，但必须先喂辅助食品，然后再喂奶。

宝贝8个月后，可提供一些细小的块状食物强化咀嚼能力。食物的营养及口味最好多样化，避免宝贝日后出现挑食的习惯。

饮食安排举例：

早晨6点喂母乳或牛奶；10点主食、蔬菜、水果各1种(稀饭、面条、面包粥、碎菜、蛋羹、鱼泥、肉泥、碎豆腐、苹果等水果泥)；下午2点喂母乳或牛奶；下午6点主食、蔬菜、水果各1种(稀饭、面条、面包粥、碎菜、蛋羹、鱼泥、肉泥、碎豆腐、苹果等水果泥)；晚10点喂母乳或牛奶。

(6)9～10个月：可以将上述辅食搭配食用，2～3次乳制食品，每日2～3餐。尽量让宝贝接触多种口味的食物，只有这样他们才更愿意接受新食物。

饮食安排举例：

早晨6点喂母乳或牛奶；10点主食、蔬菜、水果各1～2种(稀饭、面条、面包粥、碎菜、蛋羹、鱼肉末、肉末、豆腐末、苹果等水果)；下午2点喂母乳或牛奶；下午6点主食、蔬菜、水果各1～2种(稀饭、面条、面包粥、碎菜、蛋羹、鱼肉末、肉末、豆腐末、苹果等水果)；晚10点喂母乳或牛奶。

(7)11～12个月：宝宝大部分食物都能吃了，如软饭、烂菜(指煮得烂一些的菜)、水果、猪肉末、面条、馄饨、小饺子、饼干、馒头、小蛋糕、蔬菜薄饼、燕麦片粥等。蔬菜要多样化，逐步取代母乳或牛奶，使辅助食品变为主食。

饮食安排举例：

早晨6点喂牛奶150～200毫升；8点面包1块，稠粥1碗；10点水果或点心；12点喂饭，种类多样（软饭、烂菜、猪肉末、面条、馄饨、小饺子、馒头、饼等）；下午3点水果；6点喂烂饭1小碗，鱼、蛋、蔬菜或豆腐等；晚8～9点喝奶150～200毫升。

注意一日三餐有规律地喂养辅食。

可以让宝宝试着自己用手抓着吃或训练勺子的使用方法。

选用各种食材来丰富宝宝的味觉。

为了补铁，在添加辅食的同时应继续让宝宝喝一些含铁量较高的配方奶。

继续喝牛奶，每日不应低于250毫升。

现将各年龄段辅食添加顺序列表如下（表9）。

表9 辅食添加顺序

月 龄	添加辅食
1～4个月	菜汤、水果汁、维生素A、维生素D制剂
5～6个月	米汤、米糊、稀粥、蛋黄、鱼泥、菜泥、豆腐
7～8个月	粥、烂面、碎菜、蛋、鱼、肝泥、肉末、饼干、软馒头、土豆、水果泥
9～10个月	软饭、烂面、碎菜、蛋、鱼、肝末、肉末、饼干、软馒头、土豆、水果末
10～12个月	粥、软饭、面条、菜末、肉末、带馅食品

（三）辅食添加的几个错误观念

1. 宝宝消化功能好，2个月就能喝菜水或果汁了

作者在门诊经常听到一些母亲自豪地对别人说："我的宝宝消化功能好，刚刚两个月就能喝蔬菜汁和果汁了。"在这里我要告诉年轻的父母们，过早添加辅食，对于宝宝的健康并没有好处。

宝宝的免疫系统发育不完善，过早添加固体食物容易引发过敏症。等到时机成熟再添加辅食，宝宝有能力接受，反之则可能造成宝宝一辈子对某些食物过敏。

宝宝对食物的消化和吸收功能尚不健全，过早添加辅食会给胃肠道和肾脏造成负担，比如引起消化不良性腹泻，而且这种腹泻造成的肠道功能紊乱很不容易治愈。

某些食物的营养，远远没有母乳完全，母乳是根据宝宝的身体需求特别制

造的，含有完备的蛋白质、维生素、无机盐、免疫因子等。过多添加其他辅食，势必造成宝宝对母乳摄取的减少，从而破坏营养的平衡。

2. 4个月的宝宝必须要加辅食

这是一般父母很容易形成的主观愿望，是添加辅食的最常见误区。严格按照书本或常规开始添加辅食。

对于正常无疾病的宝宝来讲，到4个月确实是添加辅食的恰当年龄，但是每个宝宝都是有个体差异的，有的宝宝可能不到4个月就可以吃一些蔬菜和水果汁了，有一些宝宝过了4个多月还不能适应辅食的喂养。因此，是否能添加辅食，需要观察宝宝以下几个方面：

(1)宝宝的头部不用扶着已经能够竖立，在扶着的情况下能够很好地坐在妈妈怀里，或沙发上。

(2)用小勺喂宝宝的时候，宝宝不会把小勺推出来(舌头推吐反射消失)，具备基本的吞咽功能。

(3)对大人吃饭表现出极大的兴趣，并且能够伸手抓住食品。

(4)对辅食不喜欢，多次拒绝，表现为闭上嘴扭转头，以此告诉妈妈"我不要!"这种情况如果发生多次，要暂缓喂辅食。

(5)大便异常，如消化不良、肠炎等，待治疗痊愈之后再开始喂辅食。

3. 如果不及早添加辅食，会影响宝宝的身体发育

给宝宝添加辅食的目的，不仅是为了补充营养，还有一个重要的目的就是训练宝宝习惯另外一种进食方式或口味。添加辅食的最初，都是一天仅仅喂1小勺单一食品(比如菜泥或婴儿米粉)，妈妈观察宝宝是否接受、是否过敏。如果宝宝拒绝，就必须马上停止，下一次再试。如果宝宝接受而且不过敏，则少量从一种开始添加之后，开始尝试添加另外一种食物。

随着宝宝月龄的增长，宝宝胃口愈来愈大，单纯依靠母乳已经不能够吃饱，需要额外的食物。在1岁之内，宝宝的主要营养来源是母乳，而不是辅食。

4. 添加辅食后而不是就停止母乳或牛奶的喂养

婴儿在1岁之前，母乳或奶粉仍是主要食品和营养来源。宝宝的身体对于母乳、奶粉的吸收和辅食营养的吸收有着天壤之别，母乳或奶粉中的蛋白质、脂肪、糖、维生素、无机盐等营养基本上完全吸收，辅食中的很多营养却吸收不全。最典型的就是对铁的吸收，母乳中的铁含量虽少，但能够满足孩子的需求，并且吸收率高达75%。固体食物无论怎样增添强化铁，其吸收率也仅为4%，而且

牛奶会让宝宝体内的铁通过粪便流失。

母乳中含有大量的免疫抗体，随时防止宝宝的身体受到新的病菌或病毒侵袭，这些都是辅助食品完全不能相比的。

因此，在添加辅食的同时，应该保持足够的母乳或奶粉的摄取量，保证宝宝营养物质的来源。

5. 给宝宝添加固体食物越早越好

其实宝宝出牙前就已经开始在自己找机会训练咀嚼能力了，同时宝宝还想方设法寻找机会刺激牙龈，希望牙齿早些长出来。比如吃手指、嚼玩具等，只要一有机会就会把抓到的东西往嘴里放。因此，完全没有必要一定要通过早加辅食来练习咀嚼能力，过早地添加固体食物，反而会使宝宝感到吃东西费力，产生对辅食的厌烦情绪，同时如果咀嚼不好，大块的食物不能吞咽，很容易卡在气管等处，发生意外。

6. 给宝宝喂饭时要规定时间和饭量

饥饿感是每个孩子天生就具有的最基本的本能之一，因此吃饱肚子也是他们本能会做到的最基本的活动之一。进食是孩子的首要任务，什么时候吃、吃多少，都应该由孩子说了算。精神健全的孩子不会饿着自己。

有些父母不明白这个道理，总是把吃饭的任务包揽到自己身上，剥夺了孩子的自主权，把吃饭这件本来应该充满愉悦气氛的活动，变得神经兮兮、紧张万分，逼着孩子多吃，一定要吃到自己认为满意的分量才罢休。

如果孩子不能够从进食中享受到快乐，而是感受到精神压力，他会很快厌烦吃饭，如果孩子不能够掌握进食的主动权，他会逐渐丧失饥饿感。

饮食是婴幼儿学习、探索人生的重要途径。进食从来不仅仅是满足生理上的需要，更是满足精神方面的需求，同时开发孩子的社交能力。从一开始的母乳喂养，婴儿得到的不仅仅是香甜的乳汁，也是妈妈温暖的怀抱和充满爱意的关注。到了固体食物阶段，小孩子会从进食活动中得到身体和精神两方面的愉快感，并且更进一步感受、认知事物和世界，对父母和环境建立信任感。

孩子和孩子之间进食量是有很大差异的。有些孩子天生就爱吃饭，狼吞虎咽；有些孩子则比较害羞，对辅食采取警惕回避态度，细嚼慢咽，但是照样茁壮成长。有些孩子一顿饭吃饱，有些孩子则东吃一口、西吃一口，好像很不正经吃饭，但是每一口加在一起，分量就够了。同一个孩子的吃饭规律也不一定一成不变，前几天吃得多，这几天可能吃得少，前一阵子爱吃的东西，这一阵子可能

根本不理，这些都是正常的。看一个孩子的进食量、营养摄取均衡不均衡，不是仅仅看1天，而是应该综合1个星期来看。

(四)关于辅食添加的常见问题和解答

正确顺利添加辅食是保证宝宝体格生长发育良好的关键所在，很多年轻的父母在给宝宝进行添加辅食的过程中，总会遇到这样或那样的问题和困惑，以下就是经常听到的问题。

1. 认为辅食添加得愈早愈好

辅食并不是添加得越早越好，最重要的是要与宝宝的月龄相适应。按时、按月龄、按一定顺序添加辅助食品，以满足宝宝生长发育的需求，避免发生贫血、佝偻病等疾病。

辅食添加过早或过晚都对宝宝的健康不利。添加过早会导致宝宝消化功能不良而引起呕吐、腹泻；添加过晚，会使宝宝的生长发育速度过快导致日后的肥胖，引发其他各种疾病。

2. 怎样在家里自制新鲜水果汁或蔬菜汁

可选用新鲜的橘子、橙子、西瓜、西红柿等富含汁水的水果或新鲜的蔬菜在家里进行制作。

(1)水果汁制作的方法：先把水果彻底洗净后去皮，用榨汁机挤出果汁，然后加入1/2～1/3量温开水，也可稍加一点儿糖后给宝宝饮用。

(2)蔬菜汤的制作方法：先将新鲜蔬菜洗净、切碎、加水，按1碗菜与1碗水的比例将水煮开，放入蔬菜煮沸，然后撤火、加盖、焖15分钟，再将碎菜压干取出，只给宝宝饮用菜汤。

可在每天两次喂奶之间给宝宝喝新鲜果汁或蔬菜汤，需要提醒家长最好为宝宝购买绿色水果或蔬菜制作辅食，或在制作之前先浸泡15～20分钟，再用开水烫一下。自制的水果汁或蔬菜汤以现做现吃为佳，不要让宝宝吃剩下的，尤其是剩下的蔬菜汤，绝不能隔夜后再喝。

3. 宝宝已经快5个月了，只喜欢喝奶

喝牛奶或母乳会使孩子感到很快就会有吃饱的感觉，而且过程也比较简单，不费力。吃辅食需要一口一口吞咽，还要有咀嚼动作，才能咽下这口食物，宝宝容易产生不耐烦的心里，尤其对一些性情比较急的宝宝更是如此。因此，家长千万不要着急，试着从第一口开始，一口一口耐心喂，一次不行，第二次、第

三次，可以在喝奶前喂辅食，让宝宝觉得如不吃辅食，妈妈是不会给喝奶的，这样宝宝逐渐就习惯了。

4. 5个月的宝宝，每次都把喂的食物用舌头吐出来

一直用液体食物喂养的宝宝突然改换了食物形状，当然是不适应的。给宝宝用小勺喂饭时，宝宝必须要学会吞咽和闭嘴动作，才能把这口饭吃下去。而这两种动作需要宝宝反复练习多次才能形成。有时候给宝宝喂粥特别容易吐出米粥中残留的碎米，这是宝宝吞咽功能不好，不能一下将食物全部吞咽下去的表现，可以用米汤加少量面包碎末，然后再多煮一会儿，熬成米面汤或许更好一些。

5. 宝宝吃辅食后大便颜色变深，可见到未消化的残菜

对于1岁以内的婴儿来说，吃过的蔬菜碎块从粪便中排出是很常见的事情，如吃菠菜几小时后可以从粪便排出绿叶，吃西瓜可以使大便颜色变红等。

宝宝消化道中消化酶少，消化吸收食物的能力很弱，因此固体食物不容易完全被消化和吸收。尽管从粪便中能看见蔬菜的残渣，但其中的维生素和无机盐均已大部分被吸收，不必过于担心。

对于经常出现这样大便的婴儿，应该注意大便的变化，只要大便不稀，里面也没有黏液，就不会有什么大问题。但一定要记住，添加辅食的速度不要过快，让宝宝的胃肠一点点适应。宝宝若在添加辅食后出现腹泻，或是大便里有较多的黏液，就要赶快暂停下来，待胃肠功能恢复正常后再从少量开始重新添加。

6. 5个多月的宝宝，添加蛋黄、蔬菜粥和鱼泥后，大便就开始变稀、发绿，有时候还有哭闹

这很可能是辅食添加得有点过急了。5～6个月的宝宝每天辅食添加的种类不能太多，一定要按照宝贝的营养需求和消化能力，从一种开始逐渐增加到多种。一开始，只能先给宝贝单独添加一种与月龄相宜的辅食，一般在尝试3～4天或1周后，观察宝贝消化得很好，排便也正常，再让宝贝尝试另一种新辅食。不然，很容易使宝贝娇嫩的胃肠不适应，出现消化不良或腹泻。

还有一种原因可能是宝宝对某种食物过敏。一般情况下，对某种辅食过敏会在单独尝试几天后表现出以腹泻为主的症状，如果宝宝在吃了某种食物几天内并没出现不良反应，表明对这种食品不过敏。当怀疑宝宝对某一种辅食过敏时，也没有必要完全不让宝宝再吃这种辅食，可采取过1周重新喂一次的方法

试一试，如果宝贝确实又出现2～3次同样反应，才可认定是过敏所致，以后尽量避开这种食物。

7. 宝宝半岁了，可以给他多吃辅食少喝奶

虽然食物的营养非常丰富，但6个月内的宝贝还是应以喝奶为主。因为，他们的胃肠还不能接受很多食物，身体却需要大量蛋白质，以辅食为主、喝奶为辅是一种不恰当的做法。宝贝的胃肠功能还没有发育完善，小乳牙还未长出，很多咀嚼性的食物还不能接受，能够吃的食物很局限。所以，在这个月龄还应以乳类为主食，辅食只能作为一种补充营养的食品。不然会经常发生消化不良，反而会影响身体的正常发育。

8. 开始添加辅食的时候，宝宝不愿意用小勺

一般说来，婴儿不喜欢用小勺吃饭的原因大多数与喂饭的方式、小勺的材质、形状、大小程度，以及食物的形状有关。

金属小勺感觉很凉，孩子不喜欢，最好使用塑料制品，形状小一些。

把小勺放到嘴里的方式也很重要，小勺进嘴的角度应该与宝宝的嘴唇相平行，进嘴之后小勺的尖部向上太高，让上嘴唇接触到小勺，并能包裹住小勺。如果小勺进入嘴里的方向向下，上嘴唇就很难接触到小勺，不能完全闭合，孩子吃起来感到费力，数次后就会产生厌烦心里。

如果试喂几次宝宝都不愿意，或厌烦小勺，可以暂停几天以后再开始用小勺试喂。

9. 7个月的宝宝习惯吃糊状或泥状的食物，不愿意吃碎菜或带米粒的粥

宝宝辅食添加的顺序是液体－糊状或泥状－碎块状－整快固体形状，每到一个阶段的变换时，宝宝都有一个适应的过程，正如前面所提到的从液体到固体食物的转换过程中，宝宝要学会固体食物咀嚼、吞咽等一系列动作，而且还必须要协调好，才能完成整个吃饭过程，需要反复练习多次才能适应。如果碎米粒吐出频繁，可以将米粥和面条、或面包混在一起煮沸，吸引宝宝兴趣，增加食欲。

10. 7个月的宝宝愿意吃几种混到一起的食物，会引起消化不良

这是7～8个月宝宝很常见的现象，因为几种食物混在一起，味道会更鲜美一些，而单种食品的味道比较单调，不合宝宝的口味，因此宝宝不喜欢。这个月的宝宝完全可以把几种食物混在一起喂养了，如果做得细致、干净，宝宝是不会出现消化不良的。但要注意的是这几种食物都必须是以前宝宝曾尝试过的食物为好。

11. 按照书中写的饮食摄入量标准，我的宝宝远远不够，每次再多喂一点感到很勉强

一般书中写出的食物摄入的规定量都是大致的平均量，实际上每个宝宝的食欲差别是很大的，特别是患病期间就更少了。虽然孩子食量小，但孩子整体发育良好，身体健康，随着月龄的增长，各种能力增强，自然而然就会增加食欲，和大人一样用餐了。

12. 宝宝11个月了，吃东西很快，好像是把食物整个都吞进去

当食物进到嘴里之后，通常要有咀嚼动作，口唇和双颊都会有伸缩动作，如果还是不清楚的话，可以拿一块大一点的柔软食物放到嘴里试一试，观察是否有咀嚼动作。有一些宝宝不愿意咀嚼，是因为感到咀嚼费力，或是食物太硬，宝宝嚼不动，只好整吞进去。虽然宝宝已经长牙能够吃固体食物了，但还是要将食物做得软一些为好。

13. 宝宝总是得病，影响了辅食添加

给宝宝添加辅食，千万不能着急，在遇到患病或气候突变，宝宝身体不适应的时候，一定要减缓辅食的添加，操之过急反而会影响疾病恢复，或引起更严重的消化不良性疾病。仅仅是有病的几天吃得少一点儿，过几天疾病恢复后，很快宝宝就会食欲大增，弥补以前的不足。

（五）各月龄常用辅食制作实例

1. 2～3个月辅食制作举例

(1)蔬菜水或水果水：将新鲜蔬菜或水果洗干净，切成小块。将水煮开，再把切好的蔬菜或水果倒入锅内，盖好盖，煮沸5分钟，待冷却后，将水滤出，加糖或精盐少许，即可食用。

(2)生西红柿汁：将西红柿洗干净，用开水烫后，用手挤压西红柿表面，把汁装入小碗中，放入少许糖直接食用。

2. 4～6个月辅食制作举例

(1)蛋黄泥：将鸡蛋煮熟，去壳、去蛋清，将蛋黄装入小碗，压碎，加少许温开水食用，或放入牛奶、米糊、米汤、菜水中食用。

(2)蔬菜米汤：取大米2匙，土豆、胡萝卜、精盐。将大米淘净并用水浸泡10分钟，土豆和胡萝卜切成小块，把大米和蔬菜倒入锅中加适量的水煮熟，用金属勺反复搅动成稀糊状，加一点点精盐调匀食用。

(3)胡萝卜苹果泥:将胡萝卜捣碎,苹果去皮切碎,胡萝卜放入开水中煮沸5分钟,加入切碎的苹果,煮烂后,加入少许白糖调匀即可。

(4)香蕉牛奶:将香蕉去皮,与蜂蜜一起放入搅拌机内搅拌,待搅拌至稠黏糊状时,立即将热奶冲入,再搅和几秒钟,将奶汁倒入奶瓶内,温度合适后即可喂食。注意香蕉一定要搅至稠黏糊状。

(5)清蒸鱼泥:将鲜鱼洗净、去鳞及内脏,加少许精盐后放在锅里清蒸,蒸熟后去鱼皮、刺,将鱼肉挑放在碗里,用汤匙挤压成泥状,加入少许精盐,最好把鱼泥和稀粥放到一起混匀食用。

(6)蛋黄羹:将熟蛋黄放入碗内研碎,并加入肉汤研磨至均匀,将研磨好的蛋黄放入锅内,加入精盐,边煮边搅拌混合均匀,即可食用。

(7)南瓜羹:将南瓜去皮、去瓢,切成小块,南瓜放入锅中倒入肉汤煮沸,边煮边将南瓜捣碎,煮至稀软。

3. 7~9个月辅食制作举例

(1)鸡肉番茄羹:取鸡肉50克,洋葱30克,胡萝卜30克,番茄汤100克,少许精盐;将胡萝卜和洋葱切成碎块,放入鸡肉加水同煮,煮好后将鸡肉捞出,同时倒入番茄汤,捞出的鸡肉撕成细丝重新放入锅中,加精盐食用。

(2)肉末肝泥粥:将瘦肉煮熟,取少许剁成细末;取生猪肝用干净刀刮出泥;将瘦肉末和肝泥加到米粥或面条中煮沸10分钟,放适量葱、姜、精盐等食用。

(3)鱼粥:可将成人食用的煮熟的鱼,去骨刺并捣碎,加到菜粥中煮沸5分钟,即成鱼粥。

(4)花生粥或核桃粥:将花生或核桃炒熟,不要炒煳,用擀面杖压碎成细末状,加入粥中,加糖或加精盐都可。

(5)枣泥粥:把枣洗净,煮熟,去皮、去核,压成泥,加入大米或小米、玉米面中食用。

(6)鲜虾肉泥:鲜虾去皮,洗净虾肉,放入碗内,加水少许,上笼蒸熟,加入适量精盐、香油,搅匀即成。

(7)火腿鸡蛋饼:适量洋葱、火腿分别切碎,用煎锅炒一下,炒至一定程度后加入捣好的鸡蛋糊,炒熟即可食用。

(8)鱼肉羹:鱼刺剔除干净,鱼肉切碎;胡萝卜、洋葱切碎。锅内水开后放入鱼肉和蔬菜;蔬菜煮烂后放入少许精盐调味食用。

(9)苹果沙拉:苹果洗净,去皮后切碎;橘瓣去皮、核,切碎;葡萄干温开水泡

软后切碎。苹果、橘子、葡萄干放入酸奶酪和蜂蜜,搅匀即可食用。

4. 10～12个月辅食制作举例

(1)虾末菜花:菜花洗净,放入开水中,煮软后切碎;把虾放入开水中煮后剥去皮,切碎,加入酱油、精盐煮,使其具有淡咸味,倒在菜花上即可食用。

(2)蔬菜鸡蛋羹:将蛋黄(半个鸡蛋黄)用筷子搅匀,将菠菜、胡萝卜、洋葱切好,放在开水里煮烂,过滤后再煮,把蛋黄放入煮沸的蔬菜汤里,用精盐调味即成。

(3)牛奶麦片粥:麦片100克入锅内,加250克水泡30分钟;用旺火煮开麦片后,放入牛奶100毫升,再煮10秒钟,放少许糖,煮20分钟至麦片稀烂,即可盛碗食用。

(4)龙须挂面汤:熟猪肝30克切成细末;菠菜30克择洗干净后用开水焯一下,沥干水,切成细末;龙须挂面50克折成短段。锅上旺火,加入适量水,煮沸后放入挂面段、酱油、精盐及鸡汤或骨头汤;待挂面软烂时,将1个鸡蛋调散后淋入锅内,放入猪肝末、菠菜末,最后滴入香油拌匀即成。

(5)豆腐羹:取嫩豆腐250克,植物油30克,瘦肉50克,海米、熟蘑菇片各10克,大蒜少许(切碎),葱花、精盐、淀粉、味精适量。将肉洗净切片,加精盐、淀粉上浆;海米放入碗里用开水泡发。锅上火,加油烧热后投入肉片翻炒片刻出锅,豆腐用筷子搅成泥;锅中再加肉汤煮沸后,将豆腐泥、海米、蘑菇、大蒜末、肉片投入煮开,水淀粉勾芡,撒上葱花、味精搅匀即成。

(6)什锦肉末:将适量的瘦肉、番茄、胡萝卜、葱头、柿子椒分别切成碎末;瘦肉末、胡萝卜末、柿子椒末、葱头末一起放入锅内,加肉汤煮软,再加入番茄末略煮,加入少许精盐,使其有淡淡的咸味。

六、断　奶

1岁以内的婴儿消化系统发育不健全,缺乏牙齿而没有咀嚼能力,因此必须靠液体的蛋白食品来维持机体所需要的营养成分。随着月龄的不断增长,宝宝消化能力增强,牙齿也长了出来,具备了咀嚼能力,这时就应该及时添加固体食物,以补充单一液体奶制品的不足。

但是,什么时候停止母乳或奶粉喂养最合适,如何断奶,断奶后应该注意些什么,在这里作一介绍。

(一)断奶的合适年龄

有人认为只要母乳充足就不用着急断奶,有些母亲图省事,等孩子到2~3岁还在喂奶。经过多年的实践证明,婴儿断奶以出生后8~12个月为宜,最迟不能超过18个月。婴儿消化能力弱,如果断奶过早,加辅食过多,容易引起消化功能紊乱、腹泻和营养不良。而断奶过晚,不能满足孩子生长发育的需要,尤其在孩子牙齿长出后,对食物中营养素的需要量也逐渐增加,需要一些有形的食物满足牙齿的咀嚼功能,如果不适时断奶孩子会过分依赖母亲的乳汁,而不愿意吃其他食物,导致偏食,挑食或性格懦弱,不合群等异常。同时,母亲也因长期喂奶,易出现睡眠不足,食欲减低,影响工作和生活质量,甚至还可能引起月经不调,子宫萎缩等疾病。

(二)断奶的最合适季节

断奶最好在春、秋季,因为这两个季节气候适宜。夏季气候炎热,宝宝身体抵抗能力差,容易引起胃肠道疾病;而冬季天气比较寒冷,容易患感冒等呼吸道疾病。宝宝生病期间最好不要断奶,等恢复健康之后再断奶。

(三)断奶方法

断奶的方法因人而异,一般与母亲、宝宝的身体情况和家庭生活方式有关系,同时也与母亲的性格有关系,另外父亲的配合也是至关重要的。

1. 自然过渡法

根据母亲和宝宝身体状况,选择合适的时机给宝宝开始断奶。在添加辅食的基础上,逐渐减少喂奶的次数,一般是先减去白天的1次喂奶,用其他辅食代替。减少1次喂奶成功以后,再用同样的方法一次一次地减少,后减去早晨的1次,因为经过一个晚上的休息之后,母亲的乳汁很多,而且质量相对要好一些。这种方法适合对母乳依赖性强的宝宝,一下子完全断掉会影响宝宝的正常生活规律,对身体发育不利。

2. 快速断奶法

如果宝宝添加辅食很顺利,母亲准备开始工作,这时就应该考虑用快速断奶的方法。母亲上班以后,不能保证乳房的频繁吸吮,因而乳汁的分泌就会逐渐减少,白天的奶就会很快断掉,如果赶上妈妈有工作必须要出差几天,那么

很可能几天就会断掉母乳了。这种方法用于适应性比较强，而且喜欢吃辅食的宝宝。

3. 如何用奶粉代替母乳

开始断奶时可以每天给宝宝喝一些配方奶，刚开始宝宝可能不习惯用人工奶嘴，可以用小勺试喂几次，让宝宝适应奶粉的味道。有的宝宝刚喝奶粉的时候会出现恶心或呕吐的现象，这是宝宝对奶的膻味不适应所造成的，慢慢习惯就好了。

4. 断奶时爸爸的作用不容忽视

在断奶之前要有意识地减少妈妈与宝宝相处的时间，增加爸爸照料宝宝的时间，给宝宝一个心理上的适应过程。刚刚开始断奶的一段时间里，宝宝总是想着母亲的乳汁，一天到晚老愿意缠着母亲找奶吃，这个时候，爸爸可以多陪宝宝玩一玩。刚开始宝宝可能会不满，后来就习以为常了。让宝宝明白爸爸一样会照顾他，而妈妈也一定会回来的。对爸爸的信任，会使宝宝减少对妈妈的依赖。

5. 培养孩子良好的行为习惯

宝宝已经习惯了妈妈的奶汁，突然间吃不到这些香甜的奶汁，宝宝会出现不安和哭闹，妈妈这时总是会觉得宝宝可怜，容易对宝宝纵容，要抱就抱，要啥给啥，不管宝宝的要求是否合理。但要知道越纵容，宝宝的脾气越大。其实妈妈适当多抱一抱宝宝，多给他一些爱抚是必要的，但是对于宝宝的无理要求，却不要轻易迁就，不能因为断奶而养成了宝宝的坏习惯。

在这里需要提醒家长，有的母亲没有逐步给宝宝添加辅食，或练习用奶瓶喂养等，而是突然给宝宝断奶，在奶头上涂抹药物如黄连等，这种不适当的方法，会使宝宝对各种辅食的突然入口感到不适应，同时在精神方面受到很大刺激，出现哭闹、厌食或消化不良，对宝宝的身心发展极为不利。应该说，孩子许多不良的饮食习惯是断奶方式不当造成的。

(四)断奶时期宝宝的喂养和注意事项

决定断奶前一定要做一些准备工作。如先让孩子适应使用奶瓶和奶嘴，尽量适应奶粉的口味。可以首先采取混合喂养一段时间的办法，然后逐渐减少母乳喂养的量。这种断奶的方式对妈妈的乳腺恢复和宝宝的适应都是有好处的。大部分的宝宝对母乳的依恋主要是对母子间亲情的依恋，所以断奶期间孩子的饮食和营养吸收会受影响，如果要他很久看不到妈妈，会使孩子产生紧张、不安

的情绪，对孩子的成长是不利的。

辅食应侧重添加易消化吸收的食物，可以观察宝宝的大便来了解消化情况。

10～12月宝宝的饮食应该已基本过渡到肉、蛋、奶、粮食、蔬菜为主的混合饮食，有一些宝宝和大人一样开始一日三餐。但是，奶类仍是宝宝饮食中的一个重要组成部分，每天应保证摄入牛奶500毫升以上。母乳可减为每晚1次，直至完全停止。

宝宝能吃的食物已经很多，但由于牙齿长得不全，不能把食物嚼得很细，所以宝宝的饭菜还是要做得软烂一些，以利于宝宝消化吸收。主食可以吃粥、软饭、面条、馒头、包子、饺子、馄饨等；副食可以吃新鲜蔬菜（特别是绿色蔬菜）、鱼、肉、蛋、动物内脏及豆制品，还应经常吃一些海带、紫菜等海产品。总之，完全断奶后，宝宝每日的饮食中应包含糖类、脂肪、蛋白质、维生素、无机盐和水这六大营养素，避免饮食单一化，多种食物合理搭配才能满足宝宝生长发育的需要。此时还要特别注意培养宝宝良好的饮食习惯，避免养成挑食、偏食和爱吃零食的习惯。

（五）断奶后母亲乳汁的处理和回奶

断奶前后母亲最为担心的是如何应对分泌出来的乳汁和如何回奶。

对于妈妈来讲，宝宝吃母乳的量减少，妈妈泌乳的量也会随着减少。当然这也是要有个过程的，一定要将宝宝吃不完的奶用吸奶器吸出来，防止乳腺发炎。同时要减少汤类的食入。如果宝宝可以完全接受奶粉，妈妈就可以喝一些焦麦芽水，帮助回奶。

开始断奶时妈妈会发热，那可能是没有掌握好断奶的方法，患了乳腺炎，这是需要引起注意的问题。开始断奶时要吃回奶药，同时还要将乳房内的奶吸出，这样才可以避免乳腺炎。

断奶不宜过快，这样容易引起乳腺萎缩，影响日后的美观。断奶首先要减少喂奶量，让孩子有一个适应过程，只服用焦麦芽水就可以了，也可以服用中药回奶。激素类药回奶适合有特殊情况紧急回奶的妈妈。

直接从药店购买焦麦芽（一般需要买500克，没有特别的剂量限制），每天用50～100克煮水喝就可以了。如果买不到焦麦芽，也不要用麦芽自己炒，因为如果焦的程度掌握不好，反而有催乳的作用。

在回奶时可以采取胀回法：任乳房胀满，忍受疼痛，经1周左右，便可胀回。

在回乳期,必须忍受,切忌断续让宝宝吮吸,或因胀痛而挤奶,这样做必然将延长回乳时间。胀回法回奶比较难受,时间也较长,为减少痛苦可加服回乳药物。根据具体情况采取不同措施,首先应停止饮用大量汤水,减少营养,禁吃炖鸡、炖肉,或营养性药膳。然后,可用药物方法阻止乳汁分泌。

方1:服用维生素B_6,每次200毫克,每日3次,连服3日。用于断奶前。

方2:用炒麦芽50～100克,加水煎服,每日1剂,连服3日。适用于产后早期和断奶前。

方3:口服乙烯雌酚(乙底酚),每次3～5毫克,每日3次,连服5日。适用于产后1～2日,尚未大量泌乳前。

有些妈妈在给宝宝断奶前奶水已经不是很多了,这时可以不必服用任何药物,让奶水自然停止分泌即可。但这有可能会在妈妈乳房中留下一些奶块,用手触摸时可以感觉得到,不必担心,一般情况下,这些奶块会慢慢自然吸收的。

七、1～3岁幼儿的膳食营养安排

当宝宝满1岁的时候乳牙逐渐出齐,消化和咀嚼能力也慢慢在增强。食物从过去以乳类为主,逐步过渡为以鸡蛋、肉类、蔬菜、大米、面粉等为主。但是毕竟宝宝年龄还小,牙齿尚未长全,咀嚼能力差,消化器官还没有发育成熟,消化能力差,这时如果给予的食物调配不当,就会影响宝宝的消化和吸收,引起呕吐、腹泻等胃肠道不适,腹泻或胃肠道疾病持续时间过长,还会影响宝宝的身体发育。因此,在1～3岁这个特殊时期的饮食和成人的饮食调配是完全不一样的。

1～3岁这个时期是孩子身心发育最快和最重要的时期,新陈代谢旺盛,需要的营养素相对要比成人高一些,基于孩子的生理特点,对食物有比较特殊的要求。所以,在这个阶段要根据孩子的生理特点安排膳食,让孩子全面摄入机体所需要的各种营养素,保证身体各器官的生长发育。

(一)平衡膳食

1. 平衡膳食的概念

大多数的人们对营养是否充足的理解就是孩子吃得饱,不挑食,长得胖。实际上,正常的生长发育不仅仅是上述几方面,不是说让孩子吃得越多越好,长得越胖越好,应该对宝宝实施合理的营养安排,保证宝宝各种营养素的摄取需

要，达到营养的均衡。

在这里要提到一个很重要的食物概念，就是平衡膳食。所谓平衡膳食，是指膳食的搭配必须满足和适合人体对各种营养素的需要。对于婴幼儿来说，平衡膳食就更为重要。婴幼儿时期是身心发育最快和最重要的时期，没有任何一种天然食物具备完全的能够达到合理的营养要求，因此要根据婴幼儿的不同年龄、生理需要适当进行配制，使其不发生某种营养过少或某种营养过多的情况，而影响健康，以达到平衡膳食的基本标准。

(1)蛋白质、脂肪、糖类三大营养素供能比例分别为12%～15%、30%～35%和50%～60%。蛋白质中动物蛋白应占1/2以上，不饱和脂肪酸占脂肪总量的1/3。

(2)经常搭配供给蔬菜和水果，保证无机盐与维生素的需要量。

(3)一天保证3餐和点心(零食)的供给，其比例为：早餐20%、午餐35%、点心15%、晚餐30%。

如果能够按照不同年龄的生理条件使所需要的总量达到上述要求，这种膳食就称为平衡膳食了。在调配时，可以通过荤素搭配，米面搭配，配些奶制品和豆制品等来达到上述要求。

2. 食物搭配

前面已经提到，没有任何一种食物能够包含孩子需要的全部营养素。蛋类、鱼类的营养成分比较丰富，但是缺乏维生素C和糖类，需要用蔬菜、谷物和水果来补充。奶制品蛋白质、糖和脂肪含量充足，但缺铁较多，光喝奶很容易出现缺铁性贫血，还要从鸡蛋和动物肝脏中补充铁。因此，给孩子调配饮食，一定不能太单一，要注意各种食物搭配食用，如一日三餐都给孩子喝奶，孩子会感到很无味的；又如黄豆，虽然营养比较丰富，但要是天天吃，孩子就会觉得很厌烦。要想办法变换花样，让孩子喜欢吃。每天吃的蔬菜，最好是带些颜色的蔬菜，烹调时注意色、香、味，利用孩子的好奇心，做一些让孩子感到很新奇，又有趣的食物以引起孩子的兴趣，刺激孩子的食欲。切忌用哄骗的方法让孩子吃饭，这对他以后的饮食习惯会造成不良的影响。

3. 保证食物碎、软、烂、细

3岁以内的孩子咀嚼和消化功能尚未发育完善，消化能力较弱，不能充分消化吸收营养。因此，供给的辅食或饮食应保证碎、软、烂、细，要将食物尽量切碎，煮烂。带叶子的蔬菜要切成小碎块；瓜果类、根茎类可以切成细丝、碎丁；米

饭、面条比成人的要软一些；馄饨、饺子皮要小而薄；做鱼的时候一定要摘净鱼刺，剥掉鱼皮。尽量少吃油炸食品，以免引起消化不良。有一些家长用家庭中的成人饮食加工细作，也是一个可取和省时省力的方法。

4. 合理安排每日进餐次数和每餐食量

每日的进餐次数一般多为5次，即三餐两点。除早、中、晚三餐以外，在早中两餐中间和午睡以后，各加一次水果或点心（表10）。

每餐进食量应该根据孩子的需要合理安排。早晨孩子起床以后，食欲一般都很好，同时要为上午半天的活动供给足够的营养。午餐要吃得种类多一些，量也要多一些，主要是为下午的活动提供足够的能量。晚餐应该吃得清淡一些，量也不要过大，这样有利于睡眠。

表10 1～3岁小儿食谱举例

时 间	食 品	数 量	蛋白质(克)	脂肪(克)	糖(克)	能量(千焦)
上午7点：	牛奶	250毫升	8.7	8.6	11.5	661.9
	糖	10克			10.0	167.4
	馒头	20克	1.2		10.0	187.4
	鸡蛋	1个(45克)	6.5	5.0		297.1
上午9点：	苹果	1个(100克)	0.4	0.6	13.0	246.8
中午12点：	软饭	1碗(米80克)	6.0		64.0	1171.5
	肉末	30克	5.0	8.6		407.5
	菜末	30克				
	植物油	8克		8.0		301.2
下午3点：	豆浆	200毫升	5.0	2.2	2.6	210.0
	糖	10克			10.0	167.4
	甜饼干	2片(20克)	2.0	4.0	16.0	451.9
下午6点：	面条	1碗(30克)	3.0		22.0	418.4
	鱼末	30克	5.0	0.6		106.3
	菜末	30克	5.0	8.6		407.5
	植物油	8克				301.2

(二)婴幼儿和儿童每日膳食中营养供给量

为了更好更全面地了解这个年龄阶段的孩子所需要的营养素和营养素的含量，满足孩子生长发育需要，合理选择有营养的食物，我们特此摘录了全国营养学会制定的婴幼儿和儿童每日膳食中营养供给量表，供家长们参考(表 11)。

表 11　婴幼儿和儿童每日膳食中营养供给量表

类　别	能量 (千卡)	蛋白质 (克)	钙 (毫克)	铁 (毫克)	VA (微克)	VB_1 (毫克)	VB_2 (毫克)	VC (毫克)	VD (微克)
出生～6 个月	120	20～40	400	10	200	0.4	0.4	30	10
6～12 个月	100	20～40	600	10	200	0.4	0.4	30	10
1 岁以上	1100	40	600	10	300	0.7	0.7	30	10
2 岁以上	1200	40	600	10	400	0.7	0.7	35	10
3 岁以上	1400	45	800	10	500	0.8	0.8	40	10
5 岁以上	1600	50	800	10	1000	1.0	1.0	45	10
7 岁以上	2000	60	800	10	1000	1.2	1.2	45	10
10 岁以上	2200	70	1000	12	1000	1.4	1.4	50	10

说明：①1 千卡相当于 4.184 千焦耳(kJ)。②维生素 A(VA)为胡萝卜素和视黄醇当量；维生素 B_1(VB_1)又称硫胺素；维生素 B_2(VB_2)又称核黄素；维生素 C(VC)又称抗坏血酸；维生素 D(VD)又称骨化醇。

(三)各种食物的营养成分和选择

1. 谷类

1～3 岁孩子的主食为大米和面粉，根据孩子的营养和口味感的需要，还要适量加一些小米和玉米面等杂粮。

从大米和面食的营养成分含量比较来看，面粉中含有的蛋白质和铁剂明显多于大米。因此，对于这个年龄的孩子来说，多吃面食是有好处的。如 2 岁的宝宝一天吃 100 克馒头，他所摄取的蛋白质就比吃 100 克米饭要多出 7～9 克，铁质也多出将近 1.5 倍的摄入量。这相当于 50 克猪肉中的蛋白质含量，也相当于 500 克猪肉中的铁含量。所以，多吃面食相当于补充蛋白质和铁剂，是防止蛋白质营养缺乏，防止营养性贫血极为有用的食物。

小米和玉米中的蛋白质和微量元素的含量都要高于大米，而且还含有大米中缺乏的维生素 A 和 B 族维生素，但是小米和玉米的膳食纤维含量高，年龄过

小的孩子食量过多可以导致消化不良,因此建议2岁以下的孩子要适量的添加,如一周1～2次,到3岁以后可以适量增加到每周3～4次为好。

同样,标准粉中的蛋白质和微量元素含量也比富强粉的含量高,这是因为好面粉由于碾磨加工,损失了很多小麦表面的营养物质所致。由此看来,过于精细的米面食物对孩子来说并不是最好的营养食品,而粗加工的普通米面反而营养丰富和经济实惠,是一般家庭给婴幼儿首选的营养食品。各种谷类食物成分可见表12。

表12 谷类食物成分表(相当于100克中的含量)

食物名称	能量(千卡)	蛋白质(克)	脂肪(克)	膳食纤维(克)	糖(克)	VA(微克)	VB_1(毫克)	VB_2(毫克)	VC(毫克)	钙(毫克)	铁(毫克)	锌(毫克)
米饭(蒸)	117	2.6	0.3	0.2	26.0	—	—	0.03	—	7	2.2	1.36
米粥	88.6	0.3	0.1	9.8	—	—	0.03	—	7	0.1	0.20	—
籼米(标准)	347	7.9	0.6	0.8	77.5	—	0.09	0.04	—	12	1.6	1.47
富强粉	355	10.3	1.2	0.3	75.9	0	0.39	0.08	0	5	2.8	1.58
小麦粉(标准粉)	344	11.2	1.5	2.1	71.5	—	0.28	0.08	—	31	3.5	1.64
挂面(标准粉)	334	10.1	0.7	1.6	74.4	—	0.19	0.04	—	14	3.5	1.22
挂面(精白粉)	347	9.6	0.6	0.3	75.7	—	0.20	0.04	—	21	3.2	0.74
馒头(蒸,标准粉)	233	7.8	1.0	1.5	48.3	—	0.05	0.07	—	18	1.9	1.01
馒头(蒸,富强粉)	208	6.2	1.2	1.0	43.2	—	0.02	0.02	—	58	1.7	0.40
小米	358	9.0	3.1	1.6	73.5	17	0.33	0.10	—	41	5.1	1.87
小米粥	46	1.4	0.7	—	8.4	—	0.02	0.07	—	10	1.0	0.41
玉米(黄)	335	8.7	3.8	6.4	66.6	17	0.21	0.13	—	14	2.4	1.70
玉米(鲜)	106	4.0	1.2	2.9	19.9	—	0.16	0.11	16	—	1.1	0.90

2. 鱼、肉、蛋类

肉类的蛋白质中微量元素锌的含量是最高的,但缺少维生素A和B族维生素,以及钙、铁等,而鸡蛋中各种营养素的含量都很高,尤其维生素A和B族维生素,以及钙、铁的含量明显高于肉类。因此,幼儿膳食中应该多添加蛋类,适当添加肉类和乳类,弥补相互之间的营养成分不足。

从表13中可以看出动物肝脏中,铁和维生素A的含量极为丰富,猪肝的维生素A含量是肥瘦猪肉的40倍之多,鸡蛋黄的10倍以上。而对于铁来说,猪

肝是猪肥肉的14倍,猪瘦肉的7倍以上。此,猪肝可以给婴幼儿补充大量的铁,因有助于血液细胞的生长繁殖,防止发生营养性贫血。同时大量补充维生素A,可保护眼睛和视力的发育。给孩子吃猪肝时,可以适量减少肉类和蛋类的进食量,除了猪肝以外,牛肝、羊肝和鸡肝的营养成分也是非常丰富的,没有猪肝的时候,可以用牛肝或羊肝等代替。常用鱼、肉、蛋类营养成分可见表13。

表13　畜肉及其肉制品食物成分表(相当于100克中的含量)

食物名称	能量(千卡)	蛋白质(克)	脂肪(克)	糖(克)	VA(微克)	VB_1(毫克)	VB_2(毫克)	VC(毫克)	钙(毫克)	铁(毫克)	锌(毫克)
羊肉(肥瘦)	203	19.0	14.1	0.0	22	0.05	0.14	—	6	2.3	3.22
羊肉(瘦)	118	20.5	3.9	0.2	11	0.15	0.16	—	9	3.9	6.06
牛肝	139	19.8	3.9	6.2	20220	0.16	130	9	4	6.6	5.01
牛肉(肥瘦)	193	18.1	13.4	0.0	9	0.03	0.11	—	8	3.2	3.67
牛肉(瘦)	106	20.2	2.3	1.2	6	0.07	0.13	—	9	2.8	3.71
猪肝	129	19.3	3.5	5.0	4972	0.21	2.08	20	6	22.6	5.78
猪肉(肥瘦)	395	13.2	37.0	6.8	114	0.22	0.16	—	6	1.6	2.06
猪肉(瘦)	143	20.3	6.2	1.5	44	0.54	0.10	—	6	3.0	2.99
肯德基(炸鸡)	279	20.3	17.3	10.5	23	0.03	0.17	—	109	2.2	1.66
肉鸡	389	16.7	35.4	0.9	226	0.07	0.07	—	37	1.7	1.10
鹅蛋	196	11.1	15.6	2.8	192	0.08	0.30	—	34	4.1	1.43
白皮鸡蛋	138	12.7	9.0	1.5	310	0.09	0.31	—	48	2.0	1.00
鸡蛋白	60	11.6	0.1	3.1	微量	0.04	0.31	—	9	1.6	0.02
鸡蛋黄	328	15.2	28.2	3.4	438	0.33	0.29	—	112	6.5	3.79
鸭蛋	180	12.6	13.0	3.1	261	0.17	0.35	—	62	2.9	1.67
草鱼	113	16.6	5.2	0.0	11	0.04	0.11	—	38	0.8	0.87
带鱼	127	17.7	4.9	3.1	29	0.02	0.06	—	28	1.2	0.70
鲢鱼	104	17.8	3.6	0.0	20	0.03	0.07	—	53	1.4	1.17
鲈鱼	105	18.6	3.4	0.0	19	0.03	0.17	—	138	2.0	2.83
鲜贝	77	15.7	0.5	2.5	—	微量	0.21	—	28	0.7	2.08
基围虾	101	18.2	1.4	3.9	微量	0.03	0.06	—	36	2.9	1.55
河虾	88	16.4	2.4	0.0	48	0.04	0.03	—	325	4.0	2.24
河蟹	103	17.5	2.6	2.3	389	0.06	0.28	—	126	2.9	3.68
龙虾	90	18.9	1.1	1.0	—	微量	0.03	—	21	1.3	2.79

3. 豆制品

豆制品是一种物美价廉而营养极为丰富的素食品，豆制品的蛋白质含量高于肉类，铁的含量也比猪肉高，其他多种维生素和微量元素的含量也非常丰富。但是脂肪和糖的含量较低，产生的热能少，钙也不多，需要和其他食物相互补充食用。常用豆制品营养成分可见表14。

表14 豆制品食物成分表(相当于100克中的含量)

食物名称	能量(千卡)	蛋白质(克)	脂肪(克)	膳食纤维(克)	糖(克)	VA(微克)	VB_1(毫克)	VB_2(毫克)	VC(毫克)	钙(毫克)	铁(毫克)	锌(毫克)
豆腐	81	8.1	3.7	0.4	3.8	—	0.04	0.03	—	164	1.9	1.11
豆腐(南)	57	6.2	2.5	0.2	2.4	—	0.02	0.04	—	116	1.5	0.59
腐竹	459	44.6	21.7	1.0	21.3	—	0.13	0.07	—	77	16.5	3.69
豆浆	13	1.8	0.7	1.1	0.0	15	0.02	0.02	—	10	0.5	0.24
黄豆	359	35.1	16.0	15.5	18.6	37	0.41	0.20	—	191	8.2	3.34
绿豆	316	21.6	0.8	6.4	55.6	22	0.25	0.11	—	81	6.5	2.18

4. 蔬菜类

(1)蔬菜的分类：蔬菜种类繁多，色泽艳丽，味道鲜美，含有多种维生素和无机盐，其营养丰富，是维持和调节孩子机体生长发育及其重要的食物。孩子食量小，对蔬菜的要求比较高，目前有关专家对各种蔬菜根据营养成分和其作用进行了分类，现介绍如下：

①甲类蔬菜。含有丰富的胡萝卜素、核黄素、维生素C、钙、纤维等，营养价值较高，主要有小白菜、菠菜、芥菜、苋菜、韭菜、雪里红等。

②乙类蔬菜。第一种含有丰富的核黄素，包括所有新鲜豆类和豆芽；第二种含胡萝卜素和维生素C较多，包括胡萝卜、芹菜、大葱、青蒜、番茄、辣椒、红薯等；第三种主要含维生素C，包括大白菜、包心菜、菜花等。

③丙类蔬菜。含维生素类较少，但含热能高，包括洋芋、山药、芋头、南瓜等。

④丁类蔬菜。含少量维生素C，营养价值较低，有冬瓜、竹笋、茄子、茭白等。

蔬菜中90%以上的成分是粗纤维，这些粗纤维营养价值并不是很高，但却具有刺激胃肠道蠕动，帮助消化的作用，能够使宝宝大便通畅。

宝宝在添加辅食的过程中，很多孩子不愿意吃菜，这可能与蔬菜的口味有关，也可能与父母烹调技术有关，还有一种重要的原因就是蔬菜制作的不够细、

烂，孩子嚼起来费力，下次再给宝宝吃他就会感到厌烦而拒绝吃菜。一些年轻的父母认为孩子蔬菜吃多吃少都一样，只要给孩子足够的肉、蛋和巧克力就可以了。这是非常错误的观念，如长期不吃蔬菜，得不到其中的维生素和无机盐的营养，就会出现严重的维生素和无机盐缺乏症，影响孩子的生长发育，甚至还会影响到智力的发育。因此，从小就要培养孩子养成多吃蔬菜的好习惯，使宝宝体格更加健壮。

(2)几种适合1～3岁孩子食用的新鲜蔬菜

①番茄。具有清热解毒，消积止渴，其维生素PP含量是蔬菜和水果中最高的，另外还含有大量的维生素C。维生素PP可以保护皮肤健康，维持胃液的正常分泌；维生素C可以防止皮肤黏膜出血，增加机体的抵抗能力，防止感冒。

②胡萝卜。含有大量的维生素A，保护角膜和眼睛视力，维生素A缺乏可以导致机体免疫力降低，易患呼吸和消化系统疾病。

③菠菜。含铁量很高，其胡萝卜素含量也很高。可以提供制造红细胞的原料，有促进胃肠和胰腺分泌，帮助消化吸收的作用。

④小白菜。含有丰富的胡萝卜素、核黄素、维生素C、钙、纤维等，特别值得提出的是含有多量的B族维生素，对于防止口腔炎，湿疹很有作用。

⑤白萝卜。有这样一种说法，称“冬吃萝卜夏吃姜，不劳医生开药方”，说明白萝卜是具有很高营养价值的。白萝卜能促进胃肠蠕动，以帮助消化，具有消食顺气、清肺止咳、化痰等功效。

常用蔬菜营养成分可见表15、表16。

表15　叶、茎蔬菜类食物成分表(相当于100克中的含量)

食物名称	能量(千卡)	蛋白质(克)	脂肪(克)	膳食纤维(克)	糖(克)	VA(微克)	VB_1(毫克)	VB_2(毫克)	VC(毫克)	钙(毫克)	铁(毫克)	锌(毫克)
胡萝卜	37	1.0	0.2	1.1	7.7	688	0.04	0.03	13	32	1.0	0.23
白萝卜	20	0.9	0.1	1.0	4.0	3	0.02	0.03	21	36	0.5	0.30
马铃薯	76	2.0	0.2	0.7	16.5	5	0.08	0.04	27	8	0.8	0.37
藕	70	1.9	0.2	1.2	15.2	3	0.09	0.03	44	39	1.4	0.23
山药	56	1.9	0.2	0.8	11.6	7	0.05	0.02	5	16	0.3	0.27
芋头	79	2.2	0.2	1.0	17.1	27	0.06	0.05	6	36	1.0	0.49
春笋	20	2.4	0.1	2.8	2.3	5	0.05	0.04	5	8	2.4	0.43
菠菜	24	2.6	0.3	1.7	2.8	487	0.20	0.18	82	411	25.9	3.91

续表 15

食物名称	能量(千卡)	蛋白质(克)	脂肪(克)	膳食纤维(克)	糖(克)	VA(微克)	VB_1(毫克)	VB_2(毫克)	VC(毫克)	钙(毫克)	铁(毫克)	锌(毫克)
菜花	24	2.1	0.2	1.2	3.4	5	0.03	0.08	61	23	1.1	0.38
大白菜	15	1.4	0.1	0.9	2.1	13	0.03	0.04	28	35	0.6	0.61
小白菜	15	1.5	0.3	1.1	1.6	280	0.02	0.09	28	90	1.9	0.51
大葱	30	1.7	0.3	1.3	5.2	10	0.01	0.12	8	24	…	0.13
大蒜	126	4.5	0.2	1.1	26.5	5	0.04	0.06	7	39	1.2	0.88
青蒜	30	2.4	0.3	1.7	4.5	98	0.06	0.04	16	24	0.8	0.23
蒜苗	37	2.1	0.4	1.8	6.2	47	0.11	0.08	35	29	1.4	0.46
韭菜	26	2.4	0.4	1.4	3.2	235	0.02	24	42	1.6	0.43	
芦笋	18	1.4	0.1	1.9	3.0	17	0.04	0.05	45	10	1.4	0.41
西兰花	33	4.1	0.6	1.6	2.7	1202	0.09	0.13	51	67	1.0	0.78
葱头	39	1.1	0.2	0.9	8.1	3	0.20	0.14	5	351	6.2	1.13
油菜	23	1.8	0.5	1.1	2.7	103	0.08	0.07	65	156	2.8	0.72
圆白菜	22	1.5	0.2	1.0	3.6	12	0.03	0.03	40	49	0.6	0.25

表16 瓜菜类食物成分表(相当于100克中的含量)

食物名称	能量(千卡)	蛋白质(克)	脂肪(克)	膳食纤维(克)	糖(克)	VA(微克)	VB_1(毫克)	VB_2(毫克)	VC(毫克)	钙(毫克)	铁(毫克)	锌(毫克)
冬瓜	11	0.4	0.2	0.7	1.9	13	0.01	0.01	18	19	0.2	0.07
黄瓜	15	0.8	0.2	0.5	2.4	15	0.02	0.03	9	24	0.5	0.18
南瓜	22	0.7	0.1	0.8	4.5	148	0.03	0.04	8	16	0.4	0.14
丝瓜	20	1.0	0.2	0.6	3.6	15	0.02	0.04	5	14	0.4	0.21
西瓜	25	0.6	0.1	0.3	5.5	75	0.02	0.03	6	8	0.3	0.10
西葫芦	18	0.8	0.2	0.6	3.2	5	0.01	0.03	6	15	0.3	0.12
瓠子	27	0.7	0.1	0.9	5.9	163	0.01	0.06	29	49	..	0.56
茄子	21	1.1	0.2	1.3	3.6	8	0.02	0.04	5	24	0.5	0.23
番茄	19	0.9	0.2	0.5	3.5	92	0.03	0.03	19	10	0.4	0.13

5. 水果类

水果中含有营养物质和蔬菜大致相同，但由于水果大多数是可以生吃的，因此维生素的营养作用要优于蔬菜类。

下面介绍几种比较适合婴幼儿食用的水果。

(1)苹果：芳香脆甜，富含纤维素，具有止渴、润肺、除烦、解暑等功效，能促进孩子的生长发育；有专家认为其有助于增强记忆力的作用。苹果中含有大量的有机酸，能促进胃肠消化和调理胃肠，防止积食。但是，由于苹果含果糖和果酸较多，对牙齿有较强的腐蚀作用，吃后最好及时漱口刷牙。

(2)梨：富有维生素和水分。具有止咳、化痰、退热、降火等作用。对一些呼吸道感染疾病，尤其是咳嗽痰多，食积肺热的病儿，在疾病的恢复期食用效果还是很好的。

(3)香蕉：有清热解毒、润肺滑肠等作用，对缓解便秘效果比较好。

(4)橘子：口味甘甜，有润肺、止咳、止泻、利小便、开胃、止消渴等功效。橘皮的食疗作用亦很高，通常作为陈皮和青皮两种应用。陈皮能祛痰、镇咳，青皮能疏肝理气、散积化滞。

(5)葡萄：酸甜适口、生津止渴、开胃消食，是体弱贫血者的滋补佳品。最好不要连皮吃进去，葡萄皮很难消化，也容易胀气。

(6)柚子：味道甜酸适中。含有非常丰富的蛋白质、有机酸、维生素，以及钙、磷、镁、钠等人体必需的元素。具有化痰、健胃、清肠、润肺、补血、利便、健脾等功效。但要注意对一些易患感冒，容易腹泻的宝宝最好少吃或不吃。

(7)猕猴桃：营养丰富，含有蛋白质、脂肪、糖、钙、磷、铁、镁、钠、钾及硫等，还含有胡萝卜素。另外还具有药用价值，适用于消化不良、食欲缺乏、呕吐及维生素缺乏等症。同样，对于容易腹泻的宝宝还要慎重食用。

需要注意的是吃水果和季节很有关系，冬季天气寒冷，鼻咽部黏膜容易出现干燥，引起上火，因此每天能吃点水果不仅能滋阴养肺、润喉去燥，还能摄取充足的营养物质。冬季最好的水果当然要数梨，梨有生津止渴、止咳化痰、清热降火、养血生肌、润肺去燥等功能，尤其对肺热咳嗽、小儿风热、咽干喉痛、大便燥结等症较为适宜。另外还有柚子、苹果、橘子、香蕉、山楂等。夏季气候炎热，可以食用一些稍微寒凉性水果，如西瓜、香蕉、桃等，婴幼儿消化功能差，食用味道太浓、太甜的水果可以导致发热或呼吸道等疾病，如荔枝、草莓、石榴、樱桃、椰子、杏等。

食用水果时最好让孩子自己吃，有的父母看到孩子不愿意吃，就榨成果汁让孩子喝，以为这样会使孩子多吃一些水果，其实1～3岁婴幼儿乳牙已经出全，应该吃一些有一定硬度、富含纤维的水果，这对孩子的牙齿生长发育有好处，锻炼孩子的咀嚼能力。榨后的水果汁许多营养物质都被破坏了，同时孩子的牙齿也得不到及时锻炼，影响牙床、颌骨与面骨的发育，容易出现牙齿排列不整齐，上下牙齿咬合错位等疾病。常用水果营养成分可见表17。

表17 水果食物成分表(相当于100克中的含量)

食物名称	能量(千卡)	蛋白质(克)	脂肪(克)	膳食纤维(克)	糖(克)	VA(微克)	VB_1(毫克)	VB_2(毫克)	VC(毫克)	钙(毫克)	铁(毫克)	锌(毫克)
草莓	30	1.0	0.2	1.1	6.0	5	0.02	0.03	47	18	1.8	0.14
橙	47	0.8	0.2	0.6	10.5	27	0.05	0.04	33	20	0.4	0.14
柑橘	51	0.7	0.2	0.4	11.5	148	0.08	0.04	28	35	0.2	0.08
梨	32	0.4	0.1	2.0	7.3	—	0.01	0.04	1	11	—	…
中华猕猴桃	56	0.8	0.6	2.6	11.9	22	0.05	0.02	62	27	1.2	0.57
柠檬汁	26	0.9	0.2	0.3	5.2	—	0.01	0.02	11	24	0.1	0.09
苹果	52	0.2	0.2	1.2	12.3	3	0.06	0.02	4	4	0.6	0.19
葡萄	43	0.5	0.2	0.4	9.9	8	0.04	0.02	25	5	0.4	0.18
桃	48	0.9	0.1	1.3	10.9	3	0.01	0.03	7	6	0.8	0.34
香蕉	91	1.4	0.2	1.2	20.8	10	0.02	0.04	8	7	0.4	0.18
杏	36	0.9	0.1	1.3	7.8	75	0.02	0.03	4	14	0.6	0.20
鸭梨	43	0.2	0.2	1.1	10.0	2	0.03	0.03	4	4	0.9	0.10
椰子	231	4.0	12.1	4.7	26.6	—	0.01	0.01	6	2	1.8	0.92
樱桃	46	1.1	0.2	0.3	9.9	35	0.02	0.02	10	11	0.4	0.23
柚	41	0.8	0.2	0.4	9.1	2	—	0.03	23	4	0.3	0.40

6. 坚果、糕点及小吃类

坚果类食物含有许多人体需要的微量元素，如锌、铁、钙和蛋白质，可以作为小点心适量给孩子吃一点儿，但一定不要吃太多。适量的点心在两餐中间加一点儿，可以增加宝宝对食物的兴趣，同时也是补充营养物质的好方法。详细营养成分可见表18。

表 18 坚果和糕点及小吃类食物成分表(相当于 100 克中的含量)

食物名称	能量(千卡)	蛋白质(克)	脂肪(克)	膳食纤维(克)	糖(克)	VA(微克)	VB_1(毫克)	VB_2(毫克)	VC(毫克)	钙(毫克)	铁(毫克)	锌(毫克)
核桃	327	12.8	29.9	4.3	1.8	—	0.07	0.14	10	—	—	—
花生	589	21.9	48.0	6.3	17.3	10	0.13	0.12	…	47	1.5	2.03
杏仁	514	24.7	44.8	19.2	2.9	—	0.08	1.25	26	71	1.3	3.64
榛子	542	20.0	44.8	9.6	14.7	8	0.62	0.14	—	104	6.4	5.83
饼干	433	9.0	12.7	1.1	70.6	37	0.08	0.04	3	73	1.9	0.91
曲奇饼	546	6.5	31.6	0.2	58.9	…	0.06	0.06	—	45	1.9	0.31
苏打饼干	408	8.4	7.7	—	76.2	—	0.03	0.01	—	…	1.6	0.35
绿豆糕	349	12.8	1.0	1.2	72.2	47	0.23	0.02	0	24	7.3	1.04
蛋糕	347	8.6	5.1	0.4	66.7	86	0.09	0.09	1	39	2.5	1.01
果料面包	278	8.5	2.1	0.8	56.2	—	0.07	0.07	—	124	2.0	0.58
黄油面包	329	7.9	8.7	0.9	54.7	—	0.03	0.02	0	35	1.5	0.50
麦胚面包	246	38.0	1.0	0.1	50.8	—	0.03	0.01	0	75	1.5	0.49
面包	312	8.3	5.1	0.5	58.1	—	0.03	0.06	1	49	2.0	0.75
奶油面包	287	8.4	1.1	0.4	60.1	20	0.05	0.06	0	9	3.0	0.80
烧饼	326	11.5	9.9	2.5	47.6	—	0.03	0.01	0	40	6.9	1.39

第四章

婴幼儿体格发育

婴幼儿体格发育的指标主要是身高、体重、头围、骨骼和牙齿等的发育。

一、身 高

身高是指头顶到足底之间的身体长度。身长可以准确反应身体整体发育情况和生长速度的快慢。年龄越小身高增长越快。刚出生的新生儿身长约为50厘米，生后1～3个月每月增长2.5～3.5厘米，生后4～6个月每月增长2厘米左右，7～12个月每月平均增长1.0～1.5厘米，满1岁时身高可以增加25厘米左右，身高大约为75厘米。1岁以后身高发育速度明显减慢，全年大约增长8～12厘米，所以到2岁时平均身高大约在85厘米。2岁以后身高增长更加缓慢，每年为5～7厘米。因此2岁以后的身高可以用公式来进行估算。

估算的公式为：年龄×7＋70厘米。3岁的幼儿一般身高经计算结果为91厘米。

0～3岁正常小儿身高，如果低于最低参考值，说明宝宝体格发育速度过慢，属于身材矮小，如果高于最高参考值，说明宝宝体格发育速度过快，属于身材过高，两者都是异常现象，应该积极寻找原因(表19)。

表19 0～3岁正常婴幼儿身高发育参考标准(厘米)

年龄组	男孩		女孩	
	平均值	标准差(±)	平均值	标准差(±)
初生	50.4	1.7	49.8	1.6
1月～	56.9	2.3	56.1	2.2
2月～	60.4	2.4	59.2	2.3
3月～	63.0	2.3	61.6	2.2
4月～	65.1	2.2	63.8	2.2

续表 19

年龄组	男孩		女孩	
	平均值	标准差(±)	平均值	标准差(±)
5 月～	67.0	2.3	65.5	2.3
6 月～	69.2	2.4	67.6	2.4
8 月～	72.0	2.5	70.6	2.5
10 月～	74.6	2.6	73.3	2.6
12 月～	77.3	2.7	75.9	2.8
15 月～	80.3	2.8	78.9	2.8
18 月～	82.7	3.1	81.6	2.9
21 月～	85.6	3.2	84.5	3.0
2.0 岁～	89.1	3.4	88.1	3.4
2.5 岁～	93.3	3.5	92.0	3.6
3.0 岁	96.8	3.7	95.9	3.6

二、体　重

体重是衡量婴幼儿体格发育和营养状态的最重要指标。体重过轻表示宝宝营养状态不佳或有慢性疾病等;体重过重说明宝宝营养超标,肥胖或有其他疾病等。婴幼儿体重的增长不是均匀的,和身高一样,年龄越小增长速度越快。生后第一个月增长 1 000 克以上,头 3 个月每月增长 700～800 克,第 4～6 个月每月增长 500～600 克,第 7～12 个月每月增长 250～400 克,1 岁时体重约为出生体重的 3 倍(9 千克),生后第二年体重增加 2.5～3 千克,2 岁时体重约为出生体重的 4 倍(12 千克),以后每年约增加 2 千克左右。为了便于记忆我们可以通过公式粗略计算如下:

1～6 个月以下的婴儿体重:出生时体重(千克)＋月龄×0.7 千克

7～12 个月婴儿体重:出生体重(千克)＋6×0.7 千克＋(月龄～6)×0.4 千克。

2 岁～3 岁幼儿体重:年龄×2＋8 千克

详细可见 0～3 岁正常小儿体重的参考标准(表 20)。

表20 0～3岁正常婴幼儿体重发育标准(厘米)

年龄组	男孩		女孩	
	平均值	标准差(±)	平均值	标准差(±)
初生	3.27	0.38	3.18	0.36
1月～	5.08	0.64	4.78	0.60
2月～	6.20	0.68	5.73	0.61
3月～	6.93	0.75	6.4	0.72
4月～	7.45	0.78	6.97	0.77
5月～	7.91	0.84	7.37	0.81
6月～	8.34	0.89	7.81	0.86
8月～	8.89	0.94	8.37	0.92
10月～	9.29	0.99	8.72	0.92
12月～	9.72	1.03	9.23	1.04
15月～	10.17	1.07	9.60	0.94
18月～	10.72	1.09	10.14	1.06
21月～	11.27	1.13	10.7	1.06
2.0岁～	12.00	1.25	11.49	1.07
2.5岁～	12.98	1.26	12.49	1.25
3.0岁	13.85	1.37	13.39	1.29

体重增加的多少直接关系到宝宝体格和智能发育。父母应该养成定期测量宝宝体重的习惯。如果宝宝身体一般状况良好,而体重没有依据标准增加反而减少,大部分原因都是由于喂养不当或营养成分供给不均衡所致,如果能够及时发现,并给予纠正很快就会改善。一般说来,1岁以内的婴儿最好每月测量1次体重,1～3岁的婴幼儿应2～3个月测量1次。将每次测得的数据记录下来,或标记在生长发育曲线上,定期检查生长发育情况。

三、头 围

婴幼儿大脑发育很早,到2岁时脑组织已经基本发育成型,在此期间如果能够及时发现头颅发育异常可及时进行必要的治疗,避免脑发育异常。头围增长的速度与婴幼儿身高和体重增长速度一样,年龄越小增长速度越快。新生儿

在刚刚出生时头围一般在33～34厘米，第1个月增长很快，为2.5～3.0厘米，第2～3个月大概平均每月增长2厘米，4～6个月平均每月增长1厘米，7～9个月增长2厘米，10～12个月增长1～1.5厘米。这样婴儿生后第1年增长12～13厘米，1岁时的头围在46～47厘米之间。生后第2年头围增长速度减慢，大约为2厘米，头围48厘米。第3年约增长1厘米。从以上数据可以看出婴幼儿期是脑发育最迅速的时期。

0～3岁男婴与女婴头围发育略有差异。实际测得的数值如果超过上限或低于下限说明有异常。头围过大提示可能有脑积水或患有佝偻病，而头围过小则更有意义，要注意小头畸形伴有的智力发育迟缓和智力低下(表21)。国外目前对小头畸形做早期手术，取得了非常显著的效果。

表21 0～3岁正常婴幼儿头围发育标准(厘米)

年龄组	男孩		女孩	
	平均值	标准差(±)	平均值	标准差(±)
初生	34.2	1.2	33.9	1.1
1月～	38.2	1.3	37.3	1.2
2月～	39.7	1.2	39.0	1.2
3月～	40.9	1.2	40.0	1.2
4月～	41.9	1.2	41.0	1.2
5月～	42.9	1.2	41.9	1.2
6月～	43.9	1.3	42.8	1.2
8月～	44.7	1.2	43.7	1.1
10月～	45.5	1.3	44.4	1.1
12月～	46.0	1.2	45.0	1.2
15月～	46.5	1.3	45.5	1.2
18月～	47.1	1.3	46.1	1.2
21月～	47.5	1.2	46.5	1.2
2.0岁～	48.0	1.3	47.0	1.2
2.5岁～	48.5	1.2	47.5	1.2
3.0岁	48.9	1.2	48.0	1.2

四、脊柱发育的三个生理性弯曲

婴幼儿的脊柱发育一般要快于四肢，刚刚出生的宝宝脊柱几乎是直的，当宝宝3～4个月开始能够自主竖头或能够俯卧抬头时形成了第一个生理弯曲（颈椎前凸），6个月会坐时出现第二个生理弯曲（胸椎后凸），1岁开始走路之后形成第三个生理弯曲（腰椎前凸）。这三个生理性弯曲对人类的站立和行走非常重要，过早的坐、站和直立都会影响宝宝生理弯曲的正常形成，而且这些影响还会延续终身。

五、乳牙的发育

牙齿的发育好坏可以从一个侧面反映宝宝身体发育情况，特别是能反映骨骼的发育状况。人的一生一共有两副牙齿，乳牙（20颗）和恒牙（32颗）。婴幼儿期以乳牙为主。生后4～10个月开始长牙，1岁时尚未出牙应该去询问医生。出牙数目可以这样计算：月龄－4～6，如8个月大的婴儿应该出牙2～4颗。出牙有一定的顺序。一般2～2.5岁乳牙出齐。

需要家长判断的是出牙时间的早晚和出牙的顺序是否正常。如果出牙过晚或到一定年龄时的出牙数目少，说明宝宝可能在骨骼发育方面有问题，如维生素D缺乏引起的佝偻病等。一些宝宝出牙顺序颠倒也说明不正常，最好到医院寻求帮助。

第五章

婴幼儿智能发育

如何哺育一个头脑聪明，身体健康，活泼可爱的小宝宝是每一位家长非常关心的问题。为了能使宝宝身心都能够得到全面的发展，作为家长不仅只是了解孩子的衣食住行等日常生活问题，更为重要的是要明白你的宝宝智力发育情况，根据各个年龄阶段不同的特点，选择具有针对性的教育方法，使你的宝宝能够全面健康发展。

一、智能的一般常识

1. 智能定义

人类的智力是一个非常复杂的问题，至今尚无统一的看法，Weechsler 认为，智力是认识世界和应付环境变化的能力，即个体对客观事物进行合理分析、判断、有目的的行动和有效地处理周围事物的综合能力，也是各种才能的总和。这里面包括的内容很多，总体来说主要有以下几方面：

(1)肢体运动能力：包括抬头、翻身、爬行、坐立、站立、迈步、走路、跑、双腿跳和单腿跳等粗大肢体运动，手指抓握和捏小东西、系纽扣等精细动作。

(2)语言表达能力：包括发出的声音、声调、单句、词句、语句的组合等。

(3)认知能力：包括视觉、听觉、味觉、触觉、观察力、模仿力、记忆力、理解力和思维能力等。

(4)生活交往能力：包括社会适应性、独立生活能力、情感和情绪、个性与性格、气质等。

2. 婴幼儿智能发育规律

(1)由上到下：从头到脚的顺序开始生长发育。如 3 个月时会趴着抬起头来，4 个月时抬起头的同时还能带动胸部抬高，5 个月时可以用胳膊支撑翻过身来，6 个月会坐，10 个月能站立，1 岁会主动用脚迈步等一系列运动发育就是由

颈部逐渐发展到上肢，又进一步发展到下肢的延伸过程。

(2)由近到远：从身体的中心部位开始发展到四肢的过程。例如，新生儿时听到声音或朝有光亮的方向转头，这是颈背部肌肉在运动的结果，1～2个月看人或物时则会扭动肩部和腰部来试图与人交流，3～4个月用手臂够喜欢的物品，5～6个月时会主动用手掌抓握东西，7～8个月时用大拇指和其他手指抓住小东西等。这些都是从身体中心的大肌肉逐渐发展延伸到四肢末端的小肌肉的过程表现。

(3)由粗到细：最典型的例子就是由粗大的动作发展到精细的动作过程。宝宝开始只能用手大把抓东西，不知不觉中就能拇、食指分开捡到床面或桌面上散落的小颗粒状物品。年轻的父母看到宝宝这些以前尚未出现的动作时会情不自禁地说，“我们的宝宝又进步了”。宝宝眼睛的分辨过程也是这样，刚出生的宝宝只能看到人面部的轮廓，到2个月时已经能清楚辨认人的面部，3个月时又进一步能区分母亲与其他亲人的面孔。宝宝由粗糙的大体视野发展到细致的局部视野过程，其实就是一个由粗到细的观察过程。

(4)从简单到复杂：在宝宝的运动、语言发育过程和认识事物过程中处处体现了这种发展规律。如从牙牙学语到会背诵诗歌，用笔乱画到有意识地画直线和圆圈，再发展到能画出漂亮的图形等。

(5)从低级到高级：这是人类与动物的最大区别所在。动物能听到自然界中的声音，但是它们不会运用声音创造出表达完整意思的语言。而人类则不同，从仅能听到声音(低级)发展到会模仿声音(高级)，并创造出最优美最动听的能够表达任何意愿的语言(高级)。从仅仅会使用简单的工具到会制造复杂的工具，直到现在人类发明的电子信息技术都是一部人类由低级到高级的发展史。

3. 智能发育的个体差异

我们知道世间每一件事物都是不尽相同的，万物生长各有其不同的特点。虽然都是人类，但由于基因不同，人与人之间是有着千差万别的。这就是个体差异，它受到遗传基因、居住环境、营养状况及教育程度等诸多方面因素的影响。如身高，北方人普遍比南方人偏高，这与遗传和居住环境有很大的关系。如具有某些“天赋”的人，像音乐神童莫扎特这样的音乐天才毕竟只是凤毛麟角，这些人的智商和一般人是有区别的，不能盲目效仿。一些父母望子成龙，从宝宝很小就开始拼命加码，希望能够成为莫扎特式的人物。结果不仅没有达到预期的目的，反而给宝宝幼小的心灵造成了很大的伤害，甚至影响了孩子的终

生。因此，对于自己的宝宝体格发育和智能发育一定要结合孩子的兴趣，家庭和生活居住环境等多种因素来培养和教育，使宝宝在德智体三方面得到均衡发展。

4. 影响婴幼儿智能发育的因素

(1)遗传因素：婴幼儿生长发育的特征，如皮肤和头发的颜色、身高、体重、相貌、性格、待人接物等能力均受到父母双方遗传因素的影响。遗传性疾病如染色体异常(先天愚型等)和代谢性疾病(苯丙酮尿症)等对孩子的生长发育均有显著影响。

(2)性别因素：男孩和女孩在婴幼儿期的生长发育特点是有很大区别的。男孩比较调皮，不守规矩，注意力不容易集中，因而男孩的模仿能力发育一般较女孩的发育慢一些，如语言发育，背诵诗歌，学唱儿歌等。男孩比较好动，肌肉骨骼发育相对旺盛，在运动发育方面一部分男孩可能要比女孩快一些。从体格发育情况来看，刚刚出生的男宝宝平均体重会比女宝宝重一些，身长也略微长一些。以后整个婴幼儿都是这样一种发育特点，因此评价婴幼儿的体格和智力发育水平时，一定要参照男孩和女孩的不同标准进行判断。

(3)营养因素：营养因素对于婴幼儿来讲太重要了。营养是人类生命物质的基础，是婴幼儿身体健康必不可少的关键条件。营养充足可以使机体发育达到最佳状态，尤其是对大脑的发育更是如此。从怀孕期到生后两周岁的这段时间里，供给足够的营养物质会促进大脑细胞的生长发育。怀孕期营养不良的胎儿出生时不仅身材矮小、体重轻，而且还会影响脑神经的正常发育，严重者可导致脑神经损害后遗症。生后头1～2年如果出现营养不良会影响婴幼儿脑细胞的进一步增殖和增大，引起脑细胞数目的匮乏和细胞体积的缩小，使婴幼儿生长发育受到严重影响。

(4)家庭环境和社会环境：在一个家庭中，父母亲的教育程度，兄弟姐妹之间的亲情，家庭的氛围对宝宝的生长发育和心理发育是非常重要的。良好的生活环境和充满爱心的正确引导会使宝宝的体格和智力潜能得到最佳的发展。周围环境和宝宝所处的时代也很重要。某山区的孩子也许一生的愿望就是能到山外边的世界看一看，在这些孩子的眼睛里只有山里边的狭小世界，他们也许具有很高的智力潜能，但得不到充分地挖掘和开发，因而这些人的智力水平永远都在同一个较低的水平。而在教育环境优良、信息发达的某些大城市，宝宝可以接触到千变万化的五彩世界和数不清的新鲜事物，不断刺激大脑作出

反应，宝宝的脑细胞不断增殖和增大，加上父母的及时教育，宝宝的智能会得到充分的挖掘和发挥。难怪有一些老人经常会感叹地说，“现在的孩子越来越聪明了”。

（5）怀孕时机与孕期情况：受孕时机最好选择在父母双方生理状态最良好和心理情绪最稳定的时候。受孕前后如果过度饮酒或抽烟过多都会影响宝宝的顺利出生。怀孕期间孕母的家庭和周围生活环境，营养状况，心理情绪及有无疾病等都会对即将出生的宝宝有影响。怀孕早期如果叶酸缺乏可导致胎儿神经管畸形，病毒感染可引起先天性心脏病、脑发育畸形和早产。服用某些有毒药物，有害化学物质侵袭及放射线辐射等，都可以影响胎儿或出生后的宝宝生长发育。精神状态对宝宝的影响也是很大的，抑郁的母亲会使自己的宝宝性格发生异常，精神有障碍的母亲的宝宝往往胆小懦弱，缺乏自信，同时容易出现精神异常等。

（6）疾病：许多先天性疾病都会影响到宝宝的智能情况。先天性心脏病不仅影响宝宝的身体发育，同时反复的缺氧还会影响宝宝的大脑发育，使宝宝反应迟钝，接受事物能力差。某些染色体异常畸形或先天性代谢性疾病可导致宝宝大脑发育迟缓，智力低下，终身不能独立生活。后天的营养也是至关重要的，缺钙导致的佝偻病、营养性贫血、微量元素的缺乏等，都会给宝宝的体格和智力发育带来不利的影响。

（7）父母及周围亲人的关爱：经最新的研究表明，通过各种方式给予宝宝以最大的爱，可以使宝宝的智能大有长进。如经常抚摸刚刚出生不久的新生儿，他们就会表现得非常活跃。动物试验也表明，反复抚摸新生的小动物可使其脑生理活动明显增加。对小宝宝的这种抚摸实际上就是传递父母或亲人的爱意。经常用充满爱意的话语和宝宝交谈会使宝宝模仿能力大大加强，还可以提高宝宝对事物的新鲜感。训斥宝宝会使宝宝心情忧郁和不快乐，失去学习的兴趣。长期不理或疏远宝宝可导致宝宝心理障碍，出现一些怪异行为，如咬手指、无端打骂人和孤独症等。

以上所提到的诸多因素中绝大多数是可以预防和避免发生的。特别是有一些特殊的先天性疾病，如先天性代谢异常病出生后立即进行新生儿筛查，就可以用药物或特殊饮食来避免；又如先天性甲状腺功能低下的新生儿一经确诊就可以用药物治疗，而且这种药物非常便宜，治疗后的宝宝和正常孩子完全一样。某些严重染色体异常胎儿还可以经产前诊断确诊，及早终止妊娠。

一个健康聪明的宝宝与怀孕、哺育及教育过程是紧密连接的。在这个过程中会受到父母亲遗传基因、身体状况、心理素质、疾病情况及周围环境的影响。同时与婴幼儿喂养和智力潜能的开发也有着密切的联系。最后需要说明的是，千万不要忽视父母及周围亲人的爱心，用你们最大的爱心去呵护你们的宝宝吧，健康聪明的宝宝会给每一位父母带来无穷无尽的欢乐。

二、婴幼儿运动发育

哺育小宝宝的过程对于每一位家长来说都是一个充满乐趣和享受的过程。你从一个一点儿不能活动的小小宝宝，一点儿一点儿看着他逐渐出现各种各样的身体运动和肢体动作。有时候你会突然发觉宝宝会抬头了，会翻身了，在意想不到之中突然向你走来，那时你会情不自禁的惊叫起来："快来看，我们的宝宝会走了!"。其实，小宝宝的运动发育就是在这样不经意之中逐渐发育和发展的。下面我们将讲述婴幼儿运动发育的类型和总体规律，具体发育发展项目我们将在以后段落逐月详细讲解。

1. 粗大动作和精细动作

(1)粗大动作：主要包括身体和肢体的运动。如头部的来回转动，俯卧抬头、抬肩和抬胸，翻身，独坐，站立，行走，跑跳等。

(2)精细动作：主要包括手指的动作。如两手并拢，伸手取物，手掌大把抓握较大物品，用拇指与其他手指分开取一些小的物品，拇指与食指分开对捏拿一些很小的东西如花生、纽扣等。1岁以后可以准确捏取小豆豆，拿铅笔画画，翻书，搭积木，穿扣子等。

2. 运动发育发展过程

表22简单列举了各个时期婴幼儿运动的发育过程。父母可以对照图表大致了解宝宝的运动发育状况。

表22 0～3岁婴幼儿运动发育过程

年　龄	粗大运动	精细运动
新生儿	动作不协调，无规律，仰卧时头能随声音和亮光左右转动	紧握拳
1个月	四肢乱动，偶尔能抬起头	
2个月	俯卧时能抬头45°，头能竖直	偶尔能张开手，给东西能拿住
3个月	俯卧时抬头和抬肩，能转为侧卧位，头能片刻竖直	用手摸东西，触到时偶尔能抓住
4个月	俯卧时能用胳膊或手支撑抬起前胸，扶着宝宝腰部可以坐立片刻	两手能张开并握住玩具
5个月	可以从仰卧位翻到侧卧、俯卧位，能扶着坐在大人腿上玩耍片刻	能伸手够东西，两手分别抓握
6个月	能够独坐片刻，大人扶着站立时会有蹦跳动作	能用拇指和其他手指分开拿东西
7个月	自己独坐很久，会翻身取东西，有爬行愿望	能将玩具从一手换到另一手
8个月	在大人帮助下能爬行，扶着能站，会自己坐起来和躺下去	能用拇指和食指对捏小东西，会扔东西
9个月	能自己爬行一定距离，一手扶着栏杆能站	能从盒子中取出东西
10个月	扶栏杆可以行走几步，一些婴儿可以独走几步	会从杯中取出东西
11个月	能推着东西向前行走，牵手能走	会搭2块积木
12个月	能够独立行走几步	会将小丸药放到瓶子中
15个月	走路很稳，能蹲下玩耍片刻	会搭3～4块积木，会很好握笔画画
18个月	扶栏杆能够上下台阶，绕过小障碍物行走	会盖好瓶盖
2岁	能用双腿蹦跳，会迈进门槛，会低头钻进矮门，会滑小滑梯等	会用小钢丝穿纽扣眼，能搭4～8块积木
2岁6个月	能踢皮球，走平衡木或小窄道，单手扶栏杆下楼梯	用积木搭简单形状，正确拿勺吃饭
3岁	能跑得很稳，会骑三轮车，会洗手，洗脸，脱、穿简单衣服	会折纸，能画出图形，学拿筷子

三、婴幼儿语言发育

对于婴幼儿来讲，刚刚出生的头两年是一个充满欢乐和探索的历程，他们对整个世界充满了好奇心，他们急于想了解一切新鲜的事物。在他们真正会说话之前，曾多次反复与大人进行各种各样的沟通试验，如牙牙学语，打手势，倾听和模仿，这期间经历了一个漫长的语言发育准备过程，没有任何人生下来就会说话，经过外界环境的不断刺激和与外界沟通，婴儿大脑积累了大量语言信息，奠定了语言发育的基础，最后才逐渐说出完整的语句。因此，对于每一位父母来说了解语言发育的准备阶段是非常重要的，它可以帮助父母加强对自己孩子的语言训练，为宝宝今后语言的顺利表达打下坚实的基础。

1. 语言发育应该具有的环境和条件

每一位家长都希望自己的宝宝说话流利，语言顺畅，也许将来还能当一个著名的“演说家”。可是年轻的父母你们知道吗？要想具有一个良好的语言素质是有条件的。

(1)保护完整和健全的语言器官：人类的语言发生过程是听觉器官、发声器官和大脑语言中枢共同作用的结果。这其中任何一个部位发育有异常或出生后受到不良刺激和损伤都会导致孩子的说话出现问题。如耳朵内部器官发育有问题，小宝宝就会听不见，如果不进行早期发音训练，宝宝就会丧失说话能力，所谓“十聋九哑”就是这个道理。再如，小宝宝出生时因缺氧而损伤了大脑中枢，不能正常接受外部的语言信息，造成宝宝语言表达障碍，表现为孩子很难说出完整的句子。

那么，如何保护好这些语言器官呢？首先从怀孕时就应该避免感染和缺氧损伤。分娩过程及以后的抚养中尽量不要让宝宝的头部受伤，宝宝感冒时特别容易合并中耳炎，应该及时到医院看医生。对宝宝的用药一定要十分小心，千万不要图便宜到一些非正规诊所开一些便宜的药物。以往曾经用过的链霉素、卡那霉素等就可以引起很多孩子出现听力减退或丧失，造成终身遗憾。宝宝的生活环境要以安静为佳，尽量不要到噪声严重的地方去，不要轻易对小婴儿大喊大叫，避免刺激小宝宝的听神经和听器官。

(2)父母的语言方式对婴幼儿的影响：小宝宝的第一任语言教师就是父母，宝宝通过模仿父母的发音、用词和语调来逐渐学会使用语言。一般来说，父母

和周围大人说什么语调的语言,宝宝就会说什么语调的语言。

因此,作为父母首先要明白自己的语言特点是否规范文雅,是不是经常讲一些不文明的语言,包括脏话、怪话等。宝宝学好话学得快,可学坏话学得更快,许多父母不经意说出的不文明语言会给宝宝留下极为深刻的印象。在孩子面前父母一定要尽量使用文明语言,注意自身的语言修养,特别是语言习惯有缺点的父母更应该有意识地约束自己,以免给自己的宝宝造成不良的语言行为。

(3)建立良好和丰富的语言环境:语言的发育与环境关系极为密切,婴幼儿主要生活在家庭环境中,生活圈子比较小,接触的人也比较少,如果父母都是不大喜好说话的人,那么宝宝一天接受语言刺激的机会就会更少了,这些都对宝宝的语言发育极为不利。要想解决这些问题就必须要改善语言环境,丰富生活,丰富语言。作为父母要经常跟宝宝多说话,虽然宝宝不能说话,可他(她)什么都能听得懂,父母对他(她)说的话,以后宝宝都会重复说出来。还可以适当放一些适合于小宝宝的录音带、幼儿电视节目等对宝宝的语言发育都是非常有利的工具。要记住丰富的语言环境是创造出来的,在宝宝面前尽情地发挥吧,宝宝永远都会欢迎你。

2. 语言发育过程的三个阶段

语言发育过程可分为发音、理解和表达三个阶段。

第一阶段:发音时期。宝宝生后的第一声啼哭就是发音的开始。从1个月开始就可以通过哭声来表达自己的意愿。如“饿了”、“热了”、“想要妈妈抱抱”等。从2～3月开始,宝宝吃饱喝足之后急于想和父母交流,于是就发出“啊、欧、噎”等音节,当父母学着宝宝发音时,宝宝就会撅着稚嫩的小嘴更加起劲的发出声音来,令大人忍俊不禁。5～6个月开始宝宝会发出多音节,如ma～ma(妈)、da～da(搭)、na～na(那)等音节。以上这些都是婴儿的自发发声练习,为语言的发声做好准备。

第二阶段:语音理解时期。从7～8个月开始宝宝发音数量明显增多。同时宝宝还可以用手势来表达自己对语言地理解了。如,大人说“再见”的同时摇动手臂多次,宝宝明白了“再见”和摇动手臂之间的关系。当下次大人再说“再见”时,宝宝立即就会摇动自己的手臂表示“再见”。宝宝用“哼哼呀呀”等大人听不明白的语言表达意愿,实际上就等于说话的萌芽阶段。一些家长认为这个阶段宝宝不会说话因而不主动与宝宝交谈,会造成宝宝的语言发育障碍,影响宝宝今后的语言发育。在这个时期要不厌其烦的反复和宝宝唠叨,不管拿到什

么东西都要说出它的名字，做动作时也要说出其相关的动作词汇，使宝宝总能不断地接受到语言的刺激，会对宝宝的语言发育有很大的促进作用。

第三阶段：表达时期，也就是学说话阶段。大约从1岁左右宝宝开始学用语言来表达自己的意愿。1岁半以前宝宝基本还是处于理解和模仿语言阶段。虽然能听懂一些长句子，但基本说不出来，只能发出单音重复的句子，如"奶奶，灯灯，抱抱"等。从1岁半到3岁的阶段婴幼儿语言发育相当迅速，有时候甚至突然蹦出几句像样的成语句子来，令父母惊叹不已。到3岁末婴幼儿基本已经掌握了足够的需要表达的语言词汇。

语言是人与外界交流的重要工具，是智能发育的基础，也是反映大脑智力水平的重要指标之一。良好的语言环境和精心的教育训练，会给孩子今后的学习和社会交往提供有利的条件。

四、婴幼儿视听、味觉、知觉等能力的发育

（一）听觉发育

近些年来已经非常明确胎儿24周大时内耳形成，开始产生听力。有研究表明，在妈妈子宫内的胎儿就已经开始熟悉母亲的声音了，有些人甚至认为胎儿在用脚踢妈妈的腹部时，妈妈的笑声会对胎儿产生一种刺激，更促进了胎儿的拳打脚踢，这样几个回合下来，胎儿兴致才减退，重又进入梦乡。每当胎儿烦躁不安时，让父母唱一种和催眠曲很相似的缓慢节奏曲，很快胎儿就会安静下来。刚出生的新生儿就已经具有很完整的听力系统了，尤其是对音乐几乎所有的婴儿都有反应。生后不久的婴儿可以分辨母亲与其他人的声音，而且在所有声音中宝宝最喜欢母亲的声音，还可以分辨高音和低音。研究还表明，新生儿更喜欢比较高调的声音。3个月时宝宝可以向听到声音的方向转头180°，5个月能清楚地辨别人声，7个月时能听懂自己的名字，1岁时能够随着声音做出动作。

听力的测定：现在通过新生儿听力筛查装置可以测定新生儿听力，早期预知小宝宝是否有听力异常。家长也可以在家中自己给宝宝进行测试，如当宝宝清醒时，在宝宝耳边摇动带有高调响声（金属声等）的铃铛，一般生后不久的婴儿都会把头转向有声音的一侧。再稍大一点儿的婴儿，父母可以直接与他（她）说话，看宝宝反应如何，如果有反应说明宝宝听力正常。

一些家长认为婴儿到2岁才会说话，在此期间对宝宝说话没有反应是正常的，这种想法是错误的，此时宝宝已经错过了语言发育的最佳时期，将会影响宝宝的终身语言发育功能。

出生的婴儿一定要早期做听力筛查，一旦明确为先天性耳聋，就可以在这些宝宝语言发育的最佳时期及时进行语言训练和其他治疗，使这些小儿的语言发育接近同龄儿或与同龄小儿同步，能够正常进入社会参与社会工作和活动。

(二)视觉发育

过去认为小宝宝在出生至少2周以上才能产生视觉，而最近的大量研究表明，怀孕24周的胎儿就能够对强光产生反应。最近，国外有关专家给怀孕后期的母亲做胎儿腹部超声，当用一束光亮照着母亲的腹部时，胎儿竟出现了眨眼的动作，同时很快就把脸转向了有光亮的方向。刚出生的小宝宝对人脸就有敏感的反应。1个半月大的婴儿可以很好的辨认清楚人脸的轮廓和面相。4个月大的婴儿可以近距离或远距离调节所看到的目标，也就是具有和大人相似的视焦距调节能力。

婴幼儿视觉功能具有下列特点：对明亮的光线、滚动的球、人脸的活动等运动着的物体能作出明确的反应。新生儿多注视明亮和黑暗对比鲜明的轮廓部分，如新生儿对母亲的脸感兴趣的是母亲的眼睛、嘴和发际线所形成的明亮和阴暗的对比部分。又如黑白的线条图画，婴幼儿容易注视图形复杂的部分、曲线和同心圆式的图案。3～4个月的婴儿能够和成人一样辨别颜色，但辨别的顺序多从鲜艳的颜色开始，如红、黄、绿、橙、蓝等。

婴儿的视力目前没有什么好办法进行早期测试。新生儿期可以将颜色鲜艳的红球放置在距离婴儿眼睛20厘米的地方，观察宝宝的眼睛是否紧跟着红球移动，或用类似手电筒的光线照射宝宝，看宝宝是否出现眨眼、皱眉等动作。如果反应良好，说明有视力，但视力是否完整还需要等到婴儿后期才能明确。

(三)味觉和嗅觉发育

现在的观点认为，怀孕后期胎儿的味蕾已经发育得很完善了。有试验表明胎儿更喜欢甜的味道。一个有趣的试验可以证明这一点，把糖精和色素同时注射到羊水过多的孕妇子宫中，目的是希望胎儿能多喝一点羊水把多余的羊水运送到母亲的体循环中。果然当羊水变甜之后，孕妇排出的尿液颜色明显加深，

说明母亲体循环中的羊水量增加，但是这种情况维持时间很短。因为胎儿喝腻了带有甜味的羊水，拒绝再喝羊水，这样输送到母体的羊水就少了，母亲尿中的颜色也就变浅了。出生时新生儿具有非常敏感的味觉，如果给他比较酸的液体，婴儿就会紧皱眉头。一旦开始喝甜的液体，再喝无味的白开水婴儿就会表示不愿意或干脆拒喝。人类的味觉系统在婴幼儿期是最发达的，以后随着年龄增长逐渐衰退。

（四）知觉发育

对于婴儿来说，整个世界就像一个由听觉、视觉、触觉和味觉组成的万花筒，一旦这些感觉互相联系起来，在婴儿的大脑中就会形成各种各样的知觉。以前心理学家一直认为，对于婴儿来说，只要物体离开了视线就意味着不存在了。可是经过对两个半月大的婴儿进行测试发现，在宝宝的脑海中已经对物体（如娃娃玩具等）留有深刻的印象，即使物体离开视线依然存在，而且宝宝还相信这些物体必然还要在时空中继续存在下去，这就是空间知觉。4月大的婴儿明白高大的东西不可能躲在矮小的东西后面，说明婴儿对物体的形状已经产生了知觉。当8个月大的婴儿爬到床边时，他会自动停止爬行，显示婴儿在此时期已经具有深部知觉。1岁时对自己的名字有反应，产生了自我知觉。所以，婴儿从很小就开始具有与成人相类似的观察和理解能力。了解这些基本知识对我们进行婴幼儿的早期教育非常有帮助，以后我们还会在各年龄阶段详细讲述。

五、认知和思维能力的发育

（一）注意力发育

注意能力就是观察能力。人类注意外界事物的过程是观察和理解事物的过程，注意力越集中观察事物就越细致，在大脑中留下的印象就会越深刻，因此注意力实际上是人类学习的重要工具。

1. 出生24小时的新生儿注意力发育

出生24小时的新生儿能够注视红球几秒钟，说明注意能力是与生俱来的。新生儿会注视黑白图形和人脸数秒，随着日龄的增加，婴儿注意的时间

越来越长。

2. 3个月婴儿的注意力发育

会用眼睛紧紧盯着色彩鲜艳的图画并发出笑声，说明婴儿经过观察后发觉图画很有趣。这个时期的婴儿对新鲜的奇怪的事物会注视很久。而对规律性事物或习以为常的事物会表现得漫不经心，注意力不集中。

3. 6个月婴儿的注意力发育

6个月的婴儿已经能够独立平视自己正前方的事物，同时活动范围也逐渐趋于扩大，不仅只是看，还可以通过倾听不同的声音，抓取各种各样的玩具，品尝不同味道的食品等身体活动中发展注意力。

4. 1岁婴儿的注意力发育

1岁的婴儿可以注意通过大人的表情来判断他们是高兴还是生气，用手势来表达自己的意愿。婴儿如果注意能力强，模仿的能力也强。大人经常有打人的动作，婴儿也会经常模仿打人的动作。因此，这个时期大人一定要注意自己的举止。

5. 2～3岁婴儿的注意力发育

2～3岁婴儿的注意力已经不仅仅局限在与外部世界的交往，他们更多的是要了解其他和自己不一样的人，婴儿可以集中一段时间听故事、看图书、看电视节目。据有关资料记载，对有兴趣的事物1岁半的婴儿可以注意力集中5～8分钟，2岁的幼儿能集中注意10～12分钟，2岁半以上的幼儿注意力能集中10～20分钟。

由此看来，婴幼儿注意能力的培养是学习能力的培养，而且这种能力的培养应该从出生后就要开始。如新生儿期可以多让宝宝看一些鲜艳的图画或听一些语调比较舒缓的音乐。父母要经常和宝宝说话。对于稍大一点儿的婴儿，父母可以通过一些实际的身体动作如手势等来吸引宝宝的注意力。当宝宝能够用手势或语言表达时，应及时引导宝宝用更多的注意力来观察细小和复杂的事物，使宝宝从很小就知道，大千世界无奇不有。培养宝宝具有敏锐的观察能力，一旦时机成熟就会引发人类无穷无尽的创造力。

(二)记忆力发育

一些孩子从幼儿期开始就显示出良好的记忆功能，这决不是天生的，而与孩子母亲的怀孕过程，分娩过程及最初几年的养育过程有着很密切的关系。

1. 胎儿记忆的发育

母亲怀孕期间，如果经常把收音机或录音机放置在腹部，让胎儿聆听来自外部的声音，胎儿就会对这些音乐产生印象，促进记忆能力的发育。现在的研究认为，宝宝在胎儿时期就开始具有记忆能力。当母亲定期重复给腹中的胎儿播放一首曲子，出生后，宝宝再听到这首曲子时，就会觉得很熟悉。有一位母亲就曾经告诉我这样一段经历，这位母亲在怀孕期间总是爱听贝多芬的“英雄交响曲”，到孩子2岁多的一天，无意间又打开了这首曲子，孩子听了一会儿对这位母亲说：“妈妈，这首曲子听起来好熟悉。”说完随口哼唱起来，竟然十分准确，令这位母亲非常惊讶，因为自从有宝宝之后，天天工作、家务繁忙过度，几乎无暇顾及音乐等爱好，这首曲子也是多日没有听了，孩子居然能够这么快就学会，莫非宝宝是音乐天才，高兴之余细细回想，终于想起怀孕期间反复听此音乐的事情。这件事情对她启发很大，以后她便有意识地教孩子数数，孩子居然在很短的时间内就能从1数到100。有一次托儿所的老师特意告诉她：“你的孩子会数100以内的数，将来一定数学很好，应该好好培养。”这位母亲又说：“当时在80年代人们对早期教育并没有过多的认识，再加之工作繁忙，以后就未再继续给予过多关注，现在想起来有些后悔。”通过这个例子可以知道婴儿的智力潜能是无限的，关键看怎么去开发和引导，千万不要错过培养宝宝大脑发育的最佳时期。

2. 新生儿记忆的发育

新生儿期宝宝具有很好的记忆功能。新生儿期的婴儿能记住母亲的声音，母亲的气味。如果父亲回家的次数多一些，婴儿还能记住父亲的声音。但新生儿的记忆都是短期记忆，一旦父母离开宝宝几日，宝宝很快就会忘记父母在脑中的印象。

3. 6个月～1岁婴儿的记忆发育

6个月到1岁的婴儿记忆功能明显增强，而且对外部世界中能够记忆的事物更多了，能够记住父母及周围亲人的音容笑貌，记住大人对他打过的手势，记住自己身体各部位的名称，还能记住自己所用过的东西，但这种记忆都是简单的重复式的机械性记忆，是同一种事物在婴儿的视野中反复出现刺激大脑记忆细胞产生的结果。一旦这种事物从婴儿的视野中消失，婴儿就会逐渐忘记，长大以后会毫无印象。有人对8～12个月的婴儿做过这样的试验：让婴儿看着把一个玩具放在同样的两块布中的一块下面，再用一块大布挡住婴儿的视野，挡住的时间分别是1秒、2秒、7秒，然后让宝宝寻找盖在布底下的玩具。结果发

现:8个月的婴儿间隔1秒就完全忘记了刚刚看到的情景,根本不知道玩具放在哪里。12个月的婴儿间隔3秒都能记住并准确找到玩具。而70%的12个月婴儿7秒以后仍然能够准确记住是哪一块布并准确找出玩具。

4. 1~3岁幼儿记忆的发育

1~3岁的幼儿记忆功能由短期记忆能力逐渐向长期记忆能力发展。有的幼儿能将小朋友的名字记忆数月乃至1年以上。对自己父母记忆的时间更长。一部分3岁的幼儿对自己的父母可以记忆终身。这个时期的记忆除了机械记忆之外,还有一部分是理解之后的记忆,如孩子在很小的时候(可能在2~3岁之间),曾经教他学过"哭"字,"哭"字很形象,可以这样对他说:"人哭的时候都要流眼泪,你看上边两个方框代表人的两只眼睛,旁边还有眼泪,下边是人的脸。"孩子一下子就记住了。以后每当从一大堆字中让他辨认"哭"字时,孩子总是能最快的辨认出来,而且很长时间都不会忘记。

记忆是人类学习的基本工具,通过记忆人类可以区分人世间大量复杂的事物。孩子也是这样,记忆对于一个稚嫩的大脑来说是一个细胞增殖和信息积累的过程。婴幼儿的机械记忆能力很强,著名的"0岁教育"专家卡尔·比特教育自己的孩子小卡尔,结果到5岁时的小卡尔能够记住3万多个单词,几乎是同龄儿的十倍之多。

在这里我要告诉每一位家长,让婴幼儿学习记忆最好要与"快乐"同行,也就是说,首先要培养宝宝对记忆事物感兴趣,在此基础之上让宝宝保持快乐的心情,这样学习记忆才会有效。如果强迫宝宝学习背诵,甚至训斥他(她)们,必将会对宝宝的身心产生不良影响。只要父母保持爱心和耐心,利用一切可以利用的机会,循循善诱,任何人都会取得成功的。

(三)思维发育

思维是人类高级脑神经活动过程,是通过视觉、听觉、感知觉和语言对客观现实的概括和归纳,分析和综合过程。思维通常通过语言反映出来,以前人们认为只有在语言发育之后才会出现思维。但随着科学和人类的进步,人们可以用各种先进手段进行试验,了解越来越小的婴儿的想法,研究婴儿对事物的看法和考虑方法,进入婴儿意识的世界。加拿大的婴幼儿专家雷内比奥杨博士设计了一系列试验证明3个半月大的婴儿具有思维。通过试验雷内比奥杨博士认为婴儿从很小的时候就可以通过观察来判断事物的可能性和不可能性。而

且婴儿存在意识，如婴儿看到了某种物体并在脑中留有印象，当物体从眼前消失了，但物体的影像依然保留在他们的意识当中，雷内比奥杨博士称这种能力为“理解物体的持久性”。

1岁以后宝宝的思维通过语言逐渐显露出来，婴幼儿的思维主要以直觉形象思维为主，如分类能力。2岁的孩子在过家家游戏中明确知道一家人应该在一起，还知道把同类动物玩具放到一个小箱中。一些宝宝还知道大与小的概念等。3岁的婴幼儿具有初步解决问题的能力，如当某高处有东西而够不到时，孩子可以搬一个小板凳帮助身体长高来拿到东西。他们像小科学家那样，通过自己的试验来探索这个世界，他们认识了物体，了解了它们的用途和它们所遵从的法则，这些都是人类的成长过程。

六、情感发育

婴幼儿及小儿智力范畴中没有包括情绪和情感的内容。自20世纪90年代以来随着独生子女情感和性格问题的出现，人们越来越重视这方面的问题，引进了关于“情商”的概念。

心理学家认为，情商是指非智力因素，就是我们常说的心理素质，如果一个人性情不好，冷漠，孤僻，自负，不善与人交往，情绪不稳定等，那么他的智商再高，也很难取得成功，因此情商的培养应该从小做起。

情绪情感是人类对世界客观事物及某些思想观念的具体表现和表达。外界环境和内在因素对情绪影响很大。婴儿天生就具有情绪反应，刚刚出生的小宝宝感到外边很冷，马上就会表现不安和啼哭。当饥饿时就会表现烦躁，再不理他时就会大声哭闹以示抗议，当吃饱喝足之后宝宝就会露出非常满意的表情。当父母长时间不理睬宝宝时，宝宝也会表现不安，一旦看见妈妈面孔或将他抱起，宝宝立刻安静下来，不一会儿就进入到甜甜的梦乡之中。

1. 2～4个月婴儿情感发育

2个月的婴儿吃饱喝足之后看见大人逗他，如果感到有趣就会笑出声音来。

3～4个月的婴儿对与常规事物不同的事物表现出极大的兴趣和新鲜感，而对司空见惯的事情几乎没有什么好心情去对待。

2. 6～10个月婴儿情感发育

6个月婴儿已经能够表达出来“我喜欢妈妈”的情感，见到妈妈会非常高兴

并伸出手来让妈妈拥抱。

10个月的婴儿当妈妈离开时会大哭，表示“我不愿意妈妈离开”等情感。看见妈妈抱别的婴儿时，他会产生焦虑和不安。

3. 1～2岁婴儿情感发育

1～2岁的婴儿情绪和情感表达得更为明显和完整。看见妈妈高兴时他也会兴高采烈，妈妈生气时他也会情绪不好。当别人不给他想要的东西时，他会发脾气，盒子打不开时他会把盒子摔掉等。

4. 2～3岁幼儿情感发育

2～3岁的幼儿开始具有爱心，知道同情别人。能从周围大人身上体会到喜怒哀乐的情绪并表达出来。一旦父母离开时间较长，幼儿会产生孤独感和寂寞感，此期间宝宝对父母产生的依恋感是很强烈的，如果亲人照料得不够，或母亲和孩子之间缺乏交流，则会使宝宝产生不安全感，造成情感异常，影响日后性格的培养。

婴幼儿期间的情绪和情感表达是短暂和强烈的过程，变化之快有些令人始料不及。刚刚在哭，看见某件喜爱的东西立刻破涕为笑。容易发生冲动，不高兴时会摔东西，会在地上打滚不起来。当有的婴幼儿发生愤怒或恐惧等情绪急剧变化时，发生过度换气，使呼吸中枢受到抑制，造成脑缺氧引发抽动或晕厥。当然后者与婴幼儿的性格有很大的关系，这类的婴幼儿性格多暴躁、任性、好发脾气，应加强亲人之间的情感交流，避免矛盾冲突和粗暴打骂。随着年龄的增长，孩子对不良情绪和不愉快的因素的耐受性逐渐增强，能够有意识地控制自己，情绪也就慢慢稳定了。

七、性格(个性)发育

看到这里也许家长会问：“婴儿会有个性吗？”回答是，“有”。个性在小婴儿身上表现的就是兴趣。1岁以内宝宝的内心都有他非常感兴趣的东西，只不过还不会用语言来表达。当他会说话之后，一些喜好就明显表露出来，对什么都不感兴趣，一点个性都没有的孩子是不存在的，如有的婴幼儿对音乐偏爱，喜欢唱歌；有的喜欢积木，反复叠搭出各种各样的形状；有的喜欢看带画的书等。

一个人的个性取决于他本身的性格，性格是指一个人在客观世界中待人接物和为人处世的方式和方法。性格有遗传因素，但主要还是与生活环境和教育

程度关系密切。

3岁以内的婴幼儿接触社会的机会比较少,主要生活环境仍然以家庭为主,家庭的氛围,父母亲的教育程度及周围亲人的言谈举止等无疑会对宝宝产生潜移默化的影响。2岁以上的幼儿能根据需要提出自己的请求。一些幼儿自我意识比较强,喜欢做他自己喜欢的事情,这时可能会做出一些故意违背家长意愿的事情来,如果家长缺乏耐心,动不动就训斥孩子,这不仅伤害了孩子自尊心,同时还在无形中扼杀了孩子的个性发展。

因此,在婴幼儿期的养育过程中家长不仅要言传身教,以身作则,同时还应该学习一些必要的教育方法,平时更要注意教育方式,尽量避免对孩子产生不良的性格影响,为孩子日后具有良好的道德修养和优秀品质打下坚实的基础(表23)。

表23 父母教育孩子的态度与孩子性格的关系

父母态度	孩子性格
民主的	独立、大胆、机灵,善于与别人交往协作,有分析思考能力
过于严厉,常打骂	顽固、冷酷、无情、倔强,或缺乏自信心和自尊心
溺爱	任性、缺乏独立性、情绪不稳定、骄傲
过于保护	被动、依赖、沉默、缺乏社交能力
父母意见分歧	警惕性高、两面讨好、易说谎、投机取巧
支配性	顺从、依赖、缺乏独立性

作者在工作中接触了大量的家长,发现绝大多数家长询问的问题都是关于宝宝的喂养和营养问题。大一点儿的孩子家长最关心的也是如何提高学习能力,如何多背汉字,多背英语单词等。而真正关心情感和性格方面问题的家长却寥寥无几。大部分的家长认为,3岁以内的婴幼儿不存在情感和性格方面的问题,3岁以后送幼儿园与别的小朋友多接触就好了。实际上这种观念是非常错误的。小儿孤独症多发生在3岁以前,如果到4岁孩子没有纠正,那么,这种孩子的智力多半不能恢复。作者就碰到一个这样的患儿:父母都上班,孩子由外婆带到2岁。2岁以后外婆发现孩子不会说话就送回到父母身边。父母亲天天忙于上班,将孩子送托儿所,可孩子见到老师和其他小伙伴特别恐惧,到3岁孩子看见什么都明白,惟独不说话。到北京儿家大医院最后确诊为小儿孤独症。3岁半时父母到我这里来咨询,经过询问得知孩子已在专门机构训练三月

有余，但收效甚微。看着在旁边拿着玩具独自玩耍的孩子我感到非常痛心。我想，孩子的内心也一定非常寂寞，如果亲人早点和他交流，打开他封闭的心灵窗口，也许将来还是一个优秀人才呢！

希望每一位家长重视宝宝的情感和性格的教育，培养现代人所具有的自信、热情、灵活、豁达和充满希望的情结，使宝宝的智力和情感、性格达到完美的统一，成为全面发展的有用人才。

八、1～36个月龄的婴幼儿智能生长发育特点

(一)1个月婴儿生长发育特点

头部在仰卧位时能够自由转动，头部可以自行竖立2～3秒钟，俯卧位时可以抬起头部1～2秒钟，可以抓住大人的手指头。能够分辨人脸的轮廓，注视红颜色的物体。能够辨别甜和酸的味道。能发出细小的喉音。听到父母的声音会露出微笑。

1. 体格发育

一个月的宝宝体重可以增长700～1 000克，母奶充足的宝宝体重能增长1 000克以上，身高可以增长2～5厘米，头围可以增长2～4厘米，部分宝宝后囟闭合。

2. 运动发育

(1)头颈部转动：宝宝有了一定的运动能力，主要表现在头颈部。仰卧位时能非常自如地转动头颈部，听到声音响动时会很快转动脖子向声音方向望去。大人轻轻握住宝宝的两只手腕，可以很轻松地将宝宝从仰卧位拉到坐位。

(2)头竖立：宝宝的头部可以自行竖立2～3秒钟。俯卧位时宝宝可以抬起头部1～2秒钟，但不能离开床面。竖着抱起时，宝宝可以将头竖立。

(3)手握持：仰卧位时大人将食指放入宝宝手掌中时，宝宝能将大人的食指用小拳头紧紧握住不放。

3. 视听味觉发育

(1)分辨人脸：刚刚出生的宝宝就能够分辨人脸的轮廓，如能够清楚的分辨大人是否戴眼镜或戴口罩，有人观察发现，当宝宝所熟悉的人突然戴上眼镜或口罩时，宝宝就会露出非常惊讶的表情。

(2)注视红色:婴儿首先认识的是红颜色,之后才会逐渐认识黄、蓝、绿色等。因此,对以红颜色为主的图画及玩具会注视很久。当妈妈身穿红色衣服进入宝宝视线时,宝宝会用眼睛跟着妈妈走动的方向来回转动。

(3)辨别酸甜味道:能够辨别甜和酸的味道,如果开始就给宝宝饮用酸甜的果汁,再给宝宝喝一般的白开水就会遭到拒绝,以哭闹来表示自己的意愿。

4. 语言发育

能发出细小的喉音。有的妈妈说,"我一说话宝宝就'欧'个不停,好像他明白我的话"。这种理解也许有道理。但是,目前认为这种喉音是无意识的,与大人说话无关。

5. 认知与生活交往能力

宝宝喜欢听到妈妈的声音,一旦听到亲人的声音,就会自动发出微笑。当宝宝清醒时,妈妈把脸贴近宝宝,与他微笑或说话,宝宝也会微笑,或露出高兴的表情。

(二)2 个月婴儿生长发育特点

能够俯卧抬头,头部很容易竖直片刻,宝宝可以用手握住玩具棒。会发出"啊、欧、哦"等声音。可以看清楚稍微远一点儿的地方,用眼睛跟随着大人的身影转动,对声音有反应,头部的转动超过 180°。会注意力十分集中注视鲜艳的物体。喜欢有大人陪伴。

1. 体格发育

宝宝从 2～6 个月开始体重增长速度会较第一个月减慢,平均每月增长 600～800 克,身高平均每月增长 2～3 厘米,头围平均每月增长 2～2.5 厘米。6 个月时头围可以达到 42～44 厘米。

2. 运动发育

(1)俯卧抬头:颈部运动更加灵活。俯卧抬头时,头部可以离开床面 2～3 秒,有的宝宝甚至还能转动一下头部。从本月开始可以练习俯卧抬头,选择宝宝清醒时、喂奶 1～2 小时后的时间,将宝宝俯卧平放到床上,双手放到头部的两侧,父母站到婴儿头部的一侧,与宝宝说话或用颜色鲜艳的玩具逗引宝宝,鼓励宝宝抬头。作者在门诊遇见过这样的 2 个月婴儿,由于家长未注意宝宝的抬头动作,到门诊时检查宝宝俯卧抬头动作非常不好,但经过上述方法的训练,2～3天之后宝宝就会抬起头了。

(2)头能竖直片刻:将宝宝从仰卧位拉到坐位时,宝宝的头部可以自行竖立5秒钟以上。抱起宝宝头部很容易竖直片刻,但要注意抱起宝宝时一定要保护好宝宝的身体,可以将宝宝的前胸或后背紧紧靠住妈妈的身体,用一只手托住宝宝的臀部,然后试着竖起宝宝的头部,如果宝宝头颈部不稳,千万不要强行竖立,以免发生颈部和脊柱损伤。有一部分婴儿可能不会上述动作,没有关系,只要加强训练,大部分的宝宝都能学会。

(3)晃动玩具棒:宝宝手抓握的能力也是有进步的,如果将玩具棒塞到宝宝手中,能够晃动几下。

3. 语言发育

在宝宝清醒的时候,边笑边逗引宝宝,大部分的宝宝都会发出声音来,如"啊、欧、哦"等。

4. 认知和交往能力

(1)眼睛跟随人影转动:宝宝这时的视听能力已经有了很大的进步。视力不仅仅局限在20厘米的范围,可以看清楚很远的地方,如大人在宝宝房间里来回走动,宝宝就用眼睛跟随着大人的身影转动,听到屋里有声音就会转过头来寻找声音发出的地方,头部的转动能超过180°。

(2)注视物体片刻:在宝宝头部上方放置气球等鲜艳玩具时,宝宝立刻就会注意力十分集中的观看片刻。

(3)喜欢大人陪伴:喜欢大人在身边,看见妈妈等亲人时,会露出微笑。

(三)3个月婴儿生长发育特点

俯卧时可以同时头胸部抬起,头、肩、胸部可以转动。部分婴儿能翻身。双手握在一起,注视数秒钟。部分婴儿能笑出声音,发出音节。能够很清楚看见身边的人和物体,眼神灵活,表情丰富,看见亲人表现很高兴的样子,认识妈妈。有主动与人交往的意愿。

1. 运动发育

(1)抬起头胸部:运动能力从颈部发展到胸部。如俯卧抬头时,头部抬起的同时可以带动胸部抬起45°左右。

(2)翻身动作:仰卧位时不仅头部可以转动自如,肩部和胸部也可以转动,因此这个时期的婴儿可以从仰卧位变为侧卧位,也就是说如果婴儿发育得好,这个月是可以会翻身的。

(3)头竖立稳当：抱起婴儿时能将头部稳稳地竖直10秒钟以上。

(4)双手握在一起：双手从前两个月的握拳状态开始能够松开，并用手摸东西，如果给宝宝玩具棒，宝宝可以握住玩具棒达半分钟以上。能够将双手握在一起，注视并玩耍自己的手3～4秒钟。

2. 语言发育

大人逗引时，这个月的婴儿会随着大人的声音发出“欧、欧”的声音，有的婴儿还能笑出声音来。

3. 认知与交往能力

(1)眼睛分辨物体清楚：这个月宝宝的眼睛分辨能力有了很大的进步，能够很清楚看见身边的人和物体，而且还能很灵敏的跟随人或物体，当大人将一个玩具拿开，而去拿另一个玩具时，宝宝很快就会将视线转移到另一个玩具上，这叫“视线转移”。因此，当大人把宝宝喜欢的玩具拿开之后，他会表示出不满意，也许还会通过“大哭”来表示，当大人把玩具给他之后，宝宝立即就会停止哭闹。

(2)认识亲人：眼神灵活，能够东张西望。表情也逐渐丰富起来。见到亲人非常高兴，尤其见到妈妈时常常会笑出声音来。当看见亲人熟悉的面孔时，会手舞足蹈地表示高兴。

(3)与人交往意愿：看见有人走到身边，宝宝会用微笑表示欢迎，有主动与人交往的意愿。

(四)4个月婴儿生长发育特点

大部分的宝宝都会翻身，头和胸部抬高，用双手拿玩具玩耍。会自己晃动玩具棒。会发出7～8种不同的声音。分辨远近不同的物体。能将看见的物体和听到的声音联系到一起。大部分的婴儿能认识母亲。

1. 运动发育

(1)翻身运动：4个月的婴儿会翻身了，这是婴儿期运动发育的一大进步。婴儿在仰卧玩耍时，逐渐挪动着身体，眼睛不断东张西望，一旦发现身旁有自己喜欢的鲜艳玩具时，势必要想方设法拿到它。婴儿身体不断变换着姿势，不知不觉中就将身体趴到了床上。有时候婴儿在翻身时会把一只手臂压在身体下面，这时家长一定要帮助婴儿拿出手臂或帮助婴儿选择最好和最舒服的姿势翻身，可以练习左右翻身，让宝宝从翻身运动中体会乐趣。

(2)头胸部可抬高：宝宝从仰卧位翻到俯卧位后，可以很自如地将头和胸部

抬高，用手掌支撑床面，有时婴儿还可以用手臂支撑床面，用双手拿玩具玩耍。

(3)坐位练习：这个月龄的宝宝运动逐渐发展到胸和腰部。家长可以将宝宝从仰卧位拉到坐位。抱起宝宝时可以将宝宝的背部靠在母亲的前胸，用另一只手护住婴儿的腰部，让宝宝的臀部稳稳的放置在大人的双腿之上，婴儿的脸朝向前方。这种坐位可以使孩子的视野从母亲的怀里转向周围，即扩大了婴儿视野，又增加了宝宝对周围事物的乐趣。将玩具棒塞入婴儿手中时，婴儿能够拿到眼前注视数秒，并努力摇晃，如果听到摇晃后的声音会更加起劲的晃动玩具棒，有的婴儿还会将玩具棒塞到嘴里。

2. 语言发育

咿呀作语状，会发出七八种不同的声音，但并无实际意义。

3. 认知和交往能力

(1)分辨远近不同的物体：看东西非常清晰，能够调节视焦距，分辨远近不同的物体。能看到小纽扣，小糖块等。如果大人用手拿着鲜艳的小纽扣，婴儿会注视片刻再离开视线。

(2)视听觉之间的联系能力：能将视觉与听觉很好的结合起来。宝宝看到的东西越多，大脑中的世界就会越神奇，好奇感就会越强。因此，从这个月开始就应该采取各种各样的方式尽可能让宝宝看到或听到各种丰富多彩人间事物，如经常改变房间里的布局，床头放置一些彩画，经常不断变换。给宝宝看动画片，听广播，听音乐。加强户外活动，看看外面的精彩世界。

(3)认识亲人：宝宝从这个月起开始认识自己的母亲等最亲近的人脸模样，当母亲走到宝宝身旁时，宝宝会表现出非常兴奋的样子来迎接妈妈，当妈妈离开时，宝宝会用眼睛一直望着妈妈远去的身影。

(五)5个月婴儿生长发育特点

运动发育扩展到身体的各个部位。翻身自如，扶着宝宝可以稍坐片刻，会双腿支撑跳跃动作。主动用手摸东西，能抓到面前的物体，并送到嘴中。会发出多种音节的声音。大部分的婴儿能够认识母亲。有寻找眼前消失的物体的意愿。

1. 运动发育

(1)翻身自如：运动发育已经由头部发展到整个身体的各个部位。能够非常容易的翻身，从仰卧位翻到俯卧位，再从俯卧位翻到仰卧位，或翻到侧卧位

等。宝宝翻过身趴着的时候,能够很容易的抬起胸来,头部可以自由转动,但是手还是不能动。

(2)扶着独坐:扶着宝宝可以稍坐片刻,如果让宝宝靠着沙发靠垫可以坐的时间更长一些。有一些婴儿能够独坐一会儿,但是身体会向前倾斜。

(3)双腿支撑跳跃:将这个月的婴儿抱起来立在大人腿上,婴儿的双腿会主动出现支撑动作,这时大人用双手扶着婴儿的腋下,婴儿会出现跳跃动作,很多细心的家长会发现,婴儿在跳跃的运动中显得非常高兴和愉快。

(4)主动抓握:宝宝的四肢已经更加灵活和有力量。能够用手摸一摸他们感觉新鲜和有趣的东西,并且可以用手准确抓握,一些婴儿甚至能将递到面前的饼干抓到自己的手里,并送到嘴中。

2. 语言发育

仍然以咿呀学语为主,能无意识发出十几种不同的声音。

3. 认知和交往能力

(1)认识母亲:这个月的宝宝已经完全能够认识自己的母亲了。如果看见母亲的脸时宝宝可以发出微笑,但是如果要是别人抱他,他会不高兴,甚至还会哭出声来,可是如果妈妈向他拍手,伸出双手做出要拥抱宝宝的样子时,宝宝也会不由自主地伸出双手迎接妈妈,每当这时年轻的妈妈都会高兴半天,认为自己的宝宝有进步了。

(2)寻找物体意愿:物体在宝宝的脑海中已经形成了印象,所以当物体突然消失时,宝宝会到处寻找,一旦重新发现,宝宝会高兴得手舞足蹈,这时适当的给予鼓励,会激发宝宝的好奇心和兴趣感,培养宝宝的观察能力。

(六)6个月婴儿生长发育特点

能够独坐玩耍,会连续翻身,会用手够取玩具,开始有拇指和其他指分开对捏动作,会用双手传积木。能听懂大人的简单语言,发出元音和辅音。能够很清楚地辨认父母、亲人和陌生人。会表达高兴、满意或愤怒等情感意愿。会用双手撕纸。会和大人玩“藏猫猫”游戏。

1. 运动发育

(1)独坐玩耍:6个月的婴儿已经学会了自己坐在床上,大人稍微用手拉住婴儿的双手,婴儿就会顺着大人拉的方向很轻松地坐了起来,而且还能玩一会儿摆放在面前的玩具。

(2)连续翻身:这个月的婴儿不仅能够自由翻身,还可以在床上玩翻身打滚游戏。如果大人拿着婴儿喜爱的玩具逗引时,宝宝会移动上身和下肢想去够取玩具,身体会不由自主地移动或转圈。

(3)拇指和其他指可分开动作:手的动作又有了新的进步。从全手大把抓逐渐进步到拇指和其他指对捏捏取。因此,可以给婴儿拿一些小方块积木等东西让婴儿练习捏取动作。

(4)两手传积木:双手可以配合完成积木传手的动作。这是一项非常重要的精细动作功能。让婴儿坐在床上,母亲递给孩子一块小积木,待宝宝拿稳之后再递给他另一块积木让他用同一只手拿,聪明的宝宝就会将手中原有的积木传递到另一只手中,再来拿另一块积木。

2. 语言发育

(1)能听懂简单名词:宝宝在这个年龄阶段已经能够听懂许多话了。如经常冲宝宝喊他的名字时,宝宝就会意识到这是在叫自己,很快就会将头转向声音的方向,用眼睛注视着喊叫他的人。对于某些日常生活用品,尤其是宝宝自己经常使用的东西,宝宝会逐渐听懂这些物品的名称。如经常告诉他,房屋顶上的发出光亮的物体是“灯”,经过多次的发音,宝宝明白了头顶上发出光亮的东西叫“灯”,并且记住了“灯”的特征。因此,当大人说出“灯”这个词时,宝宝就会抬头向上注视,表示明白了“灯”的含义。

(2)发出元音和辅音:在这个阶段,婴儿发育除了发出元音之外,还增加了许多的辅音成分,如 b、p、d、k 等,将这些音组合起来,就会发出 ba、ma、da、ka 等音节,当发出 ba 和 ma 音节时,父母往往会惊喜万分,以为孩子会说话和叫爸爸和妈妈了。其实当家长明白孩子是无意识在发音时,应该在孩子面前表示高兴,这种动作对宝宝实际是一种鼓励。家长这些快乐向上的情绪会促进宝宝的语言和智力发育。

3. 认知和交往能力

(1)辨认父母、熟人和生人:孩子从这个月起能够很清楚地辨认父母、熟人和生人。看见父母或熟悉的人时会非常高兴,而看到生人时多有些怯生感。当父母离开宝宝时,宝宝会用哭声表示不高兴,当父母用笑声逗引宝宝时,宝宝会发出爽朗的笑声来回应父母,当父母出现不高兴的表情时,宝宝也会表情严肃,停止微笑等。因此,从这个月开始,父母在宝宝面前应该多以快乐为主,让宝宝多多享受愉快的气氛,并且尽量与更多的不认识的陌生人进行交往,练习宝宝

的适应能力。

(2)表达意愿:6个月的宝宝在遇到自己不能做某件事情时,会用哭声来表示需要他人的帮助。如想要够取非常喜欢的玩具而没有能力够到的时候,看到别人吃东西,自己也想吃而吃不到的时候,对父母的离开表示不满的时候等,孩子会表现得比较烦躁或大声哭闹,这时一定要采取耐心、温柔和循循诱导的方式,帮助宝宝达到目的。切记不要大包大揽或采取冷漠无情、视而不见的态度,前者会使宝宝形成一种依赖思想,日后养成懒惰的习惯,日后形成遇事不能自立和缺乏信心的性格;而后者则又会使宝宝感到孤独和害怕,以后会形成冷漠和孤僻的性格。总之,父母的一言一行会影响宝宝的终身。

(3)撕纸:这个月的宝宝如果手里有一张纸,他会将纸撕成两半或撕破成几块,这个游戏实际上是训练宝宝双手协调的能力。

(4)"藏猫猫"游戏:"藏猫猫"游戏是这个月宝宝应该会的游戏。具体过程是这样的:让母亲怀抱婴儿,父亲站在母亲的身后,将自己的脸藏在母亲的背后,先呼叫小儿的名字,引起婴儿的注意后,父亲从一侧露出面孔,反复发出"喵、喵"的声音,逗引小儿笑出声音来,这时父亲又将脸藏到母亲背后,继续呼叫宝宝的名字,孩子会把头转向刚才父亲露出脸的方向进行寻找,而这次父亲则从另一侧露出脸,令婴儿感到很新鲜和有趣。"藏猫猫"游戏可以练习宝宝的反应速度,增加愉快感,促进亲情感情的交流。

(七)7个月婴儿生长发育特点

7～12个月婴儿身高、体重和头围增长速度明显减慢,大部分孩子开始长出牙齿。能独坐玩耍很长时间,开始出现爬行动作。轮流用双手抓握玩具和倒手。会用拇指和其他手指对捏在一起。能够完全听懂大人所指的某些东西和表达的意愿。发音数量明显增多,还可以用手势来与大人进行交流和沟通。认识身边的物品和事物,明白数字的概念。能够自己吃饼干,自己抱着奶瓶喝奶。

1. 体格发育

在7～12个月这个阶段,身高每月平均增长1.0～1.5厘米。体重每月可增长250～400克。头围7～12个月增长2～4厘米,1岁时头围可以达到46厘米。7～12个月龄详细的发育指标可见第一章的表1～表3。从这个月开始,大部分的婴儿开始长出牙齿。

2. 运动发育

这个月份大的婴儿会稳稳地坐在床上，并且能够独立玩耍很长时间。上身基本可以坐成直位，已经没有上个月的前倾位，双腿可以自由摆放得很平稳。头部可以很随意地转动到各个位置，眼睛可以看到四周的任何一个角落。因此说，孩子从卧位发展到坐位是一个很大的进步，不仅可以直接观察人世间的事物，同时也可以与人进行面对面的交流，真正体会到世界的丰富多彩。

(1)爬行动作：爬行动作是从这个月开始出现的。爬行是人类运动发展中的重要步骤与过程。爬行时需要调动全身各个部位的骨骼和肌肉参与运动，需要肢体运动和相互协调。爬行时必须保持平衡，才能爬得稳并向前挪动。所以说，反复练习爬行不但可以促进小脑平衡功能的发展，还可以使婴儿的大脑接受更多的运动信息，促进大脑的发育，

(2)轮流用双手抓握玩具和倒手：这是本月婴儿应该会的项目。大人递给宝宝一块方积木，宝宝可以用一只手拿起来，当大人再给他另一块方积木时，开始宝宝只能扔下手中的方积木，去取另一块方积木，经过反复练习之后，宝宝在不知不觉中渐渐能够用双手同时拿两块积木了，有的宝宝这个月还能将一块方积木从一只手倒到另一只手中。这些都是婴儿手精细动作的发展特征。

捏取动作与上个月差不多，会用拇指和其他手指对捏在一起，捏取比较小的物品，如小方块积木，小塑料玩具等。

3. 语言发育

这个月的婴儿虽然不会说话，但已经能够完全听懂大人所指的某些东西和表达的意愿。如告诉她“这是娃娃”，几次之后宝宝就记住了娃娃的模样和发音，当下一次再问她：“娃娃在哪里?”时，宝宝就会将眼睛看着娃娃，表示告诉你这是娃娃。有的宝宝还能用手指向娃娃的方向，同时还不断发出某些音节来，意思好像在说“这是娃娃”。

从这个月开始进入婴儿的“语音理解阶段”。宝宝的发音数量明显增多，同时宝宝还可以用手势来与大人进行交流和沟通。如爸爸要上班，出门前说“再见”，同时摇动手臂多次，宝宝明白了摇动手臂就是“再见”的意思，当下次爸爸出门说“再见”时，宝宝立刻就会摇动自己的手臂和爸爸“再见”。宝宝用“哼哼呀呀”等大人听不明白的语言表达意愿，这些语言属于说话前的萌芽语言。有些家长对婴儿这个阶段的“哼哼呀呀”很不耐烦，认为这是在打扰大人的正常休息，把孩子扔在一边不予理睬是很错误的。有的家长认为这个阶段宝宝不会说

话，因而不主动与宝宝交谈，会造成宝宝的语言发育障碍，影响宝宝今后的语言发育。

4. 认知和交往能力

(1)对事物的认识和理解能力：宝宝半岁以后开始具有对人类语言和世间事物的认识和理解能力。首先表现在认识自己身边的非常熟悉的日常生活用品，如奶瓶、毛巾、衣服、小被子、彩色玩具等。当感到饥饿时，看到奶瓶会表现得很高兴，说明宝宝知道奶瓶是用来喝奶的工具。看到鲜艳玩具会非常高兴和兴奋，宝宝知道这种漂亮玩具会发出令人愉快和好听的声音，摇晃起来也会非常有趣等，这些都说明宝宝对自己身边的物体已经具有一定的认识和理解能力。

(2)生活能力方面：能够自己吃饼干，自己抱着奶瓶喝奶等。

(八)8个月婴儿生长发育特点

8个月龄的婴儿坐和爬行非常自如，完全能够自由支配躯干和肢体的运动。有要站的意识。可以捏起花生、米粒、小药丸、曲别针等比较小的物品。可以用手拨弄键盘，还可以扒拉大算盘的珠子。发出各种语调的声音，有想与大人说话的意识。能够通过手势很好的与大人进行沟通。会用手势表达“欢迎”、“再见”、“谢谢”等。能记住五官的名称。

1. 运动发育

婴儿进入生长发育的第八个月时，身体和肢体的活动更加灵活，坐位和爬行动作基本达到自如的程度。

(1)爬行运动：8个月的婴儿爬行可以说是到了完全能够自由支配躯干和肢体运动的程度。可以做前后，左右爬行运动。7个月时主要以匍匐爬行为主，肚子贴在床上向前挪动。最初孩子只能通过手和上臂前端或胳膊的反复挪动慢慢向前爬行。到了8个月时，四肢的运动越来越协调，可以用手和腿交替向前挪动了。逐渐婴儿感觉到仅仅用手和腿交替挪动已经不能满足自己的某种愿望时，就会努力用双手和双侧膝盖来支撑身体，使身体离开床面或地面，这样可以加快爬行速度。上述这种爬行方式是大部分婴儿的爬行发育过程，学会这种爬行会使宝宝进一步加快运动发育。

(2)扶站运动：这个月的婴儿刚刚有要站的意识。如果大人用双手扶在婴儿的腋下，婴儿会非常自然的伸直双腿站立起来。一般情况下大人拉住婴儿的

双手时，婴儿会自动顺势坐起来，大人继续用力抬起孩子双手，孩子就会自动抬起臀部站立起来。

(3)手指的精细动作：婴儿在本月仍然以拇指和其他指捏起为主要抓握动作。可以捏起比较小的物品，如花生、米粒、小药丸、曲别针等。可以用手拨弄键盘，使其发出声音。还可以扒拉大算盘的珠子。有的婴儿对一些小孔和小洞更感兴趣。看见电脑桌上的小洞洞就一定要用手指抠一抠。婴儿玩方积木时，可以同时用双手各拿1块方积木，但还是有想拿第三块积木的欲望。虽然不一定能拿到，但可以出现用手要继续够的动作。

2. 语言发育

明显看出宝宝有想与大人聊的欲望，在大人说话时，宝宝会不时地发出各种语调的声音，同时还会用手使劲地敲打桌面或床面，以表示引起他人的注意。更有意思的是当听到大人咳嗽时，宝宝也会跟着发出"咳咳"的声音，使大人误认为宝宝是不是也被传染了"咳嗽"，以至于干脆抱到医院去看病。这种现象说明宝宝已经具备了非常完整的模仿和发声的能力，要经常与宝宝对话，如在给宝宝穿衣时，发出"衣服，穿衣"等声音，让宝宝知道这些动作是穿衣服的意思。大人在室内活动时，要多对宝宝慢慢地反复说一些名词和动词，发音准确和清楚。只要抓紧时机反复练习，宝宝在不久就会发出准确的音节了。

3. 认知和交往能力

宝宝这个月已经能够通过手势很好地与大人进行沟通了。反复训练之后宝宝会用手势很好地表达"欢迎"、"再见"、"谢谢"等词汇。经常给宝宝指大人的眼睛、鼻子、耳朵，边指边发出五官的名称，不知不觉中宝宝就记住了五官的名称，当大人再次发出眼睛、鼻子和耳朵时宝宝就会准确的指出各自的位置。

(九)9个月婴儿生长发育特点

四肢和躯干更加灵活，能够变换各种体位。拇指和食指可以分开抓握。对语言有所了解。对一些身边比较熟悉的东西，基本都能有所明白。记忆时间延长。会用手握住勺子，会将盛放在勺子里的饭菜放入口中。会表达"要"与"不要"的意愿。

1. 运动发育

本月龄婴儿的大运动形式不断转换，更加灵巧。精细动作发展到拇指和食指分开抓握。婴儿从大运动发展扩展到精细动作的发展，运动功能出现了迅速

的发展和飞跃。

(1)体位的转换:孩子可以到处爬行,同时可以从爬位转到坐位,再从坐位变到爬行位,可以很自如地取到在自己身边前后左右的玩具等东西。扶着宝宝可以从坐位拉到站位,从站位扶至蹲位、坐位。

整个过程可以这样练习:用双手扶着宝宝,他会站立几秒钟,但是这种站立还不稳;站立一会儿之后可以扶着宝宝慢慢蹲下,然后再坐下;待坐稳之后让宝宝玩耍一会儿;可以在宝宝的前后左右不远处放置一些玩具,让宝宝从坐位变到爬行位来够取玩具;等宝宝回到坐位之后,再扶着宝宝双手拉着宝宝站起来。上述动作可以每天反复练习数次,练习时一定要耐心,动作要温柔,如果动作过快,孩子会感到接受不了,下一次练习时宝宝就会反感而不配合,或大声哭闹以表示拒绝,这些都会影响大人和孩子的情绪,妨碍正常的练习。

(2)拇、食指抓握:9～10个月时,孩子可以用拇指和食指分开抓取细小的东西了,拇、食指抓握是人类手部精细运动的重要发展,拇、食指分开意味着婴儿开始会使用工具,而且这种工具并不同于一般的简单工具,而是比较复杂的精细工具。许多患有脑神经系统疾病和脑瘫的病儿均不会拇、食指抓握动作,直到5～6岁时还是用手掌大把抓握东西。因此,本月的重点就是练习用拇、食指抓握东西,一定要不厌其烦的反复练习,练习次数越多,孩子的手指就会越灵活,将来说不定还能成为一个小雕塑家呢。

2. 语言发育

9个月进入语言萌芽阶段。这个时期孩子对语言基本有了一些了解。知道大人发出的音节代表一定的意思,对一些名词类的词汇好像更加敏感一些,尤其对一些身边比较熟悉的东西,基本都能有所明白。但对动词和形容词还不清楚,因此对于连贯的语言还不明白,大人在说话时要以简单的名词型发音为主,语调平稳,吐字清晰,让孩子清清楚楚、明明白白听到准确的发音。这时候孩子也在努力地倾听大人的发音,同时嘴里也在胡言乱语着什么,实际上他这是在练习发音,孩子说话的同时也在倾听自己的声音,也许在什么时候孩子就会突然说出他想要说出的语言。每当这时孩子都会欣喜无比,手舞足蹈,如果大人也跟着欢呼雀跃,孩子会受到鼓舞,一定会更加努力的练习发音,聪明的家长千万不要错过机会呦。

3. 认知和交往能力

(1)记忆能力:婴儿从出生起就具备有记忆能力。进入9个月时婴儿的记

忆有了明显的长进，主要是记忆时间延长了。例如，告诉宝宝眼睛的发音和位置，宝宝会很长时间不忘记，甚至可以记忆2个月以上。对于一些细微的手势动作，宝宝也会记忆许久。

(2)思维判断能力：对于6～8个月的婴儿来说，在他面前把玩具藏起来，他是不会找到的。如在婴儿面前将玩具猫藏在毛毯的下面，然后让婴儿自己寻找刚才看见的玩具猫，这时婴儿只会看着周围的东西，而不知应该到哪儿去寻找。实际上寻找东西的过程是一个非常复杂的过程，需要很多的大脑思考过程和手眼协调过程。首先婴儿要对消失后的玩具形象完整的保留在脑海中，还要记住刚才大人做过的动作，记住玩具藏匿的地方，当大人让他找寻这件玩具时，婴儿必须要通过大脑来制订计划，如何用自己的手拿开毛毯等，这需要大量的思考和思维活动。有人给8个月的婴儿做了这样一项实验，在婴儿面前把一个玩具藏在了一块屏风后面，然后让这名8个月的婴儿去寻找，玩具近在咫尺，可是婴儿却不知道寻找，只是瞪着大眼睛看着大人。

进入9个月，也就是说经过短短的1个月时间，婴儿的意识和思维就有了突飞猛进的迅速发展。9个月的婴儿不仅能够在同样游戏中找到玩具，而且还能准确地拿回来。

通过大脑的思维判断，本月龄的婴儿开始具有解决问题的能力了。有人做了这样的实验，让妈妈抱着婴儿，把一只小熊放到婴儿面前的小桌子上，让他玩耍一会；在桌子上面铺一块桌布，把小熊放到离婴儿稍远的桌子上，距离要以婴儿够不到为准，观察婴儿如何够取这只小熊；可见到婴儿在试着够取小熊，没有够到，婴儿很着急，用手去拉桌布，无意中将桌布拉向了自己的一方，同时挪动了小熊，缩短了小熊与婴儿之间的距离，婴儿很容易就拿到了小熊，婴儿很高兴。当大人再重复这项游戏时，婴儿就会很快的拉动桌布，拿到玩具。通过这个事例我们可以看出，婴儿实际是在运用大脑思维来判断，寻找解决问题的方法。因此，有专家建议给9～10个月月龄的婴儿设置一些比较容易的障碍型游戏，如在婴儿面前把玩具放在衣服下面，被子下面，或大人将拿东西的手藏在背后，让孩子自己寻找，婴儿通过类似的游戏可以增强思维活动，培养判断事物和解决问题的能力。

(3)使用工具：婴儿最初接触到的工具是吃饭用的勺子。9个月大的婴儿可以用手握住勺子，有时候也会将盛放在勺子里的饭菜放入口中。

(4)能表达“要”与“不要”的意愿：9个月的孩子已经能够很清楚的表达“要”

与“不要”的意愿了。如陌生人走到面前要抱起婴儿，婴儿会马上把脸转向妈妈，表示不要别人抱。到医院看见穿白大衣的医生将听诊器放在自己的小胸脯上，马上就会摇头或用手推开。看见大人把一片药放到小勺里，准备喂入口中时，婴儿会大哭表示不要或抗议大人的举动。而当妈妈把一件孩子从未见过的新鲜玩具给他时，婴儿马上会破涕为笑，用双手接过玩具玩耍起来。

(十)10个月婴儿生长发育特点

学会了扶栏站立，并出现了迈步的意识。很熟练地用拇、食指捏起小东西，如花生粒等。能明白大部分名词性语言的意思。坐盆大小便，配合大人穿衣裤和小鞋等，会与亲人交流，表达喜怒哀乐的情感。

1. 运动发育

在9个月婴儿发育中可以明显地看出婴儿运动形式在不断发生变换，通过仰卧、俯卧、爬行、坐位、扶站等各种运动形式，感受运动的乐趣。进入10个月时，婴儿运动又有了新的进步，学会了扶栏站立，并出现了迈步的意识。精神运动发育方面也趋于更加熟练和成熟。

(1)扶栏站立：9月时婴儿需要在大人帮助下站立数秒或片刻，进入10个月时，如果把婴儿放到有栏杆的床旁边，婴儿可以从坐位开始用双手扶住栏杆下部，以此为支撑点试着站起来。

(2)扶栏迈步：有一部分孩子10个月时刚刚会扶栏，但还不能迈步，这没有什么关系，本月龄的孩子有相当一部分还不能达到扶栏迈步的程度，但家长一定要有训练意识，从坐位到扶栏站立，再开始迈步等一系列动作，需要一步一步，一个动作一个动作反复练习。实际上从坐位到扶栏站立及迈步过程是一个身体多个部位，多种动作的综合运动，需要大脑、小脑的共同协调才能完成，如果大脑和小脑功能有障碍，孩子扶栏就会找不到平衡，当然也就不会顺利站立和迈步。因此，这项训练也是培养孩子大脑和小脑功能的重要训练方式，而这几个月正是抓紧训练的最佳时机。

(3)拇、食指抓握训练：9个月以后的婴儿开始会用拇、食指对捏，但还不够熟练。进入10个月之后，大部分的婴儿都会很熟练，很迅速地用拇、食指捏起小东西，如花生粒等，一部分婴儿抓起之后总是愿意将物品放入嘴里，因此在训练捏取食物的过程中，一定要有专人看护，防止东西吃到嘴中，误入咽部，后果将不堪设想。

2. 语言发育

婴儿基本能明白大部分名词性语言的意思，知道自己最亲近的人是“爸爸、妈妈”，一部分婴儿能够准确发出“爸爸、妈妈”的音节，但大部分的婴儿仍然以手势为主，当大人发出“马、熊猫、大象”的声音时，婴儿就会指出相应的图像，把各种水果摆在婴儿的面前，说出“苹果、香蕉”等词汇时，婴儿就会用手拿起苹果和香蕉等水果来，示意这是大人说的水果。

3. 认知、生活和交往能力

本月的婴儿开始产生好奇心，对许多事物开始细心观察。开始有步骤地训练孩子的生活自理能力，如坐盆大小便，配合大人穿衣裤和小鞋等，会与亲人交流，表达喜怒哀乐的情感。下面分别加以叙述。

(1)好奇心与新鲜感：10个月的婴儿内心世界已经很丰富，求知欲望越来越强烈。由于肢体活动项目越来越多，范围越来越广泛，可以熟练地完成坐、爬、扶栏站立等动作，一部分婴儿还能扶栏迈步。在婴儿眼前的世界越来越精彩，他们想了解一切，在他们看来，周围有看不完的五彩缤纷、色彩斑斓的新鲜东西，它们是多么奇妙和不可思议，每当孩子拿起一件他认为是很有意思的东西时，都会拿起来看一看，然后放入嘴中尝一尝。当他看见大人把某件玩具拆开之后能安装上时，孩子就会让大人反复安装和拆卸。当孩子听见玩具摔到地上的声音很好听时，就会反复将玩具扔到地上，聆听摔到地上的声音。只要他认为是新鲜、有趣、奇妙和没有见过的东西，哪怕是一支笔，一根绳，一支牙膏他都会独自玩耍许久，直到厌烦为止。有的家长每天看护婴儿感觉很疲劳，看到孩子这些“无聊”的动作和“无理”要求不予理睬，有的干脆将玩具拿开，或大声训斥孩子，这些都是不可取的行为，这些行为会大大减低和遏制孩子的好奇心与新鲜感，使孩子对周围事物渐渐失去兴趣。孩子正是通过这些拆拆卸卸，捡起和扔掉东西来体会周围事物，感知人类活动。那么，家长应该怎么做才能满足孩子的好奇心呢？作者的经验是这样的，可以给孩子准备一个没有盖子的大塑料箱，里边放一些日常生活中常用的东西，而且这些东西最好是没有危险，触摸起来比较圆滑，感觉很舒适的小东西。如形态各异的小积木、小吊环、头绳、彩色卡片、各式小花布、小装饰品、钥匙链，不怕摔、不怕打的塑料或木制工艺品等均可，让孩子随意扔取，充分满足孩子的好奇心和求知欲望。

(2)坐盆大小便：当婴儿在坐位时能够独立自如拿取东西，上身随意摆动不摔倒的情况下，就可以开始训练坐盆大小便了。

刚开始坐盆时，孩子有时候会摔倒，需要大人扶着，慢慢等孩子习惯坐便盆之后，就可以不用扶着了。

坐盆时间不宜过长，因为坐盆时间过长可以引起脱肛和痔疮。如果坐盆一段时间还没有解出大小便时，可以等一段时间再重新坐盆。

坐盆时不要逗引孩子，或与孩子玩耍，分散孩子精力。应该让孩子集中所有精力，完成解大小便过程。

孩子在吃饭中，或睡觉中尽量避免坐盆，以免影响孩子食欲和睡眠。

(3)坐盆洗澡：洗澡是一种对婴儿非常有益的运动。胎儿在母亲宫内的羊水中生活了整整10个月，充分享受到了水中生活的乐趣。刚出生不久的新生儿对洗澡比较恐惧，并不是因为水的缘故，而是由于大人给婴儿洗澡时往往动作过重，或在洗头时将水溅到婴儿的脸上，引起婴儿恐惧所造成的。当婴儿稍微大一些，特别是当婴儿能坐位玩耍时，就特别愿意坐到水中嘻乐玩耍。纯洁透明又不断变化的水，让婴儿感受到无穷的乐趣，温暖适度的水与皮肤接触，让婴儿产生愉快感，水的不断流动和变化让婴儿产生好奇和新鲜。有时候婴儿用小手拍打着水，当水花跳出水面，落到脸上、身上，或旁边大人身上时，婴儿别提有多高兴了。不要以为这是孩子的恶作剧，孩子正是通过这种动作和玩耍来了解水的特性，了解大自然的规律。应该让婴儿每天坐盆洗澡，有条件的家庭可以准备一个大一点儿的浴缸，与父母共同坐在一起洗浴，即方便了洗澡，又增进了亲人之间的肌肤交流。洗澡时要不断与他说话，婴儿这时什么都愿意学，非常愿意把自己的感受表达出来。记得有一位母亲就曾欣喜地说："儿子第一次冲我喊出妈妈的时候是在浴缸里。"可见洗澡还是一项促进智力发育的好方法。但是每一位父母一定要记住千万不要让婴儿玩耍时间过长，洗澡完毕之后要很快穿好衣服，穿衣服时不要过分嬉笑逗乐，影响穿衣速度。在门诊就诊的孩子中有相当一部分是因为洗澡时间过长，或洗澡后不愿意穿衣而感冒的。

(4)穿衣练习：这个月的婴儿已经懂得温暖和寒冷的意思，明白穿衣的用途。因此早上当妈妈和爸爸掀开被窝时，婴儿都会感觉到寒冷，要求穿衣服。大人可以利用这个时候训练孩子配合大人穿衣服。有些家长将小衣服袖口卷成小圆圈圈，让婴儿伸出小手钻进去，逗引孩子发笑，使婴儿感到很有趣，下次婴儿一见到这样的小圆圈圈就会把手伸出来，配合大人穿衣服。把两只裤腿挽成小裤衩形状，让孩子很轻松地将腿从裤腿中钻出来，几次以后婴儿就会知道穿衣服和裤子并不是一件很费力的事情，与妈妈爸爸共同穿衣裤是一件很愉快

的事情。要切记不要给孩子穿过紧的内衣和内裤，尤其是松紧带一定要松一些。10个月的婴儿不宜穿连体衣裤，这样的衣裤妨碍婴儿肢体的伸展和运动，穿脱起来也比较费力，婴儿本人也感觉不舒服，同时还影响皮肤和周身血液循环，夏天妨碍出汗，冬天感到燥热，易引起婴儿情绪不安。宽松的衣服不仅可以使婴儿能够充分舒展肢体和利于运动，而且还使皮肤经受锻炼，不易患感冒，穿脱起来比较容易，让婴儿永远保持愉快心情。

（十一）11个月婴儿生长发育特点

11个月的宝宝能够扶栏杆站得很稳，还能扶着栏杆迈出几步，扶栏杆蹲下和站起。双手能抓起玩具并摆弄许久。能听懂许多词汇的意思，用手势表达出身边的许多物品。准确指认眼睛、鼻子、嘴和耳朵等面部器官。发出的音节更多、更丰富了，但不能准确表达。能使用勺子准确将饭菜放入口中，有时还会用杯子喝水。会打开小盒的盖子或盖上。会观察身边的各种人或事物。开始有与同龄儿玩耍的愿望。

1. 运动发育

（1）单独站立数秒：进入11个月月龄的婴儿基本能够很自如地扶栏杆站立起来。如果在上个月加强扶栏杆训练，那么本月就可以脱离栏杆，独自站立片刻了。婴儿学会独自站立是有一个过程的。在会站之前，婴儿要很灵活地从卧位到坐位，从坐起到扶栏杆，甚至不扶栏杆也可以站立数秒钟。婴儿从站立位能很顺畅地蹲下，然后坐下，再到爬行，卧位等。这一系列动作是婴儿肢体在大脑支配下连贯活动的整个运动过程。如果在某一环节不熟练，动作不连贯，或四肢不协调、不灵活，站立过程中婴儿就容易跌倒。

（2）蹲下取物：孩子在站立时，如果发现身边有更好的玩具，就会不知不觉慢慢弯曲双腿蹲下来，够取他们所喜欢的东西。有的父母看到婴儿会蹲下，通常会感到很惊讶，惊叹孩子又有进步了。孩子在蹲下的过程中，有时会摇摇晃晃，身体向前或向后倾斜，这个时候一定要注意保护好婴儿，以免头部受伤。

（3）行走前的准备：从婴儿扶栏杆迈步到独自站立是很迅速的过程。下一阶段就是行走的开始。一些家长担心孩子走路不稳或摔倒，想用学步车代替婴儿的早期行走。为此经常听到家长进行这方面的询问。

近些年来出现了多种样式美观大方深受婴儿和家长喜爱的各种学步车。家长让孩子使用学步车的目的首先是想让自己的宝宝早点学会走路，其次就是

想避免婴儿在学习走路的过程中突然出现跌倒或摔跤的事故。但是，学步车对婴儿学习走路究竟有无好处，目前国内外专家还存在很大的争议。国外有一些专家认为，婴儿脊柱的发育还未完全成熟，背部肌肉的发育尚不完善，加之婴儿骨骼还在继续增长，一旦遇到不良刺激，就会出现骨骼发育异常。因此，过早的使用学步车，婴儿下肢不能完全支撑躯干及上肢，身体的重量都集中在车内的坐垫上，久而久之就会引起脊柱和下肢骨骼的弯曲畸形。一些孩子使用学步车之后会出现"内八字"或"外八字"步态，医生会误认为是患佝偻病。另外，由于站立和行走均依靠学步车的支撑，反而影响了全身骨骼，特别是下肢骨骼的生长发育和进一步锻炼，导致独自站立和行走的时间反而推迟，因此学习站立和行走阶段，最好慎用学步车。

2. 语言发育

有一小部分的婴儿会面向亲人发出"妈妈"和"爸爸"的声音，这类语言发育比较早的婴儿能够明白这是在叫喊自己的亲人。一部分婴儿还不知道这其中的意思，只是朦胧觉得发出这种声音之后，身边的亲人都会喜笑颜开，非常高兴。有一些婴儿会发出一连串令人听不懂的语言，其实这是在表达自己的意思。婴儿听到大人说话很想与之交流，看见身边发生的事情很想发表自己的意见，但苦于不能表达，只好胡乱发出声音，引起大人的注意，这就是现在某些人所说的"儿语"。1岁左右孩子的"儿语"比较简单，一般为2～3个音节。但细心的家长会发现每当孩子发出"儿语"时，他都会很专注地注视某个人或某件东西，也许还会露出笑容等，这正是婴儿独特的表达方式，每当大人看到这种情景时，应该及时与宝宝对答，至于对答的内容是什么无关紧要，因为宝宝并不完全明白大人在说什么，可是宝宝知道大人回应了他所说出的"儿语"，他会更加起劲地唠叨"儿语"，从中体会与外界交流的感受。

这个月语言发育还有更加重要的一点就是婴儿能够明白和理解一些简单的要求性语言，如"把娃娃给妈妈"，如果孩子愿意就会把娃娃递过来。能够理解"不"的意思，告诉宝宝"不要把手指放到嘴里"，听话的宝宝就会把放到嘴里的手指拿出来。当宝宝想拿一些不应该拿的东西时，妈妈如果说："宝宝不动"，宝宝就会放下手中的东西。有一些宝宝还能明白一些带有询问性的语言，如妈妈问宝宝："宝宝的衣服到哪里去了？"宝宝就会四处寻找，当发现衣服时就会用手指，或直接指自己身上穿的衣服。以上情景说明宝宝已经对语言有了更加深刻的理解。

3. 认知、生活和交往能力

(1)寻找东西的能力:11 个月的婴儿已经具有找寻看不见但记忆中已经有保留的东西。这是因为在婴儿的脑海中,身边的物品已经留有很深刻的印象,而且这种记忆通常会持续一段时间。如妈妈或爸爸离开几天,甚至十几天之后突然回来,大部分的婴儿都能一眼认出妈妈或是爸爸,表现出极大的欣喜和高兴。在婴儿面前用小花布包住一块颜色鲜艳的经常拿着玩的积木,记忆能力好的婴儿就会知道这块积木藏在小花布里,会主动地用手打开小花布,拿出其中的积木。把小圆珠珠放进不透明的塑料盒子中,盖上盖子,对婴儿说:"刚才的小圆珠珠哪里去了?"大多数的婴儿听到这种询问时,会向周围看一看,然后注视塑料盒,他这是在回忆刚才大人的动作,注视小塑料盒一会儿,他会试着去打开这个塑料盒的盖子,当发现小圆珠珠在塑料盒中时,婴儿会倒出盒子中的小圆珠珠。有一些记忆力比较好的婴儿甚至能够找到不在眼前放置的非常熟悉的玩具,如妈妈和婴儿对坐在小床上,在婴儿能看见的视野之外把玩具熊藏到被子底下,询问婴儿:"刚才玩的玩具熊哪里去了?"婴儿就会判断妈妈所问的玩具熊并没有离开这里,玩具熊一定就在床上,就会掀开枕头或被子寻找,一旦发现玩具熊他会很高兴,并主动将玩具熊递给妈妈。

(2)从容器内拿出物品或放进物品:这个月的婴儿已经明白了小东西可以放入大容器中。实际上这就是大和小的概念,婴儿知道大东西绝对不会放到比它小的容器之内,只有小东西才会放到大容器中。在婴儿面前放置一个大杯子和几块积木,首先大人先将一块积木放到杯子中,婴儿会目不转睛地看着,鼓励婴儿模仿大人拿积木放到杯子里。婴儿这种理解能力非常快,几次玩耍下来,婴儿就会很迅速很熟练地将多块积木放入杯子中或从杯子中拿出来。这种能力的培养非常重要,它反映婴儿对物体大小和形状的理解,同时还能培养判断能力和逻辑思维能力。

(3)对复杂动作的模仿能力:婴儿从出生的第一天就开始具有模仿能力。模仿能力是一个循序渐进的从简单到复杂的过程,这个过程需要婴儿不断接触外界事物,在不断与人的交流中学习,模仿发音,模仿动作,模仿使用工具等。这些都是人类高级活动的体现。11 个月的孩子已经能模仿许多大人的动作。

①模仿推玩具小车。大人将玩具小车放置在小桌上,用手推着向前进或转弯,婴儿看过几次以后就会自己用手推着小车前进或转弯。大人将玩具小车放到地上,婴儿会在大人的协助之下,蹲下来继续用手推着前进。

②模仿搭积木。本月龄的婴儿会模仿大人将积木一块一块叠搭起来。刚开始仅仅会叠搭1～2块积木，慢慢就会叠搭3～4块，或5～6块积木而不倒。

③模仿拍娃娃。大人抱着娃娃，用手拍着娃娃的胸部说："小宝乖乖，赶快睡觉。"婴儿看到大人这个动作一般都要注视一会儿，然后自己也会抱起娃娃，用手拍打，一些婴儿嘴里还不停地唠叨着大人听不懂的"儿语"。

④套筒游戏。现在市场上出售非常漂亮的套筒玩具，套筒大小规格各异，一般按大小尺寸逐一套在带有底座的小柱子上，形成一个多层的套筒，这种游戏可以帮助孩子识别哪个是大的，哪个是小的，并根据大小排列顺序，培养孩子逻辑思维能力。

⑤模仿画画。这个月龄的婴儿可以模仿大人画出竖道或圆圈。首先大人在一张白纸上用彩笔画出一条竖道，或圆圈，然后将彩笔递给孩子，鼓励孩子画出竖道或圆圈，有一些婴儿胡乱画一些横道或竖道，这没有关系，只要孩子能握住笔画出道道就基本可以了。

(4)学习与同龄儿交往的能力：快1岁的孩子开始出现想与同龄儿进行交往的愿望。最初孩子只是用眼睛注视对方，当看见对方穿着五颜六色的服装时，会表现出极大的兴趣，如微笑，用手摸对方的衣服，或用手拉对方的手，或把自己手中的玩具递给对方。如果将两个婴儿同时放在床上，他们会爬到一起互相拍打对方或拉扯对方。这时大人可以在旁边帮助两个婴儿共同玩耍，让他们碰碰头，摸摸手，或交换玩具。不要小看这些非常普通的动作，这对孩子今后的社会交往，人际关系具有很重要的影响。父母应该经常带孩子到户外运动，多接触同龄的孩子，尽力创造与人交往的环境和条件，以利于孩子的智能生长发育。

(十二)12个月婴儿生长发育特点

时间过得多快，转眼之间小宝宝已经来到人世间整整1年了。在这1年里，宝宝在体格和智能发育方面有了飞速发展，不论在生长发育和活动能力方面，还是在心理发育方面，都出现了一些重要的转折性变化，如从站立到开始独立行走，能说出一个到几个词，开始具有逻辑思维能力，萌发要参与社会交往，与人交往的意愿。这些都标志着孩子开始进入了身心发展的一个重要时期，那么在1岁这个重要的转折时期，孩子到底到了怎样一个发展水平呢？我们将分别加以叙述。

1. 体格发育

体重可以达到9～10千克，身长可以达到75～80厘米。婴儿体重或身长超过或低于平均10%都属于正常范围。头围到满周岁时可以长到44～46厘米，男婴略大于女婴。一般认为周岁以内的婴儿头围比胸围大属于正常。如果婴儿发育比较好，到1岁时胸围能赶上头围，46厘米左右。

1岁时的前囟门未闭合是完全正常的，前囟门闭合通常在12～18个月之间。牙齿发育良好的婴儿已经长出6～8颗牙，按照正常顺序应该从正中切齿(上下各2颗)开始萌出，然后左右切齿各1颗(上下各2颗)共8颗，个别婴儿还可以长出乳磨齿。

2. 运动发育

(1)学会站立：1岁时，大部分的婴儿均已经能够独自站立数秒钟。家长可以先扶着婴儿站好，然后轻轻松开婴儿的双手，站得稳的婴儿通常可以自己站立数秒钟。但有的婴儿站立不稳，甚至不能离开大人的支撑，这也是正常的，只是还需要加强训练。

(2)开始学走：这个月龄的婴儿可以扶着栏杆行走，也可以在大人的牵扶下行走几步。开始牵扶婴儿行走时稍稍用力支撑即可，当婴儿站立很稳想要迈步时，大人只需牵住婴儿的手就可以了。这个时期婴儿已经可以自己移动双腿迈步，只是平衡功能比较差，需要借成人的一只手来保持身体的平衡，防止跌倒。

(3)学会使用工具：人类在长期进化发展过程中，逐渐创造和积累经验，利用工具适应和改造生活。而这种能力不是从遗传中获得的，而要从学习中获得。经过1年的观察和学习，婴儿手的精细动作已经很灵活，如自如抓握玩具，会自己使用奶瓶喝奶，会用小勺吃饭，会将小东西放到大箱子中并盖上盖子(整理能力)，能搭几块积木，会使用彩笔画道道等。虽然这些都是极为简单的工具，但这是使用复杂工具的基础，是以后适应成人生活，进行创造性活动的基础。

3. 语言发育

(1)能够听懂许多词汇：满1岁的婴儿可以听懂一批词汇，周围接触到的东西名称，如食物类名称“香蕉、苹果、饼干”，及服装类名称，如“帽子、衣服、裤子”，和某种动作联系到一起的动作性词汇，如“再见、谢谢、摇头、吃饭、尿尿”等。

(2)能够说出少量词汇：接近1岁的婴儿能够说出为数很少的词汇，一般认为不超过10个，最先说出的常常是“妈妈”或“爸爸”一类的词，因为这些词发音容易，代表的事物又和婴儿最亲近。另外，在自然状态下，父母总希望婴儿尽快

会喊“妈妈”或“爸爸”，因此会反复教婴儿说这类语言。

(3)完成了学习语言的准备阶段：婴儿通过1年的语言、听力和发音练习，大脑中已经对周围大人所说的语言有了深刻的印象。尽管婴儿能说的词汇很少，但只要发出声音来就意味着语言的开始。

4. 认知、生活和交往能力

(1)思维发育水平：思维作为一种经过大脑活动的、概括的、间接的反映形式，不同于直接的反映形式——感觉。感觉是与生俱来的感知。一个新生儿只要有健全的大脑和感觉器官，就可以直接对外部世界作出反应。思维则不同，它不是生来就有的，而是在婴儿来到世上的第一年，在逐步复杂的感知觉活动的基础上产生的。近1岁婴儿的思维水平还处于思维的低级阶段，换句话说就是一种通过外界的事物利用动作来感知的思维(感知动作思维)。婴儿在抓握和摆弄各种物体的动作中感知事物之间的联系。例如，抓起一个玩具无意中摔到地上，发出令婴儿感到很奇怪、很好笑的声音，由此他知道只有把玩具扔到地上才能发出声响；小的东西可以放到大的盒子里，而大的东西就不能放入小的盒子里，这种大小的概念告诉婴儿只能把小于盒子的东西放到盒子中。上述这种概念性的印象就形成了思维。它反映了婴儿对事物间关系的认识，这就是初级思维能力。

(2)自我意识的发育：自我意识即对自己的理解和认识，婴儿出生后，有一个逐步认识自己的过程。例如，一个8～9个月以前的婴儿，吸吮自己的手指就像吸吮其他玩具一样，并不理解手指是自己身体的一部分。如果你将一个玩具紧紧贴在他的肚皮上，他也不知道伸手拿开接触到他身体上的东西。当婴儿11～12个月时，开始意识到自己的独立存在，这是从理解自己的动作和力量开始的。例如，婴儿用手扔一个皮球，皮球滚出很远，妈妈给拾了回来，他又扔一次，皮球又滚走了，如此反复数次，婴儿逐渐理解了自己的动作和动作带来的力量，同时这种动作和妈妈的动作是不一样的。如果妈妈拾球次数多了，会对婴儿说“不要扔球了”，婴儿会意识到妈妈不喜欢自己这种动作，从中更加明确这种动作是自己独立的动作。1岁的婴儿会拒绝任何外来的物体接触到自己的身体，如到医院看医生，当医生把听诊器放到婴儿小胸脯上的时候，他会伸手拿开听诊器以表示拒绝。

(3)交往活动：11～12个月的婴儿交往意识越发浓厚，不仅同父母或家庭中其他成员交往，而且追求同龄小伙伴关系的愿望日益强烈，总是利用可能的机会和别的小朋友交往。

(十三)13～15 个月幼儿生长发育特点

1. 前囟

大部分的宝宝前囟已经关闭。如果到 15 个月还没有关闭，应该及时到医院接受检查，大多数的宝宝可能因缺乏维生素 D 所致，还有一部分是因为脑积水所致。

2. 运动发育　这个年龄阶段的宝宝大部分自己能够站得很稳，并能独立行走。两手自如拿起喜爱的玩具进行组合，如叠搭积木；对小孔形态的洞洞比较感兴趣，经常将手指伸进去，并反复注视；大把握笔，在白纸上乱涂、乱画。

(1)独立行走：每个孩子学会独立行走的发育速度是不相同的。大多数的孩子 12～14 个月的时候开始学会走路，极少一部分孩子 8～11 个月就会走路了，但是也有运动发育比较慢的孩子要到 1 岁半，甚至到 20 个月才会走得比较稳当。

作者多年来观察了众多的运动形式发育各异的孩子，发现有一部分婴儿在学会走路之前，根本就没有诸如爬行，站稳的动作，一部分孩子开始走路时几乎不会稳稳地行走，而是两腿踮脚式行走，有些家长认为这些孩子是不会走就想跑的急性子性格。国外有关专家的调查研究表明，近半数的孩子运动发育过程与他们的父母是极为相似的，也就是说遗传形式决定孩子的运动方式。

孩子在刚开始练习走路时，往往走得东倒西歪的，令人感觉到好像总是要摔倒一样，这主要是孩子还不能掌握好身体重心的缘故。有一些孩子为了保持重心，会把双腿叉开行走，如果同时再摇晃上身，简直就像走“鸭步”。一些孩子刚开始仅仅会用足尖走路，落地后脚尖必须快速抬起，才能保持重心，因此外人看来就好像在跑步一样，一段时间后，孩子脚后跟能够着地了，走起来就稳当多了。慢慢地孩子逐渐能拐弯、转身，这时孩子就基本不会摔倒了。

(2)蹲下站起：蹲下和站起是一系列比较复杂的动作，需要躯体和上下肢体的配合才能完成。这些动作往往在孩子完全能够独立行走的同时才会发生。当孩子在走路的途中发现地上有他感兴趣的玩具或东西时，他会不由自主地停下来，先低下头看一看，然后撅起屁股试图弯下腰，伸出手去够取东西。有一些孩子感觉这种动作不太稳当，于是就会试试弯下腿，好像比较容易，于是孩子就会选择撅起屁股，弯曲双腿的办法。可能一次不成功，反复几次之后，孩子终于可以蹲下了，他取到了他喜欢的玩具该有多么高兴啊。

从蹲位到站起来的过程就容易多了，但是如果孩子身体重心把握不好，反而容易一屁股坐到地上，胆子比较小的孩子可能会哭，胆子大的孩子基本是无所谓的，他会用双手支撑着再度站起来，或直接再度蹲下继续他的玩耍。

(3)搭积木：搭积木是练习双手精细动作与手眼协调的最好游戏。一般要先从小方积木的叠搭开始，可以选择1～2厘米左右的红色方积木，放到孩子的面前，先做一些示范动作让孩子看，然后示意孩子把一块积木放在另一块积木的上面，当两块积木叠搭稳当之后，再示意孩子继续把积木放在两块积木的上方，鼓励孩子尽可能地叠搭积木。这个月龄的孩子一般都能搭上两块积木，但也有孩子搭不上积木，不要着急，反复练习，孩子总会找到窍门搭上积木的。

(4)练习把小丸投入小瓶子中并拿出：让孩子坐好，拿出一个瓶口比较小的玻璃瓶子，同时在瓶子的旁边摆放几粒小糖球，告诉他可以把小糖球放到瓶子中，孩子很可能费了很大的气力才放进去1个，或根本放不进去，没有关系，可以反复做示范动作。有的孩子投进一个糖球之后会抬起头来看着大人，估计是有两种想法，第一种可能是告诉大人我放进去了，我成功了。第二种可能是询问我是否可以继续投入？因此当孩子抬头看着大人时，大人一定要及时为小家伙投入第一个小糖球而叫好，然后示意他再放入1个。如果孩子感到厌烦了，即可终止游戏。

总之，在与孩子的共同玩耍中，一定要注意练习双手的精细动作，这对于孩子今后双手的灵活性和准确性是非常重要的。

3. 语言发育

这个年龄阶段的孩子能够有意识地说出比较简单的单词性话语，如“爸爸、妈妈、姨、奶、姥”等。这些简单又有代表性的语言是这个年龄阶段孩子表达的主要方式。

孩子在这个时期说出的语言准确性是很不可靠的，家长常常需要把孩子说话时附带的手势、表情、体态等许多情景性表现作为参考的因素，来揣摸孩子所要表达的意思。这个时期孩子因为感到说话很费力，因此不太愿意过多说话，而是尽量用手势表达。但是，如果大人说出完整的语言，孩子基本都能理解，而且还能按照去做。很早就有这样的研究结果，一个1岁零1个月的孩子就可以听懂成人的如下问话：“要吃奶吗？要吃就点头。”孩子点头；“和爸爸睡吗？”孩子摇头；“和姐姐睡好吗？”孩子点头。这些现象充分说明孩子完全能够理解大人的语言，并能够在大人的语言支配下进行各项活动。如孩子要把花生往嘴里

塞,大人说:"不要吃!"孩子就会停止往嘴里塞花生的动作。当孩子正要伸手打人时,大人说:"不好",孩子就会把手放下来。

4. 认知、生活和交往能力

1 岁以后的孩子非常渴望与大人或同龄儿交流,其中更愿意与同龄儿玩耍。但是有一部分孩子,尤其是女孩开始知道害羞或认生感很强,这时需要大人的协调和帮助,经常要带领孩子到户外活动,加强与他人的交往,培养孩子与人交往的能力。

(1)握笔乱画:孩子看到大人写字,感到很好奇,因此就会模仿大人的姿势拿笔乱画。看到孩子拿不好笔时,应当想办法先让孩子正确握笔,告诉他细头的部分是笔尖,应该是冲下方的。大人可以先画几道,让孩子懂得通过笔尖与纸的接触可以画出不同颜色的道道来。待孩子学会拿笔之后,示意他去用笔尖接触纸面,让孩子用力画出道道。反复多次地练习,孩子就会对握笔画道发生兴趣,这对孩子将来的学习和创作是非常有好处的。

(2)要求欲望:孩子已经可以明确表达愿意要、愿意做,或不愿意要、不愿意做的欲望,如给孩子喜欢的玩具时,他会抓在手里不放,而对于孩子不喜欢的玩具,他会看也不看就马上扔掉。对于孩子不想吃的东西,他是坚决不吃的,如喂饭,当他感觉到饭菜很香,就会大口吃,当他感觉到这些饭菜并不合乎他的口味,那么吃几口他就会吐出来或干脆闭上嘴不吃。喝水也是如此,如果家长总是给他喝一些比较甜的饮料类,那么孩子就会不习惯喝白开水,其实这是一种非常不好的喂养方法,过多饮用这些饮料,一方面会影响孩子的正常食欲,另一方面还会影响孩子的牙齿发育,许多孩子小小的牙齿发黑多半是因为过多饮用较甜的饮料所致。

这个月的孩子去医院看病是一件很难的事情,因为他已经在医院经历了多次预防针的注射,在他们的记忆中,医院就是打针的地方,因此有一部分孩子只要一迈进医院大门,就会大哭大闹起来,向大人表示我非常不愿意到这里来。可以有意识地给孩子买一些玩具式听诊器,让孩子自己体验用听诊器的过程,使他了解看病并不是一件非常可怕的事情。

(3)与大人共同玩球:当孩子能够自己行走坐卧时,大人就可以与孩子玩球了。不要买太大的球,只要孩子能握住就可以了。两人对坐在床上,大人将球抛起,让孩子看到小球在大人手中一起一落多么有意思,引起孩子的兴趣之后,将球扔给孩子,让他自己玩球。刚开始孩子只会用手握住球,或让球从手中滑

落，而不会扔球的动作，渐渐地出现把球扔到地上的动作，终于有一天孩子把球朝上扔了出去，一旦发现孩子出现这种动作，家长一定要及时把球扔回给孩子，反复练习数次之后，孩子便会运用自如，他觉得这个游戏很有意思，由此也会引发孩子对球类游戏的爱好。这个游戏是训练孩子手眼协调，以及四肢的灵活程度和跑跳能力。

（十四）16～18个月幼儿生长发育特点

接近1岁半的孩子已经能走得很稳当了。看见地上有玩具时可以弯腰蹲下玩耍一会儿，然后站起来继续行走。扶着栏杆可以爬几步楼梯，开始有跑步意识。

模仿大人翻书或看书，认识图画中的一些动物、食物、常见日用品等。模仿大人画出横道或竖道。模仿大人撕纸。会灵巧地将小物品放入小瓶子中，或从瓶子中倒出来。会搭4～5块积木。

能说出最常见物品的名称，开始会使用动词性词汇，如“吃、喝、抱”等。能听懂大人说出的完整句子。

开始有意识地使用工具，如用杯子喝水，用小勺吃饭等。

1. 运动发育

(1)行走稳当：经过几个月的练习，孩子已经能够自己行走得很好了。一部分孩子行走过程中，如果看到地上有他喜欢的玩具，他会停住脚步，慢慢弯下腰，或慢慢蹲下来玩一会儿。有时候孩子感觉到有些累，就会一屁股坐下来接着玩耍一会儿。当孩子想到其他地方去的时候，他就会爬起和站起来，继续向前走。这种走走停停、弯腰坐下、爬起站立的动作每天不知道要重复多少次，因此家中最好铺上地毯，便于孩子在地上活动。

(2)上下楼梯：上下楼梯实际上是运动能力和深部感觉能力的结合过程。首先孩子要明白楼梯的位置是高于或低于现在孩子本身所在位置的，而且这种高度和低度是可以触及到的位置。当大人第一次牵着孩子的小手爬上楼梯时，孩子知道必须要抬起一条腿，才能够着高出的台阶，但是他不会两腿交替使用，他必须要把两只脚同时迈到同一位置之后才能再上一层楼梯。因此，家长开始带孩子上楼梯时不必着急，让孩子一步一步登上楼梯，孩子会觉得登上一层就会高一点儿，从中体会登高的喜悦和快乐。上楼梯比下楼梯要容易一些，好多胆小的孩子往往学会了上楼梯，但很长时间内还不敢下楼梯。有的孩子上楼梯

不使用旁边的栏杆，而喜欢爬着上去，这样的孩子一般说来属于运动发育相对慢一些的类型，或说是胆子比较小的孩子。家长不必介意，可以让孩子随意，只要孩子喜欢，任何一种运动方式都是对孩子有利的。在这里需要提醒家长注意的是，在孩子下楼梯时一定要保护好孩子，以免孩子摔下来。

(3)能搭4～5块积木：应该继续训练本月龄孩子搭积木能力。接近1岁半的孩子已经不能满足搭2块积木了，他们逐渐能搭上3～4块、4～5块积木而不倒。

2. 语言发育

(1)使用动词：孩子有一天突然向妈妈伸出手说出了“抱”字，某一天在饭桌上突然对妈妈说出了“吃”字等，这些动词的说出正是本月的特点。当孩子看到饭桌上有自己非常喜欢吃的东西时，很想向大人表示“我想吃”的意思，可是他心里明白说不出来，开始只会用手势比划向大人示意，大人明白他这是想吃的意思，于是就反复重复“吃”的发音，经过无数次反复的刺激，孩子终于按照大人的口型发出了“吃”的声音，这是孩子语言的第一次飞跃，说明孩子已经理解了动作的真正含义，理解了语言和动作的关系，这也是孩子大脑思维活动的体现。智力低下的儿童永远也不会说出带有动词性的词汇。本月龄的孩子能说出的动词是很有限的，只会说日常生活中非常常见的基本词汇，如“抱、走、吃、喝”等，大约有十几个单词左右。家长可以反复在孩子面前重复这类单词，以加深孩子对带有动词类的语言词汇量。

(2)儿歌训练：为了进一步促进孩子的语言能力发育，从这个月开始应该经常给孩子念一些儿歌，儿歌中有许多孩子熟悉的名词和动词，有一些句子合辙押韵听起来很好听。如果再配一些图画，更会引起孩子兴趣。例如，“小白兔白又白，两只耳朵竖起来，爱吃萝卜爱吃菜……”虽然孩子并不能说出儿歌中完整的句子，但是其中重要的发音会给孩子留下很深刻的印象，一旦在其他语言中涉及儿歌中的词汇时，孩子就会不由自主地发出这个音节。反复朗诵儿歌多遍之后，孩子也会随着大人的语调发出声音，听到孩子对某个词汇有印象时，可以放慢这个词的速度，有意识地让孩子跟着发出声音，逐渐孩子就会说出更多的词汇。教儿歌是培养语言能力和记忆能力的最好方法。

3. 认知、生活和交往能力

(1)模仿大人撕纸：孩子撕纸会把大张的纸撕成小纸块，再撕成小纸屑。

(2)模仿大人翻书或看书：家长给孩子一本书，让他看书中的图画，并对他

讲一些与图画中有关系的内容，也许刚开始孩子并不太喜欢听，这是因为他听不太懂，大人说的话他不十分明白。但是反复让孩子看同一个画面，同时反复说出同样的语言，渐渐孩子就明白了这幅图画中的意思。下一次一旦把这本书放到孩子面前，他就会不由自主地拿起书学着大人的样子翻起书来，看到熟悉的画面，他会欣喜万分，嘴里还不停地唠叨着什么，看到自己不太熟悉或根本没有见过的画面，他会多注视一会儿，努力辨认图中的画面。一旦感到没有意思，孩子就会把书撇到一边，玩起其他游戏来。孩子看书的时间非常短，有的仅能坚持数秒，最长时间也就几分钟而已。

(3)模仿大人画出横道或竖道：接近1岁半的孩子已经能够很稳当地握住笔了，有一些孩子能够画出横道和竖道。早期培养孩子握笔画道的能力可以引发孩子对绘画的兴趣，培养孩子集中注意能力。

(4)准确使用杯子和小勺喝水：对于1岁多的孩子来说，可以根据勺子的不同方向使用不同的手，准确地将勺子中的饭菜放入口中。有的孩子还会学着大人的样子拿着小杯喝水。

(5)使用工具能力的进步：孩子大脑已经开始具有初步认识和思考的能力。他们用自己对周围的工具的认识进行思考，试图解决他们自己认为能力达不到的事情，如看见桌子上有一件可爱的玩具，由于个子矮小够不着，孩子就会拿一个板凳，登着板凳上去够东西。18个月的孩子下楼梯时能否下得稳完全依赖于他抓住的扶手是否可靠，这是他自己的经验告诉他的道理。

(6)初步辨认物体颜色、形状和特征：1岁半的孩子能够从图中或实物中辨认物体的形状、颜色和用途。例如，买一些画有各种水果的图画书，反复告诉他长长的香蕉是黄颜色的、圆圆的苹果是红颜色的、大小不等的葡萄有紫色和绿色的，待大人拿出真的香蕉等水果时，孩子就会知道长长的黄颜色的水果是香蕉，圆圆的红颜色水果是苹果等，这些都是可以吃的东西。经常给孩子看一些各种动物的图画书，告诉他长耳朵、红眼睛、浑身白毛的动物是小白兔，全身黑、眼圈白、胖胖乎乎的是大熊猫，高个子、长脖子、身穿花衣的是长颈鹿等，狗见人“汪汪”叫，猫见人“咪咪”跑，逐渐孩子就明白了这些动物的特征，一旦看见这些图画或见到这些动物时，他就会一眼认出来，甚至还学出“汪汪”的叫声等。知道物体的形状也是这个月龄孩子应该具有的能力，如给孩子买一些能够安装三角形、长方形和圆形的积木，让孩子将三角形积木放到三角形木框里，长方形积木放到长方形木框里等，这种游戏能使孩子了解到物体的固有形状，在头脑中

形成立体概念。

(十五)19～21个月幼儿生长发育特点

走路很稳当,开始会跑,并能控制跑和走。会用脚尖走几步,一部分孩子会倒退走几步。能扶墙上楼。会把5～8块积木搭成小塔。

知道并说出身体的2～3个部位,如“肚肚、屁股”等。会用“我”,知道“我”和其他人的区别。能够说出2～3个连贯的词或短句子,如“妈妈抱、奶奶走、没有”等。能回答最简单的问题。

对吃的东西、玩的东西非常感兴趣,很喜欢与人交往、玩耍或说话。向大人表示需要。会看大人表情,主动模仿成人做事情,如脱衣服、写字等。能记住自己的东西放在哪儿,如自己的玩具箱。

1. 运动发育

(1)开始会跑:1岁半以后的孩子平衡功能开始逐渐成熟,运动能力也越来越完善,孩子不仅仅满足于迈步和走路,他们需要以更快的速度前进,奔跑对于刚刚会跑的孩子来说是一种身心的良性刺激,在跑步的过程中,周围环境的摇动和变换,令他们感到心情愉悦,如果在游戏中奔跑,还可以使孩子产生竞争意识,刺激脑神经系统发育。

(2)脚尖行走和倒退行走:大人可以先进行示范动作,脚跟不着地,只用脚尖行走,或倒退着走几步。大部分的孩子看几遍之后就能够学会,但刚开始走的时候多半走不稳,可能还会经常摔倒,这正说明孩子的平衡功能尚不健全,应该反复练习,慢慢孩子适应了这种运动形式,掌握了平衡功能,就会很自如地用脚尖走路,并可以倒着走。

(3)利用扶手和扶墙上楼:孩子从这时起有了登高的愿望,看见楼梯就想模仿大人爬上去,可是孩子并不会单腿抬起来,必须要借助于扶手或楼梯旁边的墙壁才能登上楼梯,这也是孩子使用工具的一种能力。孩子最初爬楼梯的时候不会想到去扶墙,只会上下肢着地式的爬行,一个台阶一个台阶爬上楼梯,家长可以在旁边鼓励孩子往上爬,同时提示他用旁边的扶手或墙壁,让孩子感受到用扶手或扶墙登高更容易,这样孩子就会主动借助于扶手或墙壁爬上楼梯。

2. 语言发育

(1)能够说出2～3个连贯的词或短句子:孩子从这时开始已经不仅仅使用一个字来表达意思了。他们的大脑更加灵活,语言更加丰富,表达形式也是多

种多样。最重要的是孩子可以将名词和动词连接起来，形成一些简单的句子表达意思，如“妈妈抱抱、爸爸上班、奶奶走”等，同时还可以使用一些复合句子，如“宝宝要吃饭、阿姨抱抱我、妈妈不上班”等语句，孩子这个时期主要以简单句为主，复合句的比例占得很小，大部分的词都在5个字以内。知道并能够说出身体的2～3个部位，如“肚肚、屁股”等。

(2)会回答最简单的问题：孩子能够运用语言来表达他们的要求和愿望，对父母提出的问题能够表达愿意或不愿意。例如，妈妈问：“宝宝想睡觉吗？”孩子可以回答“想”或“不想”。妈妈又问：“宝宝的小车在哪里？”宝宝会指着地上或玩具盒子说：“在那儿。”上午孩子吃完饭以后，爸爸问宝宝：“我们一起出去玩好吗？”宝宝会很高兴地答应，有的宝宝还会把自己的衣服拿来，递给爸爸，示意让爸爸帮忙穿上。这个年龄段的孩子开始出现自我意识，因此无论做什么事情最好要用商量的口吻，征求孩子的意见，千万不要强行命令孩子去做他不喜欢的事情，对孩子的心理造成不良影响。

3. 认知、生活和交往能力

(1)主动模仿成人做事情：孩子的模仿动作已经从被动转为主动，如孩子与大人一起进餐时，他会看着大人如何用勺子盛饭和菜，然后他也用同样的动作来盛饭和菜，慢慢地只要孩子一上桌子就会主动拿起饭勺自己吃饭和吃菜。家长可以有意识地多让孩子自己拿勺吃饭，不要怕他把饭菜撒在地上或只吃进去一半，多练几次孩子就会熟练地使用勺子吃饭了。又如，大人拿一个玩具听诊器给娃娃听心脏，孩子也会模仿大人用听诊器听心脏；大人用小锤子敲打木板，孩子也会学着大人的样子敲打木板；大人用脚踢球，孩子也会试着用脚去踢球等，这些动作都是孩子在模仿大人做事情，有一些孩子在做这些事情的时候非常专注，非常认真，同时嘴里还在嘟囔些大人听不懂的话语，也许他是在学着大人的样子哄孩子，或许是在给自己鼓劲。每当这时，父母应尽力鼓励孩子去做，去实践，从中体会做事的乐趣和艰辛。

(2)记忆能力增强：1岁半以后的孩子记忆能力有了非常明显的进步，孩子能够记住大人做过的动作，能够记住自己的东西放在哪里，如自己的衣服、被褥，自己喝水的杯子等。一些发育比较早的孩子还能够记住奶奶、爷爷、小姨、大姑等亲人的称呼，问他：“大姑在哪？”孩子会很迅速地用手指向大姑，而问他“那小姨呢？”孩子立即把手指向小姨。

记忆能力的增强还表现在语言方面，本月龄的孩子能够记住30个以上的

词汇,而且还能说出3～5个单词组成的句子。一些接受早期教育的孩子可能还会记住更多的句子,甚至能够辨认一些常见汉字。

(3)对外界事物的好奇心和兴趣:1岁半～2岁之间,孩子的思维有了突飞猛进的发展,家长一定要利用各种各样的机会对孩子讲解周围的事物。如上街看见公交车、小汽车、自行车时,要告诉他这些车的区别;到超市看见家中没有的物品时,要告诉孩子这种东西的用途,让他知道除了家中的东西以外,还有许多他不知道的东西。有时候还要给孩子做示范,做动作,让孩子了解这些东西的用途。

这个年龄段的孩子由于对东西的性能不能掌握和理解,因此经常会摔坏东西。同时孩子不知道危险,很容易发生事故,家长一定要注意孩子的安全,危险物品要放在孩子够不到的地方,防止发生意外。

(十六)22～24个月幼儿生长发育特点

孩子2岁了,他已经由一个一无所知的婴儿成长为一个活蹦乱跳、会说会唱而活泼可爱的小大人。孩子的跑跳能力又有了很大的进步。孩子可以连续跑出3～4米的距离。一些孩子会用双腿蹦(双脚同时离开地面)。上下楼梯时可以用一只手扶着。

能够说出一些比较连贯的词语,如成语等。会念几首儿歌,能够回答一些生活上比较简单的问题。

能数出简单的数,能够按照顺序一页一页地翻书,能在大人提示下做某件事情,知道生活中常见东西的用途,听大人讲故事以后能够理解大概意思,并能讲出人物和发生的事情。

1. 运动发育

(1)跑步:孩子2岁时已经能够跑出很长一段距离,这时孩子已经不满足于在屋子里跑,他非常愿意到外边去跑,愿意围着障碍物跑,愿意和小朋友互相追逐式奔跑。孩子好像不知道什么叫累,大人感觉孩子老在跑跳,如果不让他跑,他还不愿意。因此,大人认为孩子是否患有“多动症”。其实跑跳是孩子的天性,尤其一些喜欢运动的孩子更是喜欢跑跑跳跳,他觉得这是玩耍,这是娱乐。家长应该尽可能不要限制孩子的跑跳自由,可以让孩子在小花园中奔跑蹦跳,自由玩耍,充分发挥孩子的运动才能,培养他们各种各样的运动能力。

(2)双腿蹦:某一天家长突然发现自己的宝宝能够用双腿同时离开地面蹦

起来。这种动作是孩子经过很多天的行走和跑跳，双下肢反复练习逐渐发展的结果，如果出现了这种动作说明孩子已经掌握好了身体重心，具有非常好的平衡功能。双足抬起的能力对于每一个孩子来讲，发展速度是不一样的。有的孩子2岁就可以很好地完成双腿蹦的动作，而有的孩子到2岁半还不能很好地双足抬起。这只是运动发育的差异，千万不要着急。有一些孩子胆子比较小，害怕摔倒，因而不敢同时抬起双脚，可鼓励孩子多做跑跳运动，帮助孩子有目的的练习，如学习小兔蹦蹦等游戏。双腿蹦一定要以离开地面为准。

(3)一手扶护栏自己上下楼梯：如果家中有楼梯，孩子非常热衷于上下楼梯玩耍。这是因为孩子可以用一只手扶着自己上下楼梯了。上下楼梯不仅使孩子的高度感觉发生变化，还会使孩子的视觉产生变化。让孩子爬楼梯其实也是一种运动游戏，它可以训练孩子的胆量，培养他们的毅力和信心，当孩子站在楼梯的最高点时，他的心情是多么愉快，说不定孩子还会有一种成就感。爬楼梯对于刚刚满2岁的孩子来说还需要有一个训练的过程，开始时可以先少爬几层，待孩子熟练了自己爬楼梯之后，再让他多爬几层，逐渐爬完整层楼梯。下楼梯时一定要扶好孩子以免摔倒，造成身体伤害。

2. 语言发育

孩子在语言方面有了很大的进步，会说比较连贯的词语。有的孩子甚至能说出几句成语，令大人惊讶万分。这个月龄的孩子能够说出很完整的简单句式。如看见妈妈上班，孩子会说“妈妈上班”，想要喝奶时，孩子会说“我要喝奶”，想要玩球时，孩子会说：“我要玩球”等。但是，有一些孩子的发音不是很清楚，要随时注意纠正孩子的发音，尽量让孩子吐字清晰。

3. 认知、生活和交往能力

(1)能数出简单的数：2岁左右的孩子开始能够知道“1”个苹果、“1”个足球，同时他们还能听懂和运用数词“1”和“2、3”。例如，他可以从自己脸上找出“1”个鼻子、“1”个嘴巴、“2”只耳朵、“2”只眼睛等。能数出1～5个数字。2岁的孩子对数字有了基本的概念，从这个年龄段开始对孩子进行数字教育是非常重要的。

(2)和大人一起做事：从这个年龄段开始，应该有意识地培养孩子与大人共同做事的能力。首先要告诉孩子自己的事情尽量自己去做，如吃水果时剩下的果皮或果核等物应该扔到垃圾桶里，摆在地上的玩具玩完之后应该收拾到玩具箱内。如果孩子在扔垃圾时将东西扔到垃圾桶外边时，千万不要训斥孩子，或干脆不让孩子去做，因为这个年龄的孩子很乐意帮助大人做事情，过分的训斥

很可能会挫伤孩子的积极性，使孩子不再愿意为大人做事情，对孩子的身心教育是非常不利的。要千方百计地鼓励孩子参与家中的各种活动，让孩子享受到与家人共同劳动的愉快，这也是培养孩子积极参与社会交往，独立做事，努力为他人服务的意识。

(3)与同龄儿一起玩耍：家长要经常带孩子出去玩耍，有条件的地方还应该让孩子去参加一些托幼机构办的小小班，尽量创造孩子与同龄儿童玩耍的机会，可以让孩子带一些他认为是比较好的玩具，鼓励孩子给别的小朋友玩，或与别人一起玩，学会与人相处，与人友好合作的愿望和意念。

(十七)25～27个月幼儿生长发育特点

自己能够不扶护栏上楼或下楼，双腿蹦跳稳当，可以单腿站立数秒钟，能够自己迈过障碍物，能够控制活动方向，会玩不同形状的积木，摆出各种形状。

会念几首儿歌，会说一些比较简短的句子，会用几个形容词，会问“这是什么?”掌握常用词汇200～300个。

知道“大”和“小”的概念，知道物体的形状和颜色，有简单的是非观念，能分辨“好”与“不好”的事情，会自己吃饭，会自己脱外衣和鞋袜，会自己解大小便，愿意与小朋友玩游戏。

1. 运动发育

(1)独自上下楼：孩子由于胆怯往往总是用一只手先去扶墙，然后再上楼梯。先鼓励孩子不扶墙上楼，也可以稍加帮助，让孩子尽量不扶着墙上楼。一旦独自上楼成功，孩子胆子就大了，下一次孩子就敢自己上楼了。当孩子会自己上楼之后，开始帮助孩子自己下楼，开始大人先拉着孩子从楼梯上下来，到最下面一阶时，松开手，让孩子自己下，然后改为让孩子自己下最下面的第2阶、第3阶，直至第4阶等，可以训练让孩子交替使用两足下楼梯。

(2)单腿站立：大人与孩子面对面站着，大人先抬起一只脚，让孩子明白即使用一只脚也能站得住，然后鼓励孩子抬起一条腿，一只脚离开地面就可以了。单腿站立时孩子上身可能会摇晃，大人可以扶住孩子的身体，然后轻轻放开，让孩子自己独自单腿站立数秒钟，然后告诉孩子轻轻放下脚，反复做上述动作，如果孩子身体重心掌握得比较好，就会稳稳地单腿站立，如果身体重心掌握不好或平衡功能差，那么孩子往往不会用单腿站，因此反复训练此项运动对孩子的平衡功能是非常有好处的。

(3)自己迈过障碍物:这是培养孩子大脑判断能力和四肢协调能力的非常好的一项运动。可以在家中练习,也可以在户外练习。开始设置的障碍物高度要低一些,如在地上画一条线,放置一根绳,或一根棍等,让孩子迈过去,然后逐渐增加高度,可以放一只小板凳,或两只板凳中间放一块板,让孩子迈过去,比较高的障碍物可以用纸盒来代替,这样如果孩子迈不过去,也不至于有危险。练习时可以先协助孩子,如先拉孩子的一只手帮助孩子迈过障碍物,以后再让孩子自己迈。一般这个月龄的孩子都能迈过去,但也有一部分的孩子迈不过去,这并不能说孩子运动能力差,大多数原因是因为孩子胆小,个别是因为孩子的平衡功能不完善,或缺乏锻炼所致,只要多锻炼,多做,孩子最终都会按要求做到。

(4)会搭各种形状的积木:这个月龄的孩子不仅仅满足于只把积木叠搭起来,有的孩子能够凭借对多种物体的感观认识,搭出各式各样的东西,如小房子、小火车等。刚开始搭积木时需要大人协助,首先和孩子商量说:“我们搭积木好吗?”孩子如果高兴或感兴趣是最好的时机,可以给孩子提个建议:“我们搭一列火车可以吗?”,一边说一边让孩子搭,尽量让孩子自己搭建出一种他认为是火车样的东西,如果搭得不像,也不要打断他,让孩子自己搭完。当孩子停下来看大人的时候,大人可以问他:“你搭的是火车吗?”如果搭得很像,他自己就会说:“这是火车。”如果搭得不像,孩子往往犹豫不决,或干脆推倒重来,这时大人一定要鼓励孩子重新树立信心,让孩子按照自己的想象力搭出来,搭完之后,要用赞美的语言鼓励孩子。有时候孩子搭出的东西大人看不出来,这时可以问孩子:“你搭的是什么呀?”孩子可能一时说不上来,帮助他想一个名称,让孩子凭借大脑的记忆和联想对号。这种游戏不仅训练孩子的双手动手能力,同时也培养了孩子的想象力。

2. 语言发育

(1)会背诵儿歌:实际上大部分的孩子真正能够很完整的背诵儿歌基本都是在2~3岁之间的这个年龄段中。因此,家长可以有意识地教给孩子背诵一些好听、易懂、易学的儿歌,可以挑选一些健康、活泼、形象的儿歌让孩子反复背诵。有一些家长喜欢让孩子背诵唐诗,结果背了半天,孩子根本不知道是什么意思,而且2~3岁的孩子长期记忆能力差,好不容易记住的几首唐诗过一段时间再一问,大多数都忘记了。所以说,这个年龄应该背一些比较形象的顺口的儿歌更好。现举例如下:“大公鸡,真美丽,红红(的)鸡冠花花衣,清早起,喔喔

啼，告诉宝宝早早起”。“我的小手绢，真呀真美丽，天天带着它，擦嘴擦鼻涕”。

(2)会用形容词：孩子的语言发育非常快，不仅能够正确使用名词和动词，而且开始使用形容词来表达自己对某件事情的看法，如看见妈妈换了一件新衣服，他会说：“妈妈好漂亮。”到马路上看见小汽车，孩子会说：“小车跑得真快。”看见红苹果时，他会说：“我要吃大红苹果。”大人在平时说话时，应该多注意加用一些形容词类的语言，让孩子慢慢体会其中的意思，用过几次，孩子就会使用这些词汇了。

3. 认知、生活和交往能力

(1)知道“大”和“小”的概念：孩子能够分辨“大”和“小”，说明已经有了对应和比较的思维。孩子在日常生活中经常会碰到大小不同的食物、用品及玩具等，如对孩子说，“爸爸用大碗，宝宝用小碗”，“妈妈用大杯喝水，宝宝用小杯喝水”。坐车时告诉宝宝，“大卡车大，小汽车小”等，使宝宝对大和小有了一个初步的印象。有一些孩子对大和小的分辨能力比较模糊，可以这样练习，大人拿两个大小相差比较悬殊的红气球，先问孩子哪一只大，无论孩子回答正确与否，都要将两只红气球交换位置再问一次，看孩子如何回答。这样做的目的是因为孩子经常会把位置和大小混同一起，他可能会认为某一边是大的，某一边是小的。如果孩子回答正确，反复交换位置之后，孩子仍然能够准确回答，说明孩子能够分辨大小。如果孩子弄不清大小，不知道哪只是大的，可以反复告诉他这只球是大的，然后调换位置，再反复教孩子这只球是大的，直到孩子能够说出大红气球为止。用同样的方法教他认识小红气球。进一步的辨认可以找一些大圆形和小圆形的图案，反复教孩子辨认。当孩子对同类物品分辨清楚之后，可以找一些不同的大小相差比较悬殊的东西作比较，如大人和小孩，大象和老鼠，苹果和花生等。

(2)准确辨认形状和颜色：孩子到了这个年龄，一般可以辨认各种不同形状的物体了，如方形、圆形等。家长可以制作一些颜色比较鲜艳的圆形纸板和方形纸板，告诉孩子这是圆形的，或这是方形的，等孩子能够辨认圆形和方形之后，可以教孩子将两个方形纸板摞在一起，圆形纸板摞在一起，这样反复训练，直到孩子能够自己将同样形状的纸板摞在一起。孩子能说出两种不同形状的名称，并能正确匹配两种不同形状的纸板。

(3)有简单的是非观念：孩子已经对日常生活中一些人或事物有了一个初步的了解，知道“好”与“不好”的事情，如知道“两个人吵架是不好的事情”，“打

人是不对的"，"吃东西不洗手是不对的"等。这些是非观念对孩子今后的人生成长非常重要，一定要让孩子懂得正确和不正确的事情。父母教育孩子做事情时一定要用自己的行动去说明自己的态度，鼓励孩子去做正确的事情，制止孩子去做不正确的事情，如果孩子不明白时，应该耐心说服，千万不要训斥或打骂孩子，引起孩子的反感，反而产生逆反心理，影响孩子将来的发展。

(4)自己做事情：一般这个年龄段的孩子大多会自己做很多事情了，如自己吃饭，自己穿外衣和鞋袜，自己解大小便等。但是孩子的动作往往很慢，吃饭时间用得较长，这时性急的家长就会拿起饭碗喂孩子。孩子穿衣很慢，家长怕孩子感冒，于是代替孩子穿衣裤和袜子。这些都影响了孩子自己动手的能力，孩子这些生活自理能力的培养是一个循序渐进的过程，需要一个磨炼的过程，应该尽量让孩子自己做自己的事情，从小培养孩子独立生活能力，这对于孩子将来的学习和工作是很有帮助的。

(十八)28～30个月幼儿生长发育特点

2岁半的孩子跑跳自如，还能参加许多与跑跳有关的活动，如踢球、跳远等运动，会举起手臂做投掷动作，从楼梯底层跳下。可以模仿大人做"跳舞"动作。会用塑料绳穿扣眼多个(10个左右)。自己会画横线和竖线。

会用人称代词"你、你们、他、他们"等，会用连接词"和""跟"等，能说出比较复杂的语句。

知道"少和多"，"长和短"，"上和下"等抽象概念。会脱衣服，解衣扣。知道数字"1～10"，"1"和"许多"的意思。自己会洗手，会折纸。

1. 运动发育

(1)踢球和投球：大部分的孩子从婴儿期就开始对球感兴趣，因为球是可以滚动的，看着满地滚的球，孩子会觉得新鲜和不可思议，看着大人拿球抛来抛去，或球在脚下滚来滚去的样子，孩子的脑海中充满了刺激和乐趣。利用孩子的好奇心和新鲜感，通过玩球促进孩子的运动发育是再好不过的活动了。踢球是一项孩子比较易于接受的玩耍形式。刚开始孩子踢球时并不要求必须有方向，只要能踢出去就行，大人与孩子面对面站着，先示范踢球动作，然后让孩子伸出脚，慢慢做踢球动作，当孩子能踢出去以后，再告诉他把球踢到某一个方向。训练投球动作也可以这样，与孩子面对面站着，把球扔给孩子，再让孩子把球扔回来，来回多次，孩子就会有目的、有方向地投球了。

(2)立定跳远:这项运动是孩子必须会双腿离地蹦起来之后才能学会的运动项目。家长先在原地画一条直线,在直线位置给孩子做示范动作,让孩子原地蹦跳几次,准备好了之后再用力向前蹦跳,将向前蹦跳的位置与原地的位置进行比较,看看孩子蹦出多远,其实蹦出多远并无多大意义,目的主要是训练孩子双腿协调的能力。

(3)从楼梯末层跳下:某一天家长看见孩子下楼梯到末层时,突然跳了下去,令大人吓了一跳,许多家长怕孩子出现危险,于是大声训斥孩子,这是不对的。这个年龄段的孩子已经不能满足于仅仅登楼梯了,他要寻找新鲜感,寻找与平时不同的感觉,而用双腿向下蹦跳正是孩子运动功能进步的表现,如果家长惧怕孩子出危险而阻止,就会扼杀孩子运动的欲望,影响孩子运动能力的发挥。

2. 语言发育

(1)学用代名词:孩子已经能够区别自己和其他人的关系。也许孩子会想"我是谁?我如何知道我是我自己呢?"这个问题可能许多人都会反复思考,甚至思考终生。那么,作为这个年龄段的孩子来讲,准确理解"我、你、他","我们、你们、他们"这些概念是非常重要的。2岁多的孩子常常把这些代名词弄混,日常生活中家长应该多注意训练。

(2)会问"这是什么?":"这是什么"是提问题中最为简单地问法。孩子的好奇心很强,想象力也极为丰富,遇到不明白的问题他们总是想问一问,因此教会孩子提问题是帮助孩子满足好奇心的首要方法。家长可以指着某一件常用的东西或某一张图片问他:"这是什么?"如果孩子回答准确,就可以再问下一件东西或下一张图片,如果孩子回答不出来,就对他说:"宝宝问妈妈吧,好吗?"当宝宝问妈妈时,妈妈要认真回答,告诉宝宝这是干什么用的,使孩子理解"这是什么?"这句问话可以帮助他回答很多他不明白的问题,以后当孩子有不明白的问题时就会使用这句话了。

3. 认知、生活和交往能力

(1)知道"多少","长短","上下"等概念:在平时日常生活中可以设置一些有对应关系的事物或环境,如吃饭时,给爸爸多盛一些,给妈妈少盛一些,然后对孩子说:"你看,爸爸的碗里饭多,妈妈的碗里饭少。"吃花生时,分成两堆,一堆多一些,一堆少一些,让孩子指出哪一堆多,哪一堆少;和宝宝比手指长短,比下肢的长短,告诉宝宝大人的手指比宝宝的手指要长,妈妈的腿比宝宝的腿要长;上下楼梯时可以告诉孩子:"上楼梯是由低处向高处走,下楼梯是由高处向

低处走”，家中摆放东西时告诉孩子，妈妈的东西放上边，宝宝的玩具放下边，睡觉时告诉孩子，宝宝的衣服放凳子上面，宝宝的小鞋放凳子下面。日常生活中有很多类似的对应实例，只要细心，稍加留意，多说几句，孩子就会收益许多。

(2)懂得“1”和“许多”：在日常生活的环境中，所有事物都有一定的数和量的关系，如宝宝有一个玩具娃娃，两只手枪，过节时妈妈给宝宝买了很多大气球等。这些带有数字概念的人或事对孩子理解数字，获得感性认识是非常有好处的。宝宝一般对多的概念比较容易接受，而对于许多中的“1”个概念是不容易理解的，因此教会宝宝理解各种事物都是由一个一个组成的是非常重要的。要反复告诉孩子任何数都是由很多个“1”组成的，如摆积木，一堆有1块，一堆有5块，先让孩子数一数各堆的积木，数完之后再问孩子哪边的积木多，如果孩子回答正确，让孩子数一数多的那堆积木中有几块，刚开始孩子可能不会数，要反复教他，直到孩子答对为止。在这里需要说明的是，只要孩子懂得“1”和“许多”是不一样的就可以了。

(3)能数1～10：孩子对数字的概念不是很清楚，但是在大人的反复发音中，孩子会很顺畅地从1数到10，也许孩子对数字还不理解，不过没有关系，反复让他数，利用生活中一切机会告诉他这些数字代表的意思，还可以用一些表示数字的图片等加深孩子对数字的印象，为孩子今后的数字计算打基础。

(4)懂得表扬和批评：孩子到了这个年龄已经能够清楚地表达自己的意愿了，特别是一些家长认为比较“倔头”的孩子更是喜欢自己做事，做完事情之后，如果得到大人的表扬，他会表现得兴高采烈，如果事情没有做好，可能还损坏了一些东西，这时如果大人不高兴或批评了几句，孩子顿时情绪低落，甚至哭闹不安。作者在医院就医治了这样一位2岁半的男孩，因头部外伤需要康复而收到内科病房，孩子虽然不会说话，但大人说的话他全都明白，每当大人表扬他时，他就会高兴得手舞足蹈，满脸笑容，如果批评他，他就会立即大哭起来，甚至不吃饭。住院几天，医生护士都知道了这名患儿的特点，每天大家都会找出各种理由来表扬他，结果孩子康复得非常快。通过对这名患儿的诊治，我充分认识到孩子是多么需要鼓励，对孩子的表扬胜过灵丹妙药。孩子愿意自己做事情，千万不要制止他，让他自己去做，从中体会乐趣和愉快，这对孩子的身心发育是至关重要的。

(5)与小伙伴争夺玩具：当孩子自我意识开始萌芽时，他首先表现为自己玩的玩具不愿意给别人，和别人一块玩时，也不愿意让别人拿着，只能自己拿着。

其实这并不是一件坏事，这说明孩子已经知道自己和别人是有区别的，自己的东西应该自己拿着。当发生这种情况时，家长不要过于着急，可以用一些孩子能接受的动作和语言来告诉孩子说："宝宝的玩具可以借给××吗？他是妈妈的好朋友，也是你的好朋友嘛"，"把积木借给××玩，好吗？他会帮你搭一列长长的火车，你们一块玩"等，一旦孩子与别人玩了几次感到很愉快，下一次他就会主动找别的小朋友去玩耍了。值得注意的是，有一些孩子当他的个人欲望开始发展时，他会去抢别的小朋友的玩具，甚至打别人，要及时教育孩子应该与别人友好相处，可以把自己的玩具拿来与别人交换，或把自己的玩具混到别人的玩具中间一起玩耍，目的就是要培养孩子与他人友好合作的精神，避免自我为中心，自私自利的倾向性。

(6)让孩子帮助成人干一点家务事：首先让孩子练习拿一些他能看得见够得着的、父母需要用的东西，从一件开始逐渐增加，每次取完之后都要及时给予表扬，如取小板凳、妈妈的外套等，上街时帮助妈妈拿塑料袋等。从小培养孩子热爱劳动，热爱家庭，互相帮助的性格。

(十九)31～36个月幼儿生长发育特点

孩子快3岁了，无论从动作方面还是语言方面都感觉像个"小大人"了。这时孩子已经能够行走、跑跳自如，还能够做一些比较复杂的动作，如按口令做操，跟大人学跳舞，双脚交替蹦跳，双足交替上下楼等。能够凭借记忆力用积木插出(搭出)比较形象的物体，如火车、楼房、汽车、塔形等。能够画圆圈和十字形。

能够说出复杂句，会背诵10首以上的儿歌，掌握词汇1 000个左右，主要以口语为主。能够说出大部分图画中的东西和用品名称。

明白性别，懂得"里"、"外"，可以准确地用勺子吃饭不撒，喝水不洒，饭前自己洗手并擦干，自己擦鼻涕，会穿衣解扣，会折纸，会玩过家家游戏等。对外界环境有表示，如知道冷、热、渴、饿、累、烦等感觉。

1. 运动发育

(1)双脚交替上下楼：接近3岁的孩子双下肢的协调能力还不是特别完善，因此应该注意锻炼孩子的双脚交替动作，可以先拉着孩子的一只手，让孩子轮流抬起左脚或右脚，然后让孩子先用一只脚登上第一层阶梯，拉着孩子的手再让孩子用另一只脚登上第二层阶梯，轮流反复多次，让孩子体会到用双脚交替

上楼既快又轻松。下楼时也用同样的方法训练孩子。当孩子可以很灵活地用双脚交替上下楼时,说明孩子四肢已经具有很好的协调能力。

(2)按口令做操:主要让孩子模仿大人的动作,如两胳膊向上伸展、向下伸展、水平抬起,下肢踢腿、伸展,全身转动及蹦跳运动等都是非常好的身体活动项目,让孩子跟着模仿,不仅培养孩子迅速的反应能力,同时还能培养孩子的身体和四肢的协调功能,而且还能锻炼身体,因此每天带孩子做一做操还是很有好处的一项运动方式。

(3)跟着学"跳舞":有一些孩子很会模仿大人的动作,特别是孩子可以从电视中看到许多带有音乐的舞蹈动作,非常优美,他们都会自觉不自觉地模仿一些动作,家长看到时,一定要给予鼓励,最好拍手鼓掌。有一些儿童形象舞蹈,如学马儿跑、兔子跳及小熊蹦等都是非常有趣的舞蹈。可以播放一些带有动作语言的儿歌系列或歌曲,让孩子跟着学习和蹦跳,动作好坏没关系,让孩子凭借想象力,做出各种动作,一些孩子可以根据自己的想象编出有趣的动作,说明跟学"跳舞"不仅可以锻炼孩子身体,还可以培养孩子的想象力和创造力,使孩子受到良好的音乐启蒙教育。

(4)自己插(搭)积木:孩子到了3岁的年龄,几乎都能自己玩一些能插和能搭出各种形状的积木了,如市场上卖的各种塑料插积木,能够插出许多各类小房子、各种小汽车的形状。

2. 语言发育

(1)会说复杂语句:孩子接近3岁时词汇量大增,已经初步掌握了日常生活中的口头用语,词汇近1 000个。除了常用的名词、动词以外,还有副词、形容词、数词、代名词、连词等各类词汇。孩子说的句子一般比较短小,以5~10个词为多,如"妈妈带我上公园"、"我要玩积木"、"妈妈为什么还不回来"等语句,口语化比较强,可以同成人进行最基本的语言交往,一般以对话语言为主。

(2)会背多首儿歌:这个年龄段的儿歌一般多以四句为多,每句的字数通常在4~8个,孩子背诵的能力比前几个月有明显的进步,经常练习背诵的孩子甚至能背诵十几首唐诗。在这里要提醒家长的是:孩子背诵多少儿歌是不重要的,重要的是孩子背诵时一定要发音清楚,有一些孩子语言能力相对差一些,发音比较含糊,节奏感也不强,勉强让孩子背下来的儿歌很快就会忘掉。如果遇到这种情况,家长可以找一些短小简单的儿歌让孩子学习跟读,重点要纠正发音,同时还要告诉孩子这些句子的意思,让孩子既学习了发音,又学习了知识,

一举两得，背诵一首儿歌就应该让孩子有所收获。这样做比盲目追求孩子背诵儿歌数量所取得的效果要好得多。有时候在与孩子做游戏时，边玩边教孩子说儿歌也常常会有较好的效果。

（3）教孩子提问题：开始提问题是孩子智力进步的又一表现，这说明孩子已经能够开始用大脑思考问题，需要具有一定的逻辑思维能力。家长可以利用日常生活中的一些习惯提问题，如"为什么早上起来要刷牙"，"为什么饭前、便后要洗手"等；利用与孩子到户外玩耍的机会给孩子提问题，如"为什么有的动物会飞，有的动物不会飞"，"为什么春天小树会发芽"等。给孩子讲解图画中的内容启发孩子提问题，如讲解老狼和小兔的故事时，启发孩子思考"为什么小兔妈妈不让小兔给老狼开门"，"夜里兔妈妈不在时小兔们应该怎么办"等。告诉孩子如果有不明白的问题时就可以问"为什么"或"怎么办"，逐渐培养孩子爱提问题的习惯，这对孩子今后学习是非常有帮助的。

（4）复述简单故事：在生活中、在幼儿园、户外等地方孩子遇到了一些事，想把这件事告诉大人，如白天在家和小姨玩什么了，到外边干什么了，在幼儿园谁和谁打仗了，谁有病了等。这时大人一定要耐心听孩子把事情说清楚，对孩子说："慢慢说，不要着急，妈妈听着呢。"如果孩子只会用几个不连贯的词来表达，大人可以帮助他把这些词整理成两三个完整的句子，让孩子跟着说，或让孩子自己说，说完之后要及时表扬，然后大人再用几个完整的句子把事情清清楚楚地叙述给孩子听。

3. 认知、生活和交往能力

（1）辨认性别：孩子对性别的认识是很朦胧的，家长可以通过妈妈、爸爸以及奶奶、爷爷等不同的性别特征来告诉孩子他是男孩还是女孩，也可以与邻居家的小孩作对比，从外部的特征来了解男孩和女孩的不同，3 岁左右的孩子大多能了解性别的不同，这对于孩子今后的身心发育是非常重要的。

（2）语言交往意识：孩子已经会说很多话了，这时要注意和其他人的交往，遇见和妈妈爸爸说话的大人时一定要告诉孩子喊"阿姨、叔叔、奶奶、爷爷"等，打招呼时要说："你好"，离开时要说："再见"，养成习惯以后孩子遇到认识的大人就会主动打招呼，和小朋友见面时也要互相称呼问好等，使孩子从小养成文明和礼貌待人的良好习惯。

（3）小群体交往活动：接近 3 岁时，孩子语言开始丰富，活动范围也日趋广泛，这时孩子往往不会满足于自己玩耍了，需要和其他人共同进行活动，丰富玩

要内容。小群体活动通常以两、三个人在一起玩耍为主。这种交往活动在游戏活动中尤为明显，如当医生给病人看病，当司机开车拉乘客等，均为一对一的交往活动，或是两、三个人的交往。尽管人数不多，但却是群体活动的萌芽状态，它是孩子以后参加多群体活动的基础，因此家长要尽量创造一些让孩子与其他小朋友交往玩游戏的机会，培养孩子的群体适应性，为今后孩子的社会交往打下良好的基础。

(4)具备生活自理能力：2～3 岁是孩子独立性开始形成和发展的时期。如果孩子发育正常，3 岁的孩子应该能自己用勺子吃饭不撒，用杯子喝水不洒到外面；在大人的帮助下自己穿衣服、裤子和鞋袜；有一些孩子还可以解开扣子，或系按扣；自己会在流水的水龙头下用肥皂洗手，并用毛巾擦干，用水洗脸；能自己上厕所；能自己盖被睡觉，夜里基本不遗尿。这些生活技能正是为他们上幼儿园，适应集体生活创造条件。

(5)对数字的理解：3 岁左右的孩子可以从 1 数到 10，但不理解这些数字的概念。他们还不能手口一致地点数物品，往往嘴里数的数和手的动作不一致，有时往往会重数或漏数。让孩子点数物体以后，他们说不出总数，不知道最后一个数代表物体的总数。但是，如果家长从 2 岁左右开始注意教育辅导的话，有一些孩子可以用实物数 1～5 个数字，手口一致，并能说出最后的总和。

(6)会玩“过家家”游戏：这是 3 岁孩子最喜欢玩的游戏形式。这些孩子只会模仿一些家务劳动的动作，如抱小娃娃，给小娃娃喂饭，给小娃娃看病，搭小房子等，这时他们并不知道去扮演其中的某个角色，但是如果大人提醒孩子，如说：“你来当小娃娃的妈妈吧，好吗？”，孩子就会开始学习大人的样子，慢慢进入角色。家长可以给孩子准备一些“过家家”的东西，如小娃娃、小衣服、小勺、小碗、小纸盒、出门用的小汽车等，如果有时间大人还可以陪着孩子玩一玩，给孩子增添一些新的内容，丰富孩子的想象力。

第六章 婴幼儿的早期教育和训练

面对日新月异的社会发展,年轻的父母们最关心的恐怕就是对自己的宝宝如何进行早期智力的开发和培养这个问题了。美国有一位著名的心理学家长期致力于对儿童和青少年进行智力水平观察,通过对一千多名0～17岁孩子的智力追踪调查,得出了如下的结果:如以17岁的孩子的智力发展水平为百分之百的话,那么,0～4岁的几年中,将发展智力的50%,4～8岁的几年中再继续完成智力发展的30%,而8～17岁这一较长的时段中,仅完成剩下的20%的任务。从以上结果可以看出,儿童智力发展曲线是先快后慢,头几年极为迅速,以后趋于缓慢、平稳。这种理论充分说明了早期智力开发的重要性。

一、0岁早期教育概念及内容

早期教育是指从孩子一出生就给予智能和体能方面的教育训练过程。0岁教育就是从0岁开始进行的教育训练。现在人们已经明白,孩子的智能不是与生俱来的,人类不会“生而知之”,只会“学而知之”。人类的大脑具有无限的潜力,关键是要尽早开发孩子的潜在能力。

早在十九世纪初德国的乡下有一位牧师名叫卡尔·比特,他在单身的时候就提出:“人的智能和才能并不是与生俱来的,而是因为教育而形成的,教育的力量比一般人所想的还要大得多,如果从孩子生下来就开始对其施予期望的教育,那么,孩子的智能一定能够大大地提升,并且逐步转化为优秀的才能。”距离200年前的时候,人们是不能接受他的观点的。卡尔·比特因此发誓自己结婚之后一定要亲自来实施这项教育方案,以此向人们证实自己的观点是正确的。

卡尔·比特找了一位乡村平凡女子结婚了,他们有了一个可爱的儿子,牧师给儿子取了一个与自己相同的名字叫“卡尔·比特”。当孩子生下来之后,牧师就制定了对孩子的教育计划,从出生就开始对其实施教育。

出生头1个月牧师重点是寻找一切机会跟孩子说话，他认为孩子本来就是会思考的动物，他们从一出生的瞬间就依靠自己所见、所闻、所摸来思考并且得出结论。当孩子清醒且视线能够集中时，牧师就将自己的手指放在孩子的眼前，并且移动手指给孩子看，让小卡尔的眼睛跟着他的手指移动，然后用非常清楚的声音反复告诉孩子"手指、手指"。他认为这样做对孩子是很有意义的。

大一点之后牧师就抱着孩子到户外，让他接触新鲜的空气和阳光，看一看村庄中的水车、房屋、河流、池塘、小桥等，还有其他不认识的人等，同时自己与孩子不断地说各种各样的话，刺激孩子的大脑活动，培养孩子的接受能力，

牧师坚信这个孩子一定能够比其他的婴儿更早些开口说话，而且发音会非常准确，语句也会非常丰富。从孩子6岁时就开始让他学习外国语，8岁时已经能够流利地说6个国家的语言，到了13岁，这个孩子已经得到了哲学博士，16岁获得法学博士。牧师用自己的亲身实践，对孩子培养的成功实例，向世人证明早期教育对孩子的智力和才能发育是多么的重要。

著名生理学家巴甫洛夫有句名言："婴儿降生第三天开始教育就迟了2天。"这位生理学家通过大量的动物实验证明，新生动物的脑细胞对外界的声音和刺激有很敏感的反应。每一个人都会拥有140亿个相同数目的脑细胞，而且无论大人或孩子，无论黄种人还是白种人，出生时都是一样的。但是，经过科学家研究证实，人的一生中仅有10%的脑细胞参与脑神经活动，发挥作用，而其余的90%脑细胞还处于未开发和静止状态。因此，可以这样说，人的大脑存在着巨大的开发潜力。而婴儿时期则是开发潜力的关键时刻。正如卡尔·比特所说"他们从一出生的瞬间就依靠自己所见、所闻、所摸来感受世间的一切事物"，他们像一块海绵不断地吸取各种信息，不断地充实自己的大脑，不断地建立各种条件反射，其求知欲之大，接受能力之强，学习效果之惊人，也是我们想象不到的。

如果我们对婴儿放任不管，会出现什么结果呢？这些婴儿的各项能力会逐渐丧失。卡尔·比特把这种现象归结为"才能递减法则"，"愈早开始教育孩子，他的才能愈能够得到大的延伸，相反如果较晚才开始教育孩子，那么，其才能延伸的可能性就几乎枯萎了"。著名的儿童教育家七田真教授把这种才能延伸的可能性用金字塔形图来表示(图27)，底边是接近0岁时开始教育，其才能延伸的可能性是无限大的，随着年龄的增加而急速减少，如果到了七八岁时还没有开始教育，那么，这个孩子才能延伸的可能性就几乎接近0。从图中我们可以看

出，儿童教育最重要的时间是在出生后的头几个月，不要小看这几个月，几个月的大脑刺激、信息传递，会激发孩子大脑的无限潜能，对孩子的智能和才能发育起到事半功倍的作用。可是父母往往都没有意识到这一点，认为刚出生头几个月的宝宝只要吃好、喝好、不生病、不出危险就可以了，这种观念是非常错误的。

前苏联优秀的儿童文学教育家优尔涅·柴可夫斯基说过这样的话："孩子愈是接近0岁，其愈能显现出天才的资质，关于这一点，大家都一样。这些发现不止是在音乐的才能、语言的才能方面，因为教育的关系，各方面也都能够有显著的成长。如果不给予这些天才的资质适当刺激及训练，就会急速丧失。然而很多人却不了解这一点。"这就是早期教育的重要意义之所在。

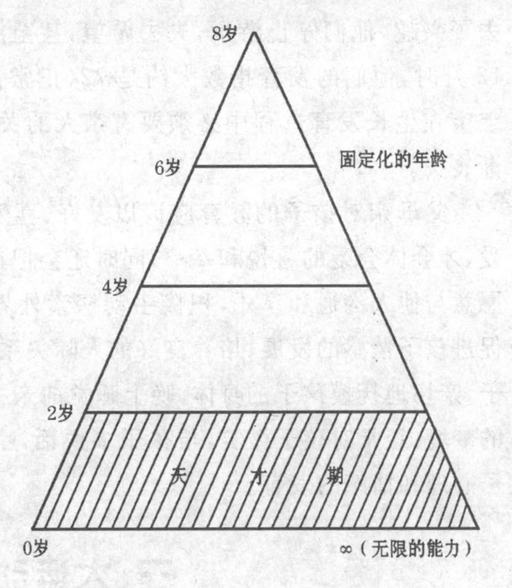

图27　才能伸展可能性示意图

对宝宝的早期智能教育训练一般包括有四个方面的内容，即大运动训练、精细运动训练、语言培养和训练、认知和社会适应能力训练。

二、早期教育中的重要环节——亲情与关爱

最新研究表明，通过各种方式给予宝宝以最大的爱可以使宝宝的智能大有长进。如经常拥抱和抚摸刚刚出生不久的新生儿，他们就会表现得非常活跃。动物实验也表明，反复抚摸新生的小动物可使其脑生理活动明显增加。对小宝宝的这种抚摸实际上就是通过大人对婴儿的抚摸来传递父母或亲人的爱意的。经常用充满爱意的话语和宝宝交谈会使宝宝模仿能力大大加强，还可以提高宝宝对事物的新鲜感。美国一位著名的儿童教育研究专家通过对养育院一些收容的弃婴婴儿的观察研究，向人们展示了亲情和关爱的重要性。这些婴儿出生3个月，他们的母亲停止照顾他们，同时也没有人会去照顾他们。这些可怜的婴

儿没受到任何刺激，养育院的看护人员只是按照规定给予食物，为他们换尿布，从来没有利用空闲时间来陪伴他们说话和玩耍。逐渐这些孩子对周围环境失去了兴趣，他们停止游玩，失去希望，甚至停止了哭泣。等这些孩子长到10～12月时，他们的发育指数大约是72(正常是100左右)。以上实例充分说明，宝宝在生长发育过程中必须要有亲人的关爱和保护，否则孩子的智能就会逐渐丧失。

父母亲对孩子的教育应该以友好、喜爱和鼓励为主，孩子感受到亲人的关爱，才会体会爱的喜悦和幸福，同时还会把这种感受传递给他人。通过爱，孩子愿意与他人沟通和享乐，积极主动探索外界环境、尝试新事物。亲情教育可以促进孩子情感的发展，培养良好的人际关系。如在孩子还不会走路时多抱抱孩子，亲切地抚摸孩子的身体，晚上睡觉前亲一亲孩子，让孩子很幸福地进入甜蜜的梦境，经常对孩子微笑，与孩子多说话，哪怕孩子听不懂，也能很好地促进孩子心理和情感的发育。

三、大运动训练

(一)抬头训练

抬头训练不仅可以锻炼宝宝的颈椎，以及颈部、背部的肌肉力量，增加肺活量，而且也可以扩大宝宝的视野，促使宝宝较早正面面对世界，接受更多的外部刺激。

宝宝出生后几天就能俯卧，但能够俯卧后抬头一般要在2个月后，从出生半个月以后就可以开始对宝宝进行俯卧抬头训练。

1. 俯卧抬头

在两次喂奶间，将宝宝两臂曲于胸前方，俯卧在床上，也可以将卷起的毛巾或小垫子放在宝宝的手臂下。拿一个色彩鲜艳有响声的玩具放在宝宝的眼睛前面，当宝宝注意时，慢慢将玩具移高，宝宝便抬起头，以便能一直看着玩具。如果宝宝不理你的话，要反复做同样的动作。在宝宝抬头时，家长可将玩具从宝宝的眼前慢慢移动到头部的左边，再慢慢地转移到宝宝头部的右边，让宝宝的头随着玩具的方向转头，每天练习3～4次。1个月的宝宝开始每次训练几秒钟，以后可根据宝宝训练情况逐渐延长至3分钟左右，使头抬起离开床面。2个

月时宝宝抬头达45°，3～4个月可以达到两手能支撑起上半身，挺起胸部（图28，图29）。

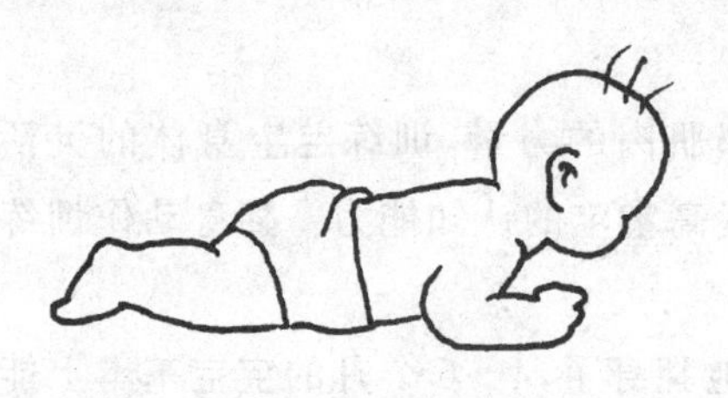

图28 俯卧抬头

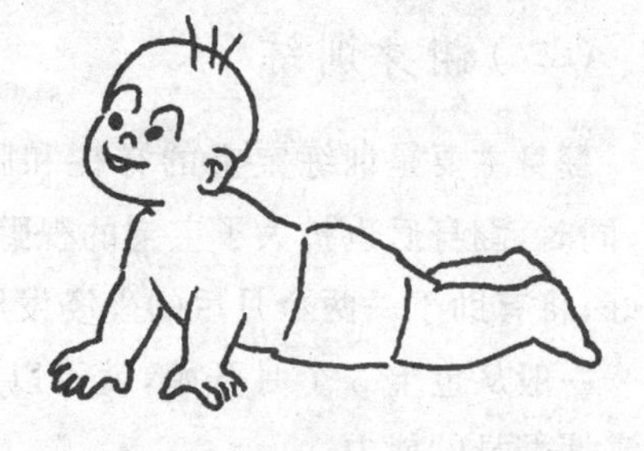

图29 俯卧抬胸

2. 竖抱抬头

宝宝2～3个月时，家长一手抱着宝宝，一手撑住他的后部和背部，使宝宝头部处于直立状态，家长可以边走边变换方向，让宝宝观察四周，促使他自己将头竖直，每次3分钟左右，逐渐延至5分钟，时间不宜过长。宝宝4～5个月时可以训练其背靠家长胸部而坐，头部竖直，可以左右转动180°（图30）。

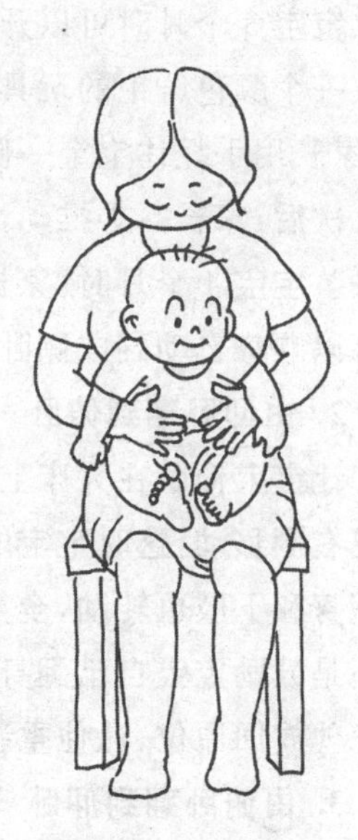

图30 竖抱抬头

3. 抬头训练的注意事项

（1）抬头训练宜在宝宝清醒、空腹（喂奶前1小时）状态下进行。

（2）床面要平坦舒适，适当硬一些。

（3）每次训练的时间不要太长，以免宝宝太累。

（4）如果宝宝有缺钙的表现，会影响抬头，要及时补钙。

（5）如果宝宝3～5个月仍不会抬头，家长要耐心训练，只要有空闲就让宝宝俯卧在床上练习，反复用不同的玩具逗引，让他不感觉单调枯燥。

（6）经常改变练习的环境，如坐车时让宝宝俯卧在家长的大腿上看窗外的风景，或者在户外的草地上让宝宝练抬头的同时也训练观察能力。

（7）要注意动静结合，刚开始俯卧一会儿就躺一会儿，随着练习的天数增多，俯卧的时间就可适当延长。

（8）家长每天坚持给宝宝做按摩，特别是背部的按摩刺激，或是做一些婴儿

体操。

总之，是让宝宝的抬头训练充满新鲜感，宝宝才有兴趣练习。

（二）翻身训练

翻身主要是训练宝宝的脊柱和腰背部肌肉的力量，训练宝宝身体的灵活性，同时，翻身后也扩大了宝宝的视野，能提高宝宝的认知能力。翻身动作训练良好，将有助于一两个月后的坐姿发展。

一般从宝宝3个月开始，就可以训练他翻身了，4～6个月的宝宝基本上能够掌握翻身的能力。

1. 由仰卧翻向侧卧

宝宝3个月时可以开始训练由仰卧翻向侧卧。开始训练时，要在宝宝的左侧放一个颜色鲜艳的玩具，再把他的右腿放到左腿上，将其一只手放在胸腹之间，家长用手托住宝宝一侧的手臂和背部，缓慢推向另一侧，使其侧卧。重点练习几次后，家长不必推动，只要把宝宝的腿放好，用玩具逗引，宝宝就会自己翻过去。宝宝4个月时，家长可以将玩具放在宝宝身体的一侧，逗引他抓玩具，宝宝可以顺势自动翻成侧卧位。

2. 由仰卧翻到俯卧

让宝宝仰卧在大床上，拿一个有趣的新玩具逗他，当他想抓时，将玩具向左侧或右侧移动，这时宝宝的头也会随着转动，伸手时上肢和上身也跟着转动，最后下身和下肢也转动，全身就翻了过来。开始时家长可以助他一臂之力，但主要还是鼓励宝宝自己翻身。当他翻过来了，就要给以鼓励，抱抱他或亲亲他，然后把他放回原位，让他重新再翻。

3. 由俯卧翻到仰卧

如果宝宝翻身翻得非常好之后，就可以让宝宝练习俯卧翻身。练习俯卧翻身时，一开始家长必须对宝宝进行保护。让宝宝俯卧，放一个他喜欢的玩具在他够不着的地方，摇动玩具发出声音，吸引宝宝翻过身来抓玩具；或者拿玩具在宝宝头上慢慢晃过，鼓励他随着玩具的移动翻身。宝宝完成动作后，可以把玩具给他玩一会儿作为奖赏。

4. 翻身训练的注意事项

(1)宝宝一般先学会由仰卧位翻成俯卧位，再由俯卧位翻成仰卧位。一般每日训练2～3次，每次训练2～3分钟。在练习翻身的时候，注意避免扭伤宝

宝的手脚。

(2)宝宝学会翻身的时间是因人而异的,能够翻身的时间并不是固定的。

(3)绝大多数的宝宝在学习翻身前,会发出各种想要翻身的信号。家长如果能够看出这些信号,可以帮宝宝一把,让他更容易掌握翻身的要领。比如,宝宝仰卧的时候总是把脚向上扬,或总是抬起脚摇晃,如果此时家长帮他推一下屁股,可能宝宝就翻过去了。

(4)宝宝会翻身后增加了很多潜在危险性,家长要注意预防。宝宝周围不要放坚硬的物品或小物件,以免宝宝翻身时硌伤或误食;被褥、床单一定要平整,宝宝周围不能有塑料布之类的东西,防止误吸引起窒息;宝宝的床边要安装护栏,避免宝宝翻身时滚下或坠落。所以,处于翻身阶段的宝宝,家长一定要细心照看,最好不离开宝宝。

(三)独坐训练

通过独坐训练,可以锻炼宝宝的颈部、胸部和背部肌肉,表示宝宝的骨骼发育,以及神经系统、肌肉协调能力等逐渐趋于成熟。能够独自坐稳后,宝宝的活动范围和自主性都有了一定的提高,有助于接触和学会更多的东西。

一般来说,在宝宝 4 个月左右,家长可以用手支撑宝宝的背部(图 31)和腰部(图 32),让其维持短暂的坐姿。到了宝宝六七个月时,家长可以在宝宝面前摆放一些玩具,引诱其去抓握玩具,渐渐练习放手之后也能坐稳。一般到宝宝 8 个月时,可以不需要任何扶助,自己就能坐得很好。

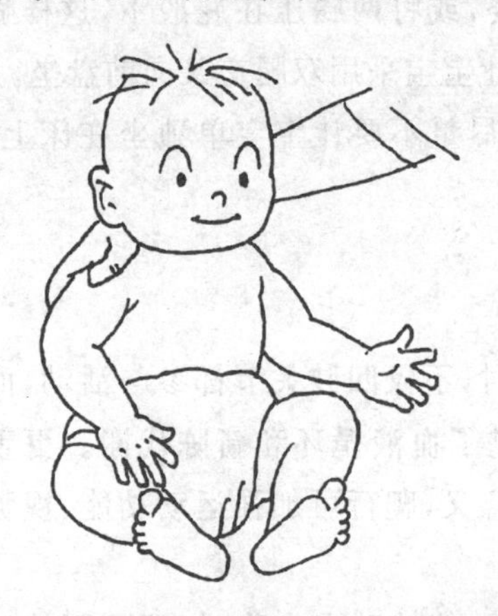

图 31 用手支撑背部练习

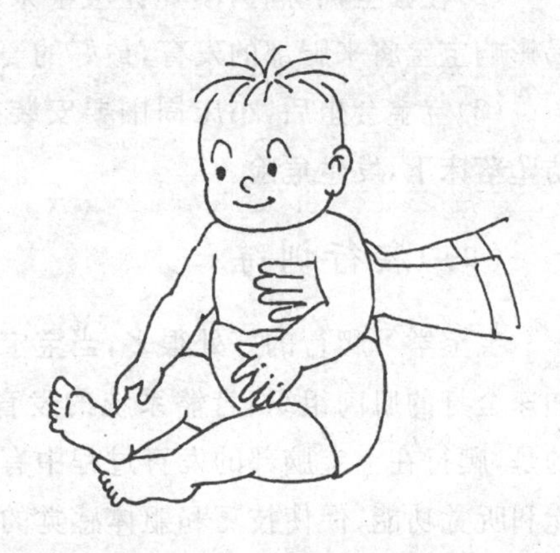

图 32 用手支撑腰部练习

1. 拉坐训练

宝宝仰卧位时，家长握住宝宝的手，只用很小的力气将其缓慢拉起，让宝宝试着自己用力坐起来，保持此姿势 5～6 秒，再轻轻让宝宝躺下，可以重复 2～3 次。以后家长逐渐减少用力，直到宝宝自己握住家长的手指将自己拉起来。

2. 靠坐训练

5 个月左右开始训练宝宝靠坐，将宝宝背靠成人胸前坐在大腿上，或将宝宝放在有扶手的沙发上或有靠背的小椅子上，也可以在宝宝背后放些枕头、棉被，让其练习靠坐，以后逐渐减少宝宝靠垫的东西。每天训练 1～2 次，每次 2～3 分钟。

3. 独坐训练

6 个月时可在靠坐较稳的基础上，让宝宝练习独坐。家长可以先给宝宝背部一定的支撑，以后逐渐撤去支撑，使其坐姿日趋平稳，当宝宝身体要前倾时，可以教其用上肢在前面支撑，慢慢宝宝就可以坐直脱空。

4. 独坐训练的注意事项

宝宝开始自己独坐的时候，往往是摇摇晃晃，东倒西歪的，需要家长非常耐心和细致地进行训练。要注意以下几点，以免发生危险和意外。

(1)在宝宝刚学坐的时候，家长要特别注意宝宝坐的时间不要太久，因为这个阶段宝宝的脊柱尚未发育完全，如果长时间让宝宝坐着，容易发生脊柱侧弯。

(2)在独坐训练时，不要让宝宝采取跪姿，或将两腿压在屁股下，这样做容易影响宝宝将来腿部的发育，最好的姿势是让宝宝采用双腿交叉向前盘坐。

(3)宝宝会坐后，小床周围要安装护栏，尽量不要让宝宝单独坐在床上，以防坠落床下，发生危险。

(四)爬行训练

宝宝学习爬行的好处很多，当宝宝爬行时，不仅四肢关节都参与活动，而且加速全身的肌肉组织、骨骼系统的发育，促进了血液循环和新陈代谢。更重要的是，爬行在宝宝脑部的发育过程中有重要意义，爬行可加强运动功能、视觉功能和听觉功能，促使技巧和躯体感觉的发育。

练习爬行的年龄一般从 7 个月左右开始，能够独自坐稳时，即可开始学会爬行，这是宝宝独自向前移动的最早形式。

1. 爬行预备训练

家长用一手抱着宝宝的膝部，另一手环抱在其胸前，把宝宝的双手放在桌上或地上来支撑身体。然后，家长可以慢慢放松放在宝宝胸前的手，鼓励宝宝用自己的双手支撑自己。一般每次练习 3～5 分钟，每天练习 1～2 次。

2. 爬行训练

让宝宝俯卧位，两腿伸直，双肘部弯曲支撑上半身。家长用双手分别抓住宝宝的双脚掌，轮流向上弯曲膝盖，使脚跟碰到屁股，做屈伸运动 3～5 次。然后，在宝宝的前方放个色彩鲜艳的玩具或宝宝喜欢的有趣东西，引诱他爬过去取玩具。开始时，家长可以扶住宝宝的小腿，或用手托住其脚掌，左右交替地弯曲其膝关节，帮助其向前爬行，重复 2～3 遍，每天练习 1～2 次。逐渐地，当宝宝看到有趣的东西时，就会自己向前爬行(图 33)。

图 33 爬行练习

3. 爬行训练的注意事项

许多孩子学会爬行之后，父母最担心的就是害怕孩子从床上摔到地上，或家中的物品会不会遭到损害。而孩子最喜欢的事情就是爬到床边，将拿到的玩具和其他物品摔到地上。其实，大部分孩子的摔东西纯粹就是为了听到不同的声音而已。父母对孩子的这种行为非常不满，同时又害怕孩子摔到地上，所以就经常限制孩子的爬行，令孩子感到很不自由，限制了孩子的运动发展。现在随着生活水平提高和住房条件的改善，一些有条件的家中铺有木地板，或铺上地毯，让孩子在地上自由自在地到处爬，这样是最好的，既不限制孩子的自由，同时又可以发挥孩子的运动才能。对于住房比较拥挤的家庭，宝宝往往只能在床上练习爬行了。孩子在练习爬行的过程中，需要父母和护理人员的精心看护和悉心照顾，可以选择在孩子餐后 1 小时左右练习爬行，爬行过程中尽量不要离开孩子，以免宝宝摔到地上。婴儿喜欢运动，通过运动孩子可以从中体会到快乐，感知和了解周围环境的精彩世界。有专家指出："了解周围环境是孩子早期精神发育的重要组成部分。"因此，父母应该想方设法创造条件鼓励婴儿做爬行和其他有益于身体健康和智力发育的运动。

(五)站立和起立训练

站立是行走的前驱期。宝宝在学会了站立及接下来的行走动作后，活动力

会比之前增加好几倍，而且也有利于宝宝的智力开发。

一般在宝宝 8 个月大左右，可以由家长扶着慢慢学习站立，9 个月时能够攀扶着家具独自站起来，到了 10 个月时就可以独自站立。

1. 站立训练

开始时家长先用双手扶着宝宝练习站立，当宝宝站得比较稳时，可以训练一手扶站；并可以让宝宝一手扶站，另一只手去取玩具。然后训练让宝宝独自站立，家长可以用双手扶着宝宝的腋下，让宝宝的背部和臀部靠着墙，两个足跟稍微离开墙，双下肢稍微分开使宝宝站稳，然后家长慢慢放手，并拍手鼓励宝宝独自站立。家长也可以将宝宝放在家中的桌子前或是茶几前，最好选择高度与宝宝高度比较适当的桌子，再将宝宝喜爱的玩具放置在桌面上，让他站着玩玩具，借此训练他的耐力和稳定性。

2. 起立训练

训练宝宝从俯卧位双手撑起身体，再双腿跪起来，呈爬行姿势，双手抓住栏杆站起来（图 34）。当宝宝是扶站位时，可以用玩具引导宝宝慢慢坐下，训练宝宝从站位扶着栏杆慢慢坐下，而不是一下子摔坐下去。

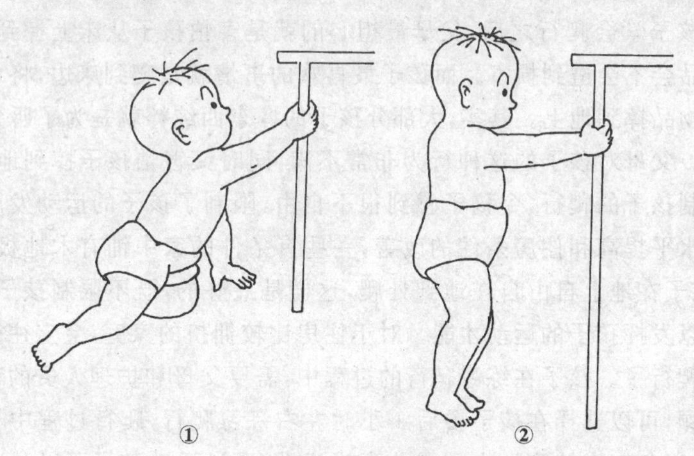

图 34　起立训练

注意不要过早地训练宝宝站立，而且开始训练时，要注意每次训练的时间不要过长，以免宝宝发生下肢弯曲畸形。尤其是患有营养不良和佝偻病的宝宝，过早学习站立，更容易发生下肢变形。

在宝宝学站立的时候，家长喜欢拉着宝宝的胳膊，注意用力不要太大，避免

宝宝发生关节脱位。

宝宝刚学会站立时，往往还不会从站立位坐下来，需要家长帮助他坐下来。这种情况不会持续很长时间，宝宝在学会站立后就会很快地学会自己坐下的动作。开始时，宝宝会非常小心地把屁股坐在双手能碰到的地面上，经过一段时间的练习之后，宝宝就能自如地站立和坐下了。

宝宝会站立后，家长要对宝宝做好保护，给以一个安全的环境。比如，不要让宝宝独自站在桌子旁边，以免他动手去拉桌布或桌上的东西，从而发生危险；家里的冰箱门上也要加装安全装置，防止宝宝随意开启而发生危险；家里的电扇也要选择有安全防护的设计。

（六）行走训练

宝宝从躺卧发展到站立并学会迈步行走，是动作发育的一大进步，对于宝宝的体格发育和心理发育都具有非常重要的意义。如果宝宝行走动作发展受阻，不但会影响日后的学习，也会形成心理障碍，所以家长应重视对宝宝的行走训练。

1. 训练方法

当10～12个月的宝宝能够独自稳定地站立时，家长就可以开始训练宝宝学习行走了。

每个孩子学会独立行走的发育速度是不相同的。大多数的孩子12～14个月的时候开始学会走路，极少一部分孩子8～11个月就会走路了。但是，也有运动发育比较慢的孩子要到1岁半，甚至到20个月才会走得比较稳当。

1岁的孩子一般都能够扶着支撑物站起来，当他感觉站稳当之后，就会不自主地松开一只手，有时候会突然松开两只手，这时仍然能够稳稳站住，孩子就会大松一口气，明白自己能够站立了。下一步就是迈步的问题了。刚开始迈步行走时，孩子往往要借助一些外来的支撑（图35），如床栏杆、大人的手、手推车、拖车等。刚刚学会走路的孩子与大人刚刚学会骑自行车或刚刚学会开车一样，特别喜欢走，走路对于他们

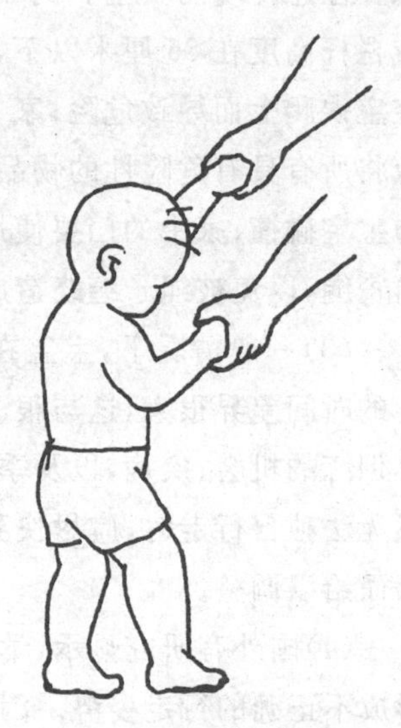

图35 行走训练

来说就是一种愉快，一种自豪。这一阶段，孩子可能会对其他方面暂时失去兴趣，而是专心致志地练习走路。

训练宝宝走路时，可以在家中或玩耍的地方划一条直线，或拉一条绳子，让宝宝沿着线脚后跟碰着另一只脚的脚尖慢慢行走。训练可以从宝宝能够走路时开始进行。开始时要求不要太高，只要他能够沿着直线行走就可以了。刚开始要走得慢一些，逐渐加快走路速度。练习时可以一边迈步，一边数数，吸引宝宝的注意力。随着年龄的增长，可逐渐增加难度。例如，不要让宝宝总低着头盯着线看，只需用眼睛的余光扫视到这条线。在户外，花园的路边，石头路面的石槛，都可让宝宝沿着此线进行行走练习。

2. 注意事项

开始学习行走的年龄段很容易出现家长意想不到的事情，因此笔者特别提出如下注意的问题。

(1)很多刚学会走路的宝宝最容易发生的意外就是扭伤，由于宝宝自己尚不能清楚表达，所以家长要仔细观察宝宝走路是否出现一拐一拐的，或用手按压宝宝的下肢各部位，看看宝宝是否会感到疼痛。

(2)学走路的宝宝所碰到的危险比前面几项动作接触的危险会更多，家长更要注意环境的安全。例如，阳台是容易发生危险的地方，如果阳台没有围栏或栏杆高度在85厘米以下，栏杆间隔过大，或阳台上摆有小凳子等，就容易使宝宝误爬上而导致危险；家中的家具摆设应尽量避免妨碍宝宝学习行走，家长应将所有具有危险性的物品放置高处或移走，并将家具中的尖角套上护垫，以防宝宝碰撞；家中的门要使用防夹软垫来避免夹伤宝宝，也不要让宝宝接触到窗帘绳，以免被绳子缠绕造成窒息。

(3)一般情况下，宝宝在12～14个月就学会走路。但是，每个宝宝开始行走的时间差异很大，这与很多因素有关，如宝宝本身的发育情况、遗传因素、动作训练的机会、疾病，以及季节的影响等。但如果宝宝已经超过18个月大而仍然无法独自行走时，应尽快到医院检查确认有无疾病存在，或有阻碍行走的因素而给以调整。

(4)国外有研究显示，学步车会使宝宝走路的进程变慢，而且有可能使宝宝形成不正确的行走姿势。因此，应尽量不要使用“学步车”之类的工具，而是要在家长的耐心帮助下，让宝宝一步步学会扶着走和独立行走。

(5)在行走训练过程中，某些不利因素可能会影响宝宝正常行走的发育。

比如，宝宝的衣物穿得过多或过厚，以致影响活动性；宝宝经常被家长抱着，很少有机会在地上活动；宝宝过胖而不愿意活动；在开始学走的时候因摔跤而产生了畏惧心理；家庭中缺乏让宝宝扶着走的环境，导致宝宝没有学走的兴趣。家长发现这些因素后，要及时纠正，以免影响宝宝动作的正常发展。

（七）跑步训练

通过跑步训练，不仅使宝宝的骨骼、肌肉系统得到锻炼，而且也增强了呼吸和循环系统的功能，增加肺活量。同时，要教会宝宝掌握正确的跑步姿势，提高其运动的灵活性和稳定性。

1. 训练方法

适宜年龄通常在宝宝1.5～2岁时，即可逐渐开始正确的跑步训练。

(1)走跑交替：这是宝宝刚开始学跑步时的最佳方式，要给宝宝适应的时间，逐渐增加跑步的距离。

(2)跑步游戏：家长可以用一些游戏来激发宝宝跑步的兴趣，而不要一味地单纯跑步，以免让宝宝觉得枯燥而丧失训练的兴趣。比如，可以让宝宝站起来，从一些玩具中拿一样玩具给家长，如果宝宝喜欢这样做，可以让宝宝反复练习去取拿东西，练习跑步；也可以让妈妈站在较远处，让宝宝找妈妈，当宝宝顺利跑到妈妈面前的时候，妈妈要亲亲或抱抱宝宝，以表示鼓励。

2. 跑步训练应该注意的问题

(1)在宝宝跑步前，家长一定要告诫宝宝务必注意安全。比如，不要在马路边或人多的地方跑步，以免互相碰撞；跑步时眼睛要向前看，避开土堆、碎石等障碍物，以免跌伤。

(2)宝宝的平衡能力正在发育中，所以跑步时步子的幅度小，频率却较快，显得头重脚轻，容易摔倒，家长不要因此就限制宝宝练习跑步，而是应该教给宝宝一些自我保护的方法，让他在运动中掌握一定的跑步技能。

(3)帮助宝宝控制跑步的速度和时间，由于宝宝的自控能力差，往往凭兴趣来决定运动时间。所以，开始时家长可以领着宝宝跑，运动一会儿后注意让宝宝休息。

(4)慢跑前不要吃得过饱，进食后不要让宝宝马上跑步；当然，空腹时也不宜跑步，否则会给宝宝的身体带来消极影响。

(5)某些宝宝在刚学跑步的时候，会出现只摆动一只胳膊的现象，如果没有

发现宝宝的胳膊有其他不适,则可能是宝宝的习惯动作,家长要注意及时纠正,慢慢就会改过来的。

(八)跳跃训练

几个月的小宝宝就会在妈妈的双腿上一蹦一蹦地跳跃(图 36),当宝宝 1 岁 10 个月~2 岁时,已经学会了奔跑,可以开始有意识地训练其双脚离地向上跳、向前跳,以及从一定高度的台阶上往下跳。

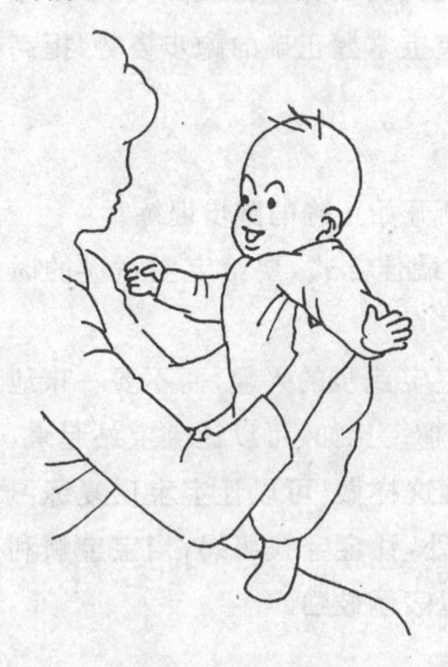

图 36 跳跃训练

1. 原地双腿跳跃

开始训练时,家长要先做示范,双脚离地向上跳,并鼓励宝宝也跟着屈膝向上跳。也可以采用模仿青蛙跳、小白兔跳等游戏鼓励宝宝练习双脚跳,或在地上粘贴或画出小圆圈,让宝宝练习跳跃。

2. 台阶上下跳跃

当宝宝能够稳定地双脚跳离地面时,可以训练宝宝从一阶台阶上往下跳。开始训练时应当选择比较矮的台阶,待宝宝有了一定的胆量,并能稳定地跳下站稳后,再逐渐增加台阶的高度。开始学跳时,家长要先示范,如果宝宝不敢跳时,家长可以给予一定的帮助,拉着宝宝的手一起往下跳。另外,也可以用木板架起一定的高度,让宝宝练习双脚往下跳。

3. 行走跳跃

当宝宝学会了稳定地向上跳和向下跳后,可以开始训练宝宝在原地向前跳。家长先在一小块空地上并脚站立,做向前跳的示范,再让宝宝学着向前跳。为提高宝宝学跳的兴趣,家长可以在地上画一条线或放置一根绳子,鼓励宝宝跳过去;家长也可以和宝宝进行比赛,看看谁跳得远。

4. 跳跃训练应注意的问题

(1)跳跃训练应该选择在比较平坦、安全、卫生的地方,最好是在草地、土地、地板等有一定弹性的地方进行。

(2)宝宝在练习从高处向下跳时,家长一定要做好保护工作,并教他不断重复正确的动作。

(3)要教会宝宝正确的跳跃姿势,要双脚并拢屈膝轻轻地跳起,脚尖先着地,跳跃时双臂自然摆动。

(4)宝宝学会从高处向下跳跃后,家长更要加强对宝宝的看护,因为宝宝不知道危险,会到处乱蹦乱跳。

四、精细动作训练

精细动作就是宝宝运用手,尤其是手指的操作能力,而这种能力的本质,就是手-眼-脑的协调能力。宝宝的智慧体现在他的手指上,手不仅是运动器官,而且是智能器官。手指与大脑之间存在着非常广泛的联系,大脑的发育使手的动作得到发展,反之,灵巧的手也能刺激大脑进一步发展。如果让宝宝的小手指更加灵活,触觉更加敏感,宝宝就一定会更聪明、更富有创造性,思维也会更加开阔。所以,家长要高度重视宝宝手部精细动作的训练。

(一)被动抓握训练

宝宝2～3个月时,开始用他的小手接触这个世界,会出现一些无意识的抓握,家长这时需要耐心地引导宝宝进行一些简单的被动抓握训练。

1. 手指按摩

家长可以每天按摩宝宝的手指,按摩的部位包括手指的背部、腹部及两侧,重点是指端,因为指尖上布满了感觉神经,是感觉最敏锐的部位,按摩指端更能刺激大脑皮质的发育。每天可以按摩1～2次。

2. 帮助宝宝发现小手

可以在宝宝的小手上拴个红布,或戴个哗啦作响的手镯等,帮助宝宝早日发现自己的小手。一旦宝宝发现了自己的小手,他就会特别喜欢看自己的手、玩自己的手、吸吮自己的手,这是婴儿心理发展的必然阶段,家长不要干涉。

3. 触碰抓握训练

宝宝3个月时还不能主动将手张开,家长可以有意识地放一些带有细柄的玩具在他手中,如花铃棒、拨浪鼓、塑料捏响玩具等。刚开始时,可以先用玩具轻轻地触碰宝宝手的第一、二指关节,让他感觉不同的物体。待宝宝的手完全张开后,将玩具柄放入宝宝手中,使之握紧再慢慢抽出;或等宝宝抓住玩具后,家长握住宝宝的手,帮其摇动发出响声,以引起宝宝视听的关注。家长也可以

把铅笔杆、水果糖或其他光滑的小玩具放进宝宝手心，让其抓住。除了以上的训练方法外，在平时还可以用宝宝的手去触碰某些物体，比如吃奶时把宝宝的手放在母亲乳房上或脸上，让他触摸。训练一段时间后，可以在宝宝的床周围悬吊一些色彩鲜艳的玩具，家长握着宝宝的手，帮助其触碰、抓握玩具，可以促进宝宝眼-手的协调和视-知觉的形成（图37）。

图 37　抓握训练

4. 被动抓握的注意事项

（1）对这个年龄阶段的宝宝进行被动抓握训练时，宜选择带柄的、易于抓握的、能发出响声的玩具，如花铃棒、拨浪鼓、小摇铃、各种环状玩具等。家长在购买时，一定要选择环保无毒的材料，并注意玩具要光滑安全。同时，家长在给宝宝玩之前，一定要经常检查装有珠子和小铃的玩具是否结实，以防脱落后被宝宝误食引起窒息。

（2）对宝宝的两只手都要进行被动抓握训练，注意发展宝宝左右手的活动能力。

（3）每次训练的时间不宜太长，活动一会儿后要给以休息。

（二）主动抓握训练

宝宝 4～5 个月时，已经开始想要抓住眼前看到的东西，手-眼协调能力加强，这时就可以开始对宝宝进行主动抓握训练了。

1. 伸手够物

要训练宝宝主动伸手去抓握看到的物件，并教他如何握着玩具玩耍，如摇动拨浪鼓、敲击积木等；也可以在宝宝面前悬挂各种物品，如色彩艳丽的布块、纸盒、塑料玩具、气球等，距离远近要合适，使宝宝能够看到抓到，家长要引导他注视面前的物品玩具，并鼓励宝宝主动用手去抓握、碰撞（图 38）。

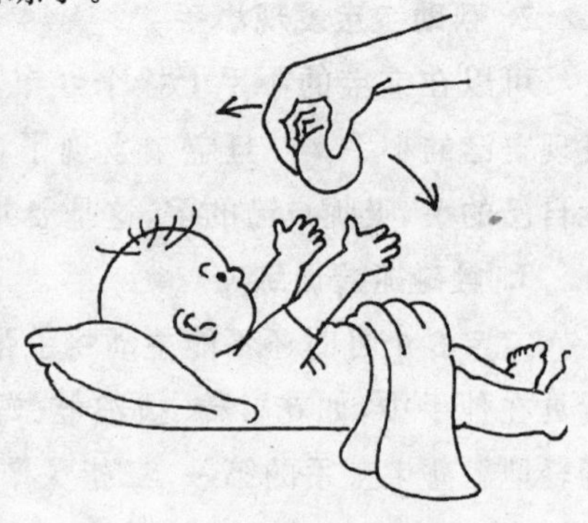

图 38　主动抓握训练

2. 训练抓握

把宝宝抱在桌前，桌面上放置不同的玩具，每次放 1 种，并示范给宝宝看玩具的玩法，同时告诉宝宝玩具的名称，激发宝宝主动够取玩具的欲望。开始时宝宝不会伸手去抓，可以先将玩具放在宝宝手中让他摆弄，等引起兴趣后再放回原处复试，边玩边用语言鼓励。等宝宝能准确抓到，牢牢握住后，可以教宝宝如何玩，如捏响、摇动、敲打、推动等。

可以选择大小不一的玩具训练宝宝抓握，促进手的灵活性和协调性发育。

3. 抓握游戏

家长可以和宝宝做一些小游戏，教宝宝玩不同玩法的玩具，使他从游戏中学到手的各种技能。

4. 主动抓握训练的注意事项

(1)要选择有利于锻炼宝宝手的抓握能力的玩具，如容易清洗，宝宝又能捏响的玩具。

(2)选择抓握玩具的大小要合适，玩具太大，宝宝抓不住、捏不响，玩具太小，宝宝容易放入口中或误吞。

(3)选择的玩具必须无毒无害、没有棱角，并易于清洗、消毒，比较结实耐玩。

(三)手换手抓握训练

随着宝宝一天天长大，双手的协调动作能力不断增强。通过手、眼的配合，实施手换手抓握，是宝宝动作能力的又一个标志性进步。

7～9 个月的宝宝，手部的功能发育又进入了一个较高阶段，家长可以开始训练宝宝的手换手抓握本领。

1. 双手对击运动

开始训练时，家长可以抓着宝宝的一双小手，做拍手的动作，同时，家长可以唱一些歌谣来引起宝宝的兴趣。家长所用的力逐渐减小，直到宝宝能模仿家长自己做拍手动作。之后，家长可以让宝宝的双手各拿一个物件，如积木或两个带响声的玩具等，然后相互敲打，碰撞发出声音，这可以增加宝宝对训练这个动作的兴趣。也可以让宝宝两手持细柄玩具如摇铃或汤匙，模仿敲鼓动作，双手轮回敲打面前的小桶或空奶粉罐。

2. 倒换手抓握

在宝宝能够准确抓握的基础上，开始训练宝宝手换手抓握。家长可以先把一个玩具递给宝宝，他会牢牢地将它抓握住。当你出示另一个更漂亮的玩具时，宝宝往往松手扔下第一个玩具而去抓握另一个。此时，家长要耐心地教宝宝，并做出示范，要求他将原来的玩具从一只手换到另一只手上，再将第二个玩具让他用空的那只手抓握。经过多次训练后，宝宝会顺利地完成手换手抓握。

3. 双手撕纸

给宝宝一些干净、容易撕烂的纸，家长先示范撕纸动作几次，然后教会宝宝用双手撕纸，可以锻炼宝宝双手协调一致的能力。

4. 投掷游戏

投掷游戏可以增强宝宝上肢的运动能力和手的控制技巧，激发宝宝积极愉快的情绪。首先准备一个容器（如纸盒或小桶）和一些彩色塑料小球，家长一边给宝宝说着，一边做示范，将小球一个个扔进容器里，然后让宝宝模仿。开始时，可以将容器和球放在接近宝宝身体的地方，随着宝宝能力的提高，可以逐渐将纸盒前移。

（四）拇、食指抓握训练

用拇、食指捏取物品是人类区别于其他动物的特征之一，是人类独有的一种高难动作，它标志着大脑的发育水平。拇、食指抓握训练，对促进宝宝手指的灵活性和精确性有重要意义。

9～10 个月的宝宝是拇、食指抓握动作发育的关键时期，一定要抓住这个时机积极进行训练。

1. 拇、食指抓握训练方法

关键在于经常提供给宝宝抓捏小物品的机会。开始的时候，可以先给宝宝大一点儿的东西，如小饼干、钙片等让其练习抓握；以后可以用小粒的食品练习，如葡萄干、大米花、小糖豆等，注意左右手均要训练。教的时候家长先给予示范，如用拇、食指捏取饼干放进口中，让宝宝模仿练习，每天可训练数次。最初的时候，宝宝多是将小食品大把的抓进手心，或用多个手指一起夹起，经过多次训练，宝宝会逐渐地学会将小物品捏起。当宝宝成功地用拇、食指捏起小物品时，应给予表扬和鼓励，并允许他吃一点儿小食品，以增加他训练的兴趣。在宝宝学会拇、食指抓握后，可以将饼干或烤馒头片掰成小块，放在干净的盘子

里，让宝宝捏着吃。

2. 拇、食指抓握训练的注意事项

(1)宝宝学会了拇、食指抓握后，手指变得非常灵巧，喜欢玩弄小颗粒的物品，家长要加强对宝宝的看护，防止宝宝将纽扣和一些豆类物品塞进鼻子、耳朵或是放到嘴里吃，以免发生危险。

(2)宝宝的手部动作更为灵活，常常在饭桌上把勺子和碗当作玩具来玩，给家长增添了不少麻烦。这也是宝宝练习手部动作的机会，一般情况下，家长不要一律禁止。

(3)假如在训练过程中，宝宝总是用拇指和其余几个手配合抓物品，而不是单独使用拇、食指对捏，家长可以用手将宝宝的中指、无名指及小指握在自己手里，让他只能学着用拇、食指对捏。经过一段时间训练，宝宝就会掌握拇、食指的抓握能力。

五、动手能力训练

孩子动手能力的培养是一个综合能力培养的过程。很多家长并不重视，他们认为当孩子发育到一定年龄自然就会了，其实这种动手操作的能力也是逐渐培养而形成的。某托幼机构对幼儿进行了动手能力的专项测查，发现只有12.5%的幼儿能够动手操作，87.5%的幼儿操作不灵活或不会操作。他们得出的结论是，幼儿在动手能力方面仍显不足，应该引起广大教师、家长及社会的重视。一般说来，婴幼儿的动作和肌肉发展的特点是：大动作和大肌肉的发展先于小动作和小肌肉。2岁的孩子可以蹦蹦跳跳，手舞足蹈，但不会使用筷子，就是这个道理。因此，从小培养孩子的动手能力，一方面可以加强手部活动的协调性和灵活性，另一方面通过手指、手腕和手掌等小肌肉群的运动，对脑细胞产生良好的刺激作用，可促进大脑皮质功能的发展完善，开发婴幼儿智能和创造能力。那么，如何培养幼儿的动手能力呢？可以从以下几方面着手。

（一）模仿大人撕纸

适用于8～18个月婴幼儿。

6个月以后的婴儿开始出现撕纸动作，婴儿拿起一张纸往往要端详半天，然后开始用手大把去抓，在抓纸的过程中，无意中撕开了纸，婴儿对撕纸时发出的

声响感到非常快乐和惊奇。同时婴儿还会发现，通过自己手的动作，将面前的纸改变了形状，变得与先前不一样了，这是多么不可思议的事情啊。1岁以后孩子撕纸有了进步，他会用双手同时拿纸来撕，有时还会将书页直接撕下来，撕下来之后他会拿在手里注视一会儿，然后扔掉继续撕，如果家长不去理会，可能他会把一本书都撕开，撕得满床或满地。1岁半的孩子撕纸有了进步，他会把大张的纸撕成小纸块，再撕成小纸屑。孩子这种撕纸行为实际是一种手部精细动作和灵巧性的训练，通过撕纸孩子可以初步感受到自己的动作能够改变外界事物，从中得到乐趣，同时还可以训练手部的精细动作和手眼协调能力，刺激大脑的发育和成熟。因此，孩子撕纸是对大脑发育非常有利的玩耍游戏，家长不仅不要阻止孩子撕纸，相反还要鼓励孩子多撕纸。

1岁半的孩子手的精细动作更加灵巧和精确了，而且这个月龄的孩子大多明白了各种各样的形状，因此家长可以有意识地教孩子撕一些简单的物体形状，如方形、圆形、三角形等，或用彩笔画出太阳、月亮、五星红旗等形状，让孩子按照形状一点一点撕开。以后逐渐教孩子学一些复杂图形的撕纸游戏，如动物图形和食物图形等，由易到难，循序渐进，不仅增加了孩子的娱乐生活，同时也有益于训练孩子手部动作的精确性和感觉的灵敏度。

(二)搭(插)积木练习

适用于12～36个月婴幼儿。

搭积木是练习双手精细动作与手眼协调的最好游戏。一般要先从小方积木的叠搭开始，可以选择1～2厘米的红色方积木，放到孩子的面前，先做一些示范动作让孩子看，然后示意孩子把一块积木放在另一块积木的上面，当两块积木叠搭稳当之后，再示意孩子继续把积木放在两块积木的上方，鼓励孩子尽可能地叠搭积木。当孩子搭不上积木时，不要着急，反复练习，孩子总会找到窍门搭上积木的。接近1岁半的孩子已经不能满足搭2块积木了，他们逐渐能搭上3～4块、4～5块积木而不倒。2～3岁的孩子可以让他练习将积木摆出各种各样造型。也可以买一些简单的木制或硬塑性的插卸玩具，让孩子反复装插和拆卸，练习手的灵活性。

(三)折纸练习

适用于2～3岁幼儿。

折纸是一项可以充分发挥孩子想象力和创造力，有利于孩子手眼功能协调，开发智力的有益活动。通过折纸练习，训练孩子手的灵活性，通过手部肌肉群的运动，促进幼儿大脑发育(图 39)。另外，孩子对自己做的玩具，会感到特别亲切和有趣，也知道爱护它。折纸的材料有很多种，彩色带花样的孩子最喜欢了，纸张不要太脆太厚，否则容易折断或不容易折叠。

图 39　折纸练习

先训练孩子折长方形或四方形，大人与孩子各拿一张正方形或长方形的彩纸，大人可以先将纸对折一次，让孩子跟着模仿，如果孩子一次能模仿成功，就可以让孩子自己继续练习折纸，如果孩子不会，大人要手把手教孩子对折一次或几次，直到孩子自己能够对折为止。开始对折时不要求折得很准确，只要把纸折一下就可以了，下一步练习将纸压平。以后慢慢提高要求，达到能够将纸对齐、折好、压平为准，之后再教孩子折两折、三折等。孩子会折方形之后，开始训练孩子折三角形，以及其他形状等。

折纸举例：

☞图 40 折房子

☞图 41 折桌子

☞图 42 折小狗

☞图 43 折小猫

☞图 44 折飞镖

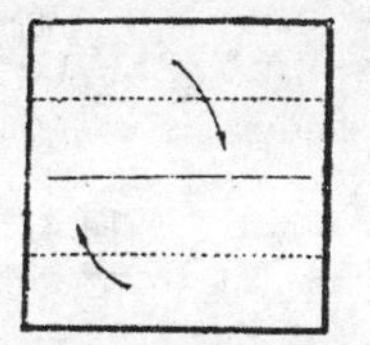

①按虚线上下两边向中心线折，折好翻过去。

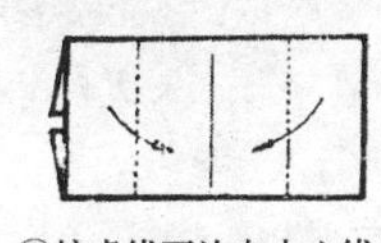

②按虚线两边向中心线折。

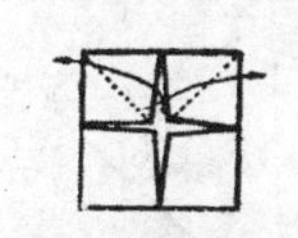

③按虚线折后，打开压平。

④翻过去即成。

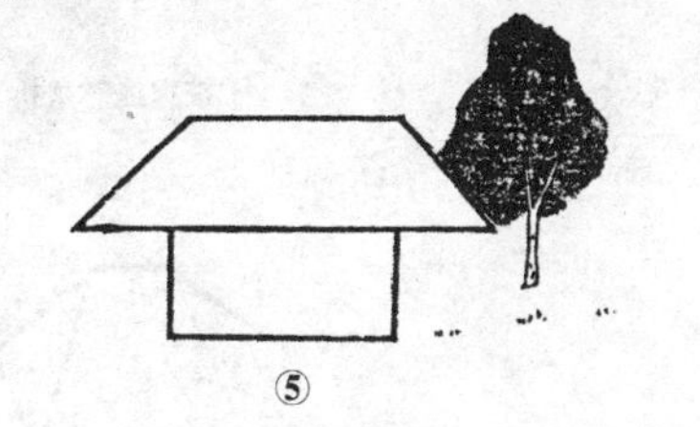

⑤

图 40　折房子

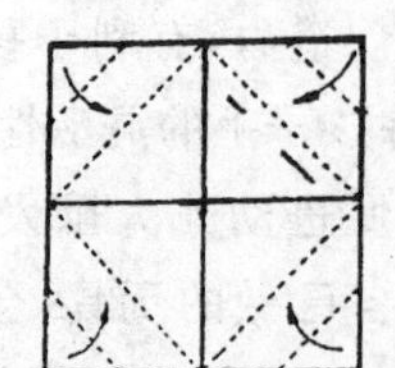

①四角向中心折，折出印后，四角尖对着折出的印均向里折。

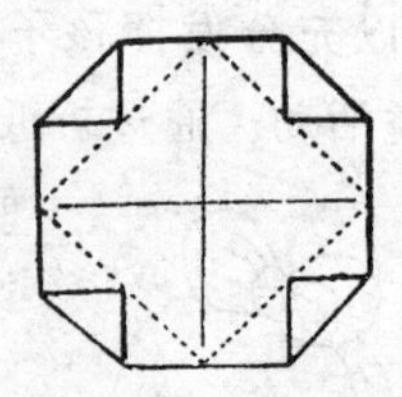

②四角再按里边虚线均向里折。

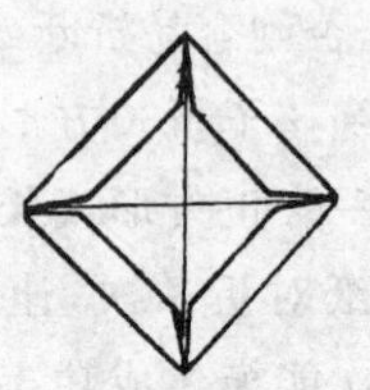

③折后成此状。

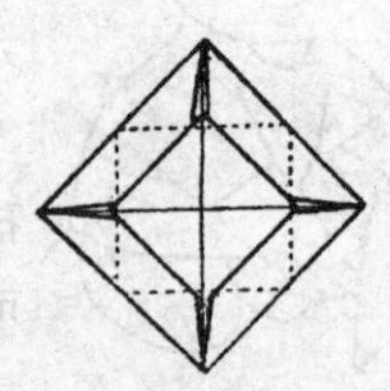

④按虚线四角均向后折。

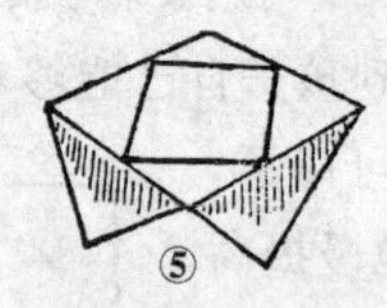

⑤

图 41　折桌子

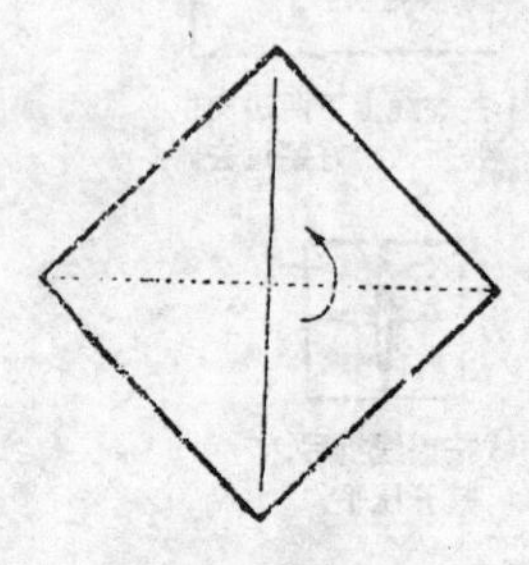

①按虚线对角折。

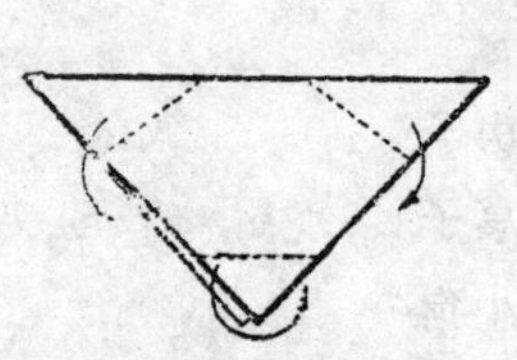

②按虚线上边两角向下折，下边角向后折。

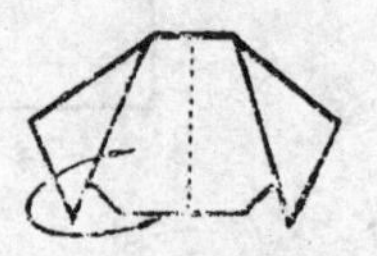

③按虚线向后折一道印即成。

④折好后，教师绘画出狗的眼睛、鼻子、嘴。

图 42　折小狗

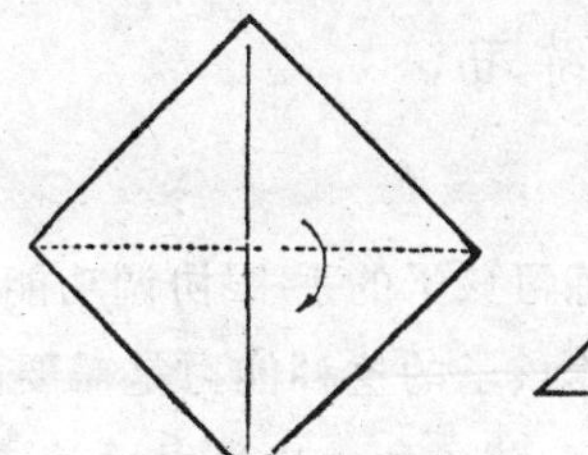

①按虚线对角折。

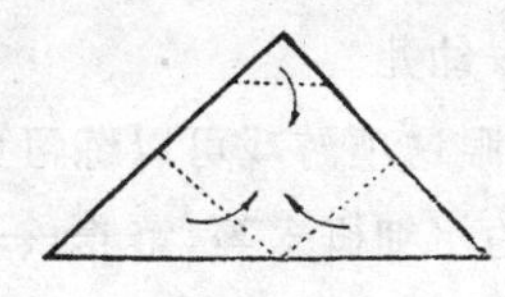

②按虚线下边两角向上折，上边顶角向下折。

③翻过去。

④折好后，教师画出猫的眼睛、鼻子、嘴。

图 43 折小猫

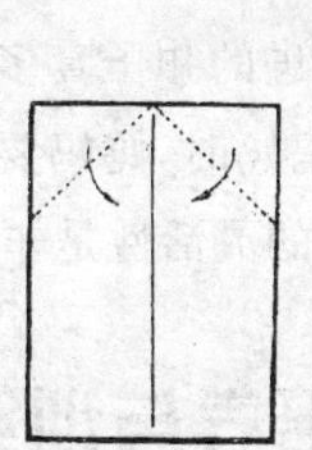

①按虚线两角上边沿着中心线内折

③按虚线上斜线沿中心线内折，下边两角向上折。

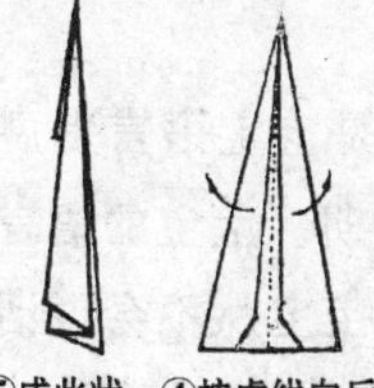

⑤成此状 ④按虚线向后折

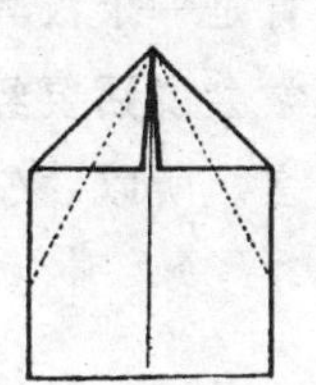

②按虚线两角的上余线，沿着中心线内折

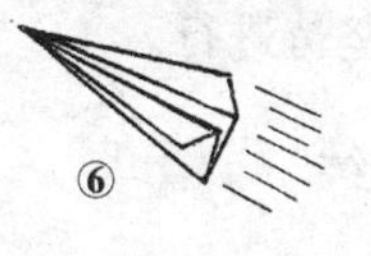

⑥

图 44 折飞镖

(四)用塑料绳穿扣子眼练习

适用于2～3岁幼儿。

用塑料绳穿扣眼这项游戏可以练习孩子的手-眼协调功能,手的精细动作能力,以及了解东西的粗细概念等,培养孩子的这种能力是需要耐心的,有一些孩子需要反复练习,多次示范才能成功。孩子到1岁半以后就应该训练用塑料丝穿扣眼,但是真正穿得很熟练、很迅速的年龄一般都在2岁半左右。刚开始学习这项操作时,大人应该配合孩子拿起带有小孔或小洞洞的东西,如小纽扣、小塑料管等类似的东西,先给孩子做一下示范动作,让孩子看明白塑料绳是如何穿过小孔的。首先孩子必须明白塑料绳一定要对准扣眼,而且这个小孔一定要比塑料绳要粗一些才能穿过。经过多次的练习和随着年龄的增长,到2岁半的时候,一些孩子就可以很熟练地用塑料丝穿扣眼了。

可以与孩子这样做游戏,找两根颜色鲜艳的塑料丝绳和十几个小扣子,对孩子说,“我们比赛吧,看谁穿得多”,大人有意识地稍微慢一些,使大人穿进的数目与孩子穿进的数目差不多,然后说:“宝宝穿进的扣子真多,都快赶上妈妈了,再穿一次好吗?”当看到孩子穿扣子的数目多于妈妈时,妈妈要及时鼓励孩子:“宝宝真棒,都超过妈妈了。”这项游戏对于孩子十指的灵活性是非常有帮助的。

六、语言能力培养与训练

研究发现,0～3岁是宝宝语言发展最迅速、最关键的阶段,1岁半～3岁更是宝宝学说话的关键时期。宝宝的语言发育是一个极其复杂的过程,需要经过一个相当漫长的时间。宝宝从不会说话到学会说话要经历三个阶段,首先要学会发音,然后会理解语言,最后才会表达语言。所以,家长对宝宝的语言训练要具备足够的耐心,并坚持进行。

(一)发音训练

1. 新生儿的发音训练

宝宝生下来就有模仿能力,当家长对着宝宝张口说话时,宝宝会用口型来模仿大人的动作,这些都是宝宝以后学说话的基础。因此,家长要在日常生活中采用以下方法鼓励宝宝发音,这不仅是与宝宝情感的交流,也可以促进宝宝

语言的发展。

(1)新生儿阶段最常见的发音机会就是啼哭,所以在宝宝睡醒吃饱后偶尔啼哭时,家长不要急着去抱他,让他哭一会儿进行发音锻炼。

(2)多和宝宝说话,这对宝宝的情感、智力、脑功能的发育都有好处。在为宝宝换尿布、喂奶或抱起他时,妈妈都可用缓慢、柔和的语调和他说话,比如"宝宝乖,妈妈抱"等;在宝宝哭闹时,更要以亲切的声调与宝宝说话,使宝宝安静下来。如果妈妈能够耐心地重复这些话,给宝宝以听觉上的刺激,将有助于宝宝早日开口说话,促进亲子间的情感交流。

(3)在宝宝清醒时,家长可以对着宝宝发出不同的单音,如"啊啊、噢噢、哦哦"等,并经常不断地重复发这些音。

(4)家长可以为宝宝朗读一些简短的儿歌、哼唱悦耳的歌曲,从不同方位、用不同的声音训练宝宝的听觉,让宝宝每次醒来都能处于快乐之中。

2. 2~3个月宝宝的发音训练

(1)家长仍然要多和宝宝对话。在和宝宝说话时,能够逗引宝宝发出单音,如"啊、噢"等,当宝宝自动地发出这些单音后,家长要给予适当的奖励,如带有表情的赞扬、抚摸、拥抱等,并要有同样的声音回答他。经过一段时间训练就会发现,在宝宝高兴时或看到妈妈时能自动地发出这些音。

(2)3个月左右的宝宝,有时会发出"咯咯"的笑声,高兴时还能咿呀出声,此时家长应以同样的声音和宝宝对话,使宝宝的快乐情绪得以充分地激发出来。

3. 4~6个月宝宝的发音训练

这个阶段是宝宝说话的准备期,这段时间宝宝对家长的说话声特别敏感,喜欢倾听,所以家长要经常用语言刺激宝宝的听觉。

(1)对宝宝说话时,眼睛要注视着宝宝,说话的内容可以是家长正在和宝宝做的事情,看到什么就讲什么给宝宝听。让宝宝听不同的声调、语气,对耳膜是一种良性刺激,对宝宝来说也是适应和熟悉的过程。此外,家长对着宝宝说话时的表情、眼神和动作也是对宝宝的视觉刺激,可以让宝宝慢慢学会对情境的领悟。

(2)这个年龄阶段的宝宝比前一阶段明显地变得活跃起来,发音明显增多,发出的声音已不是单独的元音或辅音,而是发出一些重复的连读音节,如ma-ma、ba-ba、da-da等。这些音虽然没有实质的意义,但可为宝宝以后正式说出单词做准备。家长在宝宝发出这些音时要给予应答和鼓励,使宝宝建立此音与实际意义的联系,为其有意识地叫爸爸、妈妈打好基础。

(3)家长可以多次地重复某一名词并与实际物体联系起来,宝宝会逐渐理解这一语词的意义,并建立起这一信号的反应。比如,经常叫宝宝的名字,他会对自己的名字很熟悉,当你喊他时,宝宝会马上抬起头或转过头来看;或经常指着宝宝的手说“手,手”,当家长再说“手”时,宝宝就会去看自己的手。

4. 7～9个月宝宝的发音训练

宝宝开始咿呀学语,标志着他的发音已进入一个新的阶段。

(1)7～9个月的宝宝已经能把妈妈说话的声音和其他人的区别开来,并能区别家长不同的语气,当受到大人夸奖时,能表示出愉快的情绪,而听到家长责怪他时,会表示出懊丧的情绪。

(2)家长可以指导宝宝模仿各种发音,如模仿各种小动物的声音、火车或汽车的声音等,如小猫的“喵喵”叫和汽车的“嘀嘀”声。家长也可以配上相应的动作和手势,如打鼓、吹喇叭等,以激发宝宝模仿的兴趣。开始时宝宝可能发音不准确,家长要耐心纠正。

(3)这个阶段的宝宝已经能够将声音和事物联系起来,所以家长要创造语言环境,结合实物及动作和宝宝说话,教会宝宝一些动作,比如穿衣服时一边帮宝宝伸胳膊,一边说着“宝宝穿衣服了,要伸胳膊”,训练几次后,当家长再说出这句话时,宝宝能作出反应;对宝宝说“再见”时,他会做出招手的动作。

(4)选择一些合适的图画书讲给宝宝听,开始讲时,家长可以一边讲解,一边用手指着图画书上的物体。多次讲解后,家长可以在讲图画书时,让宝宝指出与书中物体对应的家中的实物。

(5)为了让宝宝发音正确,家长可以让宝宝看着家长的口形模仿发音;也可以在日常生活中有意识的练习宝宝的口腔,如让宝宝咀嚼一些较硬的食物,或让宝宝练习吹蜡烛、吹羽毛等。

5. 10～12个月宝宝的发音训练

这个阶段的宝宝开始能模仿大人的声音,并要求大人有应答,进入了说话的萌芽阶段。家长要在生活中多给宝宝重复一些单词,发音时让宝宝看着自己的口形,反复几次以后,宝宝也会试着发出正确的单字了(图45)。

图45 发音练习

(二)单字训练

1. 10~12个月宝宝的单字训练

(1)随着宝宝活动量的逐渐增多,与外界的接触日益面广,有了向别人表达意愿和感情的需要,开始积极、主动地学习说话。宝宝最初学会的是一些单音字或叠字,如“爸爸、妈妈”,家长要耐心地一遍一遍地教宝宝学习,当宝宝能清晰地说出“爸爸、妈妈”时,家长一定要亲亲他以示鼓励之后,再陆续教宝宝“爷爷、奶奶、叔叔、姑姑”等其他人称代词;逐渐地开始教宝宝学习物体名称,如“饭饭、车车、兔兔”等,训练宝宝积累更多的词汇量。

(2)宝宝通常喜欢模仿家长做动作,最简单的就是挥挥手说“再见”等,利用宝宝这种爱模仿的特性,家长可以趁机训练宝宝各种配合手势的单字,并反复练习,这样宝宝就会学得更快。

(3)家长还可以配合肢体语言辅助引导宝宝,比如一边用手指着身体的各个部位,一边配合说出相应的单字或重叠字,不仅增加宝宝学习的兴趣,也让宝宝更容易记忆。

2. 12~15个月宝宝的单字训练

(1)当宝宝已经掌握某些物品的名称发音时,家长就可以再训练宝宝对物品功能的理解能力,如给宝宝示范并讲解,电话可以用来跟别人通话、苹果可以拿来吃、大米可以用来煮饭等。

(2)家长要多训练宝宝开口说话的能力,当宝宝学会说“要”、“不要”时,家长可以适时地问他:“要不要喝水?”“要不要妈妈抱?”等,促使宝宝用言语回答。

(3)家长还可与宝宝做一些游戏,从游戏中训练宝宝对物品概念的认识和理解,以此丰富宝宝说话的内容。如对宝宝说,“拿布娃娃给妈妈”、“把图画书给爸爸”等。

3. 1岁半~2岁宝宝的单字训练

随着宝宝年龄的增长,语言能力逐渐发展,慢慢开始用正规的语言代替重叠单字,如不再说“干干”而是改为“饼干”。此时,家长要注意充实和丰富宝宝的生活,扩大宝宝的眼界,启发他对周围环境和事物的兴趣,鼓励宝宝用语言表达自己的意愿。可以采用多种形式,如看图画书、观看少儿电视节目、讲童话故事、学唱歌、做游戏等,丰富宝宝词汇,为发展婴幼儿语言创造条件。

4. 宝宝单字训练中的特殊问题

有极少数的宝宝，在1周岁过后，还迟迟不开口说话，应引起家长高度重视，并积极查找原因，及时纠正。常见的原因有下面几种：

(1)某些宝宝的性格比较腼腆和内向，不喜欢说话。家长应当多想办法，耐心引导，采取宝宝喜闻乐见的方式，激发宝宝学习说话的兴趣。如宝宝比较喜欢动物玩具，家长就可以买给他各种动物绒毛玩具，并反复向宝宝重复小动物的名称，鼓励宝宝模仿学习。

(2)有些宝宝是因为有的家长对其照顾得过于体贴入微，事事均包办代替，没等宝宝提出要求，家长早已送到嘴边或手中，久而久之，使宝宝没有说话的机会，导致语言功能发育迟缓。因此，当1岁左右的宝宝有什么要求时，家长要尽量让宝宝自己说出来，再给以满足。

(3)有的家长自己就不善言谈，平时在生活中很少与宝宝进行语言交流，致使宝宝没有模仿的对象和说话的机会，而不会开口说话。此时，家长要从自身做起，对宝宝要有足够的耐心，多和宝宝说话，给宝宝以充分的言语刺激，宝宝的语言功能会很快得到改善。

(三)单句训练

1. 1岁半～2岁宝宝的单句训练

(1)为了培养宝宝学习单字的能力，家长给宝宝说的都是一些很短的句子。一般宝宝在1岁半到2岁期间，说话的积极性突然大增，词汇量也大量增加。宝宝此时已经会说一些简单的句子了，比如“妈妈抱宝宝”、“宝宝喝水”等，家长可以在此基础上，再加入一些新词汇来延伸联结出更长的句子，让宝宝练习比较复杂的句子。

(2)家长可以不失时机地利用日常生活中的各个环节，进行随机教育。如与宝宝做游戏时，教宝宝说出玩具和动作的名称，并连成一个句子；也可以训练宝宝对物品功能的描述能力。家长经常对宝宝讲解家中常用物品的功能，在宝宝比较熟悉之后，家长可以尝试着问宝宝，让宝宝自己描述物品的功能。

(3)要经常带着宝宝到公园游玩，或带宝宝外出散步。外出时，家长应随时结合所见到的事物，教宝宝说一些相关的词和句子。

(4)这个年龄段的宝宝对大人的话可能还似懂非懂，而且宝宝自己对词汇的理解和掌握能力有限，往往造成宝宝表达不是很清楚，或说得非常慢。所以，

家长一定要非常有耐心地等待宝宝把话说完，并尽量帮助或诱导宝宝自己讲明白。这样会给宝宝以很大鼓励，让宝宝获得更多的自信，宝宝的语言能力自然就会迅速提高。

(5)虽然宝宝基本上能够用简单句表达自己的要求和愿望，但是绝大多数宝宝存在着发音不够正确的现象，家长要及时地给以耐心指导和纠正，宝宝的发音会逐渐正确。家长一定要注意，当宝宝发音不准时，千万不要故意地学宝宝，以免强化错误，使宝宝不易改正。

2. 2～3岁宝宝的单句训练

2岁以后，宝宝在运用语言和词汇方面取得显著进步，到3岁时已能与周围的人进行较为自由地交谈，家长要进一步给予帮助，发展宝宝的口语表达能力。

(1)看图说话：看图的内容不要过多，最好以单篇幅为好。孩子的观察和理解能力比较差，因此应讲一些比较简单的内容，如“这是什么?”“小熊在跳舞”“小朋友在歌唱”等。当孩子已经能够理解上述内容之后，还可以进一步讲解稍微多的内容，如：“小熊在和谁跳舞，旁边有什么人在伴奏”、“小朋友唱的是什么歌，复述歌中的内容”等。

(2)说儿歌：2岁孩子说的儿歌应该是非常短小顺口，内容活泼有趣，而且一定要形象和个性鲜明。经常给孩子讲一些他比较熟悉的人物和动物的故事。可以以小熊、小猫、小白兔等动物为例，如果同时还有一些鲜艳的图画和丰富的表情、手势等就更好了。

(3)唱歌：2岁时发出的语音语调还不是很清楚，尚不能识别各种音调，因此孩子唱起歌来往往都是跑调，唱出的歌词也是基本听不懂，但这没有关系，只要孩子想唱就让他唱，千万不要笑话孩子，扼杀孩子学习音乐的兴趣，经常同时和他一起唱一些比较简单的儿歌，训练孩子的语音语调。

(4)叙述和表达：从这个年龄段开始应该注意培养孩子的语言表达和叙述能力。可以买一些简单的图画书，结合书中的图画给孩子讲一些情节比较简单的小故事，一方面让孩子理解图画的意思，另一方面有意识地让孩子复述故事的人名、事件和结果等。这种能力的培养对孩子以后语言的表达极为重要，家长一定要耐心，不厌其烦地反复教孩子说和表达，经过多次的练习，孩子就能够用很正规的简单句子来表达故事中的情节和人物了。

七、感觉和知觉能力训练

从宝宝一出生开始，他就以他的感觉器官在敏锐地感知周围的一切。宝宝的各种知识和经验最初都是通过眼、耳、鼻、口、皮肤等感觉器官在接触中获得的，训练感知觉是宝宝认识世界的第一步，家长应当给以重视，并在宝宝出生后尽早开始。

（一）新生儿的感知觉能力训练

1. 视觉训练

宝宝出生15天时就能识别不同的颜色，家长可以在宝宝小床的上方、距离宝宝脸部15～20厘米处，悬挂各种颜色鲜艳、有声响的玩具，如彩球、摇铃等，让宝宝自己观看；也可以在宝宝的小床附近贴一些清晰的亲人画像，如爸爸、妈妈，让宝宝看亲人的画像，逐渐增加与家长的感情；或者妈妈在给宝宝喂奶时，亲切地望着宝宝，让宝宝也看着妈妈的脸，促进母子间的感情交流。

2. 听觉训练

家长可以经常用各种发声玩具，如摇铃、拨浪鼓等逗宝宝，引导宝宝随着声音转头；可以选择一些短小、悦耳的轻音乐，在宝宝吃奶时或睡觉醒来时，放给宝宝听，妈妈在给宝宝喂奶时，也可以唱一些抒情、优美的歌曲给宝宝听。

3. 触觉训练

宝宝在吸吮母乳时，嘴唇及周围会接触到妈妈的乳头和柔软的乳房，宝宝的全身也会感觉到母亲身体的温馨柔软的触感，同时还能感觉到妈妈熟悉的心跳节奏。所以，妈妈的肌肤之亲对新生儿最初的触觉训练非常有好处，同时也能够促进宝宝大脑神经的发育。

（二）1～3个月宝宝的感知觉训练

1. 视觉训练

这个阶段的宝宝大多数时间是仰卧位，家长可以在宝宝胸部上方20～30厘米处，悬挂一些色彩鲜艳的玩具，最好是红颜色的或黑白对比鲜明的玩具，以吸引宝宝注意，并训练宝宝的视线随着玩具做上下、左右、圆圈、远近、斜线等方向运动，来刺激宝宝的视觉发育，发展宝宝眼球运动的灵活性和协调性。宝宝1

个月时，就能注视玩具并且目光随着玩具移动，在2个月时就已经能调节视焦距，3个月宝宝的颜色分辨能力已接近成人，喜欢红色、黄色、橙色等颜色。

2. 听觉训练

宝宝喜欢倾听环境中的各种声音，并对这些声音做出反应，如果听到妈妈的声音或美妙的音乐，宝宝会很安静，但如果听到过大的声音或刺耳的声音，宝宝会哭闹。家长可以在宝宝周围的不同方向说话，或用发声的玩具，逗引宝宝自己转头寻找声源。妈妈的声音是宝宝最喜爱听的声音之一，妈妈要经常用愉快、亲切、温柔的语调，面对面地和宝宝说话，可以诱发宝宝良好、积极的情绪和发音的欲望。同时，注意给宝宝营造一个丰富的声音环境，让宝宝有机会接受来自外界的声音刺激，除非有太过嘈杂的噪声，如施工的声音、机器的噪声等，一般环境里的声音宝宝都能接受，无需刻意为宝宝营造一个所谓安静的环境。在保证宝宝不会受凉的情况下，父母可以带宝宝走出户外，去感受外面丰富多彩的声音世界。

3. 触觉训练

宝宝身体的某些部位对触觉很敏感，如面颊、口唇、眉弓、手指头或脚趾头等处，家长可利用一些家中常见的东西，如小布块、织线粗细不同的毛巾或海绵、几何形状的玩具等，让宝宝握一握，训练他们的触觉识别能力。3个月的宝宝，触觉已非常发达，当身体的不同部位受到刺激时就会做出不同的反应，如当妈妈抱起宝宝时，他们喜欢紧贴着妈妈的身体，依偎着妈妈；当宝宝哭闹的时候，如果家长用温暖的手轻轻抚摸他的面部、腹部或背部，大多能使宝宝停止啼哭，逐渐安静下来。所以在平时，家长应学会用皮肤接触来表达自己对宝宝的爱护和关怀，每天给宝宝做抚触训练，有利于宝宝身心健康。

4. 味觉、嗅觉、温度觉等感知觉训练

家长可以利用日常生活中的琐碎细节，发展宝宝的各种感觉。如吃饭时，可以用筷子蘸一点儿菜汁给宝宝尝尝；家长吃苹果时，可以让宝宝闻闻苹果的香味、尝一点儿苹果的味道；给宝宝洗澡时，让宝宝闻闻肥皂的香味；用奶瓶给宝宝喂奶时，让宝宝的手感受一下奶瓶的温度等，均有助于宝宝感知觉的发展。

（三）4～6个月宝宝的感知觉训练

1. 视觉训练

家长可以将一些可以发出声音的玩具放在宝宝的身后或侧面，让宝宝循着声

音，转头寻找发声玩具，每次训练3～5分钟，每天2～3次，以拓宽宝宝的视觉广度；给宝宝多看各种颜色的图画、玩具及物品，同时告诉宝宝物体的名称和颜色，可以使宝宝对颜色的认知发展过程大大提前；家长也可以选择一些大小不一的玩具或物体，放在桌子上，吸引宝宝注视，并练习用手抓握，以促进视力发展。

2. 听觉训练

家长可以在生活中，采用各种方式，逗引宝宝寻找前后左右不同方位、不同距离的发声源，以刺激宝宝听觉能力的发展；家长也可以根据不同的场景，选择用不同的语调和表情同宝宝说话，使宝宝能逐渐感受到语言中不同的感情成分，提高对语言的识别能力；经常带宝宝到室外去，让宝宝从周围环境中直接接触各种各类声音，可以提高对不同频率和强度声音的识别能力。

（四）7～9个月宝宝的感知觉训练

1. 视觉训练

随着宝宝的年龄逐渐长大，家长要不断更新对宝宝的视觉刺激，扩大宝宝的视野，在生活中教宝宝认识、观察周围的生活用品和自然景观，以激发宝宝的好奇心，发展宝宝的观察力；多给宝宝讲解图画书，在宝宝熟悉图画书中的内容后，可以教宝宝将图画中的物品与家中的实物联系起来，并进行比较。

2. 听觉训练

这个阶段要进一步训练宝宝分辨不同声音的能力，创造机会让宝宝多听，锻炼宝宝听觉的灵活性；家长可以利用音乐进行听觉训练，多给宝宝听一些轻柔、节奏鲜明的轻音乐，让宝宝练习听不同旋律和节奏的音乐，提高对音乐的感知能力；听音乐的同时，家长可以握着宝宝的双手，合着音乐学习拍手，也可以边唱歌边教宝宝舞动手臂，不仅可以训练宝宝的听力，还可以培养宝宝的音乐节奏感、发展宝宝的动作；也可以给宝宝一些不易破碎的玩具或物体，让宝宝自己敲打，引导宝宝注意分辨不同物体敲打发出的不同声响，以提高宝宝对声音的识别能力。

（五）10～12个月宝宝的感知觉训练

1. 视觉训练

除了在日常生活中，继续引导宝宝观察各种事物，扩大宝宝的视野外，家长可以着重培养宝宝对图片、文字的注意力和兴趣，尽早让宝宝接触书本，培养宝

宝对书籍的爱好;可以在宝宝经常接触的物品上,标注上物品的名称,当宝宝接触这些东西时,引导他注意上面的字,增加他对文字的注意力和接触机会;带宝宝外出时,经常提醒宝宝注意遇到的字,如广告招牌、街道名称等,培养宝宝对文字的注意力。

2. 听觉训练

家长可以继续为宝宝营造丰富的语言环境,多带宝宝到室外去,让宝宝观看和聆听周围的人说话、交谈,帮助宝宝听到更复杂的语言,让宝宝逐渐理解语言和熟悉语言;经常给宝宝听一些故事或儿歌磁带,宝宝喜欢听的,可以反复地听;家长也可以经常给宝宝唱儿歌,反复多次后,宝宝也会跟着咿呀附和。

八、交往能力的培养

(一)新生儿的交往能力培养

宝宝刚出生时就具有与人交流的能力,他们会用哭泣、儿语与家长进行交流,家长应注意观察并积极训练。

家长仔细观察就会发现,宝宝的哭泣有不同的语音语调,用来表达自己的不同要求,如饥饿、需要安抚、身体不舒服等,家长如果能够及时领会并给以回应,将有利于母子感情的沟通,对宝宝的情绪发育有好处。

宝宝天生有说话的欲望,家长应多抽时间,不断地和宝宝说话,宝宝也会咿咿呀呀地回应,亲子交谈不但有助于培养宝宝的语言能力,同时也可以培养宝宝友善开朗的性格。

(二)1～3个月宝宝的交往能力培养

家长要仔细辨别宝宝不同的哭声,并给以相应的处理。

当宝宝清醒时,家长可以一边说着话,一边让宝宝看看周围的环境,同时要告诉宝宝周围物品的名称,让宝宝逐渐熟悉居住的家庭环境。

经常微笑着和宝宝说话,并逗引宝宝发出一些无意识的单音节,如“哦哦”“嗯嗯”等,家长可以模仿宝宝发出的声音给以回应,宝宝会感觉是得到了鼓励,会更积极地发出声音或对家长微笑,这样可促进宝宝喜悦情绪的产生,激励宝宝与人交往。

(三)4～6 个月宝宝的交往能力培养

家长首先要训练宝宝认识到自我的存在,可以将宝宝抱坐在镜子前,并对着镜子中的宝宝说话,引导宝宝注视镜子中的自己和家长及其动作,可以促进宝宝自我意识的形成。

家长要注意多和宝宝说话,并根据不同的场景,结合不同的面部表情,有意识地使用不同的语调,训练宝宝分辨家长的面部表情,并产生不同的反应,使宝宝逐渐学会正确表达自己的情感。

家长可以和宝宝玩一些藏猫猫游戏,促进宝宝与家长的交往,激发宝宝愉快的情绪。

这个阶段的宝宝开始出现怯生的表现,此时要多给宝宝创造接触人的机会,观察他对熟人、生人的不同反应,教会他对熟人用微笑或发音来打招呼,对生人逐渐适应。训练宝宝多与人友好交往,逐渐增加熟悉的人数,减轻他怯生反应的强度。

(四)7～9 个月宝宝的交往能力培养

这个阶段的宝宝虽然仍会有怯生现象,但和不认识的小朋友交往时却没有怯生感,宝宝能在与同伴的交往中获得乐趣。因此,家长应努力创造条件,让宝宝多与小伙伴们接触、交往,从而促进其社会性发展。

(五)10～12 个月宝宝的交往能力培养

宝宝这时已经有一定的活动能力,对周围世界有了更广泛的兴趣,有了与人交往的社会需求。家长应每天抽出一定的时间和宝宝一起做游戏,进行情感交流。一个健康乐观的家庭氛围,会使宝宝养成开朗的性格,并乐于与人交往。

经常带宝宝外出活动,接触社会,从中观察并学习与人交往的经验;鼓励宝宝多与小朋友玩耍,尤其是与比他大的小朋友玩耍,不仅锻炼宝宝的交往能力,还可以培养宝宝的语言能力。

(六)1 岁～1 岁半宝宝的交往能力培养

宝宝这时已经具备一定的行为能力,家长应培养宝宝与人交往时要有礼貌。家里来客人时,可以教宝宝打招呼、问好,接受别人的东西时要说谢谢,客

人走时要挥手说再见；鼓励宝宝拿糖果、水果等招待客人，把玩具分给到家里来的小朋友玩等。

(七)1 岁半～2 岁宝宝的交往能力培养

这个阶段的宝宝已经会说一些简单的句子，开始比较多地与人交往，家长要教育宝宝初步懂得一些简单的是非概念，如不能抢小朋友的玩具，不能打人等。

宝宝的语言能力发展很快，家长要重视宝宝词汇量的不断扩大，只有掌握了更好的语言能力，才能更好地与人交往；家长要常带宝宝到户外玩耍，鼓励他主动与人说话，有礼貌地称呼周围的人，以锻炼语言表达能力和交往能力。

(八)2 岁～2 岁半宝宝的交往能力培养

可以训练宝宝和别的小朋友一起合作做游戏，教宝宝懂得游戏中应当遵守的规则，与小朋友相互合作，团结友爱。

多带宝宝参加一些活动，接触社会，开始认识更多的人。

利用各种机会扩大宝宝的词汇量，使宝宝能准确、完整、连贯地表达意思，这对于提高宝宝的交流能力非常重要。

(九)2 岁半～3 岁宝宝的交往能力培养

让宝宝与其他小朋友一起做集体游戏，通过这种游戏，让宝宝建立起与同龄人的关系。在指导孩子们玩角色游戏时，家长可以帮助孩子们分配游戏的角色，教其如何遵守角色的各项义务，在角色游戏中领会人与人的交往和联系，丰富生活经验。

九、模仿能力的培养

宝宝的一切行为，包括语言能力的发展和行为习惯的养成，都是凭借模仿学会的，最初的模仿虽然是无意识的、自发的，但却为以后的进一步学习奠定了基础。

(一)新生儿的模仿能力培养

新生儿出生后数小时，即可表现出模仿能力，在安静觉醒状态下，宝宝不但

会注视妈妈的脸，还会模仿妈妈的面部表情。为促进宝宝模仿能力的发育，家长可以面对面向宝宝做鬼脸，如张嘴、慢慢地吐舌、皱眉等，宝宝对这些滑稽的样子非常有兴趣，逐渐地就会发现，宝宝在尝试着模仿家长的鬼脸。这种训练也是亲子互动，增进感情的好机会。

（二）3～4 个月宝宝的模仿能力培养

生后几个月，宝宝的模仿能力增强，常常模仿妈妈的各种动作，期待与妈妈建立关系。而且，可以模仿家长更多的面部表情，如微笑、眨眼等。

家长应与宝宝多交流，经常以丰富的面部表情面对宝宝，并不断重复，逗引宝宝模仿。

家长要多和宝宝说话，说话时要用儿语，即用较高的音调、缓慢的节奏、重复的音节和夸张的语调，宝宝会看着家长的口形模仿发音。经过多次的模仿训练后，宝宝的发音增多，能逐渐发出清晰的元音。

家长也可以让宝宝照镜子，宝宝看着镜子里的自己，会感觉很有趣，常常会对着镜子里的自己一起做鬼脸。

（三）5～7 个月宝宝的模仿能力培养

对这个年龄阶段的宝宝，家长可给宝宝一些可以发声的玩具，家长先示范给宝宝看，如何让玩具发声，宝宝会尝试着自己玩玩具；也可以给宝宝几块积木，当家长用两块积木对击时，宝宝可能会拿起积木敲打桌子，以模仿木块对击的声音或家长的敲打动作。

（四）1 岁半～2 岁宝宝的模仿能力培养

一般情况下，宝宝这时已经可以独自稳当地走路，会说一些简单的语句，能比较准确地重复家长的声音或手势。宝宝很好奇，很喜欢模仿家长的动作，常常是妈妈做什么，他也学着做什么，而且都是以极其认真的态度去完成这些动作。根据宝宝的这个特点，家长可以有意识地锻炼宝宝的动手能力，培养宝宝勤劳的品行，如家长洗衣服时，可以给宝宝一小盆水和一个小手绢，让其练习洗衣，宝宝会非常乐意地做这件事。

家长也可以让宝宝模仿各种小动物的叫声，模仿动物是怎样跑、走、飞和游的，以锻炼宝宝的动作协调能力。

(五)3岁宝宝的模仿能力培养

宝宝的很多模仿行为常常是在自发的游戏中进行的，可以让宝宝和小朋友们一起做游戏，在游戏中，宝宝会非常投入地扮演自己的“角色”，如扮演爸爸、妈妈、警察等，这也是对宝宝综合能力的一种培养。

家长在做一些家务劳动时，也可以让宝宝插手帮忙，如帮助捡菜、拿毛巾等。同时，家长可以借机给宝宝讲解很多东西，如各种物品的名称、是什么颜色和形状、用途是什么等，可以让宝宝在无形中学到许多知识。

十、记忆能力的培养

一些孩子从幼儿期开始就显示出良好的记忆功能，这决不是天生的，而与孩子母亲的怀孕过程，分娩过程及最初几年的养育过程有着很密切的关系。

记忆力是后天形成的一种能力。记忆的过程，是把生活中所获得的知识和经验加以保存、积累和巩固的过程。新生儿最早的记忆是妈妈抱着吃奶的姿势，反复多次的固定姿势喂奶，使宝宝形成了记忆，只要饥饿时就开始啼哭，当妈妈抱起来呈吃奶姿势时，宝宝就会立即停止啼哭。宝宝3～4个月时会出现怕生现象，说明宝宝此时所具备的记忆能力已经能够让他分辨熟人与陌生人了。

宝宝1岁时，已经有了明显的记忆力，能够认识自己的玩具、衣物，指出自己身体的器官，如头、眼、鼻或口，说明他有了记忆能力。这个时期宝宝的记忆保持时间很短，只有几天，时间一长不强化的话就会忘记，而且记忆还是无意识的，宝宝只对一些具体、鲜明并且是他自己感兴趣的形象，才容易产生记忆力。因此，从宝宝1岁开始，家长就应该根据其特点，采取多种措施去促进宝宝记忆能力的发展。

(一)6个月～1岁宝宝的记忆能力培养

家长可以拿一些实物来训练宝宝的记忆能力，如先拿一个小球给宝宝玩一会儿，然后把这个小球藏在其他玩具中间，让宝宝自己从玩具堆中把它找出来。

在日常生活中，家长要注意强化宝宝对某些事物的记忆，通常可以选择一些形象直观，与宝宝本人关系较为密切的东西，以及宝宝自己感兴趣的事物来进行训练。如教宝宝说自己的名字和身体外表主要器官的名称，并指出它们所

在的部位，如手、脚、眼、耳、鼻、口等，反复训练几次后，可以间隔一段时间，然后再让宝宝练习，以训练宝宝的记忆能力。

（二）1岁半～2岁宝宝的记忆能力培养

家长在给宝宝讲述一些他比较熟悉的故事，或教宝宝念他熟悉的儿歌，或唱他比较熟悉的歌曲时，可以有意识地停顿下来，鼓励宝宝自己补充，应由易到难地进行。开始可以让宝宝续上几个单字，逐渐地让宝宝续上一个词、一句话。这样做，既可以促进宝宝记忆力的提高，还可以发展宝宝的语言能力。

也可以用一些实物训练记忆能力，如先给宝宝玩一个玩具，然后把玩具收起来，过几分钟后，让宝宝说出刚才所玩玩具的名称，这也是促进宝宝记忆的一种方式。

（三）2岁～2岁半宝宝的记忆能力培养

随着宝宝语言能力的不断提高，家长可以训练宝宝复述大人的话，教宝宝背诵歌词、儿歌、古诗等。开始可以先背诵一两句简单的短句，然后教长一点的句子背诵，逐渐发展到整首诗词或儿歌。家长要有耐心，训练要循序渐进，不要期望宝宝一下子就记住整段内容。当宝宝疲倦时，及时让宝宝休息，避免产生厌恶情绪。

这时的宝宝虽然对数字概念还不太清楚，但机械记忆能力比较强，通过数字记忆练习，可以强化宝宝的机械记忆能力，如可以教宝宝记门牌号、电话号码、历史年代等各种数字材料。

（四）2岁半～3岁宝宝的记忆能力培养

宝宝逐渐长大，家长可以利用一些游戏培养宝宝的记忆力。如将几种宝宝熟悉的玩具都摆在桌子上，让宝宝逐个说出玩具的名称，然后让宝宝背过身去，家长拿走一个玩具，让宝宝自己观察看看，到底少了什么玩具。

也可以利用一些图片训练宝宝的记忆力，如给宝宝看一张画有多种动物的图片，让其在一定时间内看完，然后将图片拿开，让宝宝回忆说出图片上都有哪些动物，开始时可以给宝宝看的时间长一些，逐渐减少看的时间。如果宝宝记住得不多，家长可以教宝宝使用分类记忆的方法，如哪些动物是会跑的、哪些动物是会飞的，宝宝就会不断地掌握记忆的诀窍。

家长可以利用日常生活培养宝宝的记忆能力，经常带宝宝进行室外活动，将碰到的各种事物讲给宝宝听，回家后让宝宝回想一下，都去了什么地方，遇上了什么人，看到了什么东西等。

十一、观察能力的培养

观察是一种有目的的感知觉活动，是发展智力的主要途径。为了培养宝宝的观察能力，家长应当从其感兴趣的事物开始，有意识地引导他们去观察事物。一般情况下，宝宝在1岁时，已经能够独立行走，并会说简单的语言，此时宝宝对外部世界的好奇心也大大增强，家长应当开始注意培养宝宝的观察能力。

（一）1岁～1岁半宝宝的观察能力培养

家长可以经常选择家中的物品为观察对象，教宝宝观察不同物品的特性。首先教宝宝比较物体的大小，可以选择形状类似、大小差别显著的物体来练习，如大娃娃与小娃娃，大杯子与小杯子等，让宝宝比较其大小不同；还应培养宝宝识别不同颜色的能力，如拿一些大小相同、形状一样、颜色不同的积木方块让宝宝观察，宝宝也许不能说出颜色的名称，但要使宝宝意识到颜色也是物体的一种属性，以发展观察力。

在平时的活动中，家长还应注意培养宝宝的注意力。宝宝年龄小，注意力短暂，不稳定，因此在宝宝游戏或玩耍时，家长应当帮助宝宝将注意力更长时间地集中于一个物体上或一种游戏中。如宝宝玩皮球时，常常玩一会儿就扔掉，家长可以拿起皮球，教他一些新的玩法。

经常带宝宝到室外活动，多带宝宝接触大自然，扩大宝宝注意的范围，并在观察事物的过程中，教宝宝注意物体之间的联系，以发展宝宝注意力的稳定性和注意的分配能力。

（二）1岁半～2岁宝宝的观察能力培养

开始培养宝宝观察物体方位的意识，让宝宝初步具备上下、里外、前后的概念，如可以经常让宝宝一边观察，一边对他说："小球放在盒子里"、"妈妈在房间外面"、"宝宝站在妈妈前面"等。

教宝宝分辨物品的多少，可以利用专门的图画书进行讲解，也可以利用一

些实物进行训练，如把糖果放在桌子上，分成两堆，让宝宝看看分得是否一样多，或家长故意分成一堆明显多于另一堆，让宝宝观察比较。

培养宝宝比较物体的高矮，让宝宝知道宝宝比妈妈矮，家中的柜子比桌子高等；也可以拿玩具比比看，让宝宝观察哪种动物高，哪种动物矮，或直接带宝宝到动物园实地观察比较。

在日常生活中，家长要经常带宝宝外出活动，注意要随时指导宝宝观察事物的特征，培养宝宝有意观察事物的能力，如看到小猫在吃东西时，就可以问宝宝“小猫吃什么?”、“小猫怎么叫?”，看到鲜花时，可以让宝宝闻闻花香，给宝宝讲，“这是红色的花，那是黄色的花”等。

(三)2 岁～2 岁半宝宝的观察能力培养

教宝宝观察并比较不同形状的物品，家长可以拿一些不同形状的积木，如圆形、方形、三角形、椭圆形等，一边给宝宝看，一边教宝宝认识形状。宝宝逐渐熟悉不同的形状后，可以训练宝宝把相同形状的积木挑出来，放在一起。

培养宝宝的远近意识，在日常生活中，首先可以在和宝宝说话时引入远近的概念，如“太阳离我们真远”、“妈妈离宝宝真近”等；逐渐地，家长可以用含远近的词引导宝宝的行为，加强宝宝对远近概念的理解，如“宝宝和妈妈靠近点”等；也可以在游戏中，教宝宝领会远近的意义。

(四)2 岁半～3 岁宝宝的观察能力培养

让宝宝观察比较不同长短的物体，培养宝宝的长短概念，如生活中最常见的长铅笔和短铅笔，长裤和短裤等；家长也可以在纸上划出长短不同的线段，教宝宝比较。

通过观察具体事物，教宝宝掌握厚薄的概念，如让宝宝拿一本小画书，家长拿一本更厚一点的书，同宝宝比较，并说“我的书比你的书厚，你的书比我的书薄”。然后，鼓励宝宝去寻找一本更厚的书，并重复同样的话。开始的时候，宝宝可能找不到更厚一点儿的书，家长要多给鼓励，必要时可以给以提示，如“你看那本书是不是厚一些呀?”，反复几次后，宝宝就会掌握厚薄的概念。

在宝宝观察并掌握了事物的多种特征后，如大小、形状、高矮、厚薄等，要引导宝宝发展对事物的综合比较能力，逐渐训练宝宝发现近似事物中的不同点和不同事物中的相似点，以更全面地培养宝宝观察比较的能力。

十二、思维能力的培养

宝宝的思维活动是以周围的实物和具体的活动为基础的。因此，为促进宝宝思维能力的发展，家长要做的最重要的事情，就是给宝宝创造一个促使其动手动脑的环境。

(一)1岁～1岁半宝宝的思维能力培养

在宝宝玩玩具或做游戏过程中，如果遇到了什么问题，家长不要总是自己动手帮着解决，可以给予语言指点，让宝宝自己动手，以发展宝宝解决问题的能力。如宝宝在垒积木时，某块积木总是摆不上去，家长可以提示说，"把积木横过来试试"等，这些提示可以帮助宝宝自己找出解决问题的方法，同时扩大在解决类似问题时使用这种方法的可能性。

注意发展宝宝思维的灵活性，如可以教宝宝用同一种玩具进行多种玩法，或在日常生活中引导宝宝注意观察一种物体的多种用途，以发展宝宝解决问题的技巧。

(二)1岁半～2岁宝宝的思维能力培养

在宝宝1岁半以后，家长可以在宝宝的游戏中增加一些较为复杂的内容，促进宝宝思维发展。如培养大小概念，可以用大小不同的纸盒，教宝宝按照尺寸的大小，将小尺寸的纸盒套入大尺寸的纸盒中，让宝宝在游戏中进行比较和简单的分析；训练宝宝将物体按颜色特征分类，给宝宝一堆各种颜色的积木块，让宝宝把某种颜色的积木都挑出来。

在游戏中，发展宝宝解决问题的能力。如可以教宝宝用小锤子将小木板钉进潮湿的沙土中，用小木棍把够不到手的东西拉到跟前，在小桶中装沙土等。

(三)2岁～2岁半宝宝的思维能力培养

通过引导宝宝观察各种有趣的现象，培养宝宝对因果关系的认识。比如，让宝宝观察，用口吹气可以使小风车旋转，对着脸盆里的水吹气会出现波纹，用肥皂水可以吹出五颜六色的肥皂泡。这些现象可以激发宝宝的好奇心，激发其学习探究的热情，促进其认知发育。

在宝宝掌握事物的多种属性的基础上，可以训练宝宝根据事物的某些性质练习分类。如让宝宝根据能否发出声音，将玩具分为能发出声音和不能发出声音两类；还可以按照颜色、形状、大小、用途等进行分类，以提高宝宝归纳、概括的能力。

在和宝宝游戏时，家长可以有意地出现一些明显的错误，让宝宝自己去发现，并鼓励他说出错误所在及解决办法，以培养宝宝分辨问题的能力。

（四）2 岁半～3 岁宝宝的思维能力培养

宝宝 2 岁半左右，家长可以开始教宝宝数数，并慢慢开始理解数量的概念。

宝宝这时的活动逐渐多样化，其直观性、具体性思维能力得以发展，并有了简单的判断能力和推理能力，学会对各种物体或现象进行简单的比较、概括，并能确定它们之间的联系。家长可以利用语言促进宝宝思维的发展，如经常用“为什么?”、“应该怎么办?”等问题问宝宝，引导宝宝自己思考。

在日常生活中，继续发展宝宝解决问题的能力，家长不必事必躬亲，当宝宝遇到一些小小的困难时，可以先让宝宝自己尝试着解决，必要时再给以提示或帮助，从而教会宝宝思考、推理及处理问题的能力。

十三、想象能力的培养

想象力是创造力的开端，想象力远比知识更重要，培养宝宝丰富的想象力，是一件值得父母高度关注的事情。宝宝天生就富于想象，热衷于想象，但是父母不合适的教育常常在无形中扼杀了宝宝的想象力，让宝宝变成了只会被动接受知识的小机器。宝宝想象力的发展受到其周围环境的严重影响，只有给宝宝提供一个有利的环境，宝宝想象的欲望才会更加强烈，想象的能力才会得到大幅度的提高。家长应当从以下几个方面给以重视。

宝宝的想象力首先是通过游戏表现出来的，假装游戏是宝宝想象力发展的萌芽，当宝宝的想象力发展到一定程度，他就可以完全靠想象来开始他的无物模仿游戏，这些游戏是培养宝宝想象力的最佳途径。如果家长能尊重宝宝的无物模仿游戏或假装游戏，并积极参与进去，不仅能给宝宝带来喜悦，还会进一步促进他更多的模仿与想象行为。家长可以在宝宝做这样的游戏时，有意模仿宝宝的声音和动作，或通过自己的动作和声音与宝宝相呼应，进一步刺激他们模

仿与想象的兴趣。

宝宝的思考方式与成人有着很大的差异,其中可能含有更多想象的成分。家长千万不要把宝宝的各种想象简单地给以否定,认为是无稽之谈,而是应该给以鼓励,并因势利导给以更多的知识启发。

绘画是培养宝宝想象力的一种非常好的方式,家长可以给宝宝一支笔,鼓励宝宝尽可能多地涂鸦。可以让宝宝随意画,然后鼓励宝宝将他的画描述出来;也可以让宝宝把刚刚观察到的事物画出来,其中可能夹杂有宝宝自己想象的成分。如果宝宝年龄比较小,不知道从何入手,家长可以给宝宝一些提示。

家长要经常带宝宝到户外活动,认真观察生活中的各种事物,对于宝宝比较感兴趣的地方,家长可以让宝宝反复观察,回家后可以给宝宝提出一些问题,让宝宝思考,促进宝宝想象能力的发展。

家长在与宝宝的交流过程中,要给宝宝留出尽可能多的想象空间,如向宝宝提问时,要注意少用限制式提问,多用开放式提问,尽量少提只有一种答案的问题,多提答案丰富的问题,鼓励宝宝去寻找尽可能多的、不一样的答案。最好让宝宝自己设计、主持游戏,在设计游戏的过程中,宝宝可能接触到许多未知领域,对他的知识体系也是一个补充。

宝宝的想象力可以通过很多方式来表现,家长可以在日常生活中帮助宝宝掌握表达想象的技能。如家长在给宝宝讲故事时,可以让宝宝想象故事发生的场景、主人公的形象,再鼓励宝宝用语言作多方位的描述;在假装游戏中让宝宝想象角色的表情,再用形体、语言或画笔表达出来;利用音乐激发宝宝的想象力,鼓励宝宝在听音乐时描述他对音乐的理解。

十四、数学能力的培养

生活中无处不存在着数学,对宝宝数学能力的培养,不仅仅是教会宝宝 0～9 十个数字,而且还要帮助宝宝在日常生活中了解数学概念,培养宝宝利用数学处理问题的能力。一般从宝宝 2 岁开始,家长可以采取各种方法着意训练宝宝的数学能力。

(一)学习和认识 0～9 十个数字

家长可以给宝宝买数字卡,或把挂历上的数字单个剪下来,按照 0～9 的顺

序，教宝宝逐渐认识数字。宝宝开始接触数字时，会觉得比较抽象，家长不要着急，不要一下子教得过快过多，根据宝宝的接受能力，掌握一个数字后，可以复习几天，再教另一个数字。

在宝宝已经熟练地认识单个数字后，可以训练宝宝排列数字。把 0～9 数字卡给宝宝，让宝宝自己一面按顺序慢慢背数，一面逐个把数字摆成一列。开始的时候，宝宝往往是动口太快而来不及动手，嘴里已经念了几个数字却只摆上了一个，所以常常摆错。家长要反复指导宝宝取下摆错的数字，补上对的，反复来回几遍才能摆对一次。家长对此要有耐心，宝宝开始练习时可能要用十几分钟，反复练习后就变成了几分钟。

宝宝对数字越来越有兴趣，可以试着教宝宝学写数字。2 岁的宝宝最先学会的是 1 和 0，比较容易写对，2 岁半学会画拐弯，能写出 3 和 2，然后学会拐尖角，学会写 7 和 4，也尝试着写 5，但常常写得不像，家长要多给宝宝鼓励。另外，宝宝写数字的能力常在画画时偶然出现，家长要在偶然中抓住时机让宝宝练习，比如有时宝宝画画时画出个小尖角，家长可以马上鼓励说“这不是 7 吗”，宝宝受到鼓励和表扬，就会多练习写几遍，逐渐就学会了数字的正确写法。

（二）生活中的数字记忆训练

家长可以让宝宝练习记电话号码，首先教宝宝自己家里的电话号码，可以先背熟前 4 位数，再加上后面 4 位数，第二天一定要再复习。待宝宝熟练掌握后，再逐渐教其记奶奶家、姥姥家的电话号码，一定不要操之过急，避免宝宝产生厌烦情绪或把号码记混记错。

教宝宝记住自己家的街道名称、楼号、门号和住房号，并反复练习。教宝宝记住这些是十分必要的，这是一种自我保护的安全教育，万一发生什么意外，如果宝宝能记住家庭住址和电话号码，就比较容易找到自己的亲人和得到帮助。

教宝宝看钟表，如果家庭生活有规律的话，2 岁的宝宝就会将钟表两个指针的位置与自己的生活联系起来。

家里准备吃饭时，可以让宝宝练习摆餐具。先告诉宝宝，家里有 4 个人，每人一副筷子、一个盘子、一个碗，让宝宝摆好，锻炼宝宝一对一的数学能力。同时，可以提示宝宝怎样拿取东西更为省事省力，不要一趟一趟地跑来跑去，提高宝宝处理问题的能力。宝宝摆好后，家长要给予表扬。

在给宝宝穿脱衣服时也存在着数学概念，家长可以一边给宝宝脱衣，一边讲解，如睡觉前，要先脱外衣，再脱罩裤，再脱毛衣，按顺序放置，早晨穿衣时要先内后外，非常方便。让宝宝养成习惯后，宝宝做事时也会按先后次序摆放东西，无论做什么事都能应用数学的方法，把事情一二三四排列起来。

（三）游戏中的数字记忆训练

2 岁以上的宝宝大多已经学会自己蹦跳，家长和宝宝一起在户外玩耍时，可以练习"走几步跳几步"的游戏。比如，开始时可以练习"走三步跳两下"或"走两步跳一下"，家长先示范几次，边说边做，然后鼓励宝宝也跟着做。待宝宝熟悉了 2 和 3 之内的变化后，再做 4 以内的变化。如果有几个宝宝在一起玩，家长和宝宝可以拉成一个大圈，大家一起一面数数一面向左边跳，这样的游戏会让宝宝感到很快乐，经常在一起玩的小朋友凑到一起时，也会主动地做这个游戏。

可以给宝宝一些各种颜色的串珠和一根绳子，让宝宝练习串珠数数。先给宝宝提出一个要求，如穿一个白的串珠，再穿两个红的，间隔着穿，让宝宝按数串珠。这样的游戏不仅锻炼宝宝的数学能力，同时也锻炼了动手能力。

带宝宝在室外玩耍时，家长可以让宝宝练习数楼的层数，首先要让宝宝知道每层楼一定都有窗户，然后让宝宝站在楼前数窗户的竖排数，就可以知道楼层数。

十五、绘画能力的培养

有人说绘画需要天才和悟性，孩子如果不是那块料，练了也没用。其实家长这样认为是很片面的。学习绘画，并不是一定要让孩子学当画家，应该把绘画当成一项教育内容，一种练习方式。他们对自己所接触的生活，周围环境和事物的认识，以及与人的交往过程中，产生了情感，丰富了想象力，这些都可以通过绘画的方式表现出来，一方面可以丰富孩子的立体想象思维，同时还可以锻炼孩子手-眼协调能力，增强手部肌肉运动的协调性和灵活性。据某托幼机构的调查结果显示：12.5％动手能力强的幼儿中，有 2/3 是从托班（2 岁）就开始接受正规的美术教育，捏、撕、贴、折、涂等，延续至中班，动手习惯逐渐形成；1/3 的幼儿自幼受家庭熏陶。可见，教幼儿从小开始画画等美术活动，将有利于幼儿动手能力的培养（图 46）。

图 46 绘画练习

1. 绘画训练方法

1岁的孩子会握笔乱画，画出的道道根本看不出是一条直线，歪歪扭扭，断断续续，这是孩子握笔方式不对或胳膊力量不足而导致握笔不稳的表现。接近1岁半的孩子已经能够很稳当地握住笔了，开始时大人可以把着孩子的手，教他画出直线，如横道或竖道。手把手教的目的主要有两个，一是教会孩子握笔方式，二是让孩子知道如何用力才能画出道道。经过耐心细致的训练，孩子逐渐学会了如何握笔和如何用力，这时如果让孩子自己去画，他就会自然而然地画出横道和竖道了。早期培养孩子握笔画道的能力可以引发孩子对绘画的兴趣，培养孩子集中注意能力。

一般在1岁半左右，宝宝开始对涂鸦产生浓厚的兴趣，但很少出现有控制的涂画，刚开始涂鸦时，宝宝只能在白纸上敲敲点点，砸出一些不规则的小点。最好让宝宝在废旧的大挂历背面涂画，以免他在一张小纸上画不过瘾，而往桌上乱画时又被制止而失去了兴趣。应逐步给宝宝各种笔，如蜡笔、油画棒、彩色水笔、磁性画板笔、铅笔、圆珠笔、毛笔等工具以保持他的兴趣。除了在纸上画以外，还可以教宝宝用手指蘸上水在呵了热气的玻璃上、茶几上画；用小棍在沙土地上信笔涂鸦。掌握正确的握笔姿势越早，有控制的涂画阶段就来得越快，因此家长要反复给宝宝示范正确的握笔姿势，并手把手地教他。

2岁以后已经能很好地拿笔了，但是尚不能准确画出横平竖直的道道来，需要反复训练才能学会此项较为复杂的精细动作。

孩子开始只会画出不规则图形。大人先画一条横线，让孩子模仿画出，如果孩子画不出来，可以把着孩子的手教他采取正确的握笔姿势，再逐渐改为孩子自己画。

孩子会画横道之后可以教他画竖道。刚开始孩子画道时往往是横不平竖不直，方向不准，线条不直。这主要是因为孩子把握不好走笔的方向，因此需要家长反复手把手教给孩子，让孩子慢慢体会握笔的姿势和走笔的方向。家长也

可以和孩子轮流画道，让孩子看一看自己画的道与别人有什么不同。

当孩子基本能够模仿画出直线以后，让孩子自己画出横道或竖道，不直也没有关系，多鼓励多表扬，孩子最终会画出令人满意的图画。

2. 画画举例

(1)画房子：妈妈先让宝宝看着画出一个小房子的外形(图 47)，再让孩子拿笔在房子中间画上横道和竖道。边画边告诉孩子房子的顶部需要用很多块瓦片组成，窗户是要分成几扇的，夏天热了，宝宝的房门要挂上帘子，可以开门通风，防止蚊子和苍蝇飞进屋子里。可以用褐色画出房顶，蓝色画出窗户，绿色画出门帘。在孩子画的过程中，家长需强调线条画直，间隔比例合理。家长可以先画一幅涂好颜色的房子给孩子作画样，让孩子照着多画几遍。

图 47　画小房子

(2)画手绢：这是教孩子练习画方形的方法。用不同颜色的彩笔如红色或绿色等，让孩子画出几个四方形(图 48)。画画的顺序一般有两种：一是先画出一条横线，再画两边的竖线，最后画下边一条横线；二是像写“口”字的顺序一样画。画手绢时可以给孩子唱关于手绢的儿歌，如“小手绢四方方，天天戴在我身旁，擦擦鼻子擦擦嘴，干干净净不能忘”。

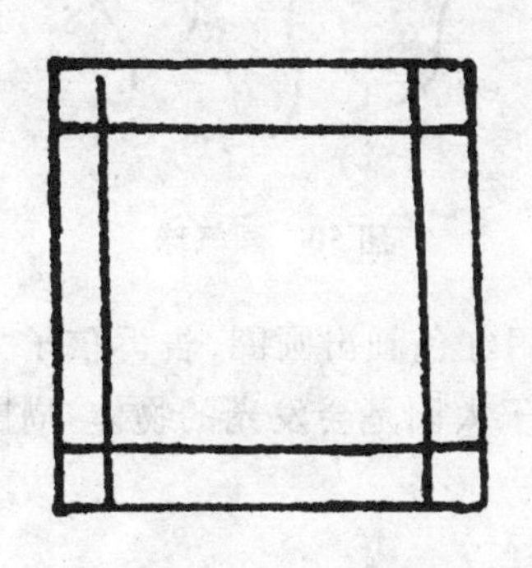

图 48　画手绢

(3)画圆圈：画圆圈的难度比画横道和竖道要大得多，孩子学画圆圈是要有一个过程的。首先要让孩子学会模仿画圆，家长先画一圆形，让孩子照着圆圈描画一遍，然后再让孩子自己画。刚开始画圆时往往画不成形，画出个多角形，或不知道如何收拢口。这时可以协助孩子把画出的多角形改为圆形，或帮助封上口，给孩子做出示范，当孩子画圆时，随时要提醒孩子注意画出圆弧线等，也许孩子一笔画不完，要耐心等他分几笔画完。等孩子画完之后，拿一个事先裁剪好的圆纸片让孩子比一比，用手在圆纸片周围划几圈，体会圆的感觉，这时孩子就会感觉出他画的圆圈是否是圆的，下一次再画圆的时候，他一定会注意画线的方向，尽量画出圆圈来(图 49)。

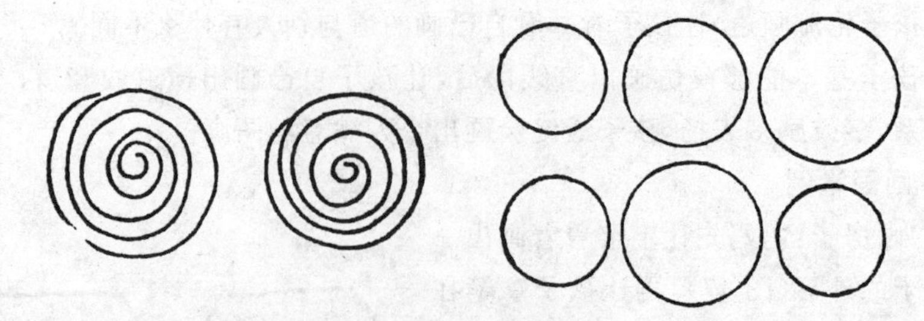

图 49　画圆

(4)画气球:教孩子用画圆圈的方法画气球。气球的形状可以是圆形的,也可以是椭圆形的,气球颜色可以用红、黄、蓝、绿等多种,画完圆圈后不要忘记在气球下方画上一条彩线,告诉孩子要拉着这条线,让气球飘起来(图 50)。

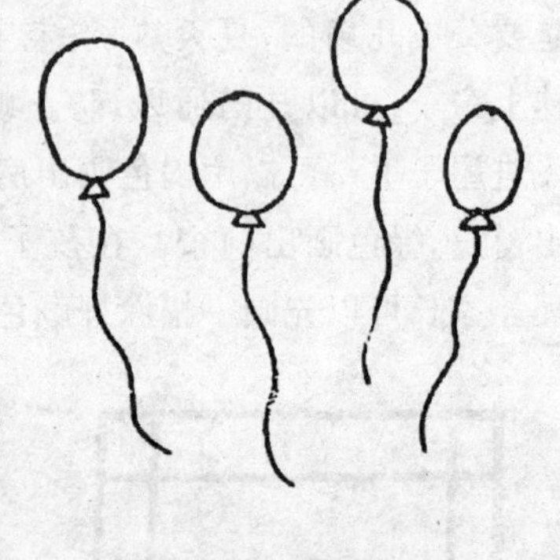

图 50　画气球

(5)画水果:家长先画出苹果、鸭梨、桃等水果的形状(图 51),分别画出大的和小的几个,让孩子模仿画出来。可以左右对称画出来,也可以先从一边画出来,然后再画出另一边。

(6)画太阳:画太阳是练习将画道和画圆圈结合起来(图 52)。准备一支红色和黄色的彩笔,用红色画出圆圈,告诉孩子太阳是圆的,再用黄色在圆圈周围画出道道,告诉孩子太阳是会发光的物体,周围的黄道道表示的是太阳的光芒。

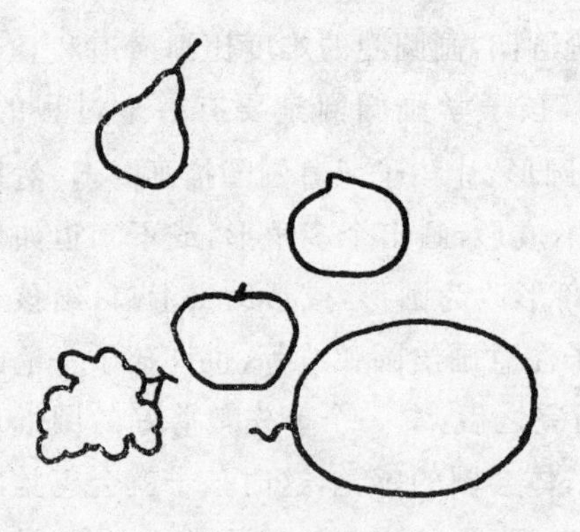

图 51　画水果

图 52　画太阳

十六、音乐欣赏能力的培养

爱好音乐是人类的天性，培养宝宝的音乐欣赏能力，不仅可以培养宝宝高雅优秀的气质，同时，在培养过程中，也有助于提高宝宝的注意力、记忆力和想象力。

1. 培养方法

(1)宝宝天生就喜欢音乐，而且对音乐有着自己的喜好，给新生的宝宝播放不同类型的音乐，宝宝会有不同的反应。比如，当新生儿听到自己喜欢的音乐时，会表现手舞足蹈，甚至发出欢快的声音；宝宝对妈妈的声音最为喜欢，在宝宝哭闹、入睡之前，妈妈为他哼唱歌曲，不仅有助于宝宝情绪的安定，而且也增强了宝宝对音乐的反应能力。

(2)感知觉的发展是培养宝宝音乐欣赏能力的基础，因此家长在对宝宝进行音乐教育时要及早重视宝宝的感官训练。如让宝宝闭上眼睛用耳朵听听周围的声音，说出哪个声音高，哪个声音低，哪个声音长，哪个声音短；也可让宝宝模仿其熟悉的声音节奏，如小猫的叫声、汽车的鸣笛声等。

(3)给宝宝提供更多听和看的机会，可以带宝宝欣赏音乐会，从环境着手，扩大视野，让其感受音乐的氛围；家长也可以选择一些富有感染力的幼儿歌曲或乐曲，把宝宝带入音乐的意境，感受乐曲的情绪。对宝宝非常喜欢的儿童歌曲，可以反复让宝宝听，待宝宝熟悉内容后，可以让宝宝边听、边唱、边欣赏，体会歌曲的内容和情绪。

(4)家长可以通过让宝宝欣赏多种性质的音乐来发展思维能力，比如，宝宝临睡前，家长可以让其听温柔、优美的摇篮曲；宝宝情绪比较高时，可以让他听欢快的歌舞曲，欣赏歌舞曲的欢快、热烈，逐步训练宝宝的分辨力和想象力。

(5)宝宝喜欢以动作来表达所理解的内容，所以，教宝宝欣赏音乐时，不妨将音乐与游戏结合到一起，让他边听音乐边唱唱、跳跳、玩玩，把音乐和玩耍融于一体，慢慢地，宝宝就会对音乐产生浓厚兴趣，并学会欣赏了。在听音乐时，家长可以启发宝宝根据音乐的不同性质，用动作表达自己的不同感受，如在听行进的音乐时，可以让宝宝敲着乐器跟着走路；听舞蹈类的音乐时，家长可以和宝宝一起抬脚、踢腿、舞动手臂，跟着跳舞。

(6)家庭中也要为宝宝配备性质优良的音响设备，让宝宝感知音乐艺术，内

容是重要的，播放设备也同样重要，否则再好的音乐艺术，也无法展现在宝宝的面前。家长还要注意，在家里给宝宝听的音乐不要太响、太重、速度太快，这对宝宝的听力、情绪和身体发育都不利，要尽量在家庭里创设一个温馨、愉快的音乐环境。

2. 注意事项

家长在教宝宝欣赏音乐时，要避免以下几点错误的做法：

(1)给宝宝选择的音乐不当，随意拿出音乐带就放给宝宝听，也不管宝宝爱听不爱听、能不能理解。

(2)在放音乐给宝宝听时，不注意其情绪，如宝宝正在兴奋地玩耍时，却让他听摇篮曲。

(3)家长不可能经常陪宝宝欣赏音乐。有空闲、情绪好时就教宝宝欣赏音乐，工作忙或情绪不好时中断就是了。

十七、阅读兴趣的培养

宝宝生来就有一种好奇心和探索欲，他们对阅读的兴趣和态度常常在家长还没注意到的时候就不知不觉开始了。阅读是宝宝成长过程中的自发需要，他们不停地感知、探索这个全新的世界，做家长的此时就要顺应宝宝的探究欲望，为宝宝提供丰富的阅读环境、阅读机会，呵护宝宝刚刚萌芽的阅读兴趣，从而培养宝宝的阅读能力和习惯。0～3 岁是培养宝宝阅读兴趣和学习习惯的关键时期，对宝宝潜力的开发有着不可估量的作用。

培养宝宝阅读兴趣的第一步就是引导宝宝对图书产生兴趣，书页翻动时哗哗的响声、纸张的清香、图画的色彩及图案的变化、书中叙述的精彩内容，这一切都将成为吸引宝宝的有趣元素。让宝宝听听书页翻动的声音，闻闻书香，欣赏一下书内的图画，都可以引导宝宝探究图书的奥秘，使宝宝把读书当成一种非常有趣的游戏。对于宝宝来说，图书的作用不只是向他传授知识，更多的是担当引导他探究书里奇妙世界的工具，与玩具有着异曲同工之妙。

家庭中要营造一个良好的阅读环境，可以在家中布置一个图书角，用书架或书箱装书，提供丰富的图书，并不断更换图书；也可以在家中各处，如书房、客厅、浴室等随处放上一些适合宝宝翻看的图书，让书成为宝宝生活中不可缺少的元素，他就会更早地对书本产生兴趣。此外，家长也要以身作则，经常在家看

书读报，以自己的实际行动来影响宝宝，给宝宝营造一个大家都爱读书的氛围。

家长给宝宝选择图书时，首先要考虑宝宝的年龄特点，其次要注意主题单一、情节简单，书的篇幅要大、色彩鲜艳，能充分刺激宝宝的视觉感官，书中的形象要真实、准确。对于年龄比较小的宝宝，家长也可以给宝宝买一些色彩鲜艳、功能强大的布书、洗澡书、触摸图书、洞洞书等，这些花样翻新的玩具书可以借助它们的玩具特性培养宝宝对书的兴趣，让宝宝从书本里获得很多意想不到的知识，从而明白书的真谛。

从宝宝0岁开始，家长就可以坚持每天给宝宝读一会儿书，尽量选取一个固定的时间进行阅读。家长可以通过阅读活动给予宝宝足够的语言及视觉上的刺激，充分调动他对书的好奇心。要把握不同年龄宝宝的不同欣赏要求，选取不同的阅读内容。在给宝宝阅读时，要善于集中宝宝的注意力，把宝宝放在适当的位置，如把他抱在身上，或让其独自坐在椅子上，让他集中注意力，以能够更加清晰地感知语言的刺激。家长在阅读完故事后，可以采取自问自答的形式加深宝宝对故事情节的印象，慢慢引导宝宝跟着家长一起回答，再发展到会独立回答问题。

十八、良好情绪的培养

情绪是人的一种复杂的心理活动，一般将喜悦、愉快等情绪称之为积极情绪或良好情绪，而将愤怒、哀伤、惊怕、恐惧等情绪称之为消极情绪或不良情绪。培养宝宝的良好情绪，对于宝宝身心的健康发展具有十分重要的意义。喜悦、愉快的情绪不仅能明显地促进宝宝身体的健康成长，还能促进其智力发展，有利于其形成良好的行为习惯。家庭是孩子的第一所学校，也是人生情感体验的启蒙学校，家长要有意识地培养宝宝的情绪调控能力，使其经常处在良好的情绪状态。

1. 家庭中建立良好的情感氛围，充分表达对宝宝的爱意

(1)在家庭中，首先家长要为宝宝做出榜样，父母之间要互敬互爱、和睦相处，善于控制、调整自己的情绪，营造和睦、愉快、乐观向上的家庭氛围，这样会潜移默化地影响宝宝的情绪。

(2)要创建良好的亲子关系，家长可以通过很多方式表达对宝宝的爱，如亲吻、拥抱、经常对宝宝笑、倾听其说话、多表扬、和宝宝说话或一起做游戏。宝宝

感受到来自家长的爱，并且从家长的言行中学习到表达爱的方式，就会知道如何对别人表达感情了。

2. 家长要细心了解宝宝的需求，并给以恰当的满足

宝宝也会有生理和社会心理的种种需求，有些需求如果是合理的，也是家长力所能及的，就应当给予满足，这样可使宝宝情绪稳定和愉快。有时宝宝表达不清自己的需求时，家长要细心体察、了解，并正确对待。尤其是刚出生几个月的宝宝，哭是他们与外界交往的惟一途径。家长应该及时了解宝宝哭闹的原因，满足宝宝的不同要求，如果漠视他的哭声，就会让宝宝对周围的人和环境产生不安全感和厌恶情绪，直接影响其今后的情感发展。

3. 注重对宝宝的情感教育，培养宝宝的良好情绪

(1)为宝宝提供整洁、宽敞的游戏空间，会从心理上起暗示作用，帮助宝宝拥有明朗的心情、稳定的情绪。培养宝宝广泛的兴趣，使宝宝有自己非常喜欢的玩具或者游戏等，都有助于宝宝积极情绪的维持与延续。

(2)要培养宝宝对人或事物的积极态度和情感，鼓励宝宝积极的情绪表达，教会宝宝对别人微笑，对小朋友友好，对大人要有礼貌，如果宝宝做得好，家长就应该经常表扬和鼓励他。

(3)要经常引导宝宝去完成力所能及的任务，使其体验成功的欢乐情绪。不要让宝宝仅仅在满足吃穿需要时才产生愉快、喜悦情绪，应同时让宝宝在完成学习、劳动任务中，或在游戏活动中体验到成功的欢乐。

(4)宝宝在成长过程中需要与小伙伴交往，宝宝如果长时间独处，会产生不可名状的孤独感，通过积极与小伙伴交往，不仅可以愉悦宝宝的身心，也为宝宝提供了练习情绪调控的机会。

4. 对宝宝进行及时引导，避免不良情绪产生

(1)家长在教育宝宝时，往往习惯用命令的方式，要求宝宝立刻听从，不给其留有思考及“情绪准备”的时间，这样容易引起宝宝的逆反心理，甚至出现对抗情绪，使宝宝的情绪处于不良状态。因此，家长在教育宝宝时，必须尊重他，说服他，让其自然滋生积极的情绪。

(2)当宝宝情绪不安的时候，家长要及时发现，帮助宝宝正确认识自己的感觉，并教宝宝在接受自己感觉的同时，控制自己的情绪，让情绪表达得比较适当，使行为不伤害自己和他人。如教宝宝用说出来的方式表达生气，而不是发脾气或摔东西。

(3)如果宝宝的不良情绪引发了有害或无礼的行为，家长要帮助宝宝进行控制。如果宝宝很生气，家长承认他在生气，同时要尽量使他冷静下来。

(4)要引导宝宝不将爱集中在一两个人身上，以避免在分离时产生痛苦情绪。宝宝对于直接养育照料他的人特别依恋，这是正常的。随着年龄增大，应该引导宝宝对更多的人产生爱，不至于因为同某一个人分离而产生忧虑和痛苦的情绪。尤其是当宝宝要离开家庭环境走进幼儿园集体生活时，往往容易产生恐惧与焦虑，家长要帮助宝宝克服焦虑，用积极的情绪面对集体生活，这一点在宝宝的成长中非常重要。

(5)在日常生活中，家长要注意防止宝宝产生恐惧情绪。如防止给宝宝突如其来的刺激(如声音巨响、身体的刺痛等)，之前最好给宝宝一些心理准备；不要给宝宝精神威胁；更不能打骂宝宝等。

第七章

婴幼儿生活习惯和品德教育

一、培养良好的饮食习惯

婴儿生长发育迅速，新陈代谢旺盛，必须供给充分的营养素。但婴儿消化力薄弱，胃容量小，胃壁肌肉发育还不健全。从小培养良好的饮食习惯，使婴儿进食有规律，很好地消化食物，吸收营养，才能满足身体的需要，促进生长发育。

6个月以内的婴儿主要是哺乳，要吃好、吃饱，还要消化好。让婴儿适应增加的辅助食品，愿意接受，喜欢学吃，有一个良好的开端。

1. 培养良好饮食习惯的方法

(1)喂哺要根据婴儿的月龄增长调整食量和时间，逐步实现定时定量。若不注意培养时间规律，总是一哭就喂奶，会因进食奶量过多而造成消化不良，不仅这种习惯不好，还会影响身体健康。

(2)养成专心吃奶的好习惯。母亲应让婴儿安静地吃奶，不受外界干扰，不要逗引孩子，也不要让婴儿边吃边玩，以免延长喂奶时间。偶尔遇到婴儿在吃奶中途停顿一会儿，那是因为吮奶很费力，需要休息片刻后再继续吃奶。

(3)满月后即可训练婴儿用奶瓶吮吸温开水。5～6个月的婴儿已能用手抓握，可以帮助他用双手捧扶奶瓶吮水、菜汁、果汁等，自我服务能力的培养从此开始。

2. 注意事项

让婴儿适应吃各种辅助食品。添加辅助食品应从少量开始逐步增多。此外，还要由稀到稠，由淡到浓，由细到粗，由一种到多种，循序渐进，使婴儿乐于接受，逐步适应各种辅助食品。婴儿不乐意进食时，可以在每次喂奶前，趁婴儿饥不择食之际，先喂少量辅食，然后再喂奶。待婴儿适应后仍先喂奶，再补以辅食。3个月时可以训练婴儿用小茶匙吃东西。先学喝水或奶，到4～6个月时才

可以逐步用小茶匙吃添加的蛋黄、蒸蛋羹、菜泥、果泥、鱼泥、肝泥、奶糕及粥等。

二、培养良好的清洁习惯

婴儿对疾病的抵抗力很弱，易感染各种疾病。从小培养婴儿爱清洁的好习惯，可以使婴儿少生病，保持身体健康。

1. 培养良好清洁习惯的方法

(1)勤换尿布：婴儿爱清洁的习惯始于要求换尿布。让婴儿养成尿湿后感到不舒适，以哭声来提醒成人及时为他换尿布的习惯，可以使他以后爱清洁。

(2)勤洗澡：婴儿皮肤娇嫩，分泌物多，长时间的睡眠使婴儿躺卧在床上，再加上排尿、排便后常常不能及时清理，因此需要每天洗澡，以使婴儿感到干净、舒适。

(3)勤洗手、脸，排便后洗臀部：由于婴儿每日哺乳次数多，常将奶液或辅食残留在脸颊、嘴、下巴等处，应及时清洁。婴儿的手常抓握，手掌易分泌汗液，因此要经常洗手、洗脸。排便易污染臀部，也应及时洗净。使婴儿感到清洁舒适。

(4)勤换衣服：由于婴儿新陈代谢旺盛，身体分泌物多，要勤换衣服。经常保持衣服的清洁、美观也要从婴儿时期培养。

2. 要求

良好生活习惯的培养要长期坚持，不可间断，这样不仅有利于婴儿的身体健康，还可终生受益。

三、培养良好的睡眠习惯

充足的睡眠是保证婴幼儿健康成长的先决条件。小儿在睡眠过程中，氧和热能的消耗最少，而分泌系统释放的生长激素比平时增加3倍，所以有利于生长发育。如果小儿睡眠不足就会引起烦躁、易怒、食欲减退、体重减轻、生长发育迟缓，还会引起睡眠中的一系列问题，如不易入睡、夜间易醒等。

1. 婴幼儿睡眠时间

不同年龄的婴儿睡眠的时间是不一样的，越小的婴儿睡眠的时间就越长。婴儿需要的睡眠时间是与年龄的增长成反比的。不同年龄婴儿的睡眠时间可见表24。

表 24 不同年龄儿童睡眠时间

年 龄	睡眠时间	年 龄	睡眠时间
新生儿	20 小时	15 个月	13 小时
2 个月	16～18 小时	2 岁	12～13 小时
4 个月	15～16 小时	3 岁	12～13 小时
9 个月	14～15 小时	5～7 岁	12～12.5 小时
12 个月	13～14 小时	7 岁以上	9～10 小时

由于孩子睡眠长短存在个体差异，不宜做硬性规定，上面所说的睡眠时间仅供参考。只要孩子白天精力充沛，心情愉快，食欲好，生长发育正常，睡得踏实，即使每日睡眠不足这些小时也属正常。假如孩子睡眠时易醒，总爱翻身，睡得不踏实，白天有不明原因的烦躁，食欲不佳，则可能睡眠不足，应查找原因及时处理，以提高孩子的睡眠质量。

出生后满 1 个月至 1 周岁为婴儿期，这一时期的睡眠与小儿的身心健康有密切关系。小儿大脑容易疲劳，只有在适当的、足够的睡眠以后，小儿大脑才能完全解除疲劳，这时他才能吃好，玩好。平时我们常看到小儿哭闹不止，不吃也不玩，这往往是困了、累了，这时就要给他一个安静的环境，让他去睡觉。一般说，小儿睡眠的时间要比成人多得多，而且月龄越小，所需睡眠时间越长。

1～3 个月小儿一天应睡 18 小时左右，白天应睡 4 次，每次 1.5～2 小时，夜间要睡 10～11 小时，这就是说，除了吃奶、换尿布、玩一会儿，大部分时间就是睡觉。

4～6 个月的婴儿每天睡眠时间应保证在 15～16 个小时。但是，决定婴儿一天生活的睡眠方式应由婴儿的睡眠状况来决定。把正在鼾睡的婴儿叫醒，增加断奶食品是不明智的。硬要改变婴儿睡眠这一基本生命节律，是违背自然规律的。如果硬是这样做，婴儿的情绪会变坏。何况在这个时期里，只要遵循婴儿睡眠的自然规律，就不会出现什么毛病。爱运动的婴儿睡眠时间较短，白天醒的时间较长，对这类婴儿就要想办法在他醒着的时间里，让他快乐。安静的婴儿白天爱睡觉，晚上也睡得很早。只是随着婴儿对周围世界活动欲求的迅速发展，白天的睡眠时间才开始逐渐减少。一般是上午睡 1～2 小时，下午睡 2～3 小时。由于白天运动量增加，稍有疲劳的婴儿夜里就睡得很香。以前夜里醒 2 次的婴儿，现在只醒 1 次；以前只醒 1 次的婴儿，现在能够一觉睡到天亮。

7～11个月的婴儿睡眠时间和睡觉的香甜程度因人而异。一般是上午睡1次,1～2个小时;下午睡1～2次,每次各睡1～2个小时,夜里的睡眠情况也不尽相同。一般夜间睡10小时左右。在这个月龄的婴儿中,很少有一觉睡到天亮而不醒的。一般都要醒来2～3次解小便。这时既有换掉尿布后又马上入睡的婴儿,也有吃足母乳后方能安睡的婴儿,还有不吃80～100毫升牛奶就不能入睡的婴儿。总之,这个时期的婴儿一昼夜睡眠时间应在14～15小时。睡眠时间过少,可影响婴儿身体发育;睡眠时间过长,影响活动时间,使婴儿动作发展迟缓。

2. 培养良好睡眠习惯

婴儿出生后就应该训练他们良好的睡眠习惯,晚上除了喂奶、清洁卫生外均为睡眠时间,所以晚上则应任其熟睡,勿因喂奶而将其惹醒,使小儿养成昼醒夜睡的习惯。婴幼儿随年龄增长,应减少白天的睡眠时间和睡眠次数,而不能变更晚上的睡眠规则。

良好的睡眠环境能促使小儿容易入睡。房内光线不要太强,创造安静宜人的环境,室温要适宜。小儿尽量少穿衣服,更不能以衣代被,衣服穿得过多,可能会影响孩子的血液循环,甚至引起呼吸不畅,这样很容易致使小儿做梦。室内还要定时开窗换气,并播放一些轻柔的催眠曲,让小儿自动入睡。小婴儿睡前要吃饱、换好尿布,睡时应向右侧,头略抬高;较大幼儿要让其独睡。

避免小儿形成不良的条件反射。如小婴儿睡觉前不要抱在手中抖动,或让其口含奶头、咬着被子、手帕等入睡。幼儿睡前避免因嬉戏或看电视而过于兴奋,造成不易入睡。家长对难以入睡的小儿,不要硬性规定早早上床,避免小儿把床铺作为活动天地。小儿一旦入睡后,有的会出现哭闹现象,家长要请医生查明原因。如不是健康问题,则不必一哭就抱,这会强化小儿成为"夜啼郎"。稍大一些的幼儿可能会出现夜惊、梦游等睡眠问题,家长要了解小儿白天玩的情况,并应尽量避免。

婴幼儿的主要任务是睡眠,可占去每天的大部分时间。在2岁以前小儿睡眠状况随神经系统发育有巨大变化。正常3个月以上小儿大多数能一夜睡到天亮,小部分有入睡困难或夜间醒后哭闹。其原因有环境因素(不良的睡眠习惯)或先天因素(难抚养型气质或对刺激敏感性高)有关,但主要决定于环境因素。即使先天因素的小儿也可以通过良好的睡眠习惯克服睡眠差的问题。

小儿睡眠好坏不仅影响小儿健康和智力发育,也牵动父母与全家的精力和

情绪。年轻的父母应学会使小儿睡好的艺术。

(1)按时睡觉:在宝宝入睡前30分钟~1小时,应让宝宝安静下来,不看刺激性的电视节目,不讲紧张可怕的故事,也不玩新玩具。晚上入睡前要洗脸、洗脚、洗屁股。睡前让孩子排空小便。脱下的衣服应整齐地放在相应的地方,要按时上床、起床。逐步形成按时主动上床、起床的习惯。

(2)自然入睡:宝宝上床后,晚上要关上灯;白天可拉上窗帘,使室内光线稍暗些。宝宝入睡后,成人不必蹑手蹑脚。习惯在过于安静的环境中睡眠的宝宝容易惊醒。只要不突然发出大的声响,如"砰"的关门声或金属器皿掉在地上的声音即可。要培养宝宝上床后不说话、不拍不摇、不搂不抱、自动躺下、很快入睡、醒来后不哭闹的好习惯。并让宝宝养成不蒙头、不含奶头、不咬被角、不吮手指,不把玩具放在床上或抱玩具入睡,以及不把衣裤放在床上的好习惯。对不能自动入睡的孩子要给以语言爱抚,但决不迁就,要让宝宝依靠自己的力量调节自己入睡前的状态。不要用粗暴强制、吓唬的办法让孩子入睡。有的宝宝怕黑暗,可在床头安一个台灯,教会宝宝开关,使他能控制黑暗,有利于宝宝安然入睡。

(3)睡姿舒适:1岁以后的宝宝已形成了自己的入睡姿势,要尊重宝宝的睡姿,只要宝宝睡得舒适,无论仰卧、俯卧、侧卧都是可以的。如果宝宝晚上刚喝完奶就要接着睡,宜采取右侧卧位,有利于食物的消化吸收。若宝宝睡的时间较长,可以帮他变换姿势。

3. 睡眠不安的处理

有的宝宝夜里睡眠不安、易惊醒、哭闹,父母便立刻将其抱起来又拍又哄,让其再度入睡,结果宝宝很快习惯于这种在父母怀里睡眠的情况,不拍不哄便不再入睡。为此,对偶然出现的半夜哭闹,要查明原因。如白天是否受了委屈,听了惊险的故事,睡前是否吃得过饱,或饥饿、口渴,尿床、内衣太紧、太硬以致躯体不适,以及肠道寄生虫或其他原因导致的腹痛、呼吸道感染导致的鼻塞等,给予针对性的处理。若无躯体疾病,则应改变其睡眠环境,如让其一个人独睡;对其夜间醒来,父母应克服焦虑情绪,既不宜过分抚弄孩子,也不要烦躁或发脾气,则宝宝夜间哭闹可自行纠正过来。

4. 帮助宝宝白天睡眠的方法

给宝宝做一个小的箱子,里面放着他喜欢的书籍和玩具。这样他觉得困倦时便可在小睡前看看书。不要放太好的或贵的书,因为他可能会把书弄皱。可

放些识字卡、厚纸板书或旧书。另外一种方法是从杂志上剪下有趣的图画，贴到厚纸板上，用透明纸覆盖其上，这样比较整洁。

让宝宝在你的床上，或在沙发上靠近你的地方睡觉。

如果宝宝不午睡，则要确保他至少有些休息时间。如果宝宝不肯睡觉，就让他听一盒长的录音带，告诉宝宝等到音乐结束后，休息时间才结束。

在宝宝刚玩完兴奋的游戏或吵闹以后，不要马上让他睡觉，因为他此时不能安定下来入睡。如果你硬要他睡，只能令你失望。应给他10～15分钟的时间，让他冷静下来，安静地看看电视或书才睡觉。

即使儿童也喜欢在床上看书。如果你的宝宝也是喜欢这样做，就放一本他喜欢看的书在床上。

5. 如何对待半夜醒来的宝宝

据统计，15%的2岁儿童晚上习惯醒来。这影响了父母晚上的睡眠，给父母带来了忧虑。不管宝宝夜间醒来有多频繁，或怎样烦躁不安，都别让他哭。应马上走到他身边，使他舒服并找出问题所在。他可能因为毯子或被子掉了而觉得冷；他可能太热，也许他口渴或咬牙。另一方面，问题可能不太重要：他也许不因上述原因而醒来，可能只是因为噩梦后感到害怕而醒来，但是他不能解释是什么使他感到不安，你亦无从告诉宝宝没有什么东西值得害怕的。所以你应给予他亲切和爱抚，不要担心因此会宠坏他。

6. 宝宝早醒的应对方法

在宝宝的床上放一些布料或纸板书，供他“早读”。确保宝宝有足够的灯光看书。如果没有的话，在宝宝晚上上床前留下一盏不太亮的长明灯。

在宝宝的床边放一个软的箱子或塑料桶，里面放小玩具、蜡笔、纸、一些布料或一些有趣的可当玩具的家庭用品。这样他就能够把这些东西拿来玩。

把一些新鲜的水果或面包放在一个纸袋里，再放在宝宝的床底。为安全起见，千万别把食物放在塑料袋里。

在宝宝的手能伸到的地方放个大口杯或普通杯子，里面放着饮料。

7. 宝宝拒绝上床睡觉

睡觉的时间可灵活掌握，许多宝宝在晚上7～8时就要睡觉了，他们并不介意你是否把他放在床上。所以，为什么一定要让他不情愿地独自睡到睡房中，而不让其快快乐乐地在你身边入睡？

提早给宝宝洗澡，这能使他精神放松，并早点入睡。

如果宝宝难以入睡，那么仍旧让他穿着睡衣；假如他过一会睡着了，你就无须叫醒他换衣服，只需把他放到他的小床上就行了。

8. 宝宝非要你陪他睡觉的对策

一种方法是，你对宝宝说："你静静地躺着，过5分钟我就回来。"然后在5分钟后准时回去，以确保宝宝感到舒服，然后再对他说你5分钟后回来，完了再做1次。当你不在的时候，留下音乐给他听或让他继续看他本已经看了几页的书，或让他继续玩他已玩开头的游戏。这样，当你离开他时，他不会再感到害怕，而是等着你回来。照这样做3～4次后，你可能发现小宝宝已经入睡了。

如果宝宝拖延就寝时间是因为害怕单独一人在房间，或怕黑，你可以帮助他减轻害怕心理。如果宝宝害怕单独一人在黑暗处，你就用读故事书，玩游戏或唱儿歌来分散他的精神。这样确保他安定下来并感到困倦，你坐在他的床边，轻拍他的背直至他已经入睡为止。宝宝怕黑是完全正常的、有理由的。不要坚持关他卧室的灯。晚上应在宝宝的卧室开着一盏暗的灯，这会使他感到舒适，同时亦方便你晚上到宝宝的房间去看他。

四、培养良好的排便习惯

培养排便习惯和培养饮食习惯同等重要。

婴儿出生第1个月，大小便次数多，无需培养排便习惯。

2～3个月时，母亲可观察婴儿每天排尿及排便的次数和时间，以便掌握排尿和排便的规律，及时更换尿布，清洁臀部。

当母亲掌握了婴儿排尿和排便的规律，记录下每天排尿及排便的次数和时间，从4个月左右就可以开始用固定的"嘘嘘"声刺激排尿，用"嗯嗯"声刺激排便，并以抱他排尿或排便的固定姿势，建立条件反射，逐步养成听音排尿或排便的好习惯，进一步养成定时大便的习惯。

五、培养独立生活能力

1. 父母对待孩子哭闹的态度会影响独立生活能力的形成

美国约翰斯·霍普金斯大学教授安丝华斯曾做过一项研究，结果发现，哭了之后立即收到反应的婴儿，1岁以后还会哭闹的比率比较低。依据安丝华斯

的看法，母亲对婴儿的需求愈是敏感，婴儿就愈有安全感，不但能和妈妈建立良好的亲子关系，而且敢于外出探索，逐渐脱离依赖。另一项个案研究则发现，两个在2～3个月大时哭闹程度相当的婴儿，甲婴儿的父母对他的哭闹不烦不乱，仍然跟他说话，逗他玩。乙婴儿的父亲则极少花时间陪小孩，母亲又是只要他一哭就把他抱在怀里走来走去，很少跟他说话，或是陪着他玩。等到1岁左右，甲婴儿只要在父母身边不远，大部分时间都能快快乐乐地自己玩；乙婴儿却仍然时常哭闹，要求大人抱。如此看来，很可能是甲婴儿的父母由于在带孩子的过程中不烦不乱，能享受乐趣。因此，对于孩子的需求及成长的脉动皆较为敏感，较能适时扩展孩子的行为能力，使得他逐步在不被抱的情况下也能有安全感，能自得其乐。乙婴儿则没有学到这样的能力，仍然得依赖较原始的方式——被抱着才觉得安全、快乐。

2. 培养孩子的独处经验和能力至关重要

培养孩子独处的经验和能力也是帮助孩子养成不依赖个性的必备条件。孩子有许多经验的取得必须在独处，并经历各种尝试、错误的过程中才会有真正的收获。让小婴儿独处，听来似乎不可思议，但是，这并不是指丢下他一人，让他真正“独处”，而是指在喂完奶、换好尿片后，把他安排在母亲工作的房间里，让他自己玩。刚开始，孩子可能玩玩自己的手，注视着周围某一件物体。慢慢地，可能需要为他准备合适的玩具。只要他专注于自己的活动，我们都不需去打扰他。万一他遭遇到什么挫折，也尽量让他自己面对；如果他开始吵闹，而我们手边的事情还没有完成，可以先和他说话，用声音安慰他，等事情告一个段落之后再去抱他。这样一方面让他知道妈妈对他的需求并不是毫无反应，但也让他知道我们有需要料理的事情，他必须学习等待。可是，只要我们忙完了，一定要过去抱抱他，好好陪他玩一下，使他对等待有信心。

3. 家庭老人不宜过分疼爱孩子

经常会看到这种现象，爷爷、奶奶或姥爷、姥姥爱孙心切，常给予孩子过度的保护，不妨和颜悦色地和他们沟通。即使屡试不得结果，只要珍惜自己和孩子相处的时刻，随着孩子的成长，逐步鼓励、培养其独立探索的能力及兴趣，便不需太过忧虑。

4. 练习刷牙漱口

刷牙漱口是孩子基本的生活技能，应该尽早引导孩子学会独立操作。家长和孩子各拿一把牙刷，家长先做示范动作让孩子看明白，使用牙刷上下顺着牙

齿的方向刷(竖刷法),告诉孩子只有这样刷才能将齿缝中不洁之物清除掉。如果横着刷牙,不仅起不到清洁牙齿的作用,反而还会损伤牙齿和牙龈,引起牙龈出血。刷牙时要将牙齿里外向下都刷到,刷牙时间不要少于 2 分钟。开始不要用牙膏,待孩子掌握方法之后再加上牙膏。每天早晚各刷 1 次,晚上刷牙后不宜再吃食物。每次吃完饭后要用温开水漱口,以保证口腔清洁,预防龋齿。

5. 学习使用小勺和筷子

婴儿最初接触到的工具是吃饭用的勺子。9 个月大的婴儿可以用手握住勺子,有时候也会将盛放在勺子里的饭菜放入口中。但孩子拿勺子时方向不分,左右不分,往往是胡乱拿,结果往往是大部分的食物都撒满了桌面,沾满了嘴唇和面部,仅有一小部分食物进入到了口中。尽管是这样,婴儿还是乐此不疲,只要将勺子放在他面前,他都会用手抓起勺子,放入口中。孩子通过这项活动体会到使用勺子就会吃到自己想吃的食物(图 53)。

图 53 使用小勺吃饭练习

实际上用勺子把食物放到嘴里是一个相当复杂的过程,需要大脑的思维判断,手眼运动的协调和足够的耐心,要真正学会还需要很长一段时间。一些性急的婴儿感觉用勺子吃饭比较费力,干脆放弃勺子,直接用手来抓着吃。喜欢喊叫的婴儿则使用大嗓门叫唤以寻求帮助。其实,让孩子练习用勺子吃饭是训练婴儿早期使用工具的最好方法。家长必须有足够的耐心,不怕辛苦,不怕麻烦,一些爱清洁的父母看到婴儿用小勺吃得满身和满嘴都是食物,感觉很脏,收拾起来也很费力,干脆不让孩子用勺子,直接由大人来喂给婴儿,久而久之孩子养成了饭来张口的习惯。现在的独生子女中有的孩子直到四五岁还仍然让大人来喂食物。一些父母和老人以为这样是爱护和关心孩子,其实正是这些过分的呵护,使孩子失去了练习使用工具的绝好机会和最佳时机,而且还不知不觉助长了孩子依赖他人,不愿自己动手的恶习。我国目前独生子女的家庭居多,父母和老人生怕孩子摄入的饭量少,营养不够,拼命给孩子多吃东西,孩子不愿意吃就强迫喂到口中,影响孩子自己使用勺子的欲望,这些都是对孩子在生长发育过程中学会使用工具方面极为不利的做法。正确的方法可以采用如下方式,开

始由大人将勺子中盛上食物，摆放在婴儿的面前，让婴儿自己拿起勺子吃，也可以手把手教孩子用小勺取一些饭菜放入口中，只要耐心和有规律的练习，孩子到1岁以后很快就会自己用勺子吃饭了，不要小看用勺子吃饭的动作，这正是培养孩子自己动手能力的最好方法。

1岁以后的孩子就可以练习用筷子夹东西了。在使用筷子之前可以先让孩子练习用手夹住筷子，买一双小巧的玩具筷子让孩子玩耍，练习过程与使用小勺练习一样，尽量让孩子自己先动手，只要孩子能用筷子将食物放到嘴中就算成功，多给鼓励，激励孩子的兴趣(图54)。

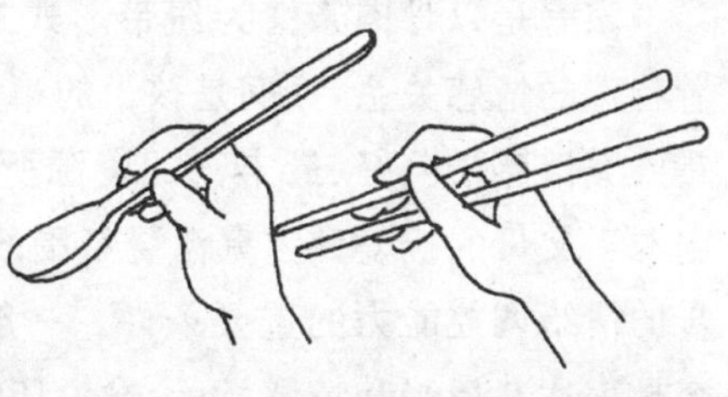

图54　练习正确拿勺、拿筷姿势

6. 模仿学习穿衣

1岁多的孩子已经对温暖和寒冷很敏感，明白穿衣的用途。这时可以训练孩子配合大人穿衣服。方法见第5章。

六、培养婴幼儿情绪控制能力

1. 婴幼儿情绪控制能力

情绪调控能力是智力的重要素质之一。这种能力能及时摆脱不良情绪，保持积极的心境。幼儿期是情感教育的黄金时期，帮助幼儿形成初步的情绪调控能力是幼儿情感教育的目标之一，也是幼儿情感教育的重要内容。幼儿的初步情绪调控能力主要表现在两方面：一方面表现为幼儿能对自己情绪中那部分对人对己可能产生不良影响的情绪冲动加以适当调控，如孩子对任性、执拗、攻击性等偏颇情绪的适当调控；另一方面表现为幼儿能适当地调节情绪，并常常鼓励自己保持高兴愉快的心境。概括来说，就是既有控制，又有宣泄，把情绪调控在一个与年龄相称的范围内，以促进情感的健康发展。

总的来说，幼儿的情绪调控能力是比较薄弱的，主要表现为幼儿情绪的易激动性(易于爆发激情)、易感性(情绪易于为周围物品所左右)和易表现性(内心体验和外部表现的一致性)。情绪调控作为幼儿社会性发展的重要内容，并不一定随年龄增长而提高，其发展更多是教育培养、教育环境影响的结果。情绪调控同知识系统与认知能力一样，是一种必须通过学习才能掌握的知识和技

术，而它的学习又不同于认知教育，它更多地强调感受、感知、体验、理解和反应，在教育过程中更多地强调情感经验的积累。所以，从教育途径上，应更多地考虑周围情境的氛围，以及整个教育方式的自然性。

2. 正确引导孩子调整、控制情绪能力

家庭是以骨肉亲情为纽带形式的特殊社会组成形式。父母与子女之间有着特殊的情感关系，家庭是孩子的第一所学校，也是人生情感获得的启蒙学校，是人类情感最美好、最丰富的资源所在地。从个体情感发生上来看，儿童情感起源于父母的抚爱和家庭温馨氛围的熏陶，良好的家庭情感氛围是孩子形成初步的情绪调控能力的重要条件。一般来说，幼儿在家庭中，尤其在父母面前更容易表达其情绪和情感，不论愉悦还是忧伤，高兴还是愁闷，随时随地都会表现出来。这说明某种程度上儿童在家庭中其情绪是不受抑制的，是自由奔放的，原因就在于特殊的家庭情感氛围。父母与孩子之间的血缘亲情使父母与子女之间有较高的亲和力，孩子的情绪表达（主要指不良情绪）一般不会招致惩罚或其他严重后果。而在社会氛围中，儿童情感表达会受到一定程度的抑制，无端地发泄情绪容易受到惩罚或得到不好的评价，如教师的批评，伙伴们离他而去。其次，孩子在与他人交往过程中免不了会产生一些消极情绪，有时又因惧怕惩罚或因权威人物如教师在面前而控制着，孩子往往把积压的情绪带回家里，向父母发泄，从而使他（她）的情绪得到某种微妙的平衡。人们经常会遇到这样一些情况，即孩子常因一些琐屑小事而跟父母过不去，大哭大闹，恐怕也有这方面的原因。正是因为如此，我们应充分发挥家庭在孩子情绪调控能力形成中的特殊作用，创建良好的家庭情感氛围，让孩子在潜移默化的实践和自然感受的体验中形成初步的情绪调控能力。

（1）营造宽松和谐的家庭情感氛围：这是帮助幼儿形成初步情绪调控能力的重要保证。家庭是以血缘关系为纽带联系起来的情感共同体，每个家庭都有其特定的情感氛围，表现为家庭内部的一种稳定的、典型的、占优势的情绪状态。父母是家庭情感氛围的重要主体和创造者，在营造氛围的过程中，首先必须要处理好父母之间的关系。“如果想让孩子长成为一个快乐、大度、无畏的人，那这孩子就需要从周围的环境中得到温暖，而这温暖只能来自父母的爱情”。如果父母能互敬互爱，和睦相处，善于处理好自己的情绪，尽可能表现得愉快、喜悦、乐观向上，这不仅能使孩子生活在温馨的家庭氛围中，得到关心爱护，获得爱和尊重的体验，从而心情愉快，产生主动向上的积极情感，而且也为

孩子处理消极情绪提供榜样，对孩子学习情绪、理解情绪和处理情绪产生潜移默化的影响，这是培养幼儿初步情绪调控能力的前提。如果父母之间经常争吵，家庭关系紧张，孩子极易产生焦虑不安、自卑、恐惧等不良情绪。这不仅不利于孩子形成初步的情绪调控能力，久而久之还会影响到孩子的心理健康。

家庭情感氛围的另一个构成是亲子关系，即父母与子女之间的关系。亲子关系是孩子接触到的第一个人际关系。亲子关系不和谐可能会给幼儿学习情绪带来意想不到的困难，甚至会导致其长大成人后情绪控制能力低下。在大多数家庭生活中，亲子关系具有明显的不平等性，显然父母永远处于主导地位，现实生活中，亲子关系的不和谐主要表现为父爱、母爱的扭曲。这种父母之爱极易走向极端：一是溺爱，父母对子女过分迁就，孩子易形成以“我”为核心的优越感，形成自私、骄横、任性等不良性格特征；二是粗暴之爱，父母不顾孩子的兴趣、爱好，要求孩子一味服从家长的意愿。这种家庭独裁可能带来严重后果，情绪方面表现为孩子情绪的压抑，久而久之，孩子良好的情绪发展受到潜在的阻碍。正常的父母之爱应该是一种理解、尊重、理智之爱。孩子是自己情绪情感的主人，家长要理解和尊重孩子自己的情感需要和情感体验，父母和子女之间需要的是情感的交流、沟通和应答，而不是“情感的统治”，即家长以强制的手段去监控、阻碍孩子的情绪表达。当孩子闹情绪时，父母惟有首先控制和管理好自己的情绪，充分尊重和理解孩子表达其情绪的需要，才能抚慰孩子的情绪。在家庭氛围中，父母要克服自身情绪的不良表达方式，如暴躁、武断、独裁，以及动辄就施以威胁或惩罚，应设法跳出亲子关系中因父母与子女的不平等性产生的权力陷阱，认清孩子情绪背后的真正动机，以理智的方式博取孩子的信任，成功地开启亲子沟通的大门。

现实生活中，孩子不如意时要宣泄其不满情绪，但孩子的宣泄有可能受阻，因为他(她)的情绪宣泄常常得不到父母的理解和宽容；在家庭生活中，孩子情绪的发泄可能较为频繁，父母难以忍受，于是造成感情冲突，结果可能是父母情绪占了上风，而孩子情绪没有发泄出来，抑郁纠结，逐渐积累，等待下次更猛烈的爆发。这样下去是危险的，孩子情绪不仅得不到宣泄，反而越积越多，情绪发展有可能走向消极方面。因此，发展儿童的情绪智力，应特别重视家庭情感氛围的作用和影响，要在血缘亲情的基础上建立起理解、宽容、和谐的家庭氛围，有目的地帮助幼儿实现其情绪的宣泄。

(2)把握好积极的教育环节：这是帮助幼儿形成初步情绪调控能力的关键。

首先,家长应帮助幼儿学习以恰当的方式表达自己的情绪。幼儿当然不会对自己的情绪有什么认识,情绪是好是坏,幼儿是不会自己去探究的,而父母要教育幼儿认识各种情绪及其特征与后果,特别是要使幼儿对一些过激情绪有初步的认识和看法。这是赢得情绪调控的第一步。在认识情绪的基础上再教给孩子一些情绪表达的方式方法,如言语表达方式。在任何时候都可以通过特定的言语将情绪表达出来。再如倾诉表达方式。每当情绪不稳定时,应向父母、老师和同伴"倾诉"自己的情绪感受,不要憋在心里,而应释放出来。在这方面,父母应做出示范,应向孩子主动谈论自己的情绪情感,并经常与孩子一道讨论彼此的情绪感受,这既能给孩子提供与同伴交流的范例,又能为孩子提供学习情感语言的机会,且敢于表达自己的情绪,而不是压制情绪。运动方式也是一种调适情绪的好方法。通过剧烈的运动,发泄孩子的消极情绪,通过轻缓运动,控制孩子的情绪冲动。家长应让孩子进行一些他们所喜爱的运动,如玩水、玩沙、打球,在运动中促使幼儿表达其情绪,如果没有别的办法,哭也不失为情绪的自然表达法。实际上,对那些爱哭的孩子来说,哭是他们表达情绪的一种好的、永远有用的方法。其次,家长要为孩子创造条件,让孩子在自我实践体验中培养情绪调控能力。孩子对情绪的认识和情绪的表达往往不一致,体现为情绪表达发展的滞后性,因此让孩子在自我实践、体验中实现情绪调控的训练就显得尤为重要。虽然从孩子的情绪健康角度来讲我们应使幼儿保持积极的情绪状态,但为了促进孩子的情绪发展,培养孩子初步的情绪调控能力,我们又应该让孩子全面体验各种情绪,以丰富孩子的情感世界,既要有积极的情绪体验,又要有消极的情绪体验,只有当孩子面对一些负面的消极情绪时,才有可能实践情绪调控的学习。

(3)为孩子设规范:面对孩子的各种需要,家长要客观分析,满足其合理要求,拒绝不合理要求。当需要得不到满足时,幼儿获得消极的情绪体验,可能表现出某种过激情绪反应。针对这种情况,家长应预先与孩子共同设定一些规范,逐步培养幼儿明辨是非的能力,进而在实践活动中用这种能力对自己的情绪表达方式做出价值评判。只有当幼儿能够对自己的情绪作价值评判时,才具有实现情绪调控的可能性。当然,生活中也应教育孩子适度节制各种欲望,抵制各种诱惑,让孩子时常既有需要得到满足的体验,又有需要得不到满足的体验,这样慢慢就能正确对待需要和满足的关系,慢慢就能学会对自己的情绪和行为加以适当的调节。

(4)为孩子创造与同伴交往和游戏的机会和条件：幼儿成长过程中需要与同伴交往，幼儿如果长时间独处，会产生莫可名状的孤独感，渴望交流又得不到交流的状况可能导致慢性的情绪压抑。积极与同伴交往不仅可以愉悦孩子的身心，也为孩子提供了实践情绪调控的机会。同伴是孩子最有效的榜样，同伴的榜样对孩子有较强的吸引力和感染力，易于孩子接受和模仿。幼儿可能从同伴身上学习如何调控自己的情绪。尽管孩子在与同伴交往中不免会发生一些小冲突，但正是这些“茶壶里的风波”使孩子们学会如何与别人协调，如何抑制自己不合理的愿望，如何处理同伴关系等。孩子有喜爱游戏的天性，游戏的趣味性和吸引力促使孩子愉快地、心甘情愿地服从角色分配，服从规则要求，要想参与就必须约束自己行为，否则会遭受排斥，失去参与活动的机会，这有助于训练并逐步形成幼儿的情绪控制机制。另外，游戏本身就是幼儿松弛紧张情绪，宣泄消极情绪的有效方式，在游戏中幼儿会借助于动作、语言、角色扮演来体验积极情绪，发泄消极情绪，在内心产生一种满足和快乐的感受。

(5)教给孩子一些自我调控情绪的方法：由于幼儿注意力很容易发生转移，消极情绪状态持续时间不一定很长，这也表现出一种对情绪的无意识调节。面对孩子的过激情绪，父母可讲究一些策略，如冷处理、设法转移幼儿注意力等。但同时家长又应帮助孩子学习主动自觉地控制其情绪。如教给幼儿一些自我调节的方法，譬如告诉他们，当他们控制不了自己的情绪时，就在心里暗暗说“不能打人”或“不能摔东西”；或在不愉快时想想其他愉快的事情。

(6)创造良好的物质生活环境：良好的物质生活环境将为幼儿学习情绪调控提供物质上的可能性。它包括整洁有序的生活环境，宽敞明亮的活动空间，合适的图书资料及玩具等。幼儿的情绪具有情境性和感染性的特点，良好的物质生活环境可使幼儿产生积极的情绪体验，因此在家庭中应尽可能给孩子提供整洁有序，宽敞明亮的生活空间，以促进幼儿情绪的健康发展。显然，家庭空间的局促狭窄可能导致孩子潜在的心理压抑，如果孩子在其他因素影响下情绪出现波动，甚至失去控制，居室的杂乱无章不仅无助于幼儿情绪的稳定和改善，还会加剧幼儿情绪的不稳定。

情绪调控具有很强的实践性，幼儿情绪调控能力的培养需要有以适合幼儿年龄特点的玩具、图书为中介的大量实践活动。难度适宜、能吸引幼儿注意力的玩具、图书等活动材料可以激发并维持幼儿进行有目的的活动，幼儿的情绪调控力也就在运用有关活动材料达到自己目的的过程中产生和发展。适合幼

儿阅读的图文并茂的图书还可以使幼儿获得诸如如何认识情绪，如何对待同伴，做个好孩子等一系列与情绪调控有关的间接知识，明白一些情绪调控的粗浅道理，为幼儿形成初步的情绪调控能力提供知识性基础。

此外，家庭生活内容的丰富与否也会影响幼儿情绪的正常发展。家庭生活单调乏味容易使孩子产生消极情绪，反之，丰富的家庭生活内容能使幼儿生活得快乐、满足，处于良好的情绪状态，因而有利于初步的情绪调控力的培养。在家庭生活中，合理的膳食搭配能为大脑提供维持正常情绪状态所需要的营养元素，在很大程度上，这也有利于幼儿的情绪、情感的健康发展。

七、培养孩子的自制能力

自制力是一个人为执行某种任务而控制自己的情绪、约束自己言行的能力。它是一种可贵的意志品质。这种自制力又常常叫意志力，是一个人在事业上取得成就的重要条件。

幼儿由于兴奋、抑制发展得不平衡，随意注意也未发展，控制自己的能力很差。爱做小动作，上课时注意力不集中，稍不如意或跌倒了就会大声哭叫起来。自制力的养成对于孩子的将来有着极为重要的影响，所以要想各种办法培养孩子的自制力。

1. 要提高孩子的道德认识

做每件事要明确目的，还要去克服困难，达到目的。如认识打针是为了防病治病，因而害怕心理是不必存在的；为了庆祝自己的节日表演节目，去克服害羞心理；为了要做值日生，克服懒惰，提早到幼儿园等。家长要主动地引导启发孩子有意识锻炼自己的自制力。

2. 要安排孩子固定的家务劳动

如饭后收拾桌子、洗碗、扫地，是孩子能干的家务活，父母就不要代替。孩子想玩一会儿了，就必须坚持将事做好。久之，自制力就培养起来了。

3. 通过游戏练习，加强自制力

如果让孩子在一些单调的活动中培养自制力，是十分困难而效果也是适得其反的。反之，通过有生动情节的游戏活动，让孩子担任一定的角色，那么，控制自己的能力就自然地大大加强。如当哨兵，在黑暗中充当一个勇敢的角色，跌倒了不许哭，站着不许随便动，再胆小或调皮的孩子也可以做到。所以，游戏

是培养自制力的好方法。

4. 要建立合理的家庭生活制度

每个家庭都要把孩子的生活制度化。规定按时起床、吃饭、睡觉的时间，使孩子的生活制度有规律，不宜随便变动，以便养成良好的动力定型，为培养自制力创造条件。

(1)通过“延缓满足”的方式培养孩子的自控能力：“延缓满足”就是当孩子提出要求的时候，家长不是马上满足，而是间隔时间或有条件地满足。“延缓满足”的范围是日常玩乐性、享乐性的需求。

具体做法是让孩子学会“等待”，有条件的满足等。例如，孩子要求去外面玩，却又不好好吃饭，这时候就可以规定他在15分钟里把饭吃完了，就陪他去。这时候孩子是会乖乖地把饭吃完的。

(2)家长要以身作则，言行一致：要培养孩子的自制力，家长首先要在生活中表现出良好的自制力，这样会给孩子一个榜样。有的家长意识到了自制力的重要性，可往往在教育孩子的过程中，无意中助长了孩子的分心。例如，有时孩子在画画，家长看到孩子的认真模样觉得好玩，就去弄弄孩子，或给他东西吃，在旁边说这说那，指手画脚，孩子于是再也画不下去了。

也有的家长，碰到自己喜欢的电视节目，就一边看一边吃饭，还一边评论。孩子同样一边看电视一边吃饭一边玩，家长不制止，认为没有什么大不了的，其实这些行为均不利于儿童自制力的培养。由此，要求家长做到言论与行为一致。

(3)耐心地进行说服教育：培养孩子良好行为习惯，一定要坚持耐心说服。简单的训斥与体罚是不会真正起到教育作用的。例如，已经很晚了，孩子坐在电视机前不肯离去，倘若家长硬拖他去睡觉，一定会引起他的对立情绪。这时不妨对孩子说：“今晚睡得太晚，明天早晨起不来，到幼儿园要迟到，影响老师和小朋友们，还会使爸爸、妈妈上班迟到。”孩子明白了道理，一般都会约束自己的行为。

(4)帮助孩子学会评价自己的行为：为孩子建立一套良好的行为准则，作为孩子评价、判别自己行为的依据，以此来约束孩子的行为。只要孩子理解了行为准则的意义，就会心悦诚服地遵守和执行。久之，孩子渐渐学会了评价和判别自己行为的适宜度，从而增强自制能力。

(5)给予孩子爱抚和关怀：缺乏自制能力的孩子任性，易激惹，爱发脾气，令

人厌恶、嫌弃，得不到父母的疼爱、抚摸、亲吻、拥抱和关怀。而这种浓情蜜意正是孩子所需要的。因此，父母要多与孩子亲昵、爱抚和关怀，充分满足孩子的这种心理需求。这不仅可以增进亲子感情，而且有利于孩子发展自我控制能力。

(6)充分发挥榜样的作用：孩子善于模仿，易受感化。家长可以利用文学作品及现实生活中英雄模范人物的形象，用他们那种严格要求自己、不屈不挠、克服困难的动人事迹去感化孩子，给孩子留下深刻印象，进而付诸行动。

八、培养孩子与人交往的能力

许多研究显示，一个仅仅学业优异的孩子，其人生未必成功，也就是说并不意味着他能在未来的生活中实现个人价值和社会价值。学习能力固然重要，但是竞争日趋激烈的社会要求我们的孩子还必须具备能够适应社会的多种能力。

其实，现代生活中，成功者往往都具备极佳的人际关系和极强的工作能力这两个重要的特点。因此，在培养孩子的社交能力上，我们绝不能掉以轻心。

1. 给孩子社交的机会

培养孩子的社会交往能力，父母一定要放开手脚，多带孩子出门参加社交活动，孩子只有经历种种“大场面”才能锻炼他良好的交往素质。可以带孩子参加故事会、联欢活动等，还可以经常带孩子走亲访友，或把邻居小朋友请到家中，拿出玩具、糖果、图书、画报，让孩子和小朋友们一起看图书、玩玩具、吃糖果。要让孩子逐渐养成热情待客的良好习惯，如果家里来了客人，父母要让孩子相识相伴、倒茶接待。孩子长期耳濡目染，就会逐渐学会待人接物之道。这样，会使孩子增长见识、增强信心，在社会交往时候就会变得落落大方。

2. 鼓励孩子跟小伙伴交往

孩子有自己的交往范围。相互之间的社会生活是孩子健康发展不可缺少的因素，所以父母应该多鼓励孩子与小伙伴接触。

“让孩子教育孩子”，使他们在相互交往中获取社会生活的经验，学会如何控制和调节自己的行为，发展社会交往能力。一些父母总觉得自己孩子小，担心孩子在与人发生冲突时，自家孩子吃亏，于是在孩子户外活动时，时刻不离孩子左右，限制了孩子的社会性交往能力的发展，殊不知孩子们正是在相互摩擦中“吃一堑，长一智”。同时，要积极引导孩子和不同年龄层次的伙伴一起玩，以积累更丰富的交往经验，从而提高其自制能力、抗挫能力和交往水平。

3. 鼓励孩子参加集体活动

在集体活动中，孩子与同龄的小朋友一起生活，他们会相互教会怎样生活、怎样相处、怎样玩耍。父母要欢迎孩子的小朋友上门来玩，也要鼓励自己的孩子到别的小朋友家里去玩（图 55）。在孩子与其他小朋友交往过程中，父母要教育自己的孩子严于律己，宽以待人，互相依赖，彼此尊重。

图 55 与同伴玩耍

4. 教以正确的交往方法

掌握交往方法是获得交往成功的基础。父母应该教会孩子正确的交往方法。例如，教育孩子在和小朋友交往时，要友好协商，礼貌相待，不逞强逞霸。平时，要教育孩子乐于助人，关心父母，关心他人。

5. 培养孩子良好的兴趣和习惯

在小朋友的群体中，能成为众多孩子的伙伴，当然是那些有着广泛兴趣，能把食物、玩具和别人一起分享，善于照顾其他小朋友的孩子。父母要注意培养活泼、开朗的性格，以及多方面的兴趣与知识，培养他们遇到熟人主动打招呼，对小朋友能礼让的习惯；要求他们克服讲粗话、骂人、打人等不良言行，逐步把孩子培养成为讲文明、有礼貌、存爱心、善宽容的人。

6. 培养孩子良好的情绪状态

教育孩子认识自己的情绪，控制自己的情绪。父母首先要让孩子懂得哪些情绪是好的，哪些情绪是不好的。好的、积极的情绪，如热情、欢乐、乐观、和善等易被社会接受的情绪，应让它自由地表现出来；不好的、消极的情绪，如冷淡、抑郁、悲观、愤怒等不易被社会接受的情绪，要对它加以抑制和消除。同时，父母还要让孩子懂得应该在什么样的场合下表现出什么样的情绪，以便让孩子能自觉地掌握，逐渐形成控制情绪的能力。

7. 及时解决矛盾冲突

如孩子在与小朋友发生矛盾冲突向你哭诉求助时，你要帮助孩子分析问题的矛盾所在，并客观地指出双方的是与非，告诉孩子正确解决问题的方法，在事实说教中让孩子逐步积累与人和睦相处的经验。

8. 让孩子自己解决问题

父母带孩子上街，要鼓励孩子问路。带孩子上车，要让孩子去买车票。如

果孩子的同学来家里玩时，要让孩子当小主人，父母千万不要包办代替。如果孩子当了小干部，父母要积极支持。孩子在交往过程中遇到问题时父母切记不要包办代替，要善于启发，引导孩子自己动脑筋，想办法。

九、道德行为能力的培养

小儿的道德行为和道德判断反映了小儿对待客观现实特别是对人和对己的态度及行为方式，虽然还不是性格的、典型的、完整的表现，但也是性格的一种表现形式。

1 岁以内的小儿还不可能作出什么道德判断，也不会有什么道德行为。

1～2 岁小儿之间的相互关系，是他们道德行为的最初形态，主要表现为积极的和消极的两种类型。

而 2 岁以后，随着小儿语言能力不断增强并通过成人语言的强化作用，小儿逐步形成了初步的道德行为和道德判断。当小儿在日常生活中做出良好的行为时，成人就说“乖”、“好”等词给以强化，当小儿做出不良行为时成人就说“不乖”、“不好”等词加以否定，从而使小儿不断做出合乎道德要求的行为，养成各种道德习惯。以后只要一遇到类似场合，就会毫不迟疑地做出合乎道德要求的行为，而对不合乎道德要求的行为则取否定的态度。如当孩子看到别人在玩新玩具，一方面自己很想拿过来玩，而另一方面又觉得这样做是不对的而克制自己，这就是道德感的源泉。

道德判断也是小儿在跟成人的交往过程中逐步学会的。在与成人的交往过程中，凡是成人带领小儿一起去做，并且伴以赞许为“好”、“对”、“乖”的行为，便认为是好的行为，反之，成人制止或表示斥责为“不好”、“不对”、“不乖”的行为便认为是不好的行为。在最初的道德判断中，只有“好”与“不好”两大类。因此，对所有接触的人也只分成“好人”和“坏人”两大类。

当然，对 2 岁～2 岁半的小儿来说，道德行为和道德判断只是萌芽表现，决不能对他们作出很高的估计和过高的要求。因为他们还不可能掌握抽象的道德原则，只能用具体的人和事来使他们知道什么是好的、什么是坏的。主要是让他们在模仿周围人的榜样中逐步发展道德行为和道德判断。另外，这时期小儿的道德行为和道德判断是不稳定的，需要经常鼓励和督促，不断地帮助小儿建立良好的道德习惯。

十、家庭中的良好教养训练

任何一个家长都希望子女健康聪明。实现这一美好愿望，要依靠托儿所、幼儿园及家庭，使社会教育和家庭教育相结合。婴幼儿大部分时间生活在家庭中，因此，家庭教育就显得更为重要和迫切。

我国儿童中独生子女的比例日益增加。在今后40～50年甚至更长的时间内，独生子女将成为我国教育对象中的大部分。加强对独生子女的教育将关系到整个新一代的面貌和培养什么样接班人的重大问题。

养成良好的习惯。独生子女由于受到父母的娇惯，喜欢指挥大人做这做那，不满足要求就躺倒在地，哭闹不休。这些不良习惯的进一步发展，就会形成挑吃挑穿，自私任性，粗野无礼等毛病。所以，应从幼儿时期教孩子懂得什么是对的，什么是不对的。父母不娇惯，养成尊重长辈，尊重别人，对同伴友爱的良好品质。

培养独立生活能力。独立生活能力要从小培养，重要的是使其坚持不懈地练习，不会做的事家长要耐心教，小儿有了进步要鼓励，使之养成有自信心及乐观向上的性格。

让独生子女处于受教育的地位。小儿的衣、食、玩、玩具等，都要由家长根据小儿生理、心理特点，进行合理安排，切不可迁就小儿的不合理要求。不要把小儿置于只有享受权利，而不履行义务的特殊地位。培养其尊重别人和爱劳动的良好习惯。

家庭成员要互敬互爱，以身作则。在教育儿童方面只有一致的意见和态度，才能取得良好的教育效果。

第八章

婴幼儿体格锻炼

一提起“锻炼”很容易让人理解为体育锻炼。但在我们这里所指的“锻炼”并不是单一的体育锻炼，而是有意识地让孩子接受一些外界不同性质的刺激，以改善和提高身体和心理的适应力和抵抗力，使身体和心理素质与外界的各种变化相平衡，增强与外界的沟通能力，身心得到全面发展。

一、日光浴锻炼

带领宝宝到户外接受日光的沐浴是宝宝最初与外界交往的方式，温柔的日光会给宝宝带来房间内不一样的感受。日光中有人体需要的紫外线，使皮肤中产生维生素 D，预防和治疗佝偻病和骨骼的软化；日光还可以杀灭空气中和皮肤上的细菌，增强皮肤的抵抗力。

带孩子到外面晒太阳最好在宝宝满 1 个月以后进行，冬季可以选择在上午 9～11 点之间，下午 3～5 点之间，夏天可以更早一些出来，或到傍晚再抱孩子出来晒一会儿，一般晒太阳的时间每次不要超过 1 个小时，可以给宝宝带一点儿水，及时补充水分。这里提醒家长的是，晒太阳不是一定要将婴儿裸露在日光之下，可以在通风良好的树荫处，或家中的凉台都是可以的。

二、室外空气锻炼

户外的新鲜空气含有大量对人体有利的氧气，人体呼出的二氧化碳在广阔的宇宙中瞬间即可被稀释得无影无踪。氧气能够促进机体的新陈代谢，还有很强的灭菌作用，让宝宝经常吸入新鲜的空气，对他们的健康是非常有好处的。孩子定期接受冷空气的刺激，可以锻炼呼吸道的耐受能力，对抗寒冷的刺激，减少呼吸道疾病的发生。老话说“冻冻晒晒身体强，捂捂盖盖脸发黄”就是说的这

个道理。

一般情况下，在夏秋季节，孩子从出生第二个月起就可以抱出去玩了。冬季里孩子可以稍微大一点儿，4～5 个月以后抱出去更好一些。1 岁以内的孩子要注意天气的变化，尽量在温暖的天气多出去接触新鲜空气。1 岁以上的孩子一年四季均可以出去散步、游玩或做游戏等。

三、游泳锻炼

游泳是近些年来对新生儿和婴幼儿进行早期教育的一种保健措施。婴幼儿游泳通过水对婴幼儿皮肤的冲击、压力而形成一种特殊的皮肤按摩与抚触，以满足婴幼儿肌肤、骨骼、肌肉等的接触饥渴感，使身心受到抚慰，消除孤独、焦虑、恐惧等不良情绪，引发全身（神经、内分泌及免疫等系统）一系列的良性反应，从而促进婴幼儿身心的健康发育。这种全身性的运动可以提高大脑的功能，促进大脑对外界环境的反应能力、应激能力和智力发育。有专家研究发现，会游泳或进行过游泳锻炼的婴幼儿，聪慧好学、勇于进取，做起事来思路敏锐，脑子反应快，比同龄不会游泳的孩子智商、情商均高。

婴幼儿游泳不仅能促进宝宝的健康成长，更能增进家人与宝宝的亲情交流，具有积极的意义和非常的价值。如今，在美国等发达国家，婴幼儿游泳的概念已被广泛接受和应用，并取得了良好的效果。

四、婴幼儿体操锻炼

大量的国内外研究表明，按照不同的年龄，坚持让孩子做体操锻炼，使孩子身体各个器官组织都参与活动，不仅能够有利于孩子的动作发展和增强体质，同时还可以提高孩子对外界自然环境的适应能力，促进孩子神经心理的发展。长期坚持做婴儿操可使宝宝初步的、无意的、无秩序的动作，逐步形成和发展为有目的的协调动作，为提高思维能力打下基础。做操时伴着音乐，让宝宝接触多维空间，促进左右脑平衡发展，从而促进孩子的智力发育。

婴幼儿体操根据年龄特点有所不同，分为适用于 1～6 个月婴儿的被动操和适用于 7～12 月婴儿的主动操。另外还有 2～3 岁的幼儿操。

(一)第一套——婴儿被动操

适用于1～6个月婴儿。准备活动为孩子仰卧，家长两手轻轻从上至下抚摸孩子全身，并以和蔼的态度对孩子讲讲话，笑一笑，诱导他准备做操，使孩子心情愉快，肌肉放松。

第一节　伸展运动(二八呼)

☞预备姿势：家长双手握住孩子手腕，拇指放在孩子手心里，让孩子握住。孩子两臂置于体侧(图56)。

☞动作说明

①轻拉孩子两臂至胸前平举，拳心相对(图57)。

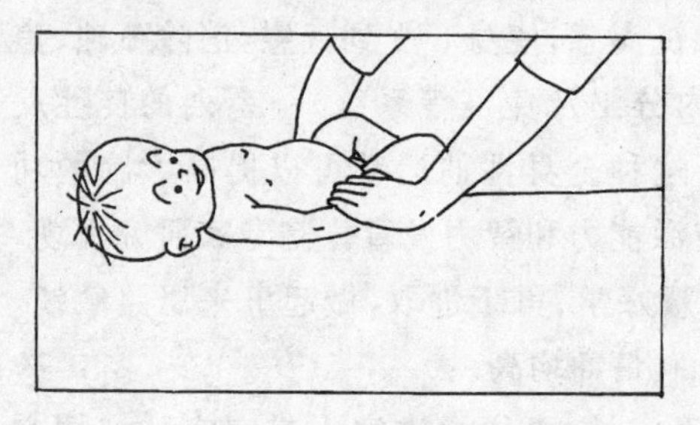

图56　预备姿势

图57　轻拉两臂

②轻拉孩子两臂斜上举，手背贴床(图58)。

③同①的动作。

④回到预备姿势。

⑤、⑥、⑦、⑧同①、②、③、④的动作。

☞要求：孩子两臂前平举时，两臂距离与两肩同宽。动作要轻柔，斜上举时要轻轻使孩子两臂逐渐伸直。

图58　轻举两臂

第二节　扩胸运动(二八呼)

☞预备姿势：同第一节。

☞动作说明

①轻拉孩子两臂侧平举，拳心向上，手背贴床(图59)。

②两臂胸前交叉，并轻压胸部(图60)。

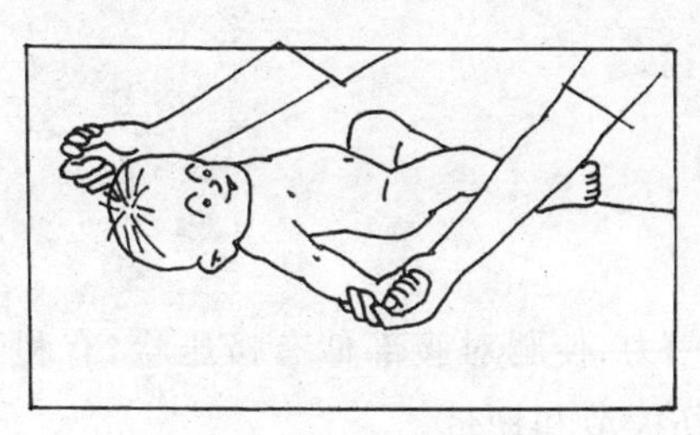

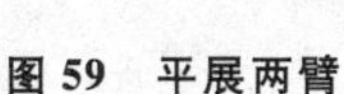

图 59 平展两臂

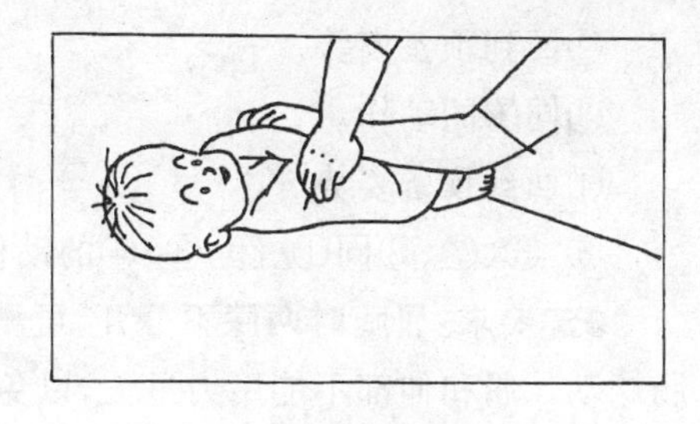

图 60 两臂交叉

③同①的动作。

④回到预备姿势。

⑤、⑥、⑦、⑧同①、②、③、④的动作。

第三节 上肢屈伸运动(二八呼)

☞预备姿势:同第一节。

☞动作说明

①右臂向上弯曲,右手触肩(图 61)。

②回到预备姿势。

③左臂向上弯曲,左手触肩。

④回到预备姿势。

⑤、⑥、⑦、⑧同①、②、③、④的动作。

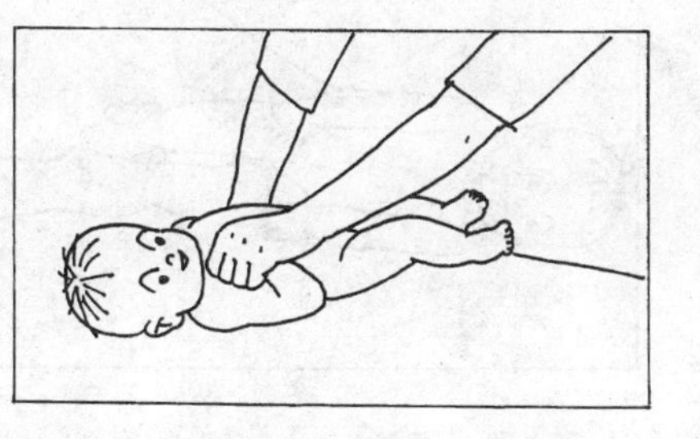

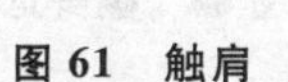

图 61 触肩

☞要求:屈肘时家长稍用力,孩子上臂不离床,臂伸直时要轻。

第四节 双屈腿运动(二八呼)

预备姿势:孩子仰卧,两腿伸直,家长两手握住孩子脚踝(图 62)。

☞动作说明

①将孩子两腿屈至腹部(图 63)。

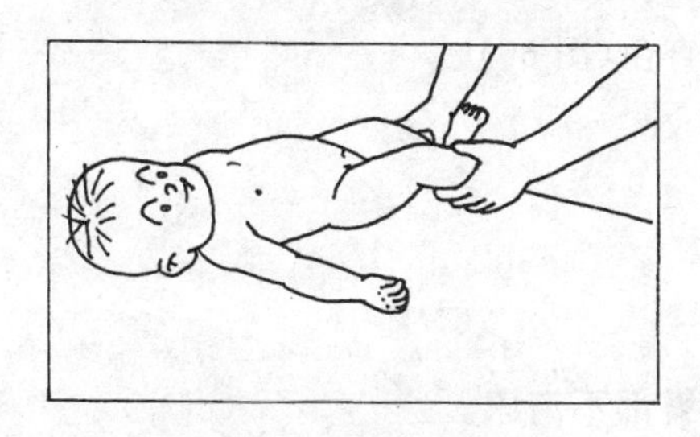

图 62 屈腿预备姿势

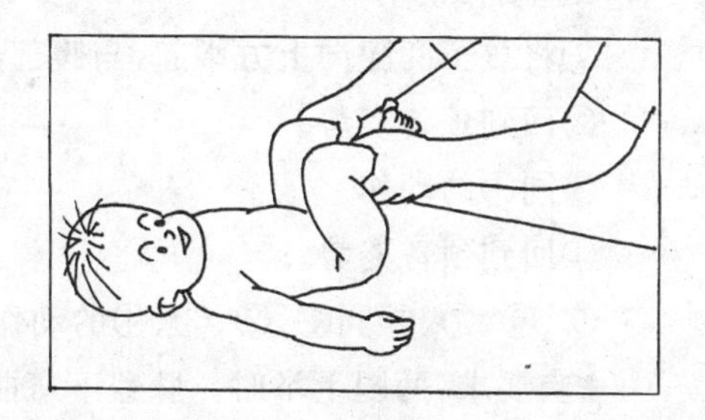

图 63 屈双腿

②回到预备姿势。

③同①的动作。

④回到预备姿势。

⑤、⑥、⑦、⑧同①、②、③、④的动作。

☞要求:屈腿时两膝不分开,可稍稍用力,使腿对腹部似有挤压状,有利于肠蠕动。屈和伸都不能用力过大,以免损伤关节和韧带。

第五节　翻身运动(二八呼)

☞预备姿势:孩子仰卧,家长将孩子四肢扶正。

☞动作说明

①家长一手握住孩子的两脚踝,另一只手轻轻托孩子背部,然后稍用力帮助孩子经从身体右侧翻身至俯卧位,同时将孩子的头和肩抬起片刻(图 64)。

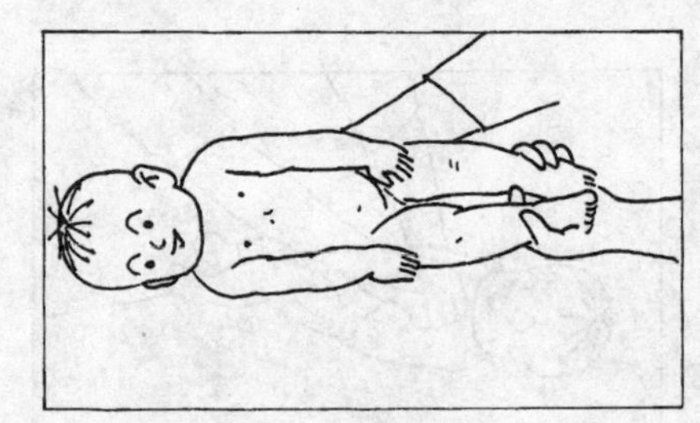

图 64　翻身运动

②将孩子两臂放回体侧,一只手握住孩子两脚踝,另一只手插到孩子的胸腹下,帮助孩子从俯卧位返回到仰卧位。

③同①的动作,但向相反的方向翻身。

④同②的动作,

⑤、⑥、⑦、⑧同①、②、③、④的动作。

☞要求:家长操作时要轻柔,缓慢,翻身成俯卧时逗引孩子练习抬头。

第六节　举腿运动(二八呼)

☞预备姿势:孩子仰卧,两腿伸直,家长握住孩子膝部,拇指在下,其余 4 指在上(图 65)。

☞动作说明

①将孩子两腿向上方举起,与腹部成直角(图 66)。

②回到预备姿势。

③同①的动作。

④回到预备姿势。

⑤、⑥、⑦、⑧同①、②、③、④的动作。

☞要求:两腿上举时。膝盖不弯曲,臀部不离床。

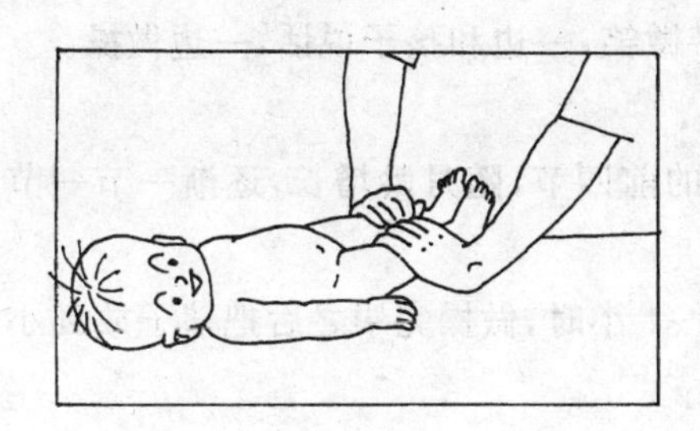

图 65　举腿预备姿势

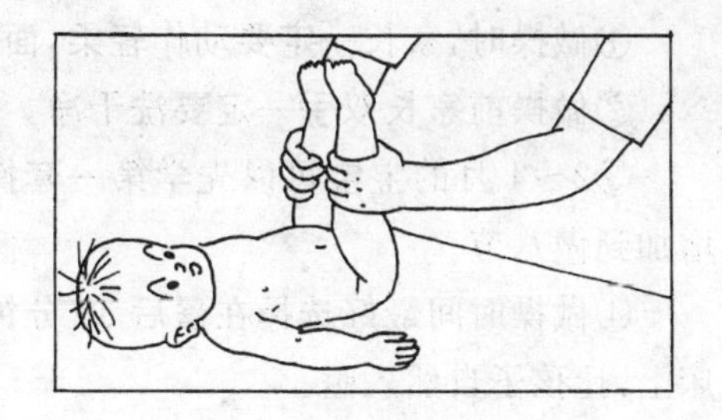

图 66　举腿运动

第七节　体后屈运动(二八呼)

☞预备姿势:孩子俯卧,两臂放前方,两肘支撑身体,家长两手分别握住孩子的脚踝。

☞动作说明

①家长轻轻提起孩子双腿,身体与床成 45°角(图 67)。

②回到预备姿势。

③家长轻轻握住孩子肘部,将上体抬起,身体与床面成 45°角(图 68)。

图 67　双腿后屈运动

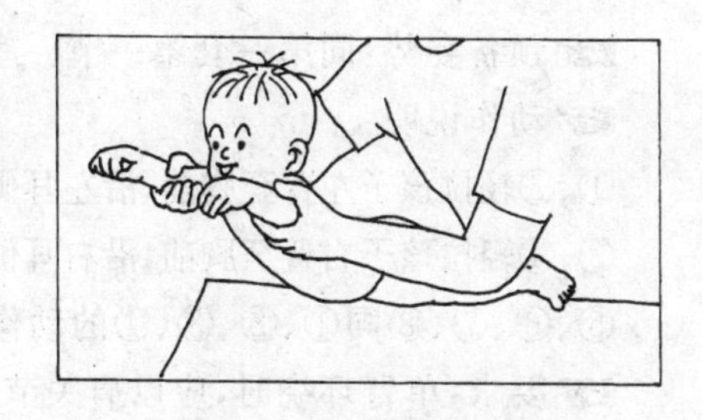

图 68　上体后屈运动

④回到预备姿势。

⑤、⑥、⑦、⑧同①、②、③、④的动作。

☞要求:提腿和抬肘时,孩子身体要直,不能歪斜,以免损伤脊柱。

第八节　整理运动

家长两手轻轻抖动孩子的两臂和两腿,或让孩子仰卧在床上自由活动一会,使全身肌肉放松。

☞注意事项

①做操时，家长一定要动作轻柔，面带微笑，一边和孩子说话，一边做操。

②做操前家长双手一定要洗干净。

③2～4 月的宝宝可以先学第一套操的前四节，随月龄增长，逐渐一节一节增加到做八节。

④做操时间最好选择在餐后 30 分钟～1 小时，做操完毕之后把孩子放到小床上，让孩子自然入睡。

⑤做操时，孩子尽量少穿衣服，冬季室温应保持在 20℃～22℃之间。

⑥做操时最好放一些温柔、舒缓的音乐，这样会使孩子更加高兴。

(二)第二套——婴儿主动操

适用于 7～12 个月婴儿。准备活动同第一套。

第一节　伸展运动(二八呼)

☞预备姿势和动作说明同第一套第一节(见图 54、55、56)。

第二节　扩胸运动(二八呼)

☞预备姿势和动作说明同第一套第二节(见图 57 和 58)。

第三节　肩部运动(二八呼)

☞预备姿势：同第一套第一节。

☞动作说明

①、②轻拉孩子左臂至胸前，沿左耳侧向外绕环 1 周，然后臂部贴床回到体侧。

③、④轻拉孩子右臂至胸前，沿右耳侧向外绕环 1 周，然后臂部贴床回到体侧。

⑤、⑥、⑦、⑧同①、②、③、④的动作，但向内绕环。

☞要求：单臂环绕时，应以肩关节为轴，动作要轻柔。

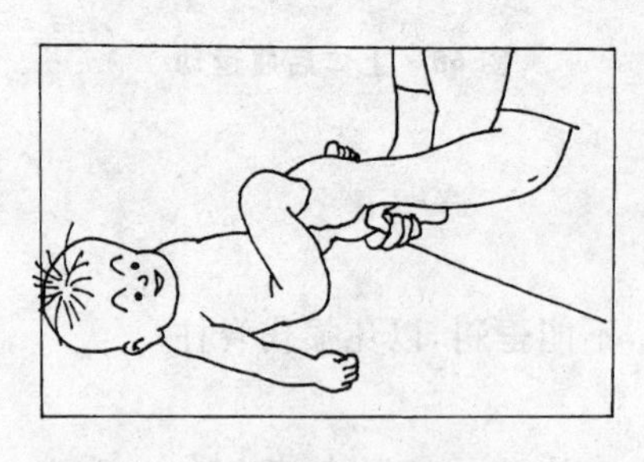

图 69　单屈腿运动

第四节　单屈腿运动(二八呼)

☞预备姿势：同第一套的第四节。

☞动作说明

①将孩子右腿屈曲到腹部(图 69)。

②回到预备姿势。

③将孩子左腿屈曲到腹部。

④回到预备姿势。

⑤、⑥、⑦、⑧同①、②、③、④的动作。

第五节　体后屈运动(二八呼)

☞预备姿势及动作说明同第一套的第七节。

第六节 起坐运动(二八呼)

☞预备姿势。家长两手握住孩子手腕,拇指放在孩子手心里,让孩子握住。然后将孩子两臂拉至胸前。

☞ 7~9 个月的孩子用

①家长轻轻拉住孩子的两臂,使孩子从仰卧位坐起(图 70)。

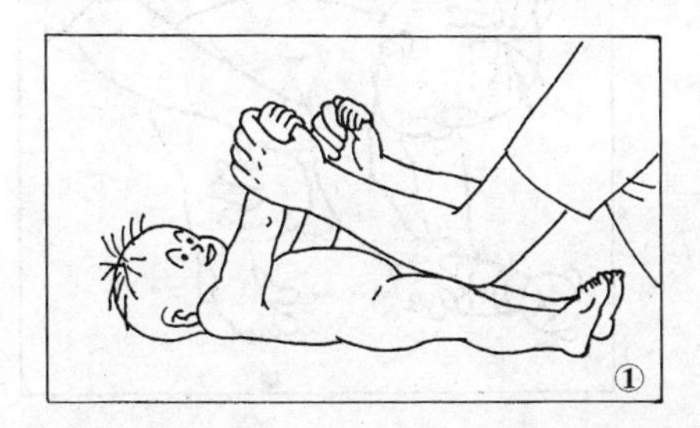

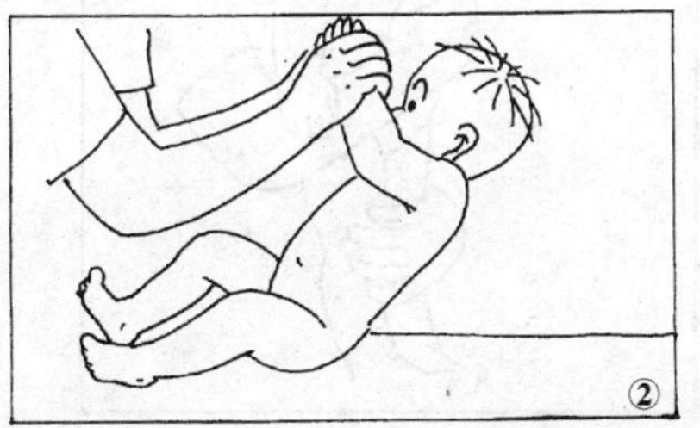

图 70 从仰卧位坐起

②回到预备姿势。

③同①的动作。

④回到预备姿势。

⑤、⑥、⑦、⑧同①、②、③、④的动作。

☞ 9~12 个月的孩子用

①家长轻轻拉起孩子的两臂从仰卧坐起。

②家长继续拉孩子两臂,从坐姿站起(图 71)。

③回到坐位。

④回到卧姿。

⑤、⑥、⑦、⑧同①、②、③、④的动作。

☞要求:孩子由坐姿成卧姿时,家长要用手垫着后头部。

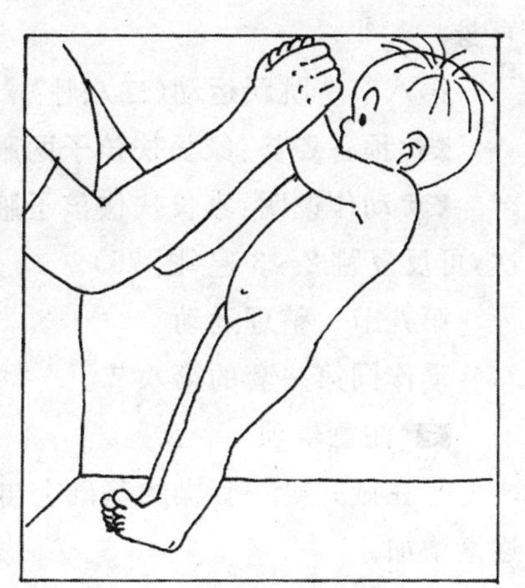

图 71 从坐姿站起

第七节 拾物运动(二八呼)

☞预备姿势:孩子面朝前站立在母体前,家长一手扶孩子膝盖,一手扶孩子腹部。在孩子前边放一玩具,诱导孩子身体前屈去拾取(图 72)。

☞动作说明

①、②家长稍帮助，让孩子身体前屈，拾取床上的玩具(图 73)。

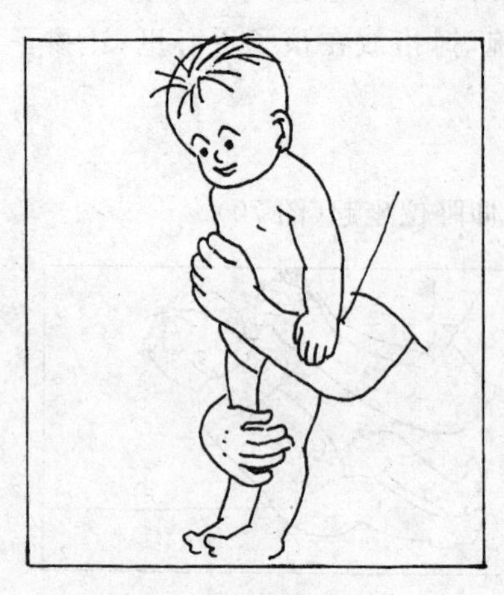

图 72　拾物预备姿势

图 73　拾物

③、④回到预备姿势。

⑤、⑥、⑦、⑧同①、②、③、④的动作。

☞要求：家长诱导孩子身体前屈拾取玩具时，尽量让孩子主动用力弯身和直身。

第八节　跳跃运动(二八呼)

☞预备姿势：家长扶孩子两腋下，面对面站立(图 74)。

☞动作说明：家长扶住孩子腋下，逗引孩子主动上下跳动，每次可跳 5～6 次，可反复跳 2～3 遍(图 75)。

第九节　整理运动

动作同第一套的第八节。

☞注意事项

①在做完第一套操的基础上再学第二套操。7～9 个月的孩子先学前 4 节，逐渐增加。

②其余注意事项同第一套。

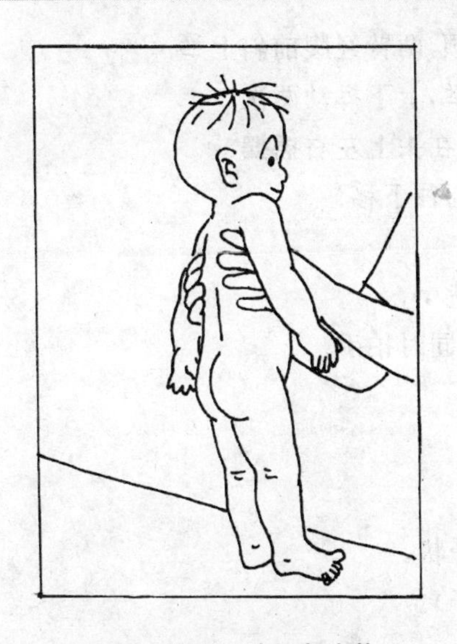

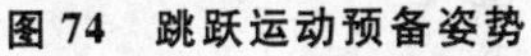

图 74　跳跃运动预备姿势

图 75　跳跃

（三）第三套——幼儿模仿操

1. 2～3 岁幼儿用

（1）家长与孩子面对面站好，边说儿歌边做动作。此操每次可做 2～3 遍。

儿歌：

- 早早起……………………两臂经胸前斜上举（尽量伸展）
- 做早操……………………原地踏步，两臂前后自然摆动
- 伸伸腿……………………两手叉腰，左或右脚向前伸出
- 弯弯腰……………………身体前屈，两手拍打小腿
- 两手向上举…………身体伸直后，两臂上举
- 两脚跳一跳…………两脚同时上下跳动

（2）家长与孩子面对面站好，边说儿歌边做动作。此操根据孩子具体情况，每次可做 2～3 遍。

儿歌
- 早上起得早…………身体稍前倾，两臂经腹前斜上举
- 我来做早操…………两臂侧平举，上下挥动两次
- 风儿吹一吹…………两臂上举，在头上左右摇摆
- 太阳照一照…………两臂从胸前往下移
- 跑一跑………………原地跑步
- 跳一跳………………原地双脚跳
- 锻炼锻炼身体好……原地踏步，同时拍手

2. 3～4 岁幼儿用

第一节　小鸟飞飞

①身体站直，双足分开。

②两臂从左右侧面抬起，与身体呈水平状。

③两臂上下挥动(做出翅膀扇动的样子)。

④前脚掌着地，慢慢向前跑。

⑤跑一会儿停下来，歇息片刻再重复上述动作。

第二节　我长高了

①身体站直，双足分开。

②两臂伸直向上，双足跟离地抬起，同时说出："我长高了。"

第三节　拾物

①身体站直后慢慢蹲下，做双手取物动作。

②站起，歇息片刻再重复上述动作。

第四节　不倒翁，摇一摇

①身体站直，双手叉腰。

②上体左右摇摆数次。

注意不要过度摇摆，防止腰部肌肉拉伤。

第五节　打气

①双足前后站立，弯下身。

②伸出双臂，在胸前上下做伸屈动作，模仿给自行车打气动作。

③口中发出："哧、哧"的声音。

④反复重复上述动作。

第六节　小猴跳跃

①双臂在胸前屈曲。

②手掌心向下，手指弯曲。

③双脚原地跳跃动作，跳 3～4 下。

④原地踏步休息。

⑤重复上述动作 3～4 次。

3. 做幼儿操的注意事项

给婴幼儿做操时，不一定要求动作规范，只要能够舒展婴儿的身体和肢体就可以了。大一点儿的孩子要逐步将动作规范化。

做操是一项有益于孩子身心健康的活动，要在孩子吃饱之后，高兴的时候，或没有疾病的情况下练习。如果发现孩子情绪不好、面色苍白、出汗过多，就应停止训练。

做操完毕后，应让婴幼儿躺在床上休息一会儿。如身上有汗，应用柔软的毛巾把汗擦掉。

第九章

婴幼儿的常见疾病与护理

宝宝的健康成长离不开家长们的细心呵护,所以家长需要对宝宝的正常情况和异常情况有所了解,这既可以避免你为了一点儿并非异常的"异常情况"而慌了手脚,又可以使你能及早发现一些真正的异常情况,更好地照顾好宝宝。为此,提供以下小知识以供参考。

一、婴幼儿的日常观察与护理

(一)婴幼儿患急病和重病的表现

婴幼儿不能诉说自己的症状,只有靠家长细心地观察来发现异常。家长的仔细观察能给医生的诊断提供良好的线索。婴幼儿如有以下表现,多半意味着有了重病或急病。

☞高热。体温超过38.5℃甚至达到40℃。24小时发热不退,而并没有感冒、呕吐或腹泻。发热3天以上而不退热。

☞抽风。

☞气喘、憋气、口唇发绀。

☞颈部痛或僵硬。

☞呕吐以至于不能喝水,进食困难或喷射性呕吐、呕吐物中带血。

☞入睡后不能被叫醒,昏睡不醒。

☞疼痛又不愿别人摸痛处,尤其是急性腹痛。

☞突然不会走路。

☞皮肤出现暗红色或红色斑点状疹子。

☞排尿疼痛。

☞男孩阴囊或阴茎部痛。

☞突然出现稀大便，一天多次或脓血便。

☞鼻或某部位流血不止。

(二)从婴幼儿的哭喊中找出原因

婴幼儿哭喊常常是由于身体的不适所致，家长应当细心地查看，找出原因。有时候哭喊并非疾病所致，如情绪变化、饥饿、口渴、喂奶时咽气过多、睡眠不足、过冷、过热、尿布湿了、衣服太紧、被褥过热、蚊虫叮咬等亦可引起哭喊，尤其是肚子痛、头痛、口腔或咽部痛等。因此，对婴幼儿的哭喊应全面分析，家长可以初步作出客观判断。例如，婴儿在饥饿时的哭闹常常发生在喂奶前，哭声洪亮，抱起婴儿时头转向母亲或做吸吮动作，喂食后哭闹即停止。如哺乳时哭喊，就要查找一下有无母奶过多，奶汁流出过急，来不及咽下，或母奶太少，或奶头过大、过小、内陷，以致吸吮困难，或换奶头、奶瓶时影响吸吮，吃不饱，都会哭喊；食物太稠厚、断奶、口渴，有时也会使小儿比平时容易哭喊，也是由于没吃饱之故(图 76)。

图 76　婴儿啼哭

从婴幼儿哭喊的表现中可以找出为何哭喊的蛛丝马迹，从而判断哭喊的可能原因。

1. 声调

新生儿尖声哭叫常提示颅脑损伤，如颅脑出血、脑膜炎、核黄疸等；哭声宏亮，且时大时小常为要挟性哭喊；突然大哭，声音洪亮，可能是突然受刺激，如受凉、刺痛等原因引起；经常哭声粗而低沉，可能声带损伤、甲状腺功能低下所致。

2. 哭声强弱

哭声弱或呻吟者多是患重病；哭声由强变弱，全身软弱无力，可能表示病情加重；哭声嘶哑常表示发声器官的疾病。

3. 哭喊持续时间

因疾病所致的哭喊，常常是持续存在或反复发作；阵发性哭叫，突然大哭片刻又停下来，又反复出现，常是由于阵阵腹痛所致哭喊，常常在去除外来刺激或

逗引使注意力分散后就停止了；一般哭喊持续时间比较短，大多是躯体有些不舒服或情绪紧张等因素所致。

（三）观察婴幼儿的脸色

婴儿的脸色，生下来差别就很大，妈妈最了解婴儿平时的脸色，如果妈妈觉得孩子的脸色跟平时没有大的变化即可放下心来，细心的妈妈应该了解孩子的脸色变化，如发热时，脸色白或相反退热而脸色变红，这些都不必担心。另外，孩子哭泣时，经常脸色显现紫红色，如果过了一会儿恢复原色，也不用担心。若是平时婴儿的肤色很好，双颊像红玫瑰，脸色突然发白或渐渐地没有血色时，孩子可能是生病了。如果发现以前尚未见到的脸色变化，并且伴随其他不适时，需及时去就诊。

（四）观察婴幼儿的大便

1. 母乳喂养儿大便

纯母乳喂养未加辅食的婴儿，大便呈黄色或金黄色，稠度均匀如膏状或颗粒，偶尔稀薄而微呈绿色，其大便带有酸味但不臭。每天排便2～4次，如果平时每天仅有1～2次大便，突然增至5～6次，则应考虑是否患病。如果平时大便次数较多，但小儿一般情况良好，体重不减轻，不能认为有病。婴儿在加辅食后大便次数会逐渐有所减少。1岁以上宝宝约每天排便2次。

2. 人工喂养儿大便

以牛乳喂养或用配方奶的婴儿，大便色淡黄或呈土灰色，质较硬。由于牛奶中的蛋白质多，有明显臭味。大便每天1～2次，牛奶中加糖的量一般以100毫升牛奶加5～8克糖为宜，如果增加奶中的糖量，则排便次数增加，便质柔软。

3. 混合喂养儿大便

无论人乳或牛乳喂养，若同时加食淀粉类食物，则大便量增多，硬度稍减，呈暗褐色，臭味增加。若加上菜泥、水果泥等辅食，则大便与成人近似。初加菜泥时，大便中常排出少量的绿色菜泥，有的父母往往以为是消化不良，想停止添加菜泥。我们认为，这种现象是健康的婴儿更换食物时常有的事。如果没有腹泻，可不必停止加辅食，数日后胃肠适应了，这种情况随之消失。

4. 特殊疾病的大便改变

如果小儿有胆道梗阻情况，则大便呈灰白色；若是胃肠道上部出血或服用

了铁剂,可排出黑色的大便;如果大便中带有鲜红的血丝,可能由直肠息肉、结肠息肉和肛裂所致,应做进一步的检查;若是一个胖胖的婴儿突然阵发性哭叫似有阵发性腹痛,并有果酱样的大便,应考虑为肠套叠;如果大便带有脓血并有腥臭味,可能是痢疾。

细心观察的父母能从婴幼儿的大便中及时地发现问题。若为食物结构搭配不当导致的消化不良,通过及时调整搭配,适当减少某一类食物的摄入量,可使异常的大便得到纠正。但一旦发现大便异常不属一般消化不良情况,且合并有全身症状和果酱样大便,应立即送医院进一步检查,以免延误治疗。

(五)观察婴幼儿的尿液

正常婴幼儿的尿呈透明的白色或淡黄色,早晨第一次尿或饮水少时的尿色可能深一些。有时尿的终了部分的颜色稍发混或呈乳白色,放一会儿尿盆上或尿在地上可见有小颗粒。若把这种尿放在试管中用酒精灯加热煮沸后,尿色就又清了,这是因为尿里有尿酸盐或磷酸盐的结晶,属于正常情况。在饮水少、尿液浓缩或室温偏低时,尿的盐类结晶更容易析出,这时可见尿液浑浊。

正常新生儿出生后最初几天尿的颜色比较深,稍浑浊,待放置冷却后在尿布上可见浅红色、红褐色或黄红色的沉淀,这也是尿酸盐结晶所致,并不是血。婴幼儿的尿如24小时不到300毫升就表示尿少,也应查找原因。

(六)体温的测量

给宝宝测体温常用的部位有腋下(低于37.5℃为正常),口腔和肛门测温较少用。如用电子体温计常测耳部(耳壳内)的温度。一般肛门温度最高,正常范围为36.3℃～37.5℃;肛温比较恒定可靠。口腔温度低于肛门0.5℃;腋下温度较易测量。口腔温度受外界温度影响较大,尤其是喝热水后不久测量温度偏高。腋下温度测量时若是把温度计夹得松紧、摩擦、出汗等而影响结果的准确性,应以夹紧、不摩擦、无汗为准。

婴幼儿测体温前先把体温计内的水银柱甩到35℃以下,如为电子体温计应调至0位,用棉花蘸75%酒精擦拭消毒后再用。观看体温表的刻度时,应横持体温表,缓缓转动,便可看清水银柱所示的温度。电子数字显示的数,体温表较容易识别。用后要用75%酒精消毒,存放。

若是没有体温计也可以用手触摸宝宝的额头或身体来确定是否发热或体

温过低，这就全凭成人的感觉了。早产儿、重病宝宝不但不发热，还可以出现体温低，可触摸患儿的小腿和腋窝，如发冷，常预示为体温不升，有时宝宝包裹不当会有手脚发凉。40℃以上为超高温，应当及时采取降温措施。宝宝患上呼吸道感染，高热是较常见的，若高热持续几天不退，常表示病重。

（七）低热与高热的处理

1. 低热的处理

低热是指体温虽然超过正常，但在 38℃以下。低热的原因很多，以轻症的感染如感冒多见。

低热的孩子常常没有明显的不舒服。应当让低热的孩子多饮水，多休息，吃清淡的饮食，以利恢复。因为发热时人体散热消耗的水分是肉眼看不到的，所以要注意补充消耗的水分。多饮水，还可以促进体内毒素的排出。喝过凉、太甜的饮料并不合适，可以喝淡的糖水、温开水。多休息有利于体力恢复。为了休息好，要把环境安排得安静、舒适，空气流通而不干燥。饮食要清淡，以营养丰富、易于消化、不油腻为原则。还应记住，低热一般不用退热药，护理是非常重要的。低热 1～2 周以上，应就医查明原因。

2. 高热的处理

发热是宝宝常见的症状。体温超过 38℃时，孩子应少穿衣服，被子也要比平时薄些。如果孩子觉得冷，手足凉时可多穿一些，如果出汗应及时换上干净的衣服。有的家长给孩子“捂汗”（为了发汗而包裹很厚），这是不合适的，因为这样孩子会感到不舒服，哭闹不安而消耗体力，热度也会升高。

（1）温水洗浴擦身：体温 38℃时应注意喂水以保证液量（包括水、奶、饮料）。高热 38.5℃以上酌情用退热药；首选物理降温方法，如温水洗浴擦身。此方法是：以温湿的毛巾反复敷前额部或胸、腹部或把毛巾浸泡温水后拧半干，放在前胸、腹部及前额。如果用冰块外敷，则不应直接接触皮肤，发热时也可用热水拧干后的毛巾擦身，有条件也可以洗温水澡。同时，要查明发热原因，进行相应的治疗。

（2）慎用退热药：目前市售的退热药有多种，应按医嘱应用。有些退热药，如消炎痛栓的退热作用甚强，如应用不当可导致体温太低、出汗、虚脱，不要给宝宝随便应用。新生儿不宜用退热药，如有发热应请医生查明病因及时治疗。因发热只是一症状，可由多种疾病引起，所以退热药等的应用仅为对症处理，关

键问题在于找出病因，针对病因采取相应治疗措施，病因去除了，体温自然就会降至正常了。

(3)酒精擦浴：如果你发现孩子精神不好，脸发红，摸额头感到烫手或是测体温39℃左右，这时就说明孩子是发高热了，现在并不提倡酒精擦浴，担心酒精经皮肤吸收而且降温过快反而引起不适。如应用酒精擦浴也要注意。酒精的浓度要求30%～40%，但市售消毒酒精的浓度是75%，因此用时要加1倍的水。你可以用纱布或小毛巾蘸上30%～40%的酒精擦孩子身上的大血管区域，即：腋窝、颈部、大腿根部，以及前胸等部位，轻轻地擦至局部皮肤微红为止。要注意别让酒精流到外阴及眼部，以免引起刺激与不适。对于高热的物理降温见上题。

(八)高热惊厥及其紧急处理

婴幼儿高热惊厥是比较常见的，但应由医生确定诊断的一种症状。它是指因高热引起的抽风，多见于6个月～6岁的孩子，6个月～2岁的孩子更容易发生高热惊厥。引起高热惊厥的疾病常常不是什么重病，一般多为上呼吸道感染或其他使体温超过38℃的疾病。其特点是随着体温突然升高而很快发生惊厥，表现为全身抽动，意识丧失，脸色很难看，但持续时间很短暂，为1～3分钟，抽风清醒或是睡一会儿精神又恢复了。若是发热几天以后才抽风，则多不是高热惊厥了，说明另有原因，需要明确诊断才是。

1. 高危因素

你一定很关心，若是孩子发生过高热惊厥，会不会有什么后遗症呢？一般来说大多数孩子预后良好，到了6岁以后高热惊厥可能不再发生了。但有少数患儿存在一些高危因素，可能后遗智力低下、癫痫、行为异常等，必须引起重视。以下列举一些高危因素：

(1)第一次发病在1岁以内。

(2)一次发作抽风的时间长，如超过10分钟。

(3)高热惊厥已有发作在1次以上的病史。

(4)复发次数越多，预后越差，复发10次以上有半数预后不好。

(5)抽风不是全身抽动而表现为局部肢体抽动者。

(6)家族中有高热惊厥者或癫痫病人。

(7)发作前已经有精神系统异常。

如果有以上1～2项高危因素存在，千万不要大意，要请医生进一步诊治。

并请注意，若是抽风持续时间较长(10 分钟以上)，不发热也抽风，以及抽风以后昏迷不醒、肢体不活动等都应该就医，进行仔细检查。

2. 惊厥时的紧急处理

如果孩子突然发生抽风，家长千万不要惊慌。有的家长吓得一边大声叫喊，一边拍打孩子；孩子抽风时全身发挺、两眼发直，有的家长摇晃着孩子，又把孩子扶起来用力弯曲他的身体，这都不妥当。

应当采取的姿势是让孩子安静的躺在床上或桌子上，不要用枕头，大人用手掌心贴在孩子的下颌上，把孩子的头稍稍抬起脸向侧面，抬起下颌以使气管通畅以利于呼吸；为了防止孩子嘴里的黏液被吸入气管，应该把头歪向一侧；同时把衣领扣子解开，这样便于呼吸。

抽风时孩子不会咬自己的舌头，牙关大多咬得很紧，不必塞入用布包着的筷子、手指、小匙，因为往往因牙关紧闭强行放入反而造成局部损伤，这对孩子是不利的。

为了制止抽风的发作，你可以用指甲按压孩子的人中穴(在鼻子和嘴唇之间的上 1/3 处)；如有高热也应及时处理。

紧急处置后，即应将孩子送到医院，去做进一步的检查及治疗。

在婴儿抽风时，大人要细心观察以下情况并告知医生：抽风时孩子是全身抽动还是局部抽动？是不是颤抖？眼珠的位置斜视吗？抽了几分钟？恢复正常情况如何？发热与抽风的关系怎么样？发热多久出现抽风？发热的温度是多少？以往发热有没有类似情况(如果有，应补充以往的病史)？有没有其他症状(如呕吐等)？抽风恢复的情况如何？母亲呼唤有反应吗？昏睡有多久才醒？

二、新生儿常见问题

(一)新生儿发热

新生儿发热是很常见的。新生儿出现发热的症状不一定都是有病，因为新生儿，尤其是早产儿体温调节功能不完善，产热能力不足，又容易散热，产生体温波动，且易受外界因素影响，夏季气温 30℃左右时室温太高，新生儿通过皮肤蒸发而散发体内热能，但汗腺发育不完善，加之生后母亲乳汁不多，水分摄入又少导致散热障碍，出现哭闹、烦躁、皮肤潮红、尿少，称为新生儿脱水热。这时只

要适当使环境温度降低，补充水分即可缓解。冬季捂盖衣被太厚，可引起高热，称为捂热综合征。应当注意新生儿对高热的耐受力差，较长时间的高热（体温40℃以上）是可以引起脑损伤的。

新生儿腋下体温超过37℃提示为发热。发热是常见的症状，首先要注意是什么原因引起的，以便针对原因治疗。单就发热这一症状来讲，体温在38℃以下，宝宝一般状态好则可以先看看室温是否太高，房间温度22℃～25℃为宜，如果天气热可以喂5～10毫升的白开水或糖水，2小时左右喂1次，打开包被或温水洗澡或擦身可有很好的降温作用，但是注意别着凉。

新生儿是不能用退热药的，美林、泰诺林、阿司匹林都不应给新生儿用，以免出现毒性反应。高热后容易出现大便干燥，甚至大便秘结，在家中临时的办法是切一个小肥皂条，蘸上水塞入宝宝的肛门以利于通便，不要给宝宝喝蜂蜜水，更不能用泻药。

一般来说，新生儿发热（不是高热）并无病态时，应舒展全身，打开包被，喂水观察体温，如经上述处理之后体温渐退，常常不是感染性疾病的发热。若是精神萎靡或哭闹，皮肤发白，手足较凉，此时就不要大意，应该就医，及时诊断治疗。

（二）新生儿体温不升

新生儿容易发生体温不升，如果身上发凉则一定是病态，要注意体温在35℃以下或不升，哭声弱，则可能是新生儿硬肿病的表现，这种病在早产儿、出生有窒息的宝宝更容易发生，重时皮肤硬肿、发红，甚至暗红色，呼吸及心跳变慢，容易并发各种感染危及生命。所以，出生后头几天的新生儿保温很重要，室温22℃～25℃为宜，妈妈像袋鼠一样把宝宝贴身搂抱着是很好的办法，如在寒冷季节出生更要特别小心，观察宝宝手足是否发凉，测体温正常在36℃左右，换尿布、衣服时先把衣物包被温热而且动作要快，以防受凉，若用热水袋保温要放在包被之外，小心勿烫伤。

（三）新生儿黄疸

1. 生理性黄疸

黄疸是身体内胆红素增多引起皮肤及眼巩膜（俗称“白眼珠”）发黄，新生儿都有生理性黄疸，这是由于新生儿胆红素增多所致，新生儿的红细胞寿命短（只有70～90天，成人为120天）；胎儿在母体内是生活在低氧环境，有比较多的红

细胞，出生后有了呼吸，血氧也增高，过多的红细胞就破坏了，加上新生儿肝脏不成熟、出生后肠内没有什么细菌，促使胆红素在肠内吸收，诸多因素都可使胆红素增高，出现黄疸。

生理性黄疸在出生后2～3天时出现，新生儿没有什么不适，其黄疸程度有个体差异，尤其有种族之差别。一般生后4～5天黄疸最明显，1～2周渐渐消退。早产儿的黄疸常常较重，可延至2～4周才消退。对生理性黄疸的新生儿多给喂水或葡萄糖水，无需治疗。生后早喂奶，促使胎便排出是可以减轻生理性黄疸的。

2. 母乳性黄疸

母乳性黄疸的原因与新生儿胆红素代谢的特点有关，确切原因仍待研究。母乳性黄疸的新生儿并没有什么特殊的症状，只是在新生儿生理性黄疸期间黄疸比较重或在生理性黄疸减轻后又加重，可在停母乳或改人工喂养后3～5天黄疸自然减轻，再喂又稍加重，但最终也会消退，可延长到6周，甚至12周。在暂停母乳时，可将母乳吸出，以利于黄疸消退后恢复母乳喂养。由于母乳性黄疸的预后良好，继续喂母乳时新生儿黄疸也可渐渐消退，也有主张无需停喂母乳。

3. 要注意新生儿黄疸的出现和消退时间

正常的新生儿可以出现黄疸，表现为皮肤发黄，称为生理性黄疸。一般在出生24小时后出现，1周内渐渐减轻，10～14天基本消退。如果黄疸出现得早而重，且消退很慢，就应该注意以下异常情况的可能。

(1)黄疸若在出生后12小时前后出现，又很重，就有溶血症的可能。

(2)肝胆疾病、细菌感染、缺氧、温度太低、药物作用都可使黄疸加重或消退延迟，应该进行相应的诊治。

(3)新生儿，尤其是早产，低体重儿，黄疸严重时可以发生"核黄疸"，出现神经系统的症状如抽风等。核黄疸使脑部受损，即使存活下来，将来也可能留下后遗症。因此，应重视新生儿黄疸的出现和消退时间。如有异常及时诊治。

4. 新生儿病理性黄疸

首先应当了解，如果新生儿黄疸过早(生后24小时内)出现或消退过迟(超过2～4周)并有逐渐加重的趋势，应当引起注意，检查血胆红素是可靠的检验项目。足月儿血清胆红素＞220.6微摩/升(＞12.9毫克/分升)、早产儿＞255微摩/升(＞15毫克/分升)，或血清胆红素每天上升超过＞85微摩/升(5毫克/分升)时，都应考虑有病理性可能，应进一步详查。病理性黄疸的原因，不外乎

三大类:红细胞破坏过多;肝脏功能低下;胆汁不能正常排出。

(四)新生儿呕血和便血

消化道出血是新生儿一种重要的症状,如果新生儿一般情况好,而因分娩时咽下产道中的血或吸入乳头皲裂糜烂处的血,就是假性呕血或便血。若是出现黑色便往往是上消化道出血,带有胆汁的血性呕吐物者常常是下消化道出血,如果失血量大又延误治疗都可有生命危险。新生儿生后 2～6 天呕血首先要考虑新生儿出血症,用维生素 K_1 治疗效果很好。

一些消化道出血性疾病,如反流性食管炎、呕吐、呕血、体重不增加,要让新生儿上身抬高,右侧卧位,用稠厚的乳类喂养,试用抗酸剂,预后良好。

(五)新生儿惊厥

新生儿惊厥是一个症状,可见于多种疾病,应该及时找到原因以便处理。新生儿惊厥有的很轻,并无规律,与正常活动难以区分,有的抽动很严重。正常足月新生儿在打开包被时可以看到其肢体屈曲,上肢呈“W”形,下肢是“M”形,两手握拳,由于皮肤受外环境如包被外凉一些的空气刺激,肢体可以出现大的震颤或徐缓的手足抖动,乃至踝部、膝部、颈下的小抖动,这都是正常的。如果突然出现肌肉紧张度的改变,肢体强直,反复肢体某一部位抽搐,头向后仰或同时有眨眼、斜视、嘴的动作等则应考虑是出现惊厥。新生儿窒息,产伤及早产儿的颅内出血、脑膜炎、低钙等都可出现惊厥。应当迅速针对病因做合理治疗。

(六)新生儿呼吸困难

新生儿如果出现呼吸困难是应当及时诊治的,家长可以注意观察以免延误病情。健康新生儿安静时每分钟呼吸 40 次左右,哭叫时可达 80 次/分,如果连续观察呼吸超过 60～70 次/分钟,就称为呼吸增快,持续低于 15～20 次/分钟,就称为呼吸减慢,都是应该重视的。呼吸困难时常有三凹征(胸骨上、肋间、剑突下凹陷)与鼻翼翕动,若出现呼气性呻吟声、呼吸不规则,皮肤发青则表示病情更为严重。

呼吸困难和青紫常常表示心肺疾病,常见的是肺炎、肺透明膜病、败血症、脑膜炎,以及先天性疾病等。由于呼吸困难是严重的症候,故应尽早明确病因,合理治疗。

(七)可能引起新生儿神经系统后遗症的主要疾病

1. 新生儿颅内出血

如果是早产、出生窒息、新生儿体重不足1 500克则应注意此病的可能,一旦发生不仅病死率高,即使存活也常有不同程度的神经系统后遗症。患儿可有发绀、吐奶、尖声哭叫、肌肉震颤、易惊厥、嗜睡、昏迷等症状。应紧急到医院治疗,护理上要减少搬动,适当抬高头部并保持安静。

2. 缺血缺氧性脑病

这是新生儿窒息后的严重并发症,病死率高。后遗症有智力低下、脑性瘫痪、癫痫等神经系统永久性损伤。如果新生儿有窒息,生后1周内就可有神经系统功能异常,如过度兴奋、下颌或肢体颤动,不愿吮奶,乃至反应差、嗜睡、全身软、抽搐昏迷。对可能发生本病的新生儿应加强监护,及时治疗;存活的新生儿应随访,针对病情采取干预措施。

三、营养性疾病

(一)营养不良

营养不良是由于长期进食营养物质不足,尤其是蛋白质和热能不足而引起的慢性营养缺乏,一些急、慢性疾病特别是长期腹泻,影响消化与吸收,先天性唇裂、腭裂影响进食,以及缺乏科学性喂养知识等均可造成营养不良。营养不良的孩子早期仅有体重不增、少动、不活泼等表现,进一步发展可以出现消瘦、贫血、便秘、消化不良,严重时精神差,智力与体格发育都受到影响,而且因为抵抗力差,所以容易发生感染,甚至因严重感染而死亡。本病是可以预防的,如宣传科学育儿,鼓励母奶喂养,合理的人工喂养和添加辅食,及时治疗急、慢性疾病等。3岁以前患营养不良,若没有及时纠正,尤其是女孩子,将来可能身材矮小、体弱多病,到了成年怀孕后也常常是生育低出生体重儿。低出生体重儿幼儿时期也容易患营养不良,如此形成恶性循环。所以,我们尤其要注意3岁以前孩子的健康成长,防止发生营养不良。

(二)肥胖症

肥胖症也是一种营养紊乱的疾病,是营养过剩的结果,患儿的体重超出标

准体重的 20%，体内的脂肪量过多。对肥胖小儿也应注意用皮皱厚度作为脂肪含量的指标。

应当注意食物吃得过多可引起肥胖，人工喂养儿不要过早的添加淀粉食物，如果生后 1～2 个月就添加可促使婴儿肥胖，洋快餐可提供过高的热能，过多的热能转化成脂肪堆积在体内，宝宝会肥胖起来，应该引起家长的警惕。约有 1/3 患肥胖症的孩子可出现成人的肥胖症。肥胖儿高血压的发生率比非肥胖儿高 7 倍多，糖尿病、脂肪肝、呼吸通气不良、冠心病对肥胖的婴幼儿都有潜在的危险，肥胖儿抵抗力差，易患呼吸道感染，严重的肥胖儿肺泡换气不良，可出现低氧血症，红细胞增多，甚至心脏大，心力衰竭。还可有肾小球肥大，发生肥胖相关性肾小球疾病。所以，要从婴幼儿期注意膳食营养平衡，鼓励母乳喂养，监测生长发育状况，预防肥胖症的发生。

(三)佝偻病

1. 佝偻病的表现

俗话说的软骨病在医学上称为维生素 D 缺乏性佝偻病(简称为佝偻病)，缺乏维生素 D，加之钙磷代谢不正常，在婴幼儿就会得佝偻病，维生素 D 能促进体内钙与磷的吸收利用有助于骨钙化，是婴幼儿的常见病。这种病一般不会直接危及小儿生命，其重要意义在于可以使小儿抵抗力下降，容易并发肺炎、消化功能差，可患难治性腹泻等。此外，由于本病可以影响骨骼发育及造成骨骼不同程度的畸形，所以对小儿的生长发育有一定的影响。

婴幼儿的食品中包括乳类，而不论是人乳或牛乳含维生素 D 普遍不足；单靠食物是不能补足的，加之小儿生长发育快而未及时补充；或是晒阳光少；或因患呼吸道、消化道、肾脏疾病等，都可以造成维生素 D 的缺乏而发生佝偻病。本病在出生后 2 个月就可以开始出现症状，而在 2～3 岁以后就进入后遗症期，遗留下不同程度的骨骼畸形与牙齿改变。本病的防治应在新生儿期、婴儿期就开始。

佝偻病的早期症状在出生后 2～5 个月时渐渐出现，如烦躁不安、易惊、多汗、囟门大、出牙迟。婴幼儿期可以见到肋骨串珠、胸廓畸形(如鸡胸、漏斗胸)、腹大如蛙形，以及佝偻病性手镯(腕部膨大)。久坐后易发生脊柱弯曲，站立行走后下肢可出现“O”型腿(膝内翻)或“X”型腿(膝外翻)，重者步态不稳，左右摇摆似“鸭步”态(图 77)。还可发生一处或几处骨折。女孩的骨盆畸形于成年后可致难产。

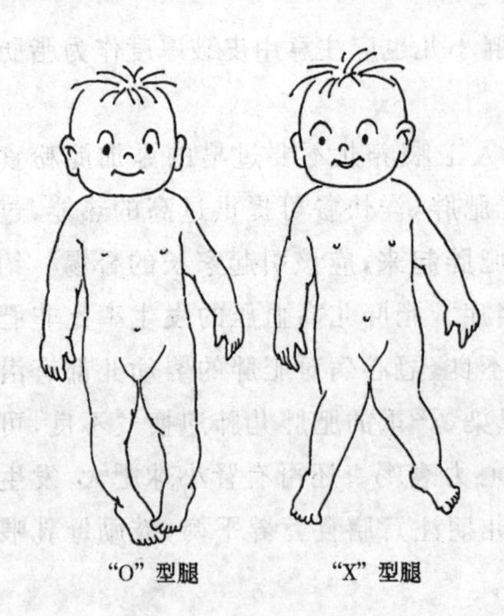

图 77 佝偻病表现

2. 佝偻病的预防和治疗

佝偻病的发病原因是 3 岁以前体内维生素 D 不足而致钙磷代谢不正常造成的。因为钙磷是骨骼的主要成分。有的家长认为佝偻病就是由于缺钙所致，以为多吃钙片、钙粉，孩子就不会得佝偻病。这种想法是不全面的。佝偻病发生的根本原因是缺乏维生素 D，因此医学上称它为"维生素 D 缺乏性佝偻病"。由食物中吃进去的钙或另加的钙片，必须有足够的维生素 D 存在，才能将钙更好地从肠道吸收到血液里，再由血液送到骨骼，如缺乏维生素 D，即使吃的钙片再多，也由粪便排出。即使往血管中注射钙剂，血液里的钙是增加了，但如果没有维生素 D，钙还是不能吸收到骨端，而从尿中排出体外，也不能治好佝偻病。因为食物包括乳类中含维生素 D 的量都很少，所以防治小儿佝偻病，最主要的是要给 3 岁以内的孩子补充维生素 D。

(1)补充维生素 D：维生素 D 的制剂很多，其中鱼肝油是目前防治小儿佝偻病最常用的。各种维生素 D 制剂不同，主要是含量不一样，有的还含有维生素 A 即维生素 AD 丸，由于制剂太多，有的家长不知选用哪种好，可向保健医生咨询。维生素 D 给小儿应用的目的有两个，即防病和治病，防病则量要小，治病则量要大。但不论使用哪种制剂，要知道含量，按孩子病情给予合适剂量。

一般来说，如果是预防佝偻病，还是口服途径给药好。预防量为每日口服维生素 D 400 国际单位，从小儿出生后 3～4 周开始，早产儿或双胞胎要在出生 2 周左右即开始服用。如果医生已诊断孩子有佝偻病，可根据病情选择治疗方案。有初期佝偻病的孩子，每日可口服维生素 D 5 000～10 000 国际单位，1 个月后改服预防量。若口服有困难可请医生安排治疗，如给予维生素 D 340 万单位 1 次肌内注射，2～3 个月后再改服预防量。严重的佝偻病，应当按医生的意见进行治疗。

(2)晒太阳：晒太阳可以预防佝偻病。原因是因为人体缺乏维生素 D，所需

的维生素 D 主要是通过阳光照射皮肤产生的。所以说，晒太阳对预防佝偻病非常重要。阳光中的紫外线波长 275～325 纳米的部分，能够使人皮肤中的 7-脱氢胆固醇变成维生素 D，然后贮存在肝内经过肝及肾的 2 次羟化作用成为有生物活性作用的维生素 D。

夏天每天可在树荫下 10～20 分钟或更长些，人体得到的维生素 D 的功效约可维持 1 年。冬季晒太阳要在气温较高的中午为宜，至少应把脸与手暴露，包裹好宝宝以免受凉。

（四）婴儿手足搐搦症

婴儿手足搐搦症（低钙惊厥）是婴儿常见的不伴有发热的惊厥（抽筋）。本病由于维生素 D 缺乏而导致血中游离钙降低而出现全身抽筋、手足搐搦或喉痉挛的急性病症。6 个月以下婴儿多见，抽筋可以是全身性突然发作短暂的意识不清，可伴有发绀。有时 1 天几次至几十次，抽后入睡醒来精神好，喉痉挛发作时因缺氧，口周发绀、窒息。此病在春季多见是因为冬季婴儿见阳光少致体内维生素 D 减少，春暖接触阳光多致体内维生素 D 骤增，血中钙沉积于骨，血钙下降引起本病发作，感冒发热也可诱发本病，本病应急诊就医，补充钙剂止抽搐，血钙恢复后再用维生素 D。

（五）缺乏微量元素锌

锌对人体是很重要的，锌能影响核酸和蛋白质的合成，与人体的生长发育、免疫防御、伤口愈合等功能有关。缺锌的孩子可以出现低味觉而厌食、消瘦、生长发育障碍、异食癖、反复出现口腔溃疡等。

正常人每天需要一定量的锌，0～12 月婴儿每日 6 毫克，1～10 岁儿童每日 10 毫克，成人每日 15 毫克；妊娠及哺乳期需要量略多，为每日 20～25 毫克。

动物性食物含锌一般比植物性食物为多。含锌较多的食物有：瘦肉、牡蛎、肝、蛋、奶制品、可可、莲子、花生、芝麻、胡桃等；紫菜、海带、虾类、海鱼等海产品中也富含锌；其他如红小豆、荔枝、栗子、瓜子、杏仁、芹菜、柿子等含锌也比较多。患有缺锌症的小儿除按医嘱用锌制剂外，也可酌情加食以上食物，预防缺锌。

四、消化系统疾病

(一)腹泻

腹泻是婴幼儿最常见的一种疾病,3岁以下的孩子经常会有腹泻。据报道,每个儿童满5岁以前,大约罹患10次腹泻。腹泻也是儿童营养不良的主要原因。腹泻致死的主要原因是脱水,因此给腹泻患儿补充足够的液体至关重要。每一个家庭及社会都应该了解腹泻的危害。

1. 腹泻的常见原因

(1)腹泻的主要原因要追究到“病从口入”。粪便中的微生物由苍蝇、污染的手带到水、食物、餐具、饮水用具上,进入孩子口内;吃了腐败变质的食物也可引起腹泻。

(2)长期应用抗生素可以因肠道直接受到刺激或菌群紊乱而发生腹泻。绝大多数抗生素只对细菌性感染有效,抗生素不应随便做预防用药。

(3)患各种肠道以外的感染,如肺炎、中耳炎等由于发热或病原体毒素影响也可有腹泻,称为症状性腹泻。

(4)婴幼儿的消化系统发育不成熟,喂养不当,如进食过多、食物成分改变,天气炎热时断奶等都可引起腹泻。

(5)气候改变引起感冒,睡觉时没盖好被子致腹部受凉,天气很热或衣着太厚而过热都是可能导致腹泻的诱因。

2. 从婴儿大便的性状判断腹泻的原因

(1)大便绿色带少量黏液,便次增多,常表示肠蠕动亢进,见于饥饿时。

(2)大便外观似奶油状,有灰白色的皂块样物,表示脂肪消化不良。

(3)大便味酸臭、泡沫多,说明糖类(碳水化合物)消化不良,应减少淀粉类食物喂养。

(4)大便味甚臭、不成形,意味着蛋白质腐败作用增加,表示蛋白质消化不良,应减少奶量或冲稀。

(5)大便带绿色或黄色,蛋花汤样,常表示饮食不当,消化不良。

(6)大便稀水样,次数频,无腥臭味常为病毒性肠炎,以对症治疗为主。

(7)大便腥臭、黏液多或带脓血,表示为细菌感染,如痢疾与肠炎,应该积极

治疗以控制感染。

3. 腹泻的表现

婴幼儿腹泻的严重表现有以下几点,应当引起家长的重视:

(1)出现脱水征象,如眼窝下陷、眼球很少转动、口渴、口唇干燥、前囟下陷、皮肤松弛无弹性,严重时可有哭声无泪水、尿少等。这些症状说明病情严重,提示需要补液。

(2)不愿进食与喝水,并频繁呕吐。

(3)水泄频繁,1~2个小时内数次。

(4)发热或大便带脓血。

腹泻严重时应及时到医院诊治。

4. 腹泻时的喂养

(1)吃母奶的婴儿腹泻时仍应当继续吃母奶。如果孩子不能吸吮母亲的乳头,可以把母奶挤在清洁的容器中用小匙喂。

(2)吃奶粉或牛奶的婴儿腹泻时,应在奶中加入相当于平时两倍的温开水,以补充丢失的水分。

(3)人们以往曾经认为腹泻的小儿不应该饮水,也不应该吃东西,这是不对的,腹泻的小儿也需继续进食,稀粥、米汤等都是可以用来补充孩子损失过多水分的适宜饮料。家庭也可自己配制一种简便饮料:8小匙糖(约白糖40克或葡萄糖20克)和1小匙盐(约3.5克)溶于1000毫升凉开水或温开水中制成,当日服用,不要久放。若是呕吐应等几分钟再开始慢慢地喝,每次一小口,应该有耐心。

(4)幼儿一旦腹泻,食欲常常很差。应诱导孩子吃他喜欢吃的食物。给孩子准备一些他喜欢的饮料,如果汁、菜汁以补充水分。易消化的食物是很重要的,每次少吃一点儿,可以多吃几次。可以让他适量吃些豆制品、鱼,或给他吃用瘦肉末做的软饭,面条里可以放一点儿植物油。可酌情食用酸奶及香蕉、苹果、菠萝等水果,还有色鲜、味美的食物。一般以现做现吃为好。每日进餐次数可增加至5~6次,即所谓少食多餐,以利于消化吸收,要慢慢地恢复到病前的饮食。

5. 口服补液盐

几乎所有的药房、商店、保健部门都备有给腹泻小儿准备的特殊饮料,这就是世界卫生组织的配方袋装的干粉状口服补液盐,简称"ORS"。口服补液盐的

口袋上都注明应加一定量的水，如水太少有可能使腹泻恶化，水太多则效果不好。可用杯子加水搅匀后随时喂给孩子喝。按规定，口服补液盐每包内有：氯化钠3.5克，碳酸氢钠2.5克，氯化钾1.5克，葡萄糖粉20克，加凉开水或温开水1 000毫升。ORS是全电解质的，其渗透压偏高，不适于新生儿，急性腹泻请注意它仅供口服，按照脱水的情况由医生告知用量，切记这种饮料勿煮沸。

腹泻时排出稀便，大便次数增多，丢失了水分和盐类。在补给盐类的同时加入适量的糖，是为了促进水和盐的吸收，这种作用是其他各种药物成分所不能替代的。ORS的配方是经过研究得知一定量的糖分可以介导盐和水进入体内，以补充腹泻时的损失而设计配成的，它的效果已被世界公认。口服补液盐是腹泻治疗方法的革命。无论在家庭或在医院内应用都有价值。

6. 婴幼儿腹泻的预防

(1)提倡母乳喂养，注意合理喂养，这对预防婴儿腹泻极为有利。

(2)在水源方面，我国城镇一般有自来水，乡村也有用井水、泉水或河水做饮用水的，不论什么水都应煮沸后给孩子喝。

(3)成人及小孩都应该养成在厕所大便的习惯，不要随地便溺，以免造成环境污染。

(4)接触食物前、饭前、喂婴幼儿前要先用肥皂洗手。

(5)饮用水及食物应该盖好，以免被病原微生物污染。

(6)食物要新鲜，现吃现做。

(7)要按计划免疫预防接种，预防接种可以提高孩子的抵抗力，防止一些疾病的发生。现已有轮状病毒疫苗可接种，轮状病毒是小儿腹泻的常见病原。

(8)处理好垃圾，以防止苍蝇传播疾病，这在预防腹泻方面也有积极意义。

7. 农村家庭在环境卫生方面应该注意的问题

为了婴幼儿健康和防止疾病传播，对于农村家庭环境卫生方面特别提出几点小贴士：

(1)要正确地处理粪便、使用厕所。厕所应远离住房、道路、水源和小孩玩耍的地方。厕所应定期清扫、加盖，若没有厕所就应掩埋粪便。

(2)使用清洁水。没有管道水时，要使粪便与废水远离饮用水、洗澡水和洗涤用水。保持取水和盛水的桶、绳子、缸的清洁，水桶不放在地上，把水桶挂起，水缸加盖。

(3)让动物如猪、鸡、鸭远离饮用水。防止动物污染水源。

(4)从容器内取水时用清洁的勺或杯，手不要放入盛饮用水的容器内。即使看起来澄清的水，也可能含有病原微生物，应该将水煮沸再喝，婴幼儿抵抗力比成人差，必须喝煮沸的水。

(5)有条件还应把家庭的垃圾烧掉或掩埋起来，也可预防疾病。

8. 生理性腹泻

生理性腹泻是指婴儿出生后或是经过一段时间经常有些腹泻，宝宝的大便次数可增多到每天6～7次，但是便内水分不多，色黄绿而无脓血，有不消化的食物成分。这种婴儿常是比较胖的，年龄多在6月以内，精神食欲与生长发育都好。这种腹泻可能是乳糖不耐受的一种特殊类型，在逐渐添加辅食以后大便的性状、次数都可渐渐转为正常，没有发热、呕吐等其他不适症状，被称为生理性腹泻。生理性腹泻是不需要治疗的。

(二)鹅口疮

婴儿口腔炎最常见的是“鹅口疮”，是由一种叫做白色念珠菌的真菌感染所引起。奶瓶、乳头等都可能将它带入婴儿口腔，家长用纱布擦小儿的口腔黏膜，将黏膜擦伤，也会感染。白色念珠菌是人体内常见的条件致病菌，长期使用抗生素等药物、不注意口腔卫生、慢性腹泻、营养不良，都会并发本病。患鹅口疮时口腔黏膜及舌部稍有充血、水肿，经过1～2天后有乳白色乳凝块状物好似雪花片状附着在口腔黏膜上，不易擦拭。如果不治疗，严重时病变可能向下蔓延到食管及整个消化道。

一旦诊断为鹅口疮，可使用微生态疗法，大量补充益生菌抑制真菌生长。可以用2%碳酸氢钠溶液在喂奶前后清洁口腔或涂以中药冰硼散，病变广泛时可用制霉菌素涂患处。同时，注意口腔卫生，保持乳头清洁，奶具应严格消毒，不要用不洁的纱布擦洗口腔黏膜。

(三)婴儿肝炎综合征

1. 婴幼儿肝脏

婴幼儿的肝脏在正常情况下常常是可以摸到的。这是因为：①小孩的腹部肌肉较薄。②小孩的肝脏相对偏大。如出生时肝脏重为120～130克，是体重的1/4，相对比成年人大。随着年龄增长，肝脏的重量相对地减少。到了青年时，肝脏重约1 200克，仅占体重的2.5%～3.0%。

正常婴幼儿的肝脏往往可在右肋缘下摸到，大约为2厘米；3岁以下幼儿的肝脏在右肋缘下1～2厘米，都是正常的。4～5岁以后肝脏渐渐缩到肋下，但少数人也可以在右肋缘下摸到边缘。小儿的肝脏在腹部的剑突下边则更容易被摸到。所以不能认为婴幼儿能摸到肝脏是不正常。

2. 婴儿肝炎综合征四大特点

(1)在婴儿(包括新生儿)期发病。

(2)皮肤和巩膜(眼白)黄染，经查血证实是肝细胞损伤引起的黄疸。

(3)肝大，肝的质地异常。

(4)血中丙氨酸氨基转移酶增高。以上四大特点，如缺少一项也不能诊断。

3. 婴儿肝炎综合征病因

(1)各种感染：如病毒、细菌、寄生虫、真菌感染。我国以巨细胞病毒感染多见。

(2)先天发育异常：无胆管或胆管发育不良。

(3)遗传代谢病：如半乳糖血症、糖元累积症Ⅳ型等。

(4)其他：如血液病、药物中毒等。

4. 婴儿肝炎综合征预后

若是感染所致，大都可以恢复，但巨细胞病毒感染则可能有后遗智力低下、生长发育落后、听觉障碍等。先天性肝内胆管发育异常应请小儿外科会诊，如有必要并且有条件可以做肝移植，否则往往预后不好。肝功能衰竭、大出血、继发感染可见于严重的婴儿肝炎综合征。

如果怀疑本病，应当尽早地诊断与治疗。

(四)便秘

1. 正常排便次数

便秘是指大肠内存积过多或过久的废物，或大便太干太硬。由于每个孩子的习惯不同，便秘是没有绝对的日数限制的。出生后1周内的新生儿，平均每天排便4次，而哺喂母乳的婴儿可以多至6～7次；1岁左右的幼儿约每天2次，到了4岁左右，就和大人差不多，每天2～3次，都算是正常。除了大便次数，大便质地的软硬，排便时是否很费力，伴有疼痛与否等，都可判别是否便秘。

宝宝若是多日不能正常排大便，大肠内的废物便会发酵，造成肚子鼓起。加之腹部不适，宝宝会经常哭闹，食欲减退，因肠胃吸收不良而影响身体发育，体重不增或减轻。更严重时，肠中积存过久的废物会产生毒素，以致伤害身体。

2. 便秘原因

(1)饮食因素:婴儿饮食太少,饮食中糖量不足,大便量少。饮食中蛋白质量过高使大便呈碱性、干燥、次数减少。食物中含钙多也会引起便秘,如牛奶含钙比人奶多,因而牛乳喂养儿比母乳喂养儿发生便秘的机会多。过量补钙及过多摄入蛋白质营养物,如蛋白粉、牛初乳等也会造成便秘。蔬菜中的纤维可以刺激肠蠕动,促使排便。有些小儿不喜欢吃蔬菜,也是造成便秘的一个主要原因。

(2)习惯因素:由于生活没有规律或缺乏定时排便的训练,突然环境改变,均可出现便秘。

(3)疾病因素:佝偻病、营养不良、甲状腺功能低下的患儿常因腹肌张力差或肠蠕动减弱,便秘比较多见。肛裂或肛门周围炎症,大便时肛门口疼痛,小儿因怕痛而不解大便,以致发生便秘。先天性巨结肠的患儿,生后不久便有便秘、腹胀和呕吐。腹腔肿瘤压迫肠腔也可以引起便秘。

(4)服用药物:宝宝如因病服用抗生素等药物较多,肠道内菌群紊乱致正常肠内环境改变,肠蠕动减慢,肠功能紊乱而导致便秘。对于便秘的小儿除了疾病因素以外,尽量从饮食、运动方面着手。

3. 便秘的防治

(1)饮食调整:牛乳喂养的婴儿便秘时,可将牛奶中的糖量增加,并增加水果汁,较大婴儿方可添加质量良好的蜂蜜。适当减少蛋白质类饮食,按年龄及消化力增加富含纤维的食物,增加谷类食物、蔬菜、水果等含渣食物。

(2)食用益生菌:调节肠道菌群的药物,如益生菌冲剂可加速肠道蠕动,利于大便排出。

(3)按摩腹部:以肚脐为中心,顺时针方向为宝宝按摩腹部,这样不仅可以帮助排便,而且有助消化。

(4)排便训练:3 个月以上的婴儿就应当训练定时排便,若已经出现肛裂要在肛门周围涂以消炎的软膏。幼儿可在清晨或进食后坐便盆,养成每日定时排便的好习惯。

(5)适当使用开塞露和缓泻药:除非是多日便秘才临时用,务必不要常用开塞露、肥皂头通便。因为一旦养成习惯,正常的“排便反射”消失,便秘更难以纠正了。也不要经常服用缓泻药,因为宝宝消化功能不完善,用泻药后又可能导致腹泻。

五、呼吸系统疾病

(一)呼吸道感染

宝宝的呼吸道感染是很常见的疾病。呼吸道包括鼻、咽、喉、气管、支气管、毛细支气管和肺。呼吸道的任何部位发生了感染(俗称"发炎")都称为呼吸道感染。按感染的部位来分,以咽喉部为界,发生在咽喉部以上的感染,如鼻炎、咽炎等,可称为上呼吸道感染(感冒);咽喉部以下部位的感染,如支气管炎、肺炎,可称为下呼吸道感染。在医学上为更明确说明呼吸道感染的情况,常常以发炎最突出的部位来下诊断:如咽部有2个扁桃体,扁桃体是淋巴组织,在幼儿时淋巴组织的发育旺盛,所以扁桃体常常肥大。它像守门卫士把守着咽部,首先抵抗着感染的入侵,所以容易出现炎症,甚至化脓,我们就称之为"化脓性扁桃体炎"。下呼吸道感染中以肺炎多见,尤其多见于出生后2岁以下的婴幼儿,发展中国家肺炎死亡的儿童占儿童死亡数的25%。医生若诊断孩子为肺炎,就说明病情比较严重,如得不到及时有效的治疗和护理,则可能有死亡的危险。

1. 呼吸道感染的一般表现

宝宝呼吸道感染时,呼吸道的许多部位均可受累。按不同部位可有许多表现。

(1)流鼻涕:可以流清鼻涕或黏性的甚至是脓样鼻涕。同时常有鼻塞,引起喘气费力而张口呼吸,伴吃奶困难,因而哭叫不安。

(2)咽痛:小婴儿不会诉说咽痛,常表现为哭闹、拒食。年长儿可自述咽痛、吞咽时加重。

(3)发热:常有不同程度的发热。

(4)咳嗽:上呼吸道感染不咳嗽或偶有几声干咳,咳声呈犬吠样粗重,见于喉炎。若是咳嗽频繁,有时咳得不能安睡,咳后呕吐或咽部有痰喘声,常表现病情严重,或许是得了肺炎。

(5)呼吸困难:鼻翼翕动、喘憋、发绀,见于肺炎。

(6)耳部并发症:如急性中耳炎(耳痛、耳流脓)。

(7)其他:少数宝宝因发热很高而出现"高热惊厥"。有时呼吸道感染也可以有轻度的腹泻。

2. 上呼吸道感染

上呼吸道感染(俗称感冒),常常有流鼻涕、嗓子(咽)痛、咳嗽等。孩子得了上呼吸道感染虽然大部分都能自愈,但有时可以发展为威胁孩子生命的肺炎,也可以说肺炎一般是由上呼吸道感染发展而来的,必须引起足够的重视。所以,父母及家庭中的其他成员都该懂得出现哪些情况就说明已发展为严重的感染——肺炎,以便及时请医生治疗。请记住如有以下表现应请医生检查,以免延误治疗。

(1)呼吸急促(如小儿每分钟呼吸多于40次)。

(2)胸廓的下部(指双肋弓之间的区域)在吸气时下陷。

(3)一喝水或吃奶就呛。

大部分儿童每年都有几次轻度的上呼吸道感染。如果你发现孩子每月都有上呼吸道感染,甚至一个月好几次,那你就应带孩子去看医生。因为这说明孩子有反复呼吸道感染,身体弱,抵抗力差,应及时处理。

3. 上呼吸道感染合并症——中耳炎

中耳炎是指位于耳朵的鼓膜内侧的中耳腔感染炎症。在患此病之前常有呼吸道感染,如发热、流涕、咳嗽等,继而出现耳痛,因为细菌或病毒由鼻子的深处或经过耳咽管入侵中耳腔。

症状方面应注意婴幼儿感冒后,若有不明原因的高热、哭闹,一压他的耳朵哭声就更加厉害、烦躁、抓耳等表现;因为耳痛,宝宝会把手伸进耳朵;由于重力关系,当宝宝被竖着抱的时候,耳朵的充血情况会比躺着时缓和,痛苦减轻。出现以上症状家长应及时送宝宝去医院检查耳部,及早发现中耳炎,避免鼓膜穿孔及其并发症,如脑脓肿、听力障碍等。

治疗方面须按时按疗程服用抗生素,医生也会按病情需要给予滴耳药,严重时需手术排出中耳的脓。若中耳炎反复发作,需要服用抗生素及滴鼻药;或是在必要时放置管子于中耳及耳道之间起通气作用;接受听觉测验,注意听力改变。

4. 呼吸道感染的预防

(1)增强孩子的体质:这是预防呼吸道感染的重要措施。尤其应当注意孩子的喂养。用母乳喂养婴儿有助于预防感染,肺炎是婴幼儿的常见病,有人统计,人工喂养的婴幼儿患肺炎是母乳喂养者的两倍,所以婴儿出生后4~6个月喂母乳是非常重要的。任何年龄的儿童,只要提供了良好的营养条件,就不容

易发生严重的呼吸道感染。橘子、黄色的水果蔬菜和深绿色的叶菜含维生素 A 较为丰富，也有助于预防小儿患肺炎。

(2)按时给孩子预防接种：这可以预防常见的呼吸道感染的病原菌，如嗜血流感杆菌 B 型疫苗(Hib)和肺炎链球菌疫苗(Prevenar)已应用于临床。孩子接受了计划免疫就可以得到保护，免患一些严重的呼吸道感染，如百日咳、结核、麻疹等。

(3)保持生活环境卫生，保持空气清新：①在充满烟雾(厨房燃气或吸烟者的烟雾)中生活和睡眠的孩子是容易得肺炎的。②居室拥挤，接近孩子的人咳嗽、打喷嚏也会增加小儿患肺炎的机会。所以，要鼓励小儿与成人分开睡，患感冒的成年人更应该远离孩子。避免去人多拥挤的公共场所。

5. 呼吸道感染婴幼儿的喂养

对患有呼吸道感染的婴幼儿要特别注意喂食的问题，以避免患儿发生营养不良，尤其对患有重症肺炎的患儿，更应耐心细致地喂养。喂食有助于增加机体抗感染的能力和维持小儿的生长。对母乳喂养的婴幼儿应增加哺乳次数，少量多次哺喂。月龄 4～6 个月以上的患儿要喂以含营养成分与热能较高的食物。根据患儿年龄，酌情选用谷物、豆制品的混合性食物或肉松、肉类、鱼、牛奶、鸡蛋等，应尽可能鼓励患儿进食。若有鼻塞、流鼻涕，宝宝吃奶时会感到憋气而哭闹不安，吃奶前妈妈可以用温热的毛巾给宝宝敷鼻部或轻揉鼻子，让鼻涕慢慢流出，吃一会儿奶就稍微休息一会儿，脸朝向一侧，使上方的一侧鼻孔鼻塞好转。黏稠的鼻涕可用吸鼻器吸，或在鼻孔内滴入一滴盐水(一杯水放一小匙盐)对鼻塞也有些效果。鼻塞流鼻涕缓解了，宝宝进食就舒服多了。体温＞39℃应该降温，以免影响进食；吸吮不良的婴儿可用杯或小匙喂养；因痰堵在咽喉部而不适，少量多次喂水或果汁也有利于消痰；咳嗽后或食后呕吐，则吐后休息片刻仍可适当喂食，以少量多次喂为原则；有发热、呼吸急促时，患儿丢失的液量比平日为多，应该喂奶、清水、果汁等以增加液体的摄入量。

患病期间患儿的食量或多或少会比平日减少一些。为了使患儿早日康复，病后对患儿细心的喂养是十分重要的。在患儿病后 1 周或直至体重恢复正常期，更应注意。

(二)婴幼儿呼吸增快

婴幼儿(3 岁以下)呼吸增快最常见的原因是肺炎。要确定 3 岁以下的孩子

是否有呼吸增快，可以数呼吸1分钟内胸部或腹部的起伏次数。一般用闹表或秒表测定，小婴儿的呼吸次数偶尔可有数秒钟的间歇，随后有一非常快速的呼吸阶段。一般应在孩子安静或入睡后观察计算其呼吸次数。每分钟的呼吸次数医学上称作呼吸频率。根据年龄不同其呼吸频率也略有差别。3岁以下小儿呼吸增快的参考标准：

<2个月	≥60次/分
2个月～1岁	≥50次/分
1～3岁	≥40次/分

如果每分钟呼吸次数等于或超过上述情况，可稍等片刻重新计算；如果第二次结果仍相同，就可以定为呼吸增快。

（三）喘鸣与喉喘鸣

宝宝呼吸道感染时可以有喘鸣发生。细心的家长若把耳朵靠近宝宝喉头或颈部前方的气管所在部位就可以听出来。有喘鸣的患儿呼吸时带有柔和的乐声，呼气长（呼气时间比平时延长）而且费力。喘鸣时由于呼吸时气流通过炎症或痉挛的肺内支气管、细小的气道（毛细支气管）狭窄所引起。

宝宝一年内发作2次或2次以上的喘鸣叫做“反复喘鸣”，应该考虑有婴幼儿哮喘的可能。一般来说，宝宝喘鸣多是下呼吸道感染的支气管炎或肺炎的表现。患重症肺炎的婴儿有时可无喘鸣声发生，然而呼气费力和呼气延长却是存在的。上呼吸道梗阻，表现为吸气时喘鸣，同时可伴有吸气延长。呼气时出现喘鸣声，同时伴有呼气延长是下呼吸道受阻的表现。

喉喘鸣是指宝宝吸气时发出的粗大噪声。这种噪声的发生是由于喉头、会厌部或气管出现狭窄所致。健康的婴幼儿若突然出现喉喘鸣，特别是在平静时发生，就提示孩子可能患有呼吸道感染而致喉头、会厌、气管等部位水肿，使气道狭窄致梗阻。喉喘鸣提示有可能导致窒息和生命危险，必须积极诊治。

（四）支气管肺炎

支气管肺炎是常见的重症。起病急，发展快，特别是婴幼儿症状不典型，应特别注意上呼吸道感染开始向下蔓延，大多数都有发热持续好几天，咳嗽、气喘较重，严重者可有呼吸困难、两侧鼻翼翕动、口唇发绀。在发热咳嗽同时精神不好，哭闹或昏睡，不愿吃东西。医生诊断肺炎是不困难的，有时为判断

病情需做X线拍片。婴幼儿肺炎的病因多为生物因素，如细菌、病毒、支原体、真菌等，也有过敏性吸入性的因素所致，如并发有心力衰竭、脑病、肠麻痹等应及时治疗。

（五）重症肺炎

重症肺炎一般有发热、咳嗽、呼吸增快、喘憋等症状。重症肺炎患儿呈重病容，通常都有胸凹陷（吸气时下胸内陷），有时胸凹陷可能是重症肺炎的惟一体征。胸凹陷不一定都伴有呼吸增快，如果肺炎很重，患儿疲乏，需要用很大力气才能扩张肺部时，呼吸频率（每分钟呼吸次数）就反而减少而不是增加。

重症肺炎还可能有其他症状：鼻翼翕动，即患儿吸气时鼻翼张大，是体内氧气不足的表现；哼哼声是患儿在费力喘息，呼气开始时发出的短促声响；发绀又称青紫，是由于体内缺氧，而使皮肤呈蓝色、紫色或灰色，通常以口唇、舌部明显。重症肺炎患儿必须立即送医院抢救治疗。

宝宝呼吸时有胸凹陷是呼吸困难的主要表现，常见于肺炎患儿，如果小儿吸气时下胸部内陷，即胸凹陷。这种表现说明宝宝喘气费力，有缺氧的可能。观察胸凹陷是否存在时，应该把孩子的上衣掀起，使其胸部暴露，以便仔细观察。发现胸凹陷，通常为病情严重的肺炎所致；但如果胸凹陷伴有反复发作的喘鸣，则往往不一定是重症肺炎，而是由哮喘引起的。

（六）婴儿哮喘与毛细支气管炎

婴幼儿哮喘的发病最初表现为反复“感冒”咳嗽或持续性咳嗽，或在呼吸道感染10天以上，又伴喘息，按支气管炎、肺炎治疗无效而应用抗哮喘药治疗有效，则应考虑可能为婴幼儿哮喘。

哮喘的基本病理改变是气道过敏性炎症，婴幼儿的喉、支气管腔狭小，黏膜血管丰富，软骨和肌肉都较为脆弱，容易因发炎而肿胀，气道狭窄，气流通过狭窄的地方产生一种类似笛音的声音称为喘鸣或喘息。

毛细支气管炎又称喘憋性肺炎，也有喘息的表现。本病常是由于呼吸道合孢病毒和副流感病毒感染引起的，有地区、季节流行，用支气管舒张药的效果不好，有条件可做病原的诊断（已有快速诊断的试剂）。

六、心脏系统疾病

(一)心脏杂音和心脏病

有些婴幼儿在体格检查时经医生发现心脏有杂音,家长往往十分紧张,其实有心脏杂音并不一定代表有心脏病。正常的婴幼儿由于代谢旺盛,血流快,心跳也比年长儿及成人快,有时候可以出现生理性的心脏杂音。心脏杂音是生理性的还是病理性的心脏病变所引起,医生可从听诊杂音的强度、是出现在心脏收缩时还是舒张时、是否传导、性质是柔和的还是粗糙的等方面来区别,也常常需要X线拍片看心脏外形,检查心电图及超声心动图,甚至做心导管来进一步明确诊断。有些心脏疾患如病毒性心肌炎等可以听不到杂音,所以心脏没有杂音并不等于没有心脏病,应该就医确诊,并随诊观察杂音的变化。

(二)先天性心脏病

1. 先天性心脏病的原因 总的来说,至今尚未完全明确。母亲在怀孕最初3个月,尤其是在2～8周,若是任何影响心脏发育的因素存在,就会使胎儿的心脏发育不正常而形成心脏的畸形或大血管异常。与先天性心脏病发病有关的因素主要有:

(1)宫内感染,多因孕妇在妊娠3个月内被某些病毒感染所致(如风疹、流行性感冒、柯萨奇病毒感染等)。

(2)母亲怀孕期有糖尿病、先兆流产。

(3)妊娠早期接触放射性物质或服用某些镇静药、抗癌药物等。

(4)某些遗传因素特别是染色体畸变,也常伴有心脏畸形。

2. 先天性心脏病的护理和治疗

近年来,随着小儿心血管病诊断治疗技术的提高,许多先天性心脏病都能在内科和外科医生的共同努力下得到及时正确的诊断,并行手术治疗,使小儿先天性心脏病的预后大大改善。对患有本病的孩子,应做到以下儿方面:

(1)要努力维持病儿的健康状况,能顺利安全成长,达到适合手术的年龄。

(2)家长要细心耐心地护理,给孩子安排好生活。吃奶或进食后若有气急,就应少量多餐;病儿如有发绀,应该更加注意保护,喂以足够的水分,这样可以

防止血液浓缩,以免发生脑血栓。

(3)要按保健医生的安排预防接种,避免呼吸道感染。先天性心脏病病儿常是体弱多病,尤其容易得肺炎,一定要及时诊断治疗。

(4)病儿应定期请专科医生随诊,决定比较适当的手术年龄,有时因病情需要可不受年龄限制。

七、营养性贫血

贫血是一种症状,不是一种病名,贫血是指血红蛋白低于正常值。从外表看,轻度贫血往往无明显不正常的现象,中度以下可见面色苍白,可有食欲不佳,指甲色淡,小儿体重增长停滞或下降等症状。有些孩子皮肤本身就特别白,不一定就是贫血,可以翻眼皮看看,如果眼睑结膜为淡红或苍白才算贫血,单看面色不能草率地断定是否贫血。

1. 贫血的临床表现

贫血可发生于宝宝的任何年龄,主要表现为疲倦乏力,食欲缺乏、偏食、消化不良、烦躁不安、思想不集中,皮肤、口唇、口腔黏膜、眼结膜、手掌和指甲苍白。贫血严重时,可有低热、呼吸和脉搏加快,心脏扩大,心前区可听到杂音,也可有肝脾肿大,甚至智力发育迟缓。

如果母亲怀孕时患有贫血,孩子也容易出现贫血。早产儿、双胞胎儿容易患贫血。

2. 病因

婴幼儿易患贫血。这种贫血主要是由于营养因素引起的。铁是造血的物质基础,婴儿期缺铁所引起的营养性贫血是最常见的。婴儿出生后生长发育很快,需要及时供给足够的营养。营养性贫血的病因有许多种:①饮食因素:胎儿期最后的3个月可以由母体供給铁贮存在胎儿体内,生后用人奶或牛奶喂养,奶中含铁量均很低;小儿到3月左右还不适当增加含铁的丰富辅食,就会导致小儿贫血。维生素B_{12}和叶酸缺乏可引起营养性巨幼红细胞贫血。羊奶喂养的婴儿尤应注意补充叶酸、维生素B_{12},否则可出现贫血。②疾病因素:如果小儿患有失血性疾病(如肠息肉、常有少量便血),慢性腹泻、反复感染、发热,都可能造成缺铁性贫血。

婴幼儿贫血可以缓慢起病,以6个月至2岁多见。各种原因(常见的为缺

铁，其他如缺乏性维生素 B_{12} 及叶酸等营养因素）引起的贫血，孩子在开始时可以没有明显的症状，以后逐渐脸色发白，口唇不那么红润，指甲色淡，精神也不活泼，不愿吃饭。有些母亲饮食单调，很少吃动物性食品，她们用母乳喂养婴儿，可使孩子因缺乏细胞核发育必需的物质（维生素 B_{12} 与叶酸）而出现一种叫营养性巨幼红细胞性贫血，可有舌炎以及精神症状，如表现为少哭不笑、反应迟钝，以及手、唇、舌，甚至全身颤抖（震颤），熟睡时抖动消失；体检多可发现肝脾肿大；检验血可以确诊。严重贫血可以有气喘、水肿，由于抵抗力低下，易发生各种感染，尤其多见的是呼吸道感染。

如果你的小孩没有其他小孩那么活泼，稍许活动一下就会气喘，应带他去看医生以确定是否贫血。不要自行以“补血药”铁剂丸或补剂来治疗孩子的贫血病，4 个月以后到 2～3 岁内的小儿贫血，最常见的原因是由于生长发育迅速，而营养供给不够引起的营养性贫血，以缺铁性贫血最为多见。

3. 营养性贫血的预防

(1)营养性贫血的预防应注意孕期保健。孕妇应注意铁剂的补充。

(2)宝宝生长发育迅速，尤其是早产儿、双胞胎儿本身储存的铁不足，所以出生后 2 个月就要补充；正常新生儿铁的补充，也不能迟于出生后 4 个月。

(3)提倡母乳喂养，同时哺乳期母亲也应该有足够的铁摄入。

(4)注意合理喂养，及时添加辅食，不能偏食，要多吃些富含铁的蛋类。用羊奶喂养的婴儿应注意补充叶酸、维生素 B_{12}。

(5)注意免受感染，一有感染应立即治疗，以免影响食欲而减少铁的吸收。

4. 婴幼儿贫血的护理

(1)对贫血的婴幼儿应安排一个环境安静、空气清新流通、阳光充足的住处，保证充足的睡眠与休息。

(2)根据孩子的年龄特点与消化能力，合理地添加辅食，如蛋黄、肉类、肝、肾、豆类、绿叶蔬菜及水果等。同时要注意食品的色香味，以促进孩子的食欲。喂养要有耐心。

(3)避免感染其他疾病，尤其应该注意不要和传染病或发热的病人接触。

(4)有震颤的病儿，要防止咬破口唇及舌尖，必要时可在上下门牙间垫上纱布包着的压舌板。

(5)服用药物时要注意有无药物反应。如果诊断孩子患缺铁性贫血，医生通常会给孩子服用铁剂，时间可能要长达 1 个月或稍长。在医生指导下服用铁

剂，婴儿最好在两餐之间服，以利于吸收，因为铁对胃黏膜有刺激，服后易产生恶心呕吐，同时避免与牛奶、钙片同时服用，也不要用茶喂服，以免影响铁的吸收。铁制剂用量应遵医嘱。

(6)严重贫血的患儿，活动后易心悸、气急，必须卧床休息，必要时还需吸氧、输血。

八、发疹性疾病

(一)湿疹

湿疹是一种皮肤炎症。宝宝的皮肤柔嫩细薄，抵抗力弱，容易受外界环境刺激，也容易受细菌感染，所以发生湿疹的机会甚多。湿疹是不会传染的，但若不给予适当治疗，患部会蔓延扩大，导致严重疾病。

1. 湿疹的分类

(1)接触性皮炎：多出现在脸颊，患部出现鲜红色的疹子，且皮肤肿胀。冬天若宝宝患上接触性皮炎后，再暴露于寒冷的环境中，脸颊红得像个苹果。由于宝宝皮肤嫩薄，脸颊粘上食物或果汁等即使只是粘上唾液都会引起刺激。宝宝常以患部摩擦衣服、床单、被褥等。

(2)脂溢性皮炎：患此症的宝宝多为6周～3个月大，也常见于哺乳期的婴儿，患儿皮肤呈油性，出现红疹，多在眉毛上方、颈、大腿内侧及脸颊周围。宝宝的头顶上有厚厚的黄色皮屑粘在头皮，形成一层痊痂，会发出臭味。发病原因可能与遗传过敏体质有关。

(3)间擦疹：当宝宝的皮肤潮湿，体温升高且出汗多，头部、腋下、肛周围及腹股沟等处较薄的皮肤，常因汗水的刺激，加上在身体活动时皮肤摩擦，而产生间擦疹。尤其是胖乎乎的宝宝，如颈部、腋下、腹股沟皮肤的褶皱间更易发疹。间擦疹之患部呈红色，可有糜烂，以致细菌会迅速繁殖蔓延。

(4)异位性皮炎：此病多为3月左右婴儿患病，病因不明，多有遗传倾向。宝宝的脸颊、颈部及手脚的皮肤潮红、水肿或剧痒，并有水疱形成，患处渗出脓液后结痂。搔抓摩擦，皮肤会变得像苔藓般硬厚。

2. 护理

家长不要给宝宝乱涂成药，应该去看医生。除使用药物治疗外，更需要注

意以下护理皮炎的一般方法：

(1)保持皮肤清洁干爽。

(2)给宝宝洗澡，宜用温水和不含碱性的浴液，要特别注意清洗皮肤的褶皱处。洗澡时，沐浴剂必须冲净。洗后抹干身上的水分，再涂上非油性的润肤膏。

(3)宝宝的头发要每天清洗，若脂溢性皮炎，仔细清洗头部便可除去疮痂。如果疮痂已变硬粘住头发，可先在患处涂少量橄榄油，稍候再洗。避免受外界刺激。

(4)家长要经常留意宝宝周围的环境温度及湿度的变化。患接触性皮炎的宝宝，尤其要避免皮肤暴露在冷风或烈日下。夏天应仔细擦拭汗水；冬天干燥时，应搽防过敏的非油性润肤霜。

(5)家长不要让宝宝穿紧身的和易刺激皮肤的衣服，如羊毛、丝、尼龙等。

(6)若患剧痒的异位性皮炎或接触性皮炎，家长要经常修短宝宝的指甲，减少抓伤的机会。

(7)除异位性皮炎外，其他湿疹多无须忌口。让宝宝少吃动物蛋白质，如牛奶、蛋，必须在医生或营养师的监督下进行。在没有明显证据时，最好不要随便禁食某类食物。

(8)一般性的治疗，如润滑膏及药膏，必须持续使用。

(二)尿布疹

1. 主要表现

尿布疹又称臀红，是由于阴部、臀部皮肤长期受湿尿布刺激，尿中的尿素被细菌分解产生氨，引起皮肤发炎。尿布上残留没有冲干净的肥皂及腹泻时的大便刺激，常用塑料或橡皮尿布包扎，也都会发生以皮肤红肿、小疹、小水疱溃烂为特征的尿布疹，以上情况如能设法避免就可预防。

2. 护理

臀红重者可发展到外生殖器、会阴部，可合并感染。主要治疗措施为：

(1)每次排便后，将臀部用温开水或4%硼酸水洗净、吸干(最好用软纸或纱布吸干)，换尿布后，在外阴部涂鞣酸软膏或清洁的植物油。

(2)气温或室温不低时，可将臀部暴露于空气或阳光之下保持干燥，每次10～20分钟，每日2～3次。

(3)臀部每次清洗后皮肤破溃处可以用普通灯泡(40～50瓦)烤，灯泡距臀

部30～40厘米，每次10～15分钟，每日1～2次，保持干爽。用灯泡烤时要有人守护在旁，以免小儿烫伤或尿液溅到灯泡上发生爆炸。

(4)擦油类或药膏时应用棉棒在皮肤上轻轻滚动，不要上下涂擦，以免疼痛和脱皮。细心的护理和积极的治疗措施会使臀红很快痊愈。

(三)痱子

1. 主要表现

痱子是天热时幼儿容易发生的小病，也称为热痱。人体皮肤上有很多汗腺，当汗液排出不畅，导致汗腺周围发炎就叫痱子。痱子多发生在面部、额头、颈、躯干、大腿内侧、腋窝等处。白痱子常见于新生儿或儿童突然因暴晒而出大汗后；红痱子常伴有小丘疹、疱疹；脓痱子呈粟粒状脓疱，破后发生感染可成为脓肿(痱毒)。由于痱子痒而痛，所以孩子常常因此哭闹不安并且搔抓，一旦继发感染并形成脓肿，则疼痛加重，还可有发热、精神不振等全身症状出现，应该积极处理。

痱子虽很常见，但常使宝宝不适、痒、痛而烦躁不安。痱子若发展可形成脓肿，化脓性细菌的毒素进入血液，严重时可造成脓毒血症或败血症。

2. 护理

有了痱子，可采取以下措施：

(1)注意室内凉爽通风。

(2)多给孩子喂水、勤翻身，注意背部通风干爽。

(3)保持皮肤清洁、干燥，不要用碱性肥皂。

(4)穿布料衣服，衣服应宽大。

(5)用痱子粉，为了防止出现热痱，洒一些在大人手掌中，轻轻匀开，均匀擦在宝宝身上，洗澡时应冲干净。如已长出热痱，痱子粉会增加毛孔上的污垢并无治疗效果，故需停用。痱子粉以滑石粉、氧化锌为主或加适量清凉止痒剂。

(6)轻的痱子可用35%～70%酒精轻轻涂擦，油膏可以妨碍汗液蒸发不能应用，重的毒痱(化脓)应该用抗生素控制感染，以防发展成败血症。

(四)麻疹

麻疹是由麻疹病毒感染所引起，是主要影响皮肤及呼吸道的一种传染性极强的传染性疾病。无论是大人或孩子只要是对麻疹没有抵抗力，一旦接触了麻

疹病人都会被感染而发病。这种疾病的潜伏期是2～3周，麻疹发生并发症的几率很高，可并发肺炎。在我国近年来普遍给宝宝接种了麻疹疫苗，所以麻疹已经很少见了。

1. 主要表现

在起病的第一天或第二天，患儿会有发热、流鼻涕、眼睛红而眼泪汪汪有分泌物、干咳，以及可能出现腹泻。到了第三天，体温下降，口腔黏膜出现白色盐粒状的斑点。在第4～5天，体温又上升，出现皮疹。最先在额头及耳后，皮疹呈浅粉红色斑点，宽约2～3毫米，微微隆起。皮疹逐渐向头部及身体扩散，当皮疹扩散时，其斑点愈来愈大，并且可能融合。到了第六天，皮疹开始消退，到了第七天时，所有的症状都消失。大多数的情况下，患儿的症状会在7～10天内消失，疹退后皮肤暂时留下浅褐色的色素沉着斑。

2. 护理

(1)保持室内空气温暖、湿润、流通，避免宝宝直接吹风。

(2)衣着适当，避免捂汗。

(3)可以洗澡，洗后用温水清洗眼睛、鼻、口腔。

(4)补充营养，宝宝患病期间往往食欲缺乏，应多喂清水及易消化的食物。

(5)不急于退热，应让宝宝自身调节，否则会影响皮疹透发。

(6)隔离看护，随时观察宝宝病情变化，尤其是咳嗽加重喘憋，因为肺炎是最常见的并发症，所以如有异常现象，应及时就诊。

(五)风疹

风疹是一种较轻的急性传染病。但是，孕妇在妊娠期感染风疹可能导致胎儿畸形。本病由风疹病毒引起，通过呼吸道飞沫传播。冬春季节常常在幼儿园中流行。风疹病毒一旦侵入人体后，会潜伏14～21天。计划免疫中的麻风腮疫苗(MMR)是可以预防风疹的。

风疹的临床症状很像麻疹。但比麻疹轻得多，表现有咳嗽、流涕、喷嚏、食欲缺乏，耳后及枕后淋巴结常常肿大，体温一般不太高，1～2天后面部出现浅红色稍稍凸起的斑丘疹，迅速蔓延至躯干和四肢，皮疹大小不等，可密集融合成片，其形态近似麻疹。3～4天后，皮疹逐渐消退，不留色素沉着，其他症状也随之消失。

风疹患儿一般不需要特殊治疗。发热时应卧床休息，多饮水，吃容易消化的流食或半流食，可以服一些清热解毒的中药，高热时可对症降温，伴有咳嗽者

可服止咳药。

(六)幼儿急疹

幼儿急疹的特点是高热大约持续3～4天,热退出皮疹,故也称3日热疹或玫瑰疹,是由病毒感染而引起的突发性皮疹,一年四季都可以发生。常见于出生6个月～1岁左右的宝宝。幼儿急疹的潜伏期是10～15天。它虽然是传染性疾病,却很安全,不会像麻疹、水痘那样广泛传染,家中兄弟姐妹同时患病的机会不多。

1. 主要表现

这些婴儿在没有出现皮疹前也有发热,热度可以比较高,但是感冒症状并不明显,精神、食欲等都还可以,咽喉可能有些红,颈部、枕部的淋巴结可以触到,但无触痛感,其他也没有什么症状和体征。当体温将退或已退时,全身出现玫瑰红色的皮疹,皮疹很快消退,没有脱屑,没有色素沉着,这时候幼儿急疹已接近尾声。本病对婴儿健康并没有什么影响,出过1次以后不会再出。

2. 护理

(1)让患儿休息,室内要安静,空气要新鲜,被子不能盖得太厚太多。

(2)要保持皮肤的清洁干爽,经常给宝宝擦去身上的汗渍,以免着凉。

(3)多喝开水和果汁水,以利出汗和排尿。吃流质或半流质饮食。

(4)体温超过39℃时,可用温水为孩子擦身,防止孩子因高热引起抽风。

(七)水痘

水痘是由病毒引起的一种急性传染病。一年四季均可发生,尤以冬春季常见。婴幼儿和学龄前儿童为好发年龄,6月以内的婴儿较少发病。本病主要为呼吸道飞沫传染和接触传染,传染源来自病人,传染性很强,一次患病后可终身免疫。

1. 主要表现

患水痘的患儿一般多有发热,全身不舒服,大约1天左右,身上开始出皮疹,皮疹多分布在躯干、四肢。另外,在口腔黏膜、咽部、结膜等处也能见到皮疹。皮疹有时很痒,患儿烦躁不安,并用手指搔抓,可以造成皮肤局部继发感染,皮疹多少不定,有时分批出现,一个病儿身上可以见到斑丘疹、小水疱、血痂,即同时有"各期皮疹",几天或2～3周皮疹消退,一般不留瘢痕,水痘其他并发症不多见。

2. 治疗

患儿大都能很快自愈，可适当的服用中成药，当有继发皮肤细菌感染时，应选用抗生素类的药物治疗。

3. 护理

(1)患儿宜单独隔离，居室要通风，光线充足，发热时应卧床休息。

(2)饮食宜给予易消化，富含维生素的流质或半流质，发热高时可对症降温，注意要多休息。

(3)衣被不宜过多过厚，出汗会使皮疹发痒。保持衣服、被褥清洁，以免继发感染。

(4)剪短患儿指甲，保持双手清洁，以减少抓破水痘，引起感染。婴幼儿双手可用纱布包裹或戴手套。

(5)已被抓破的水痘应注意继发感染。

(6)注意病情变化，出疹后持续高热不退，伴有呕吐、惊厥时，应尽快就医。

(八)川畸病

本病于1967年由日本川崎富作首先报道，又称皮肤黏膜淋巴结综合征。其主要临床表现是全身血管炎、急性发热和皮疹。80%发生于4岁以下的孩子，1岁左右发病最多。据日本的统计，本病患者在日本已近10万人。近年来，本病已遍及全世界。

本病病因目前尚不太清楚，可能与感染和免疫因素有关。最近有人认为，一些病毒可能与本病的发生有关。

1. 主要表现

(1)持续5天以上的发热、热型不规则，可达39℃以上。

(2)手足硬肿，手掌和足底潮红。恢复期手指与足趾端脱皮。

(3)多形红斑皮疹，无疱疹及结痂。

(4)双眼球结膜炎。

(5)口唇红、皲裂，草莓样舌，口咽部潮红，颈部淋巴结肿大。

2. 治疗

若是经医生诊断为川崎病，必须进行治疗。主要治疗药物有阿司匹林、潘生丁。丙种球蛋白可用于疾病早期。如发生冠状动脉瘤等心脏病变，可由外科手术治疗。

3. 追踪观察

恢复期每3月追踪观察1次；发病2年后还应每隔6个月至1年随诊检查超声心电图、X线胸片，必要时做心血管造影。

4. 预后

川崎病大部分预后良好，问题在于其心血管系统受累及其严重程度。少数病例在急性期可以发生猝死，或遗留冠状动脉病变直至成年。病后1周内用大剂量丙种球蛋白并用阿司匹林等对减少冠状动脉病变有较好的作用，早期诊断治疗很重要。

(九)手足口病

手足口病是受肠道病毒感染导致的疾病，在幼儿园中可形成小范围的流行。

1. 主要表现

本病开始可先表现咳嗽、流鼻涕、烦躁、哭闹，多数不发热或有低热，发病1～3天后，于手、足及口部乃至肛门周围出现红疹，疹子的直径3毫米左右。虽然有手足的红疹多不影响宝宝的情绪，但口中出疹破裂则会因剧痛而不肯进食，经常流口水。有时有发热及不安等症状。此病病情较为温和，可自行痊愈。

2. 护理

应多喂宝宝开水、果汁等饮料。如有持续发热、呕吐、烦躁不安，应去医院请医生治疗。本病的预防很重要，在流行季节要少带宝宝到公共场所，教育宝宝养成讲卫生的良好习惯，做到饭前、便后洗手，对餐具、生活用品、玩具等定期消毒。本病无免疫性，患过本病如不注意预防，还会再患。

九、意外伤害

(一)婴幼儿乘车的安全

国外可靠的资料表明，大量的交通事故中，大部分致命的撞碰车祸发生在离开家5公里内和开车的时速不超过25英里时，这不能不引起我们的警惕。我国现在涌现大量的私家车，以车代步已经逐渐习以为常了，但是对婴幼儿乘车的保护、安全意识却不能忽视。美国50个州均要求乘车孩子用安全带，美国儿科学会也强调并制定了新生儿、婴儿安全座位的使用标准。

抱孩子把他们放在你的膝盖上是最危险的位置，因为一旦发生意外常常会抱不住孩子，假若抱孩子的成人被撞向挡风玻璃、仪表盘时你的身体就挤压了怀中的孩子。

安装使用合格的汽车车座很重要，后排座位是孩子乘车最安全的位置，安装婴儿汽车座应面向汽车后部。提醒家长注意宝宝的体重超过 9.5 千克，年龄在 1 岁以上的孩子，才可以坐在合理的面向前放置的汽车座上，或坐在面朝后的可调节的汽车座上。

（二）烫伤

生活中有很多因素可以导致发生烫伤，列举一些如下：电器开关及热水、热汤、火柴、打火机都要放在孩子够不到的地方。接线板、电线盘要放在孩子看不见、不能拉动的地方。温奶不要用微波炉加热，从微波炉内拿出很烫的奶瓶有可能爆炸。瓶内的奶水受热不均匀时，孩子喝下会烫伤口腔。热水器内的水温应该调到合适的温度，热水瓶放到孩子拿不到的地方，热水瓶不要放在铺有台布的桌面上，以防孩子拉动台布弄倒了热水瓶。用热水袋给新生儿、婴幼儿保暖时要包上毛巾，放在被子外，不要直接贴在皮肤上，小心不让孩子靠近或接触电热器、暖气、火炉，壁炉前应有遮挡。不要玩火、火柴、蜡烛和爆竹，远离油炸、煮汤的火炉。

烫伤的急救：仅有皮肤红、热、痛为轻度，可自行简单处理。有水疱则较重，严重时皮肤变黑发硬，甚至波及深部的肌肉骨骼。重症的烫伤或手掌以上的大面积烫伤必须立即送往医院。轻度烫伤用水龙头连续冲淋或冷敷后留下一点红印，隔着衣服烫伤应剪开衣服。面部、额头部烫伤可用凉水毛巾湿敷。

（三）溺水

溺水一直是宝宝常见的意外事故，不论是不慎失足落水或是游泳池中淹溺都不少见。很浅的水如洗澡、洗衣机也可能发生婴儿溺水，所以一定要让宝宝远离可能造成溺水的危险地方，这是完全可以防范的意外事故。

溺水后以致淹死的过程极短，呼吸、心跳数分钟即可停止，如发生喉头痉挛死亡就更快了。所以，一旦发现溺水的宝宝必须争分夺秒就地积极抢救。在紧急抢救现场救助时应尽快使溺水宝宝呼吸道的水流出来，如口中有泥沙污物应先清除，把宝宝抱起俯卧在抢救者肩上，腰背向上，头向下垂下，扛着宝宝一边颤抖着一边快步行走；或把宝宝俯卧在抢救者单腿跪地屈起的腿上，以倒出呼

吸道积水。然后迅速行人工呼吸及心脏按压，即使呼吸、心跳停止也不要放弃抢救！让宝宝仰卧，肩下垫上毛巾，头微向后倾，抢救者的口将宝宝的鼻子及口盖上，轻轻送气，1分钟30次，反复做，送气时要使宝宝胸部抬起。抢救者用两个手指压住婴儿的前胸左右乳头连线之中点，压下1～2厘米，1分钟100次左右，一般做按压心脏4次，人工呼吸1次，以2人配合操作较好。一边抢救复苏以后。一边联系送往医院，因为溺水抢救后仍可出现很多严重并发症，如肺炎，心、肾功能衰竭，脑水肿，水、电平衡紊乱等，不可大意。

（四）触电

触电又称电击伤，当人体某两个部位同时接触两个不同电位的电极，电流就会经过人体造成损伤。宝宝不小心玩弄电插座、开关电线等就有可能触电，要随时注意预防之。

家用电器插座应放入安全盒内盖上，电器开关应装在较高的墙面上以免孩子触摸。雷雨时不要抱孩子在大树下、电线杆旁和高墙的屋檐下避雨，以防遭雷击。一旦发现小儿触电要懂得使其快速脱离电源最为重要，千万不要用双手去拉触电的孩子。要冷静，注意立即关闭电源，用干燥的棍棒把触电孩子身上的电源线挑开。如无心跳、呼吸应现场急救（见溺水急救）并速送医院。

（五）吸入异物

异物吸入气管后很少能自然退出，轻者也可能发生肺不张，以及不容易治愈的肺炎，重者立即因呼吸道阻塞窒息而死亡。

吸入异物当即会剧烈地咳嗽一阵，如果咳不出来，异物在气管内随呼吸上下移动，如果停留在气管内，因为孩子的右侧支气管较平而异物多在右侧，孩子很快（数小时后）发热、咳嗽，很像肺炎，向医生讲清有吸入异物的病史是很重要的。在家中，家长发现小儿可能是吸入异物应把宝宝俯卧在自己膝部，头部放低、拍背以期咳出异物，同时送往急诊处置（图78）。

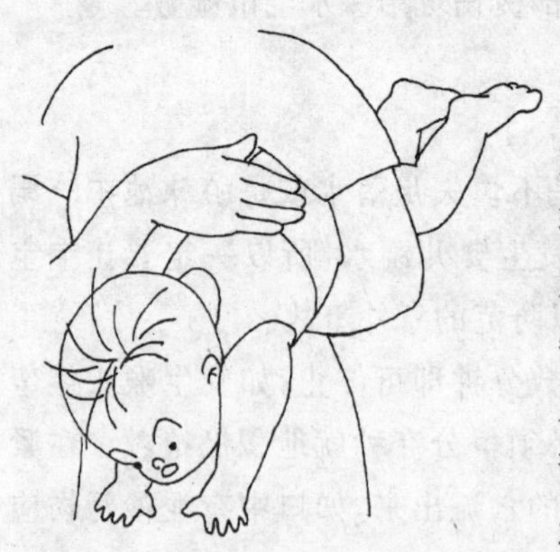

图78　气管吸入异物的抢救姿势

宝宝吸入的异物种类很多，如瓜子、花

生、黄豆、米饭粒、纽扣、玻璃珠等，家长要告诉宝宝不要随便吞咽这些小物品，也要教育孩子吃东西时不要大声喊叫。家长更不要逗孩子大笑，异物吸入常在边吃边笑或含着食物突然大笑时发生。

（六）吞入异物

宝宝可能无意中吞入异物，因为宝宝可能不会分辨什么是食物，哪些东西不应吞入，比如纽扣、钱币、钥匙、别针多种小物品都可能被误吞入消化道。常常是家长发现宝宝玩的什么东西不见了，怀疑是否被宝宝吞入了，因为吞入异物往往无特殊的症状。如果异物光滑、为圆形常可由大便排出，如果是尖锐的东西就应注意尽可能给蔬菜吃，使之可包住异物以免排出时伤及胃肠表面，少数异物被卡在消化道比较狭窄的部位（幽门、回盲部），时间久了局部出血、溃疡甚至穿孔就有危险了。

有消化道异物不能用导泻药，恐怕导致肠蠕动亢进异物被卡在肠中，引起肠穿孔。一旦怀疑吞入异物还是请医生指导诊治为好。

（七）头部受伤

宝宝头部受伤常是摔倒或由高处坠下碰撞头部引起。如果宝宝头部受伤后哭叫不止，1 小时左右后脸色不好、呕吐、思睡、叫醒又睡，耳鼻可有血性或液体流出，都表示有严重头颅损伤，如骨折、脑损伤，是必须去急诊治疗的。即使受伤后数分钟内昏迷又很快清醒，也不能忽视。

在护送途中，要用双手悬空地抱着患儿，不应把头部紧靠在大人的胸部或放在膝盖上，以防因救护车颠簸使患儿头部受震动。

婴儿头部外伤后如果哭叫时间不长，面色也正常，又不吐并能照常吃奶，精神也好，则表示脑部受伤的可能性较小，但要密切观察其精神状态、生活情况 2～3天，甚至 1 周，不要掉以轻心。

（八）玩具伤害

家长在购买玩具时常常会注意包装上的说明，购买适合宝宝年龄玩的玩具，但是，这种说明并不能完全保证安全，比如铃铛可能是宝宝最早玩的玩具，但是铃铛的直径如果太小（小于 2～3 厘米），就有可能塞在口中堵住喉头而发生窒息。仔细检查玩具上的小部件是否牢固，如洋娃娃的眼珠、假头发，以免脱

落吞下或吸入。玩具的材料应坚硬以免弄碎，机械玩具常有齿轮、弹簧，要避免把宝宝的头发、衣服，甚至手指绞住。噪音很响的玩具可能影响宝宝听力，能射弹的尤其应注意吹气球，玩具手枪也不适合给 3 岁以下儿童玩耍，因为吹大气球时可能吸入窒息。玩具箱最好不要盖，如有盖应有通风的口或缝隙以防碰伤或意外困在箱中。

当今很多玩具商已经意识到生产玩具的安全性，但是家长在购买玩具时也要注意到安全问题。

(九)强光、闪光灯伤害

当你发现宝宝能看东西了，他就会追着光线看，但是过强的光线会伤害宝宝的眼睛。例如：电视屏幕上的强光刺激或剧烈跳动可引起宝宝眼睛痛，流泪，甚至呕吐；电焊、气焊时发出明亮的火花可引起宝宝的好奇去看，家长务必要让宝宝避开，否则会引起电光性眼炎。另外，宝宝刚出生要给他拍照留念，或是在室内光线不强的地方给宝宝拍照，但千万别用闪光灯。宝宝的眼睛发育不成熟，照相机闪光灯的强光照着宝宝的眼球会刺激宝宝的视网膜，这是不可忽视的事。

婴儿期是宝宝视觉发育的最敏感时期，带宝宝外出如有日光曝晒，可以临时用薄纱布盖上眼睛，把宝宝放在有遮阳的婴儿车里；宝宝晚间睡觉时最好不开灯，如果怕黑也要把灯罩上，或打开小地灯。要注意，不要为了怕光刺激宝宝眼睛而用布长时间把眼蒙上，有资料提示如果把眼睛用布遮挡几天，可能形成永久性视力异常即弱视。还要提醒家长不要给孩子玩带尖角的玩具，以免刺伤眼睛，严重的眼外伤会失去光感，甚至摘除眼球。总之，要细心护理宝宝，别伤了宝宝的眼睛。

(十)步行器损伤

婴儿步行器损伤已引起人们的注意，一些儿科学者不建议使用它。如果你用了步行器一定要注意安全措施，检查步行器要稳，各部件要牢靠、弹簧不外露以防翻倒及夹伤。有地毯、门槛、近楼梯口，以及不平滑的地面上不能使用，成人要在旁照顾。

(十一)假奶头使用后的伤害

我们也不提倡给婴儿用假奶头，使用不当甚至会造成窒息。因此，如使用

假奶头要注意以下几点：

最好是奶头与拉环不分开以免乳头脱落用力吸吮而发生窒息，为使婴儿不能把假奶头整个吸入口中，注意乳头与拉环之间的挡板要有一定长度(3.7厘米左右)；不要把假奶头捆在婴儿的颈部或手腕以防不慎缠在颈部发生窒息；要注意假奶头的清洁，有变质、磨损要更换；不要经常吸假奶头，以免长期反复吸吮造成面颊部肌肉发育受到影响。

(十二)宠物伤害

家中养宠物已经是人们习以为常的事了，但是不能不注意到家中的宠物也可能会咬伤孩子，所以不管你的宠物多可爱、多么熟悉，当宠物在孩子附近时务必提高警惕，我们认为在孩子5～6岁以后懂得爱护并能分辨宠物与玩具才可考虑养宠物，也绝不能让孩子和宠物单独相处。许多咬伤是在宠物过度兴奋时，因此室内玩耍时要给狗系上绳子，宠物睡觉、吃东西时激惹、打扰它也可能导致它们的攻击行为，看来温顺的宠物也不例外。自幼就教育孩子若是狗用鼻子嗅人时站着别动，面对着狗慢慢向后退，但要注意狗不友好的表情为尾巴竖起僵硬得像个杆子，狂叫、下蹲、凝视等。宠物可以成为人类的伴侣，要注意所有的宠物都应注射狂犬疫苗，并遵守当地规定，科学地养宠物，必须注意加强对孩子的安全防护。

(十三)狂犬病

狂犬病是由狂犬病毒感染引起的中枢神经系统的传染病，不论成人或小儿，得了狂犬病几乎百分之百的死亡，所以其后果非常严重。本病虽然无特效治疗，但是可以预防其发生的。所以，应该对本病有正确认识。人和家畜(狗、猫)，以及野兽(狐狸、豺、狼等)都能被感染狂犬病，但他们是否患此病，人们从表面上难以发现。人主要是由于被狂犬咬伤，病毒随唾液进入伤口而传染得病。病儿有被狂犬咬伤或抓伤的历史，潜伏期短则10天，长达1年，甚至19年，一般为1～3个月后发病。狂犬病的症状有恐水(闻水声或声响或见水即出现咽喉或全身痉挛)、怕光、抽风等，所以又叫恐水病。

有些人喜欢养狗，但要注意有时病犬表面上可能看不出什么病态，其体内却带有狂犬病病毒。所以，养犬者一定要给犬注射狂犬病疫苗。成人与小孩都要小心，不要被狗咬伤，也不要与狗共用餐具、接吻或同眠，不能用衣物蒙上狗

头。被狗唾液污染的衣物、食具等更要立即清洗消毒，因为狗的唾液里可能有病毒，人的身上如有伤口，不能被狗舔。万一被狗咬伤了，要立即用肥皂水反复清洗后擦干，并涂碘酊，不能缝合包扎。不论是否被病犬咬伤都应尽快（咬伤后2小时内）到防疫部门注射狂犬疫苗，以预防狂犬病的发生。

犬咬伤后伤口的处理：立即挤压伤口或用火罐拔毒，绝不能用口吸去伤口的流血。用20%的肥皂水或1%苯扎溴铵（新洁尔灭）彻底清洗伤口。二者不能合用，清洗伤口可达半小时，再用清水洗净，继用2%～3%碘酊和75%酒精局部消毒。局部伤口不包扎也不缝合，不涂软膏。如伤及头面部或伤口大且深，伤及大血管需要缝合包扎时，应该不妨碍引流，充分冲洗消毒并做抗血清处理。越快使用安全有效的疫苗和抗血清治疗越好，以确保阻断感染。人用狂犬病疫苗没有任何禁忌（包括孕妇、婴儿）。按当地免疫预防门诊的要求接种。可同时使用破伤风抗毒素和其他抗感染处理以控制狂犬病以外的其他感染。但注射部位应与狂犬病毒血清和狂犬病疫苗的注射部位错开。

十、寄生虫病

（一）蛲虫病

你的宝宝说过肛门痒吗？请注意这是蛲虫病的症状。蛲虫是长约1厘米的白线头样的小虫，它寄生在人体的小肠下段及大肠内，对身体虽无直接危害，但是由于雌虫常在夜间爬出肛门外产卵，所以患蛲虫病的孩子就感到肛门痒，严重者睡眠不安、消瘦、不愿吃饭，女孩子可有外阴及阴道炎症和排尿不适的感觉。蛲虫的生活周期大约20天，由于其虫卵很容易飞扬在空气中，又经手、口食入而反复感染，所以在托幼机构中或家里只要有一个孩子得了蛲虫病，就很容易传播，且不易杜绝。成人也可以同时感染此病。

治疗本病的关键在于做好卫生宣传教育，搞好手的清洁卫生。尽管有一些驱蛲虫的药物，但单靠药物是不易根除的，因为有反复感染的问题，最好的办法是指导家长做好卫生护理工作。在给孩子治疗期间要注意以下事项：①睡觉时穿闭裆裤，裤腰及裤脚都加松紧口，两只小手也用布包好或戴上手套。②每天早晨起床把裤子、手套连同小床单一齐卷包起来（不要抖动或扫床），一并用开水烫透，这样蛲虫产出的卵就没有传播的可能。经过大约20多天的蛲虫生活

周期，蛲虫就自行消灭了。

（二）蛔虫病

蛔虫病是小儿最常见的肠道寄生虫病。蛔虫的长度为15～25厘米。1条雌虫每天产卵20万个，多么惊人的数目字！蛔虫卵随病人的大便排出，可以散落在泥土、水、食物中，如果被小儿食入，就在小肠中发育成幼虫。幼虫穿过肠壁入肝脏，然后到心及肺部，在穿破肺泡沿气管至喉部，再次咽下，回到小肠，发育成为蛔虫成虫。此过程需要10天左右。蛔虫在人体内绕了这么一个圈子，可以引起许多病症。蛔虫寄生在小儿的肠道里，吸取营养物质，孩子常常消瘦，不爱吃饭或能吃而不见胖、异食癖（吃泥土、指甲）或腹痛。蛔虫幼虫经过肺部可引起发热、咳嗽、荨麻疹、血中嗜酸性白细胞增高，称为“过敏性肺炎”。突然腹痛、呕吐而患“盲肠炎”（阑尾炎），是由于蛔虫钻入阑尾引起的。蛔虫钻入胆管可以引起胆道蛔虫症而发生剧烈的阵发性腹痛，但婴幼儿较少见。一大团蛔虫堵住肠道可引起肠梗阻，小儿表现为腹痛、腹胀、呕吐、不能排便，如不及时治疗，可致死亡。

作者曾见到1例3岁女孩，消瘦、贫血、营养不良、有腹水、右上腹隐约摸到1个长2～3厘米的小香肠样的包块，死后经病理证实肝内胆管到处堵塞了大小不等的蛔虫。这一例给作者留下终身难忘的深刻印象。据了解这个女孩子是第三胎，她经常在地上爬着玩，父母对她很不关心，没有尽心照料，以致酿成此严重后果。可见防治蛔虫病的重要性。

预防蛔虫感染并不难，主要是讲究卫生，如食前便后洗手，不要随地大小便，保持环境及饮食卫生等。治疗上有效果较好的驱蛔虫药，可在医生指导下服用。请记住：没有肝、肾疾病，急性发热，腹泻，腹痛，以及在近期未用过驱虫药者，方可进行驱蛔治疗。

十一、其他疾病

（一）婴儿化脓性脑膜炎

化脓性脑膜炎（简称化脑）是较常见的中枢神经系统感染性疾病，是由化脓性细菌引起的脑膜炎症。婴儿常见的细菌有肺炎链球菌，嗜血流感杆菌等感

染,预防接种肺炎链球菌(Prevenar)、嗜血流感杆菌(HIB)疫苗,分别对以上 2 种细菌感染有预防的功效。如能早期诊断,得到及时而彻底的治疗,可以大大提高治愈率。以下的表现应考虑脑膜炎的可能性:发热,呕吐(表现为并没有恶心就一口口地喷吐出来,即所谓的喷射性呕吐),精神不好,烦躁或嗜睡,眼神发直、前囟门紧张或凸起来,颈部有些发硬等。这时应立即到医院检查、诊断和治疗。

(二)婴儿泌尿系统感染

婴儿的泌尿系感染常常以全身症状为主,如发热、面色不好、不愿进食、呕吐、腹泻等。不一定都有尿时痛、排尿时哭闹、尿频、尿急等典型的症状,有时也可有排尿时哭闹或尿布疹(臀红)顽固不愈等表现。查尿可发现异常。如果经医生诊断为泌尿系感染,必须及时彻底治疗。

还要引起注意的是,患儿有没有与泌尿感染伴发的先天畸形及尿路梗阻。另外,尿反流(尿液从膀胱向输尿管反流)在婴儿期多见,这是近年来为专家们所重视的问题。尿反流严重时可以导致肾损害、感染及肾脏的瘢痕形成,长此下去将来会向慢性肾功能不全的方向发展,后果是很可虑的。所以不要忽视婴儿的泌尿系统感染,尤其是反复的泌尿系统感染更应该详细检查及彻底治疗。多喝水、勤换尿布是护理上应特别注意的事。平日要做好宝宝的外阴清洁护理,尤其是女孩,大便后清洗,勤换尿布,尽量少穿开裆裤,宝宝的毛巾应与大人分开。

(三)苯丙酮尿症

苯丙酮尿症(PKU)是一种常染色体隐性遗传疾病,父母自身表现可以是正常的,但可把隐性致病基因传给后代。患儿生后大多无明显症状,往往在出生后3～4个月时开始出现智力发育不全,头发变黄,有的反复抽风、易激动、好动、尿及汗有鼠臭或霉臭味,如不治疗可造成智能残疾。

苯丙酮尿症是我国新生儿筛查的重点疾病,全世界数千名患儿得到早期诊治可以不出现智力损害而健康成长,1967 年出生的海涅是德国埃森大学医学博士,其本人就是通过新生儿筛查确诊为苯丙酮尿症,在生后几周就开始治疗,成年后结婚生子,有非常幸福的家庭。我国在苯丙酮尿症的治疗方面也取得很好的成绩,一些患儿和正常儿童一样生活学习,他们中间有优秀生、特长生、班长等。

由于本病患儿的血中苯丙酸增高，影响了大脑的正常发育。正常饮食中普遍都含有这种物质(含苯丙氨酸)，所以患儿要应用保证供给生长发育所需的足够的蛋白质，又限制苯丙氨酸的摄入，需要吃特殊食品(含量低或无苯丙氨酸的奶粉)，在婴儿期提倡喂母乳和晚断奶。患儿应该由医生、营养师安排饮食，定期测定血苯丙氨酸，按其变化调整食谱。当今我国已开发了多种口味的饮食供给不同年龄的苯丙酮尿症患儿食用，也总结了早期干预的模式，取得满意的效果(详见《苯丙酮尿症的特殊饮食治疗》，北京大学医学出版社，2006)。关于治疗时限，即用低苯丙氨酸饮食治疗的时间至少要到 10 岁，这一观点已是国内外专家的共识。

苯丙酮尿症是一种完全可以治疗，而且效果满意的疾病；但是治疗时间长、家庭经济负担重，家长一定要坚持，也需要全社会的关怀，苯丙酮尿症患儿的未来是美好的。

(四)皮肤异常与智力低下

神经皮肤综合征已知有几十种。常见的只有几种，如结节性硬化症，神经纤维瘤、脑三叉神经血管瘤等。上述疾病可以有皮肤异常改变、智力低下、惊厥等表现。

皮肤的异常变化常在婴幼儿时期出现，如结节性硬化症在婴儿时期可见到灰白色的色素脱失斑、鲨鱼皮样斑。皮脂腺瘤从针头大到豌豆大、无痛结节，2 岁以内发病为多，有惊厥与智力低下表现。又如神经纤维瘤在患儿出生时其皮肤上就可见到浅棕色大小不等的牛奶咖啡斑，若有 5 个直径 0.5 厘米以上的这种斑就应注意本病。有些患儿尚可伴有惊厥、智力低下、语言与运动迟缓。脑三叉神经血管瘤病于患儿出生后就可有面部上方一侧的血管痣。患儿常出现血管痣，对侧肢体的抽搐，智力低下可轻可重，还可在出生后不久即患青光眼。所以皮肤有上述异常表现，要注意有智力低下的可能。

(五)嗜睡或睡中不易被唤醒

宝宝在应该醒着和玩耍时总是想睡觉；你和孩子谈话或逗着玩时，他并不向你的脸看着，反而凝视着别的东西，精神恍惚，这种情况叫做嗜睡。正常的婴儿在听大声说话、拍手或给他解开衣服时，常常会从睡中醒来。不易被唤醒的患儿在妈妈讲话、医生拍手时也不睁眼，仍然继续睡。如果孩子没有用过镇静

药而出现嗜睡或不易被唤醒，都表示他有病，而且病情可能比较严重，应请医生检查处理。

（六）婴幼儿脑肿瘤

尽管脑部肿瘤可见于宝宝的任何年龄，但由于婴幼儿不易确诊，而且适于做手术的脑部肿瘤较少，故应特别警惕脑肿瘤的发生。婴幼儿如有以下表现，要注意有脑肿瘤可能：

☞活动减少，烦躁或诉头痛，反应迟钝，性格改变。

☞视力障碍如复视或视力受损害，突然出现斜视。

☞常常出现呃逆或打哈欠。

☞与饮食无关的呕吐，尤其是喷射性呕吐不伴恶心。

☞头围增大，前囟门隆起，骨缝裂开，头皮静脉怒张（"青筋暴露"）。

☞步态与年龄不相称，或幼儿突然不愿行走。

这些症状的出现应该引起家长的高度重视，并及时去医院详细检查以明确诊断。

（七）脑性瘫痪

脑性瘫痪简称脑瘫，是一种综合征，是由于出生前发育中的胎儿到出生后 1 个月的婴儿因各种原因所致的脑部非进行性的损伤，主要表现为中枢性运动和姿势发育障碍，症状可以在婴儿期出现，可以伴有或不伴有智力低下，常伴随感觉、认知、交流、行为异常，抽搐，感知觉障碍。

脑瘫可致终身性残疾，需要长期进行康复治疗和护理，随着社会经济发展，人民生活水平提高，脑瘫患儿会更加受到关爱，他们的生活质量和生存质量会受到多方面的关注。为了使脑瘫患儿将来能更好地融入社会，参与正常的社会生活，应自幼就对患儿的康复治疗、医疗保健仔细安排，不断进行功能康复，并在今后对其教育、职业培训等由医疗机构逐渐延及社区、家庭，形成符合当地条件与实际情况的服务网络。

脑瘫的患儿一旦确诊，在婴幼儿时期就应尽早开始请专科医生治疗。由于本病的功能障碍，除运动障碍外还涉及很多方面，如语言、认知、心理行为、视听觉、进食、排便等，还有关节畸形、肌萎缩、肌腱挛缩等都需要全面综合评价，以便做好系统、持续地进行治疗。治疗的方法很多，也有广泛应用的各类矫形器

具，功能电刺激装置，以及外科矫形，有关神经方面的新技术、新疗法也取得了很好的效果，脑瘫患儿的家长和亲友应有信心和耐心，应该说当今本病治疗是有广阔前景的。

（八）唇裂、腭裂

唇裂俗称“豁嘴”，重者连口腔内的上膛及咽部的“小舌头”（悬雍垂）也都裂开，叫做腭裂，俗称“狼咽”，我国每600～1 000个新生儿中就有1个唇、腭裂的孩子。这是一种先天性畸形，是胎儿在母体内早期发育时形成的。病因尚不甚清楚，可能与遗传、感染、内分泌功能紊乱、药物等有一定关系。

这种小孩的身体可以发育得很好。如果在1岁左右做唇裂的缝合手术，上学以前再做腭裂修复术，一般对外形发育没有多大影响。但是婴儿及幼儿时期尚未手术之前，要小心护理，如吸奶或喂食时小心不要呛着，以免发生吸入性肺炎，这在新生儿期尤为重要。此外，腭裂的孩子发音不清楚，在手术修复后经过训练，语言会清晰的。所以，有唇、腭裂小孩的家长应该有信心给孩子治疗。

（九）肠套叠

一位有名的小儿外科专家曾经这样告诉他的实习医生：“如果邻居家中有一个5～6个月的胖娃娃，你听到他突然大哭一阵，停几分钟又突然哭起来，反复不停，你就应该过去看一看这孩子会不会得了肠套叠。”这就是一个典型的肠套叠病例发病的特点。

肠套叠就是肠子的一段套入相邻肠子的肠腔内。肠套叠的发生与肠蠕动不正常有关系。婴儿容易得肠炎；饮食改变如增加辅食后随时可以出现肠痉挛；又如高热时都可以致肠蠕动不正常，而导致本病的发生。

肠套叠多见于健康的乳儿。早期诊断才能及时处理。本病有以下主要表现：

☞患儿突然一阵阵地剧烈哭闹，哭时表情痛苦，面色发白，出汗。约间隔几分钟至几十分钟发作1次，不发作时可以吃奶。渐渐地精神不好、嗜睡、呻吟。

☞果酱样大便（血便）。开始时血便中还混有点黄色便，2～3次后完全呈果酱大便。有时在肛门指诊时可发现这种大便。

☞蜡肠样肿物。触诊时大部分患儿在肚脐的右方或脐周围摸到一个蜡肠样小肿物。

☞若是发病两天未能及时诊断，就可能出现危及生命的肠坏死、腹膜炎、

休克等。

(十)脐疝

脐疝是婴儿的常见病。由于婴儿脐部软组织薄弱,肠管通过疝环(孔)突出于脐部,便形成脐疝。检查时在脐部可见一个圆形的突起,摸起来很软,里边像有气体。在患儿活动或哭叫时脐疝可以变大,安静或睡时用手挤压又可暂时消失。大多数脐疝可逐渐变得狭窄并闭合了。脐疝较大,如在3厘米以上,则可能需要手术。一般认为2岁以上的脐疝应该请外科医生处理。

(十一)隐睾

生了男孩的父母常常会注意到睾丸的情况,如果阴囊里摸不到睾丸而有时在大腿根部可以摸到未降到阴囊里的睾丸。一侧或两侧睾丸没降到阴囊里称为隐睾;这在早产儿很多见,胎龄28～36周时胎儿的睾丸由腹腔内的腹膜后降至阴囊内,也有一部分新生儿出生后短期内降至阴囊。1岁以内绝大多数都能自行降下,也不会影响日后的生育功能,所以家长不必担心。如果2岁上下仍为隐睾,应当请泌尿外科医师进行治疗或行睾丸松解固定术。若有双侧隐睾最迟应在5岁后,不要超过10岁行手术治疗。

(十二)肾脏病

目前,慢性肾脏病已成为全球性的健康问题,为了早诊断,延缓慢性肾脏病与终末肾病的进展,各国医界都十分关注这方面的问题。儿童时期常见的肾炎、肾病在婴幼儿虽不多见,但是先天性梗阻性肾病、肾发育不良是小儿引起慢性肾脏病最常见的病因。所以,从婴幼儿起就要注意保护肾脏,及早发现肾受损伤的表现。因为任何肾脏疾病如不治疗最终都会发展为终末肾病、肾功能衰竭,这时只有依靠透析、肾移植。虽然肾替代疗法在技术与设备上都有了很好的进展,然而长期疾病的折磨,使患儿和家长蒙受精神心理病痛的压力,以及社会经济负担仍是很突出的问题。

婴幼儿期的泌尿系感染,小儿泌尿系较常见的先天疾病后尿道瓣膜,这些疾病如未及时合理治疗会形成肾瘢痕,严重的输尿管膀胱反流,均可导致不可恢复的肾损伤。

有些药物可以损伤肾脏,滥用抗生素,过量使用维生素D,对发育中的婴幼

儿肾脏都是不利的。

先天性肾病综合征可在6个月内发病，有水肿、蛋白尿，且预后欠佳。韦母瘤可以有腹部包块与无痛血尿，都可在婴幼儿时起病。

1974年，日本、韩国、我国台湾等地开展了小学生尿筛查，一些发达国家和地区也开展了这项工作。我国80年代以来也开始重视这项工作，但未普遍开展。尿筛查首先用试纸查尿蛋白、血尿，方法简便，经济实用，可做大面积普查，有疑问时再复查及详查，这是早期发现小儿肾脏损伤及肾脏病的好方法。

第十章

中医中药对婴幼儿的调护

一、强壮婴幼儿机体的中药

中医学认为，宝宝身体强壮，与脾、肝、肾三脏有关。脾主四肢肌肉，肝主筋，肾为先天之本，主骨及生长发育。若先天禀赋不足，后天调护失养，可致脾肾亏虚，气血不足，骨髓不充，则肉痿骨软；肝肾亏损，筋骨不健，则生五迟五弱。在临床应用中发现了一些中药可强壮幼儿身体。

1. 紫河车

归肺、肝、肾经，具有大补气血，补肾益精的作用，可治多种虚弱性疾病。随着近代药理学的研究，已从紫河车中提炼出一些有效成分，如胎盘脂多糖等，可调节机体免疫力。有人报道，在上呼吸道感染易发季节及发病后均有较好的治疗作用，可使病程明显缩短，症状减轻，且不易复发，健康者服用也精神饱满。

2. 女贞子

归肝、肾经，《神农本草经》谓其“补中，安五脏，养精神，除百疾，久服肥健”。药理学研究表明，女贞子多糖能增强免疫功能，还能促进红细胞生成，有升高白细胞作用。临床用女贞子、黄精、薏苡仁等量制成冲剂，每日 18 克，服用 8 周，治疗反复呼吸道感染及皮肤感染、营养发育差、贫血、食欲减退的患儿 25 例，服药后平均体重增加 4.4 千克，身高增加 3 厘米，免疫功能改善。

3. 鹿茸

归肾、肝经，壮肾阳，益精血，强筋骨，能减轻疲劳，促进食欲，并能促进发育和造血功能，有增强免疫作用。常用它配伍熟地黄，用于精血不足，阳气亏虚，筋骨无力，小儿发育不良，骨软行迟，齿迟，囟门不合等。常与山药、山茱萸等同用，阴阳并补，脾肾同益。

4. 巴戟天

补肾壮阳，强筋壮骨。药理研究表明，巴戟天水煎剂有强壮作用，能促进体重增长，增强抗疲劳能力。巴戟天配伍牛膝，可强筋壮骨，活血通络，用于治腰痛步行不利，若再加羌活、桂枝祛风除湿，温经散寒，疗效更佳。

5. 枸杞子

它的传统功效是滋补肝肾，养血益精，长肌肉，坚筋骨。现代药理学证实，枸杞的有效成分是枸杞多糖，作用于中枢免疫器官及从整体上调节神经、内分泌、免疫网络平衡，达到强壮身体的作用。

6. 沙苑子

沙苑子含 14 种氨基酸，其中有 7 种人体必需氨基酸，谷氨酸含量最高，还含有 9 种微量元素，有强壮作用。实验证明，可明显提高小鼠游泳持续时间，增强小鼠耐寒能力，提高免疫功能。沙苑子配伍狗脊，用于肝肾不足，腰膝酸软。

7. 蜂蜜

含多种维生素、酶类、生长激素等，有滋补强壮作用，可促进组织再生，调节神经系统功能，改善睡眠，提高脑力和体力。

二、增强婴幼儿免疫力的中药

中医学认为，肺主皮毛，开窍于鼻，司呼吸，肺的生理功能正常，则皮肤致密，毫毛光泽，抵御外邪侵袭的能力较强；脾胃为后天之本，气血生化之源，“四季脾旺不受邪”，因此中医的“肺”“脾”在防病及抵御外邪方面，承担着重要角色。随着现代药理学研究的发展，发现一些补肺健脾的中药具有免疫调节作用，可以增强宝宝机体免疫力。下面将常用的药物及组方介绍如下：

1. 人参

归肺、脾、心、肾经。补肺益脾，生津安神。经药理学研究，人参中的人参皂苷能明显提高对感染的抵抗力，对机体有明显的保护作用。

2. 党参

是最常用的益气健脾药物之一。从现代药理学角度来看，党参的益气作用主要体现在免疫增强和免疫调节作用方面。实验表明，党参多糖能使小鼠胸腺细胞 E-玫瑰花结形成增加，参芪注射液使体液免疫反应明显增强，血清抗体效价提高；党参煎剂可提高机体适应性，呈现显著的抗低温作用，可降低耗氧量和

增加供氧。常配伍黄芪、白术、熟地黄、山楂、枸杞子、麦芽、何首乌等治疗病后身体虚弱或营养不良。

3. 黄芪

归肺、脾经。《本草求真》谓“入肺补气,入表实卫,为补气之药之最,是以有耆之称”。黄芪有增强体液免疫和细胞免疫的功能,调节免疫功能,对干扰素系统也有促进作用;黄芪多糖不仅能增强小鼠腹腔巨噬细胞的吞噬功能,而且能增加其数量,还具有抗氧化、抗应激作用;黄芪注射液能增强机体抗病毒能力,对病毒引起的细胞病变有治疗或抑制作用;黄芪皂苷有一定的抗炎作用。临床用于治疗小儿支气管哮喘恢复期。目前临床常用的含有黄芪的中成药有:玉屏风散,用于肺脾气虚所致自汗、恶风、易感冒,亦可用于预防感冒。黄芪颗粒冲剂,用于小儿反复呼吸道感染的治疗。

4. 绞股蓝

益气健脾,养心安神,具有促进体液免疫,增强细胞免疫作用。近年有报道,给体弱小儿长时间口服绞股蓝总苷可改善体质,明显减少呼吸道反复感染。

5. 炒白术

健脾益气,白术煎剂可使E-玫瑰花结形成率、淋巴细胞转化率及血清免疫球蛋白G含量明显上升,提示其具有免疫增强,免疫调节作用。白术配鸡内金,补消兼施,健脾消积化滞,应用于小儿机体免疫力减弱及病后调养。治虚弱枯瘦,食而不化,药用白术500克,菟丝子500克,共研细末,制蜜丸,每服6～9克。

6. 猪苓

猪苓含猪苓多糖,能增强人体多形核白细胞的吞噬杀菌能力,使巨噬细胞内多糖含量增加,使免疫调节作用更强。有人用猪苓多糖注射液给60例免疫功能低下的体弱小儿治疗20天,不但能改善一般情况,还提高了机体的免疫力,使血清免疫球蛋白A、免疫球蛋白G含量、免疫球蛋白M及补体C_3值增加,治疗半年至1年的远期效果也较好。

7. 薏苡仁

《本草纲目》谓“健脾益胃,补肺清热”。配伍大青叶、板蓝根、黄芪、甘草,有提高多种免疫功能的作用,临床用于治疗呼吸道感染。

三、益智健体的按摩方法

睡前或下午,宝宝取坐位:①先调五脏。医者一手拇指与中指对称拿捏宝

宝手掌心和手背，另一手拇指与食指相对，分别夹住患儿指腹与指背，捻揉并牵扯，从拇指顺序至小指，3～5 遍。②揉五指节。掌背五指中节横纹处 5 分钟。③平肝。揉食指螺纹处，由指间关节推向指尖，5 分钟。④清天河水。用食、中二指指腹，从手腕横纹起推到肘横纹，5 分钟。⑤再捣小天心。大小鱼际交接之陷中，50 次。⑥揉二马。手掌背面，第四五掌骨小头后陷中，3 分钟。⑦行猿猴摘果。以两手食指、中指侧面分别夹住患儿两耳尖向上提，再从上至下用拇指、食指捏揉两耳郭，最后捏住耳垂向下牵拉，如摘果之状，10 次。⑧然后将小儿抱起，俯在大人肩部，用食、中、无名指并拢，轻而有节奏叩拍督脉，自大椎而下直至尾骨，拍 2～3 分钟。

四、益智健脑的按摩方法

对小儿囟门抚摩可促进宝宝脑部的发育，补肾益精，健脑益智，提高宝宝的智力发育。具体操作方法如下：

☞宝宝取坐姿或仰卧位。医者先以左手托宝宝手，使左手心向上，调五脏 3～5 遍；再将宝宝手指屈曲于掌心，医者以拇指或中指揉二马 10 分钟。

☞用单手食、中、无名指并拢在囟门上轻轻抚摩，可顺时针或逆时针交替进行 3～5 分钟。

☞医者两手拇指放于囟门前，余四指分扶头两侧，交替从囟门前推至囟门后 50～60 次。

☞用拇指或食、中、无名三指轻揉囟门 1～3 分钟。

☞以上步骤操作完毕后，接着点揉风府穴（后发际正中直上 1 寸）1 分钟；继用拇、食指指腹捻小儿十指各 3～5 遍，并拔抻；然后揉百会穴（头顶正中线与两耳连线之交点）3 分钟。

☞宝宝俯卧位，医者先捏脊 3～5 遍，重提肾俞穴（第二腰椎棘突下，旁开 1.5 寸）、脾俞穴（第十一胸椎棘突下，旁开 1.5 寸）、心俞穴（第五胸椎棘突下，旁开 1.5 寸）各 3～5 次；最后将中指置督脉大椎穴上，食指、无名指分别置膀胱经风门穴（第二胸椎棘突下，旁开 1.5 寸），由上而下反复推 10 遍。

五、提高机体抵抗力的按摩方法

中医学认为，幼儿属“纯阳之体”，生机蓬勃，代谢旺盛，小儿穴位按摩正是

顺应了这种趋势，增强脾胃功能，促进气血的生成，脾气健运，水谷精微得以化生，则肺气强，肾气足。按摩可选以下穴位：

①捏脊及按揉足三里、点压中脘穴，可增加胃蠕动，解除幽门痉挛状态(足三里穴在小腿外膝眼下 3 寸，胫骨外侧约一横指；中脘穴在脐上 4 寸，胸骨下端剑突至脐连线中点)。

②按摩足三里、中脘、关元穴能提高机体免疫能力；改善肺的通气功能，增加肺泡通气量，提高肺活量(关元穴在脐下 3 寸)。

③按摩风池、天柱、迎香等穴，可明显减轻感冒患儿鼻塞流涕症状(风池穴在后发际下大筋外侧凹陷处，天柱穴在颈后发际正中到大椎成一直线，迎香穴在鼻翼旁 0.5 寸)。

总之，婴幼儿穴位按摩是通过经络调整气血，养先天肾，补后天脾，并对肌肉、筋膜、骨骼直接作用，促进生长发育，提高机体防御抗病能力。

六、用捏脊疗法调治婴幼儿腹泻

小儿捏脊疗法属于儿科推拿范畴，因其疗效显著，又可避免小儿打针、服药之苦，受到家长的欢迎。中医学认为：小儿腹泻是脾胃功能失调或外感时邪所致。采用捏脊疗法治疗小儿腹泻，可达到调理肠胃、健脾止泻的目的。凡无明显脱水、酸中毒的腹泻患儿，都可采用此手法治疗，尤其对于那些腹泻反复发作，迁延不愈的患儿，更能体现事半功倍的效果。

捏脊的具体操作方法：部位于小儿后背的脊柱及两侧。操作时，医者以双手食指轻抵脊柱下方长强穴(骶骨处)，向上推至脊柱颈部的大椎穴(第七颈椎与第一胸椎棘突之间)。同时双手拇指交替在脊柱上做按、捏、捻等动作共捏 6 遍。第五遍时，在脾俞、胃俞、膈俞做捏提手法。六遍结束后，用两手拇指在小儿的肾俞穴轻抹 3 下即可。捏脊疗法在每日晨起或上午操作效果最佳。

七、用中医中药调理婴幼儿厌食

宝宝不吃饭了，不等于患了厌食症。中医所指的小儿厌食症，一般是指较长时间的食欲减退或消失，患病期间的食欲低下不属于厌食症。本病的发生以饮食不节，喂养不当为主要病因。

1. 分型调理

根据不同的伴随症状及舌苔变化，厌食的中医治疗分为4型。

(1)脾胃不和型：面色少华，不思饮食，若强行进食后则会出现恶心、呕吐、腹胀，精神尚可，大便偏干，舌苔、脉象如常。治疗原则为调脾和胃助运，选用曲麦枳术合四君子汤。茯苓12克，白术8克，陈皮8克，枳实6克，神曲10克，麦芽10克，鸡内金6克。水煎服，每日1剂，每日服3次。若为暑湿季节应加用芳香醒脾的藿香10克，佩兰10克；若有腹胀可加用木香6克，炒莱菔子10克，以加强理气消胀功能。

(2)脾胃阴虚型：面色萎黄，形体消瘦，时有口渴心烦，大便2～3天1次，腹痛隐隐，不思饮食，舌红苔花剥，脉象细数。治宜滋补胃阴，益胃汤加减。南沙参10克，麦门冬10克，玉竹10克，石斛10克，生地黄10克，山药15克，扁豆10克，生山楂10克，香稻芽10克，生谷麦芽各10克，鸡内金10克，川楝子10克，百合15克。每日1剂，水煎服，每日2次。

(3)脾胃气虚型：面色苍白无光泽，形体瘦弱或虚胖，除厌食外，若进食稍多或进难以消化食物，则不消化或便溏。平常容易出汗，易疲劳，易感冒，时有腹胀、腹泻，舌淡苔白，脉细弱。治宜健脾益气，给予参苓白术散加减。党参15克，茯苓10克，白术10克，陈皮10克，山药15克，炙甘草15克，砂仁5克，莲子肉20克，炒薏苡仁15克，炒扁豆15克，焦三仙各5克，桔梗10克。每日1剂，水煎服，每日2次。

(4)肝旺脾虚型：好动多啼，夜间磨牙，性躁易怒，大便溏稀，小便黄少，舌红无苔，脉细弦。治宜柔肝健脾，知柏地黄汤合异功散加减，知母6克，黄柏10克，生地黄10克，茯苓10克，扁豆10克，砂仁5克，山楂10克，神曲10克。每日1剂，水煎服，每日2次。

2. 小贴示

小儿厌食的治疗不单单在于药物，更主要的在于饮食调补。预防小儿厌食的发生在于家长及时纠正小儿不良的偏食习惯，禁止饭前吃零食和糖果。若在热病之后应注意调养，有胃阴受伤的症状时，要及时治疗。发现小儿厌食后应及时给予治疗和检查，决不能轻视，使病情发展加重。在这里特别应该指出，家长不能溺爱孩子，冷饮应尽量少吃为好。经药物治疗加之合理调养，本病是不难治愈的。

八、用中药调治婴幼儿便秘

便秘是指大便干燥，硬结，排便困难。宝宝出生后由母乳喂养时，大便多呈糊状，每日数次。添加辅食后或母乳不足而给予牛奶喂养的宝宝，就会出现大便干结，轻者2～3日1次，无其他征象；严重的便秘常伴有腹痛腹胀，不思饮食，恶心呕吐。中医学认为便秘有正虚和邪实两方面因素。小儿脾胃虚弱，加之饮食不节，饥饱不自知，或发热后燥热结于大肠，或情绪变化，药物固涩太过等，都可导致便秘。婴幼儿出现便秘，可根据病情辨证施治。

☞若有口臭烦躁，大便数日不通，宜清热润肠通便，用调胃承气汤。生大黄5克，芒硝6克，厚朴6克，莱菔子6克，山楂6克，神曲6克。冷水浸泡30分钟后，用文火水煎20～30分钟，取药液混合后，分2次服用，每日1剂。

☞若伴有面色无华，乏力，大便秘结，用力则汗出气短，舌淡苔薄，指纹淡，属气阴不足，用黄芪汤合润肠丸加减。黄芪10克，枳壳6克，当归9克，生地黄9克，火麻仁6克，郁李仁6克。冷水浸泡30分钟后，用文火水煎20～30分钟，取药液混合后，分2次服用，每日1剂。可加蜂蜜同服。

☞除以上辨证施治外，尚有治疗便秘偏方，如生甘草2克，用15～20毫升开水冲泡服用，每日1剂。本法专治婴幼儿便秘效果满意，一般用药7～15日即可防止复发。

九、婴幼儿舌苔的变化和饮食调护

儿科古称"哑科"，望诊尤为重要。舌为心之苗，又与体内各脏腑有着密切联系，体内病变可以从舌质、舌苔变化上反映出来。家庭保健学会看舌也很重要。

1. 婴幼儿正常舌苔

小儿的正常舌象应是舌体柔软，淡红润泽，有干湿适中的薄苔，舌体伸缩自如；新生儿及婴儿的正常舌象为：新生儿舌红无苔，婴儿以乳品为主食，舌苔常成乳白色，这些情况不要与生病时异常舌苔相混淆。另外，某些食物、药物可能造成染苔，需要注意鉴别。

2. 异常舌苔

一般来说，舌苔白为寒，舌苔黄为热。舌苔白腻为寒湿内盛，或为寒痰与食

积所致；舌苔黄腻为湿热内蕴，或为乳食内停。舌面局部有一处或多处剥蚀，剥蚀边缘有白色隆起，不易消失，此为花剥苔，又称“地图舌”，为胃之气阴两虚。舌苔厚腻，舌面垢浊，此为霉酱舌，为小儿宿食内停所致。苔白起刺或少苔，为阴虚火旺；舌质红绛无苔，为热入营血、津液耗伤；舌红有刺为邪热偏盛。

3. 不同舌苔及病症的调护

(1)舌苔薄白腻伴发热：说明宝宝脾胃不健，不能运化水湿，湿浊内盛。应多食清淡易消化食物，如粥、蛋羹、牛奶、酸奶，多饮菜汁、果汁、白开水；应少食鱼虾及各种肉类，以免“火上浇油”。待发热退，脾胃功能恢复后，再适当增加高蛋白食品，以舌苔不腻为准。如果宝宝拒食不要强行喂入，以免加重脾胃积滞，胃气上逆引发呕吐。“若要小儿安，须得三分饥和寒”，是历代中医儿科学育儿经验总结，宝宝食入过饱或有积滞，仍哄骗吃饭，只会加重病情，不利于康复。

(2)苔白腻伴咳嗽：此时不应食大鱼大肉，包括煲汤，避免痰浊壅盛，有痰不易咳出。

(3)病中见舌苔黄腻，为湿郁化火或痰热壅盛：小儿感冒后易从热化，如果仍片面追求高蛋白、高脂肪的食物，不但于身体无补，反而可能引起“上火”及惊厥抽搐。若咳吐黄痰，喉中痰鸣喘促，宜多食流质食物，如米汤、牛奶、果汁、菜汤，多喝白开水，食欲好的宝宝可予清淡软食。水果蔬菜的种类不宜多，每次量适中。便秘多食香蕉、鸭梨，夏季可多食西瓜。

(4)热病中见舌红少苔，或花剥苔：伴舌质红绛无苔，舌红有刺，均为热伤津液，胃阴不足。宜多饮水，多食水果，以牛奶、米粥、酸奶为主。根据孩子食欲好坏，添加富含蛋白质、易消化的食物，如蛋羹，豆腐汤等。不食油煎食物及过甜、油腻食品。

十、尽量不要给婴幼儿吃补药

补药即中医所说的补益药，补养药。它是以补益人体阴阳及气血不足，消除虚弱症候为主要功效的一类药物。虚证是机体本身的物质或功能的不足，可分为气虚、血虚、阴虚、阳虚 4 种类型。补药是通过调整人体阴阳气血失调的状态使之得以恢复平衡，从而达到“补”之目的，是为正气虚而设。3 岁以内的宝宝正是患病的高峰期，经常有家长问医生，宝宝能否吃补药？吃何种类型的补药能让宝宝少得病？要回答这个问题，首先要搞清楚小儿的生理病理特点。

中医儿科认为,“小儿脏腑娇嫩,形气未充”、“肺常不足”、“脾常不足”、“肾常虚”,但是又“生机蓬勃,发育迅速”,“脏气清灵”,患病后“易趋康复”。这是说小儿赖以生存的物质基础已经形成,但尚未充实和坚固,即小儿抗病能力低,对外界适应能力较差,五脏六腑功能薄弱,病毒、细菌等外界邪气易侵入,影响肺的功能,一旦天气骤变,易患发热、感冒、咳嗽、喘促等疾病;脾胃运化功能尚未健全,若饥饱无度、乳食不节,很快出现呕吐、腹泻,一旦失于调理,久则患厌食、疳积,进而影响肾气的充盈,生长发育落后。另一方面,宝宝的生理功能迅速、不断地向着成熟完善的方面发展,年龄越小发育速度愈快,生机盎然,对外界反应敏捷,经过及时恰当的治疗和护理,病情好转比老人快,容易康复。中医儿科还认为,小儿为“少阳之体”、“心常有余”、“肝常有余”。是说小儿得病后,易惊惕不安,脾气大易暴躁;发热感冒后,传变迅速,易从阳化热,生痰生风,引起壮热抽搐,说胡话。我们可以根据婴幼儿的身体状况,采取相应的措施。

1. 宝宝发育正常,无疾病时

宝宝出生后,无论在物质基础还是生理功能上,都是幼稚和不完善的,容易患病。这不是宝宝身体“虚”,如宝宝没有出现疾病症状时,就不需服用补益药物。实际上,大多数宝宝都不需要特意去吃补药。如宝宝1~2天内不爱吃奶,吃饭少,只要精神好,像平时一样玩耍或能喝水,尿不少,无呕吐腹泻,体温正常,可以观察数天,不要着急吃补药及营养药。只要宝宝身高、体重增长,玩耍如常,注意荤素搭配,合理膳食。帮助宝宝养成不挑食、偏食的好习惯,就是帮助宝宝健康快乐地成长。

2. 宝宝患慢性病或发育不达标时

宝宝如果患慢性消耗性疾病,或发热时间长,反复咳喘,或长期厌食,身高体重不达标,先天禀赋不足,早产等,依据中医理论“虚则补之”的辨证原则,可选择一些养生滋补验方进补。

3. 应时进补的原则

中医儿科认为,人与自然界是一个整体,人要适应四时气候的变化,在不同时节适时进补,有益身体健康。特别是久病将愈的小儿,春季生机盎然,应养肝减酸,增甘养脾气;夏季天气炎热,降雨频繁,阳气旺盛,宜清凉解暑,以苦为补,又宜健脾化湿,多食芳香祛湿之物;秋季干燥,容易伤宝宝肺脏,进补要以补肺润燥为首要原则,燥邪伤阴,导致阴虚火旺,还要注意滋阴清热;冬季人体与自然界动植物一样,处于收藏蛰伏状态,摄入的营养物质容易吸收,要温补脾肾阳

气，但补品性质不可过于温燥，以免宝宝心火上炎，口舌生疮，或肝火旺盛，高热不退，热极生风，惊厥抽搐。

任何事物都有两重性，补药有它治疗疾病的积极作用，也存在对人体不利的消极一面。近几年来，由于人民生活水平的普遍提高，人们对补药的认识存在某些误区。其实，人体对于补药的需要都有一定限度，不可盲目地滥用补药，无虚症的人不可服用。

第十一章 儿童预防接种

传染病是人类健康的杀手。预防接种是提高儿童免疫力、抵抗疾病的有力措施。计划免疫是根据小儿的免疫特点和传染病发生的情况制定的免疫程序。有计划的使用生物制品进行预防接种,可以提高人群的免疫水平、达到控制和消灭传染病的目的。疫苗分两类:第一类疫苗是指政府免费向公民提供,公民应当依照政府的规定接种的疫苗。包括国家免疫规划的疫苗,省、自治区、直辖市人民政府在执行国家免疫规划时增加的疫苗,以及县级以上人民政府或卫生主管部门组织的应急接种或群体性预防接种所使用的疫苗。接种第一类疫苗由政府承担费用。第二类疫苗是指由公民自费并且自愿接种的其他疫苗。在这里提醒广大家长朋友,一定要按照国家的规定进行预防注射,不可多打,也不能漏打。由于地区的差别,各地的免疫程序及疫苗种类也有所不同。以下以北京地区为例,介绍免疫程序。

一、国家免疫规划疫苗

此类疫苗为国家免疫规划的免费疫苗,必须按程序接种。

(一)卡介苗

接种卡介苗预防结核病,出生 24 小时后在医院接种。接种卡介苗 4～6 周后局部可有红肿、小溃疡,要保护创口不受感染,个别有腋下及锁骨上淋巴结肿大,可用热敷。3 月龄时应去所属结核病防治所复查,确认接种是否成功,未成功者需重新接种。2 个月龄以上的小儿接种前应做结核菌素试验(1∶2 000),阴性者才能接种。

(二)乙肝疫苗

乙型肝炎(简称乙肝)是由乙肝病毒引起的、以肝脏病变为主并可引起多种

器官损害的传染性疾病，临床上主要表现为食欲减退、疲乏、肝脏肿大和肝功能异常，部分病例可转变为慢性肝炎，少数可发展为肝硬变或肝癌。接种乙肝疫苗可以有效地预防乙肝病毒的感染，从而控制人群中乙肝的流行。出生24小时内、1个月、6个月分别注射1剂。加强剂要抽血检查是否有抗体，如果是弱抗体或是没有抗体，就要加强注射。接种后少数人可有注射部位疼痛或低热。

（三）脊髓灰质炎疫苗

脊髓灰质炎（简称脊灰）又称“小儿麻痹症”，是由脊灰病毒引起的急性传染病，主要经粪口途径传播。临床表现为发热、咽痛、皮肤感觉过敏和肢体疼痛，部分病人发生肢体弛缓性瘫痪，重者导致呼吸麻痹而死亡。脊灰疫苗可以有效地预防本病发生。由于疫苗外裹甜味奶油，因此也称糖丸。小儿2、3、4月龄时各接种（口服）1次。每次间隔不少于28天，此为基础免疫，4岁时加强免疫1次。接种后半小时内不能喂奶或热水。口服后一般无不良反应，个别病人出现发热、恶心、呕吐、腹泻和皮疹等轻微反应，一般可在1～2天内消退，不需特殊处理，必要时可对症治疗。

（四）百白破混合制剂

百日咳和白喉都是由细菌引起的急性呼吸道传染病。前者为持续性阵发性痉咳，带有吸气性喘鸣及呕吐，易合并肺炎和脑炎；后者多为咽、喉、鼻部等处黏膜充血、肿胀，并有灰白色假膜形成，可有全身中毒症状，严重者合并心肌炎和末梢神经炎。破伤风表现为全身骨骼肌持续性强直和阵发性痉挛，严重者可发生喉痉挛窒息、肺部感染、衰竭而死亡。本疫苗可以预防以上3种疾病发生。一般3、4、5月龄分别注射1剂为基础免疫，1岁半时加强免疫1次，6岁时使用白、破疫苗加强1次。接种后局部可有红肿、疼痛、发痒或有低热、疲倦、头痛等，一般不需特殊处理即可自行消退。局部有硬结者可热敷（每日2～3次，每次15分钟）以促进吸收，如有严重反应及时诊治。注射第2针时应更换另侧部位；注射第一针后出现高热、惊厥等异常情况者，不再注射第2针。

（五）麻疹减毒活疫苗

麻疹是由麻疹病毒引起的呼吸道传染病，临床表现为发热、皮疹、流涕、咳嗽等症状，重者并发心肌炎和脑炎。8个月时注射1剂，18～24个月复种1剂，

复种时可用含麻疹疫苗成分的其他联合疫苗。接种一般无局部反应，在6～10天内少数儿童可出现一过性发热及散在皮疹，一般不超过两天可自行缓解。

（六）麻疹、腮腺炎、风疹疫苗（简称麻风腮疫苗）

麻疹、流行性腮腺炎（简称腮腺炎）、风疹都是由病毒引发的急性传染病。病毒主要由空气飞沫经呼吸道传播，可引发一系列疾病及并发症。无免疫力的儿童及成人普遍易感。麻风腮疫苗可以有效地预防此3种疾病，是国家免疫规划给儿童接种的疫苗。一般1岁半时注射1剂，6岁时接种第二剂。一般情况下不良反应轻微，常见的有注射局部发红、皮疹、疼痛和肿胀；全身发热、神经紧张。极罕见变态反应。

（七）乙型脑炎减毒活疫苗

流行性乙型脑炎也称日本脑炎（简称乙脑），是乙脑病毒引起的中枢神经系统的急性传染病。临床上以头痛、高热、意识障碍、抽搐、脑膜刺激征等为特征。该病经蚊虫传播，所以在蚊子繁殖的高峰季节7～9月便是乙脑发病的高峰季节。该疫苗可以有效地预防本病的发生，也是国家免疫规划给儿童接种的疫苗。1岁、2岁、6岁分别接种1剂。少数儿童可能出现一过性发热反应，一般不超过2天，可自行缓解。偶有散在皮疹出现，一般不需特殊处理，必要时可对症治疗。

（八）流脑疫苗（A群）

流行性脑脊髓膜炎（简称流脑）是一种急性呼吸道传染病。主要临床表现为突发高热、剧烈头痛、频繁呕吐、颈项强直、烦躁等症状，进而出现皮肤黏膜出血点或淤斑，婴幼儿常有囟门隆起。严重者可有败血症、休克及脑实质损害。A群脑膜炎球菌疫苗（简称流脑疫苗）可以有效地预防本病的发生，也是国家免疫规划给儿童接种的疫苗。生后6个月、9个月各接种1次。本疫苗反应轻微，偶有短暂低热、局部轻微压痛，1～2天内自行缓解。流脑疫苗（A+C群）一般3岁注射1剂，小学四年级时加强1剂，已接种A+C群流脑疫苗，不再接种A群流脑疫苗。

（九）甲型肝炎疫苗

甲型肝炎（甲肝）是通过粪口途径传播致病，潜伏期为28天左右。典型症

状为发热、腹部不适、厌食、恶心、黄疸等。

甲型肝炎疫苗分两种,两种疫苗免疫程序不同。

第一种:甲肝减毒活疫苗(包括液体型和冻干型两种剂型):儿童满2周岁时接种1剂,间隔6～12个月加强免疫再接种1剂,共2剂。

第二种:甲肝灭活疫苗。儿童满1周岁接种首剂,间隔6～12个月加强免疫再接种1剂,共2剂。

国家免疫规划疫苗接种时间见表25。

表25 免疫规划疫苗免疫程序

疫苗种类 / 年龄	卡介苗	乙型肝炎	脊髓灰质炎	百日咳白喉破伤风	麻疹	麻疹风疹腮腺炎	乙型脑炎	流行性脑脊髓膜炎	甲型肝炎
出生	●	●							
1月龄		●							
2月龄			●						
3月龄			●	●					
4月龄			●	●					
5月龄				●					
6月龄		●						●	
8月龄					●				
9月龄								●	
1岁							●		
1.5岁				●		●			
2岁							●		●
3岁								●(A+C)	●
4岁			●						
6岁				●(白破)		●	●		
小学四年级								●(A+C)	
初中三年级				●(白破)					
大一进京新生				●(白破)	●				

二、非国家免疫规划疫苗

此类疫苗非国家规定必接种的疫苗，可自愿接种，属自费疫苗。

（一）流感疫苗

流感是由流感病毒引起的主要经呼吸道传播，以上呼吸道感染症状为主，可并发肺炎、心肌炎、呼吸衰竭等并发症的一种传染病。流感病毒容易发生变异、容易引发大规模流行。9 岁以下儿童是流感的易感人群之一。接种流感疫苗是有效控制流感流行的主要方法。每年 10～12 月份集中接种，每年接种 1 次。一般的反应是接种部位疼痛、红斑和硬结，全身不适、发热、寒战、肌肉痛，一般持续 1～2 天。个别人出现皮疹、神经痛、感觉异常、惊厥、一过性血小板减少、严重过敏、神经系统疾病等不良反应。接种禁忌有：急性发热或急性感染者；对鸡蛋白或疫苗中成分过敏者；脱髓鞘病患者；慢性病发作期患者；严重过敏体质者；晚期癌症患者；心肺功能衰竭者。6 个月～3 岁接种 2 次，间隔 1 个月，3 岁以上接种 1 次。接种流感疫苗后产生的抗体有效保护期限约 1 年，所以，流感疫苗每年都需要接种。

（二）B 型流感嗜血杆菌疫苗（HIB）

B 型流感嗜血杆菌是化脓性脑膜炎、肺炎的常见致病菌，多发生在 2 个月～2 岁的小儿。因此，基础免疫一般在 2 月龄、4 月龄和 6 月龄分别接种 1 剂，12～15 月龄加强 1 剂。该疫苗发生不良反应较少见，偶有局部肿胀、疼痛。禁忌证为：上 1 剂次 HIB 疫苗接种发生变态反应；患中、重度急性疾病儿童暂缓接种；小于 6 周的婴儿不接种。

（三）肺炎疫苗

其全称为 23-价肺炎球菌多糖疫苗。肺炎球菌主要引起肺炎、脑膜炎、中耳炎和败血症等疾病，是重要的全球性致病菌。儿童是感染的高危人群之一，密集环境（托幼机构）可增加肺炎球菌感染危险。建议 2 岁以上儿童在入托前接种 1 次，一般只需接种 1 剂。主要不良反应为发热、注射局部疼痛、红斑、肿胀和硬结，一般 48～72 小时内症状全部消失。本疫苗可与流感疫苗同时接种（分

别注射不同手臂)。

(四)水痘疫苗

水痘是由水痘-带状疱疹病毒引起的一种常见的儿童急性传染病,除表现发热、全身不适、皮疹、水疱外,还会引起肺炎、脑炎等并发症。其传染性极强,极易在幼儿园、中小学流行。成年后部分患者可患带状疱疹。本疫苗推荐使用于没有禁忌证且未感染过水痘的12～18月龄的小儿,只需接种1剂。主要的不良反应为接种部位红肿、疼痛。

(五)轮状病毒疫苗

轮状病毒性腹泻具有高度传染性,主要经粪口途径传播,一年四季均可发病,秋冬季是发病高峰。主要表现为呕吐、腹泻,可有发热和不同程度的脱水。目前尚无有效的治疗药物,接种该疫苗是预防的惟一有效手段。该疫苗为口服疫苗,主要用于2个月～3岁的小儿。每年口服1次,用后一般无不良反应,偶有一过性低热、呕吐、腹泻,无需特殊处理,必要时对症治疗。注意不能用热水送服。

(六)狂犬病疫苗

狂犬病乃病毒所致的急性传染病。多见于病兽咬伤或抓伤而感染。受伤后应按0、3、7、14、28天程序接种狂犬病疫苗,越早接种越好。接种后可有轻度发热、头痛、恶心、胃肠功能紊乱、局部红肿,个别人可有不良反应、荨麻疹等。由于本病是致死性疾病,暴露后治疗接种无任何禁忌证。

三、免疫接种的禁忌证

☞患有自身免疫性疾病、免疫缺陷病者。

☞有明确过敏史者禁接种白喉类毒素、破伤风类毒素、麻疹疫苗(特别是鸡蛋过敏)、脊髓灰质炎疫苗(牛奶及奶制品过敏)。

☞患有结核病、急性传染病、肾炎、心脏病、体温超过37.5°C、湿疹及其他皮肤病者不予接种卡介苗。

☞在接受免疫抑制剂治疗期间、发热、腹泻和急性传染病期忌服脊髓灰质

炎疫苗。

☞因百日咳菌苗偶可产生神经系统严重并发症，故本人及家庭成员患癫痫、神经系统疾病有抽搐史者禁用该疫苗。

☞患有肝炎、急性传染病或其他严重性疾病者不宜进行预防接种。

附录

一位母亲育儿的点滴经验

1. 应对宝宝害怕洗澡的方法

可以在澡盆里放一些宝宝喜欢的玩具，边玩边洗就会好得多。

2. 浴液、洗发水的合理用法

天天洗澡的话，用清水就可以。浴液、洗发水1周用1次即可。

3. 应对宝宝头皮垢洗不干净的方法

可以用婴儿油涂在有头垢的头皮上，半小时左右，头垢软化后，用洗发水给宝宝洗头，大人可用手指肚轻轻揉搓头垢，然后用清水冲洗，头垢就能去掉了。

4. 宝宝太胖，脖子(或大腿根)腌红了的应对方法

不要用痱子粉，那样更容易损伤皮肤。用婴儿油，主要是要隔绝汗水和皮肤的接触。平时经常让宝宝头向后仰着待一会儿，使皮肤褶皱打开，晾一晾。

5. 小婴儿鼻孔里的鼻痂取出方法

用棉签蘸一点温开水，小心滴到宝宝鼻孔里，等鼻痂软化后，轻轻触弄宝宝的鼻孔，刺激宝宝打个喷嚏，鼻痂就跟着出来了。

6. 应对宝宝厌奶的方法

大部分宝宝都会有厌奶阶段，不管是吃奶粉还是吃母乳。一般在3个月左右时会出现，为期大概在一星期到半个月。

厌奶是正常现象，妈妈不要太着急，不要强迫宝宝吃奶，以免短暂的厌奶变成长期厌奶。厌奶期宝宝体内储存的营养足够她度过这个时期。

厌奶的时候，试试在宝宝快睡着或快醒的时候喂，一般这时候宝宝的嘴接触到奶嘴，会条件反射地吮吸，很容易喂进去。

7. 应对小婴儿经常吐奶的方法

喂过奶后竖抱着宝宝多拍一会儿，妈妈手呈空心拳，由下至上轻拍宝宝背部，拍出嗝最好。

另外，要考虑宝宝是不是吃得太急了？如果是用奶嘴，看看奶嘴孔是不是

大了，因奶嘴用过一段时间后，奶嘴孔会变大，奶的流速变大，宝宝吞咽太快，也容易引起打嗝；如果是吃母乳，是不是妈妈奶太多了，因新妈妈在哺乳一段时间后，泌乳量增加，也会让宝宝吃奶的时候吞咽太快引起打嗝。

8. 哺乳时乳头皲裂的处理方法

可以在乳头上涂些鱼肝油，既有保护乳头的功能，宝宝吃了也没问题。

9. 解除婴幼儿打嗝的方法

婴幼儿常常因啼哭或吃奶吞咽过急而致打嗝，轻者打嗝几分钟即可自行消失，重者会导致婴幼儿脸色发青、呼吸困难，以至影响睡眠。解除婴幼儿打嗝的巧妙方法有以下几种：

(1)当婴儿打嗝时，先将婴儿抱起来，轻轻地拍其背，喂点热水。

(2)将婴儿抱起，用一只手的食指尖在婴儿的嘴边或耳边轻轻地挠痒，一般到婴儿发出哭声，打嗝即会自然消失。因为，嘴边的神经比较敏感，挠痒可以使神经放松，打嗝也就消失了。

(3)将婴儿抱起，刺激其足底使其啼哭，终止膈肌的突然收缩。

(4)不要在婴儿过度饥饿或哭很凶时喂奶，也是避免宝宝打嗝的措施之一。

10. 应对宝宝经常踢被子的方法

有几个办法可以试一下：

(1)用睡袋。

(2)用夹子把被子的两头夹在小床上，宝宝就蹬不掉了。

(3)盖被子的时候露出宝宝的脚，宝宝就不会蹬被子了。

11. 婴儿睡眠不好的原因及应对方法

(1)缺乏微量元素。血钙降低引起大脑及自主神经兴奋性增强导致宝宝晚上睡不安稳，需要补充钙和维生素D。如果缺钙，宝宝的囟门就闭合得不好；如果缺锌，一般嘴角都会溃烂。

(2)太热、太冷。

(3)太干燥，有鼻屎。

(4)睡眠前玩得太兴奋。在宝宝入睡前30分钟～1小时，应让宝宝安静下来，睡前不要玩得太兴奋，更不要过分逗引宝宝，免得因过于兴奋、紧张而难以入睡。不看刺激性的电视节目，不讲紧张可怕的故事，也不玩新玩具。要给宝宝创造一个良好的睡眠环境。室温适宜、安静，光线较暗。盖的被子要轻、软、干燥。睡前应先让宝宝排尿。

(5)注意肛门外有无蛲虫。

(6)很多妈妈看到宝宝晚上哭醒会以为孩子饿了，就给孩子喂奶，其实这是一个很不好的习惯，这样做反而会造成孩子有晚上睡醒了要吃奶的习惯。

(7)积食、消化不良，上火或晚上吃得太饱也会导致睡眠不安。建议喂粥、面食等固体食物应在临睡前至少2~3小时喂，睡前再喝一点儿奶。

(8)母乳宝宝的恋奶是很多母乳宝宝都存在的问题。

晚上一定要喂奶的话，要注意尽量保持安静的环境，当晚上喂奶或换尿布时，不要让孩子醒透(最好处于半睡眠状态)。这样，当喂完奶、换完尿布后容易入睡。以后逐渐减少喂奶的次数，不要让孩子养成夜间吃奶的习惯。

(9)如果宝宝因为夜里想尿尿就醒，建议给宝宝用尿不湿，这样不至于因为把尿影响宝宝睡觉。如果已经用了尿不湿的话，考虑是否尿不湿包得太紧。

(10)发现孩子有睡意时，及时放到婴儿床里。最好是让孩子自己入睡，如果你每次都抱着或摇着他入睡。那么每当晚上醒来时，他就会让你抱起来或摇着他才能入睡。

(11)不要让婴儿含着奶嘴入睡。奶嘴是让孩子吮奶用的，不是睡觉用的，若孩子含着奶嘴睡着了，在放到床上前，请轻轻将奶嘴抽出。

(12)对4～6个月的婴儿哭闹，不要及时作出反应，等待几分钟，因为多数小孩夜间醒来几分钟后又会自然入睡。如果不停地哭闹，父母应过去安慰一下，但不要亮灯，也不应逗孩子玩，更不要抱起来或摇晃他。如果越哭越甚，等两分钟再检查一遍，并考虑是否饿了、尿了、有没有发热等情况。

(13)被子或睡觉姿势不舒服。

(14)分离焦虑(大家常说的“怕生”，英文叫 separation anxiety)。9～18个月的宝宝最严重，除了表现在依恋(不愿分开)父母和非常熟悉的人，怕见生人，在陌生环境中自我保护意识强外，就表现在晚上睡眠醒得多，睡得轻，对外界警醒。这是宝宝成长发育的一个阶段。

建议白天要有一定长的时间和宝宝亲密地玩，让他(她)意识到爸爸、妈妈很爱她，会给他充分的关爱。和宝宝玩捉迷藏，让宝宝意识到即便看不到爸爸、妈妈，爸爸、妈妈其实也在他的周围。经常带宝宝到外边看看，接触不同的环境和人，不要天天闷在家里，只熟悉家里的环境。

12. 宝宝穿冬衣的标准

宝宝需要穿多厚的冬衣，要根据气候、室内环境等而定，不会走的宝宝，穿

的衣服应该和大人安静状态下，感觉舒适，不冷不热时所穿的衣服一样厚薄。如果宝宝已经会走会跑了，就要比成人少一件。给宝宝穿衣，以宝宝不出汗，手脚不凉为标准。

13. 辅食添加的10点注意

“适口、适量、适应”这三项是辅食添加技艺。具体说来，就是辅食添加一定要遵循由少到多，由单一到多样，由泥状—糊状—固体状递进的原则。下面10项是给你的友善提醒：

(1)添加初期一次只喂一种新食物，以便判断此种食物是否能被宝宝接受。若宝宝产生不良反应，如过敏，你能很容易找出问题所在。

(2)辅食的分量应由少到多，由稀到浓。先从浓度低的液体食物开始添加，再慢慢改为泥状，最后是固体食物。

(3)遵照生长期需要的原则，适量给予宝宝各类食物，以免宝宝胃肠负担过重，引起消化不良。

(4)最好的喂养方式，是将食物装在碗中或杯内，用汤匙一口一口地慢慢喂，训练宝宝开始适应大人的饮食方式。当宝宝具有稳定的抓握力之后，可以让他练习自己拿汤匙。

(5)可以把米粉或麦粉作为添加的第一种辅食。切勿把米粉直接加入奶瓶中让宝宝吸食，应调成糊状，用汤匙喂给宝宝吃。

(6)每次喂一种新食物后，必须注意宝宝的粪便及皮肤有无异常现象，如腹泻、呕吐、皮肤出疹子或潮红等。若宝宝在3～5天内没有发生上述不良反应，可以让他再尝试其他新食物；若有任何异常反应，应该立即停止喂宝宝吃的这种新食物，并带他去看医生。

(7)最好选在宝宝喝奶之前喂他辅食，这样他不会因为已吃饱而拒吃辅食。

(8)采取少量多餐的方式，避免过度喂食。

(9)喂完辅食，注意给宝宝补充水分。

(10)每个宝宝的气质不同，有些个性较温和，吃东西速度慢，你千万不要责骂催促，只要想办法让宝宝的注意力集中在“吃”这件事上就可以了。

14. 宝宝突然腹泻的应对方法

(1)如果仅是拉肚子，胃口好，精神好，可不带宝宝去医院，仅带大便去即可。

(2)大便标本一定要两个小时内的，过期不能用来检验，故宝宝大便后要立即送去医院，挂号后可不需等医生，直接向护士站要求开检验单，拿到结果后再

等着看医生。

(3)如果是轮状病毒，则吃药是没有什么用的，像感冒一样需要一定时间过程才能好。可以吃点止泻药，口服糖盐水等控制一下不脱水就可以了。

(4)如果是细菌性的，则一定要用药，才能好得快。

(5)如果频发水样便，一定要看医生，还要不停的补充水分，防止发生脱水的情况。如果眼窝下陷，嘴唇发干，尿少说明有脱水，应及时到医院寻求治疗，必要时输液补水。

(6)如果大便出现果冻黏条，夹有脓血，即使是晚上也必须立即看急诊。

15. 宝宝用了抗生素后腹泻的应对方法

抗生素的不良反应之一是会破坏肠道内的正常菌群，引起腹泻。所以，在用抗生素的时候，应该配合着吃些肠道益生菌的药，如妈咪爱等，和抗生素间隔两小时服下。

16. 宝宝因为上火有些轻微的咳嗽，不吃药的应对方法

可以煮些百合梨水给宝宝喝，梨水有去火的功效，百合是润肺的，适用于4个月以上的宝宝。

17. 宝宝冬季预防疾病的方法

6个月至3岁以内是幼儿抗病能力最低的时期，容易患感冒、扁桃体炎、气管炎、肺炎等疾病。1岁左右的幼儿患病几率更要高些。一般情况下，1～3岁的小儿每年要患2～4次感冒。所以采取有效的预防措施是极其重要的。

(1)避免室外与室内温差过大：北方的冬季虽然寒冷，但室内有很好的取暖设备，在室内非但感觉不到寒冷，比春秋还要暖和，有的家里室温还相当高。父母在家里只穿很薄的衣服，孩子却像过冬天，厚毛衣厚毛裤，有的甚至还穿着棉衣棉裤。

(2)不同房间的温差也不能过大：孩子住的房间和其他房间温度要一致，这样开门进出时，其他房间的冷气就不会随着开门进入孩子房间；孩子由于室内温度高，周身的毛孔都处于开放状态，遇到冷气，毛孔不会像成人那样迅速收缩阻挡冷风的侵袭；幼儿调节能力比较差，对外界的变化不能作出相应的反应，缺乏保护能力；由于室内空气不新鲜、干燥，致气管黏膜干燥，清理病毒细菌的能力下降，过多的病毒细菌就会乘虚而入。

(3)保持室内的湿度：购买一个湿度计放在房间里，室内适宜的湿度要大于50%。

空气加湿的方法有很多，如擦地、在室内放水盆、暖气上放湿毛巾、地上泼水等，这些方法能够部分缓解房间空气的干燥度。但是湿度保持得不恒定；湿度保持时间短；雾气大，视觉不舒服；水滴比较大，对呼吸道不能起到有效的湿润作用，对婴儿的呼吸道黏膜的保护并没有太大的意义。最科学的方法还是利用空气加湿器。

(4)尽量晚一点儿给宝宝加衣服：给小儿添加衣服不能过早、过多，俗话说"要想小儿安，三分饥与寒"。有些父母怕小儿患病，天气一凉就不让小儿出屋，小儿呼吸道长期不接受外界空气的刺激，待到开春，或家中有感冒病人时，由于抵抗力低下，很容易患病。所以，应坚持让小儿到户外活动。天气冷的话，可选择太阳好，风小的时候，让小儿出去活动半小时～1 小时。少衣＋户外运动，就是儿科医生非常提倡的"耐寒锻炼"。

18. 根据婴儿大便的色质，分析原因采取对策

(1)大便太臭：蛋白质吃得太多，消化不良。刚从母乳换牛奶时会有此现象。

(2)多泡沫：糖发酵旺盛，不是毛病。

(3)呈油状：脂肪不消化。

(4)有凝块：奶未完全消化。

(5)色太淡或淡黄近于白色：赶快去看医生。

(6)呈黑色：胃肠道上部可能出血，去看医生。

(7)呈红色：胃肠道下部可能出血，去看医生。

(8)呈红色果酱样：可能是肠套叠，应立即送医院。

(9)呈绿色：肚子受凉，没吃饱，吃了绿色蔬菜，奶粉含铁，还有一种说法，是大便在肚子里停留时间长了也会变绿。如果你的宝宝刚开始是绿便，后面是正常黄色便，也可能是这个原因。

19. 预防蚊虫叮咬的方法

(1)最环保、省事、保险的办法是挂蚊帐。

(2)在床四周喷些风油精，可以防止蚊子靠近。

(3)在宝宝身上涂些强生婴儿防蚊液，但要注意，6 个月以上宝宝才可以用。

(4)液体蚊香，比较适合小宝宝用。

(5)用电蚊香时，在电蚊片上滴几滴风油精，效果很好。

20. 防治痱子的方法

痱子，又名"汗疹"，原因是大量且持久地出汗，造成汗孔阻塞而引起。在

颈、躯干部发生多数针尖至针头大浅表性小水疱。壁极薄、微亮，内容清，无红晕，轻擦之后易破，多于1～2天内吸收。干后有极薄的小磷屑。

(1)预防措施

①保证室内通风干燥，室内温度要保持在26℃～28℃最为理想，不要让宝宝对着空调吹冷风，避免着凉感冒。

②勤洗澡，保持宝宝皮肤清洁干燥，天热时每天可洗2～3次。在洗澡水中可以滴几滴宝宝金水或花露水、藿香正气水、十滴水等，或用马齿苋煮水给宝宝洗澡，都可以防痱子。

③衣服透气，给宝宝穿宽松的全棉质地的衣服。

④多喝水。

⑤凉爽时玩耍，不要在气温最高的时候带宝宝去室外。

(2)治疗方法

①局部用温水清洗，擦干后撒上痱子粉，亦可用炉甘石洗剂涂患处。

②洗澡之后，用纱布蘸点儿盐水轻搽长痱子的地方，然后用温水清洗干净，这样每天1次，很快就会痊愈。

③把鲜黄瓜切成片，轻轻涂患处，每日3～4次，几日便可见效。

④将西瓜洗净，削去内层残留瓜瓤，用来擦患处，浴后擦效果更佳，2分钟左右，就有凉爽舒适的感觉。每天3次，一般两天后即可见效。

21. 婴儿尿布疹的预防和治疗经验

(1)尿布疹的成因是皮肤在闷热的环境下与尿液结触。所以选择吸收力强，透气性能好的尿裤，可保持干爽和不闷热，杜绝了发病的环境，自然减少尿布疹的发生。

(2)养成良好的卫生习惯，妈妈要帮宝宝及时更换尿裤，防止宝宝长时间穿着又湿又潮的尿裤。

(3)家长在为宝宝更换尿裤前，应用清水和肥皂洗手，避免手上的细菌污染尿裤或将细菌带到宝宝身上。

(4)更换干净尿裤前，特别是当宝宝排便后，必须用中性肥皂和温水清洗臀部，并用棉质纱布予以擦拭干净，并吸干水分，保持皮肤干爽，可涂些润肤露，以滋润肌肤，同时减少与尿液的接触机会。

(5)每天应让小屁股有一定时间接触空气和阳光，使肌肤能自由自在的呼吸。

(6)若不慎感染尿布疹，应保持患部干爽，可让小屁股适当曝晒于阳光下，患处不宜用力摩擦，清洗后应用棉质纱布吸干水分，并可局部涂油性的护臀膏，形成保护膜，以隔离刺激物。如有皮肤感染则需要用抗炎药膏。

(7)尿布疹严重者应及时送医院治疗。